普通高等教育“十四五”规划教材

无土栽培学

高丽红　别之龙　主编

中国农业大学出版社
· 北京 ·

内 容 简 介

本教材是在中国农业大学出版社的支持下，由中国农业大学牵头组织国内长期从事无土栽培教学、科研与生产实践的专家、学者与技术人员编写完成的。全书共11章，内容包括无土栽培理论基础、无土栽培设施设备、无土栽培的营养液、无土栽培基质、无土栽培方式及配套栽培系统、主要园艺作物的无土栽培技术及无土栽培技术的拓展应用等。在内容上既重视对无土栽培基本理论的系统阐述，又融合了近年无土栽培领域的新成果与新技术，同时还有来自生产一线的主要园艺作物无土栽培实用技术提炼总结，根据教学需要，书后还附有相关的实验指导。

本教材既可作为农业高等院校园艺及相关专业学生的适用教材，又可作为从事无土栽培教学、科研、推广和生产一线等相关人员的参考书。

图书在版编目(CIP)数据

无土栽培学/高丽红，别之龙主编. —北京：中国农业大学出版社，2016.10(2025.8重印)
ISBN 978-7-5655-1706-8

Ⅰ. ①无… Ⅱ. ①高… ②别… Ⅲ. ①无土栽培 Ⅳ. ①S317

中国版本图书馆CIP数据核字(2016)第219634号

书　　名　无土栽培学
作　　者　高丽红　别之龙　主编

策划编辑	张秀环	**责任编辑**	张秀环
封面设计	郑　川　李尘工作室	**责任校对**	王晓凤
出版发行	中国农业大学出版社		
社　　址	北京市海淀区圆明园西路2号	**邮政编码**	100193
电　　话	发行部 010-62818525，8625	**读者服务部**	010-62732336
	编辑部 010-62732617，2618	**出　版　部**	010-62733440
网　　址	http://www.cau.edu.cn/caup	**E-mail**	cbsszs@cau.edu.cn
经　　销	新华书店		
印　　刷	天津鑫丰华印务有限公司		
版　　次	2017年2月第1版　2025年8月第3次印刷		
规　　格	787×1 092　16开本　22印张　545千字		
定　　价	66.00元		

图书如有质量问题本社发行部负责调换

编审人员

主　编　高丽红（中国农业大学）
别之龙（华中农业大学）

副主编　刘士哲（华南农业大学）
孙治强（河南农业大学）
魏　珉（山东农业大学）
王绍辉（北京农学院）

参　编　（按姓氏拼音排序）
陈　清（中国农业大学）
高洪波（河北农业大学）
蒋卫杰（中国农业科学院蔬菜花卉研究所）
李建明（西北农林科技大学）
李灵芝（山西农业大学）
李胜利（河南农业大学）
李新旭（北京市农业技术推广站）
刘　伟（北京市农林科学院蔬菜研究中心）
刘明池（北京市农林科学院蔬菜研究中心）
裴孝伯（安徽农业大学）
孙　锦（南京农业大学）
孙周平（沈阳农业大学）
田永强（中国农业大学）
武占会（北京市农林科学院蔬菜研究中心）
张余洋（华中农业大学）
朱　进（长江大学）

主　审　郭世荣（南京农业大学）

前　言

无土栽培从早期的实验研究开始至今已有170余年的历史，其作为一种先进的种植技术在世界各国的园艺作物生产中得到了广泛的应用。特别是随着人们对植物生长发育与温光、水肥等环境关系的研究越来越深入以及温室建造技术、各种环境精准测量的传感器、自动化控制技术等广泛应用于无土栽培，使无土栽培作物产量、品质得到大幅度提高，无土栽培的优势充分发挥，岩棉栽培的黄瓜和番茄最高单产均超过100 kg/m^2，单株番茄年最高结13 000个果实；无土栽培可以充分利用滩涂、盐碱地等非耕地资源，并且通过营养液循环利用提高了水肥利用效率，减少了水肥的浪费及对环境的污染，是资源高效利用的生产方式；由于无土栽培完全摆脱了自然环境的制约，可以按照作物需求人工进行环境控制，有利于实现农业机械化、自动化，从而逐步走向工业化和现代化，提高劳动效率和解决农业劳动力后继无人的难题。此外，无土栽培技术在可以预见的未来人类较为长期在太空生活中，几乎是唯一的一种种植绿色植物的方法，随着航天事业的发展和人类进驻太空的需要，无土栽培技术在航天农业上的研究与应用将发挥着重要的作用。

我国作为资源紧缺型国家和面临的农业后继乏人的现状，无土栽培技术的应用前景将非常广阔。也正是基于此需求，我国无土栽培技术虽然研究的起步比较晚，但近十余年发展速度很快，目前全国无土栽培面积已经超过10 000 hm^2。无土栽培面积的快速增长对相应人才的需求进一步增加，因此，全国农业院校园艺或与园艺相关专业均开设了无土栽培学课程，由南京农业大学郭世荣教授主编的《无土栽培学》成为全国高等农林院校"十一五"规划教材和普通高等教育"十一五"国家级规划教材。但任何一本教材，其知识的更新速度均难以与技术的进步同步，而且不同参编人员知识背景的差异会使教材内容和对知识的理解角度存在差异，正是基于这种考虑，在中国农业大学出版社的支持下，我们组织国内长期从事无土栽培教学、科研与生产实践的专家、学者与技术人员编写了这本无土栽培学教材，目的是为从事无土栽培教学、科研与生产一线的技术人员提供更多参考资料。

与已经出版的无土栽培教材相比，在无土栽培的基本原理（如营养液章节）、基本技术（如NFT、DFT技术）等方面基本保留原有知识点，根据无土栽培发展需要，适当拓宽了一些技术内容，如增加了营养液管理相关设施与设备内容，增加了国内外新的无土栽培技术类型与栽培方法如薄层基质槽培、储液储气式栽培及无土栽培在家庭、观光、屋顶绿化等方面的具体应用案例；在具体无土栽培技术的栽培要点中吸收了生产一线的成功管理经验，增加了针对具体作物的管理量化指标如番茄岩棉栽培的营养液管理指标等案例，使得教材理论与实践结合更加紧密。

本教材共11章，参编人员涵盖16个教学、科研与推广单位共22人，根据教材参编人员的技术专长对编写内容进行了分工，参编人员按章节次序分别为：第1章，高丽红（中国农业大学）；第2章，陈清（中国农业大学）；第3章，李建明（西北农林科技大学）、李灵芝（山西农业大学）；第4章，孙治强、李胜利（河南农业大学）；第5章，田永强、高丽红（中国农业大学）、孙周平（沈阳农业大学）；第6章，孙锦（南京农业大学）；第7章，高丽红（中国农业大学）、蒋卫杰（中国农业科学院蔬菜花卉研究所)、刘明池(北京市农林科学院蔬菜研究中心)、李新旭(北京市农业技术推广站);第 8 章,魏珉(山东农业大学);第 9 章,别之龙(华中农业大学)、王绍辉(北京农学院)、裴孝伯(安徽农业大学)、朱进(长江大学);第 10 章,刘士哲(华南农业大学)、高洪波(河北农业大学);第 11 章,武占会,刘伟(北京市农林科学院蔬菜研究中心)。实验指导,裴孝伯(安徽农业大学)、高洪波(河北农业大学)、张余洋(华中农业大学),全书由高丽红教授统稿。南京农业大学郭世荣教授审稿并提出很多宝贵的修改建议,参编人员在教材编写过程中克服很多困难,保质保量地完成了编写任务,在此表示感谢!

教材编写过程中,大量参阅了国内及国外无土栽培教材及其他相关参考资料,在此一并表示感谢。同时由于无土栽培所涉及的学科比较多,受教材编写人员知识背景和水平的限制,缺点、错误在所难免,恳请广大读者朋友们批评指正,以便于我们再版时修改完善。

编　者

2016 年 6 月

目　　录

第一章　概　述

学习目标：

1. 掌握无土栽培的基本概念、分类及无土栽培的优点、局限性；在哪些领域应用能够体现其优越性？

2. 了解无土栽培发展的历史、现状及未来发展趋势。

第一节　无土栽培分类与特点

一、无土栽培与无土栽培学

自古以来农业的传统概念为“辟土种谷曰农”，也就是说农业离不开土壤，而无土栽培恰恰相反。无土栽培(soilless culture，hydroponics，solution culture)是指不用天然土壤栽培作物，而是将作物栽培在营养液或固体基质加营养液中，这种固体基质或营养液可以代替天然土壤向作物提供水分、养分、氧气、温度，使作物能够正常生长并完成其整个生命周期，使之正常生长发育获得产品。日本、欧洲等国家学者认为无土栽培主要指营养液栽培，所以无土栽培有时又称为营养液栽培、水耕、水培、溶液栽培、养液栽培等。“八五”期间，中国农业科学院蔬菜花卉研究所针对我国北方地区水质硬、进行营养液栽培管理难度大的问题，依据无土栽培基本原理，创新形成了新的无土栽培方式，即用含有一定营养成分的有机基质做载体，栽培过程中施入有机固态肥代替传统营养液，并进行合理的水分管理，这种无土栽培方式大大降低了一次性投资和生产成本，简化了营养液的管理过程，称之为有机生态型无土栽培。此种无土栽培方式一经问世，便在我国得到迅速推广应用，目前约占到我国无土栽培面积的80%。无土栽培使人们有可能摆脱受自然约束的传统耕作方式，向栽培的“自由王国”前进一大步。

无土栽培学是研究无土栽培技术原理、栽培方式和管理技术的一门综合性应用科学。它是现代农业新技术与生物科学、作物栽培学相结合的一门边缘学科，要学好无土栽培学必须掌握植物学、植物生理学、植物营养学、作物栽培学、材料学、计算机应用技术、环境控制等相关知识，紧密结合生产实践，通过实际观察和操作，才能了解和掌握无土栽培的原理和技术。

二、无土栽培的分类

无土栽培从早期的实验研究开始至今已有170余年的历史。从实验室走向大规模的商业化生产应用过程中，形成了种类繁多的栽培类型和方法。根据分类的依据和方法不同，可分成不同类型。如根据栽培容器可以分为槽培、袋培、管道栽培、箱式栽培等；根据栽培基质不同可以分为水培、沙培、砾培、岩棉培、珍珠岩培等；根据栽培方式不同可以分为墙体栽培、立柱栽培、深液流栽培、浅液流栽培等。但要进行科学、详细的分类比较困难，现在比较通用的分类方法是依据其栽培床是否使用固体基质材料，将其分为非固体基质栽培和固体基质栽培两大类型，进而根据栽培技术、设施构造和固定植株根系的材料不同又可分为多种类型(图 1-1)。

- 无土栽培(soilless culture)
  - 固体基质栽培(solid substrate culture)
    - 无机基质栽培(inorganic substrate culture)
      - 沙培(sand culture)
      - 珍珠岩培(perlite culture)
      - 砾培(gravel culture)
      - 岩棉培(rockwool culture)
      - 陶粒培(haycite culture)
      - 塑料泡沫培(foam culture)
      - 熏炭培等(ricehull culture,etc)
    - 有机基质栽培(organic substrate culture)
      - 泥炭培(peatmoss culture)
      - 锯末屑培(sawdust culture)
      - 秸秆基质培等(straw substrate culture,etc)
  - 非固体基质栽培(liquid substrate culture)
    - 水培(hydroponics)
      - 营养液膜技术(nutrient film technique,NFT)
      - 深液流技术(deep flow technique,DFT)
      - 浮板毛管技术(floating capillary hydroponics,FCH)
    - 雾培(spray culture)
      - 喷雾培(spray culture)
      - 半喷雾培(semi-spray culture)

图 1-1　无土栽培的分类(郭世荣主编:无土栽培学)

(一)非固体基质栽培

非固体基质无土栽培是指植物的根系直接生长在营养液或含有营养成分的潮湿空气之中，根际环境中除了育苗时用固体基质外，一般不再使用固体基质，又分为水培和雾培两种类型。

1. 水培　水培是指作物根系直接生长在营养液层中的无土栽培方法。依据营养液层的深度不同又可以分为多种形式。以 1～2 cm 的浅层流动营养液来种植作物的营养液膜技术(nutrient film technique,NFT)；液层深度 6～8 cm 的深液流水培技术(deep flow technique,DFT)；在深液流技术基础上，在栽培槽内的营养液上放置一块上铺无纺布的泡沫板，部分根系生长在湿润的无纺布上的浮板毛管水培技术(floating capillary hydropnics,FCH)。

2. 雾培　雾培又称为喷雾培或气培，它是将营养液用喷雾的方法，直接喷到作物根系上。根系悬空在密闭黑暗的栽培箱内，栽培箱内装有自动定时喷雾装置，定期将雾化的营养液喷洒到植物根系表面，同时解决了根系对水分、养分和氧气的需求。为了降低对喷雾装置的要求，开发了半雾培系统，即有部分根系生长在浅层的营养液中，另一部分根系生长在雾状营养液空间，既解决了根系对氧气和水分的需求，又降低了停电对作物生长造成的潜在风险。

(二)固体基质栽培

固体基质无土栽培简称为基质培，它是指作物根系生长在天然或人工合成的固体基质环境中，通过固体基质固定根系，通过营养液向作物供应营养、水分和氧气的栽培方式。基质培可以通过基质选择与人工混配，创造适宜的三相比，很好地协调作物根际环境水、气矛盾，除岩棉和椰糠基质条（袋）栽培方式外，其他基质栽培外投资相对较低，可以充分利用当地基质资源，便于就地取材进行生产。固体基质培又可细分为无机基质培和有机基质培，无机基质培如沙培、砾培、岩棉培、陶粒培和珍珠岩培等；有机基质培如泥炭培、椰糠培、锯木屑培和有机生态型无土栽培等。

不论何种无土栽培方式和类型，无土栽培的核心是用营养液代替了土壤。如岩棉培的实质是以岩棉作为基质固定植物，浇灌营养液满足植物生长所需矿质营养的一种无土栽培方式，其他类推。

三、无土栽培的特点

（一）无土栽培优点

1. 作物产量高、品质好　无土栽培能为作物提供了最佳根系生长环境和最优水肥，充分发挥作物的生产潜力，与土壤栽培相比，产量可以成倍或几十倍地提高，如表 1-1 所示。

表 1-1　无土栽培与土壤栽培产量比较（郭世荣主编：无土栽培学）

作物	土壤栽培（t/hm^2）	无土栽培（t/hm^2）	两者相差倍数
番茄	10.5～25.0	150.0～600.0	12～20
黄瓜	33.5	100.0～900.0	3～25
生菜	10.0	23.5	2.4
马铃薯	7.4	154.4	20.8
豌豆	2.5	22.2	8.9
甘蓝	14.8	20.5	1.4
水稻	1.1	5.6	5.1
小麦	0.7	4.6	6.6
大豆	0.7	1.7	2.4

设施园艺发达的荷兰温室番茄、黄瓜无土栽培年产量平均达到 60～80 kg/m^2，最高产量达到 100 kg/m^2，挪威黄瓜无土栽培一年多茬，最高年产量也达 90 kg/m^2；在我国，采用岩棉栽培，番茄、黄瓜最高产量达到 35～40 kg/m^2；采用有机生态型无土栽培技术生产番茄，或采用基质槽培方式生产黄瓜，年产量均能达到 25 kg/m^2。虽与国际先进水平有较大差距，但运用的都是具有自主知识产权的科研成果，在国内居领先水平。

奥地利维也纳有一座蔬菜工厂，每平方米年生产 1 t 蔬菜。日本筑波科学城采用全新的调控系统，最大限度地满足作物对水、肥、气、光、热等条件的要求，采取水平放任栽培法（树式栽培方式），使水培番茄根茎粗达 20 cm 以上，一株番茄可长成一棵番茄树，年结果实 13 000 余个，1 株黄瓜生产 3 300 条瓜，1 株甜瓜生产 90 个瓜，最大限度地发挥了植物的生产潜力。

无土栽培不仅产量高而且品质好。例如，番茄的外观形状和颜色好，维生素 C 的含量可增加 30%，矿物质含量增加近 1 倍（表 1-2、表 1-3）。

表 1-2　几种作物无土栽培与土壤栽培的品质比较(罗建、刘士哲，1994)

栽培方式	维生素 C 含量(mg/kg)			粗纤维含量(%)	
	番茄	芥菜	直立生菜	芥菜	直立生菜
土壤栽培	124.2	19.8	46.0	4.6	4.5
无土栽培	154.9	24.2	96.0	2.8	4.7

表 1-3　番茄的矿物质含量占干重百分比　　%

种植方式	钙	磷	钾	硫	镁
土壤栽培	0.20	0.21	0.99	0.06	0.05
无土栽培	0.28	0.33	1.63	0.11	0.10

花卉无土栽培提高了质量，香石竹的香味变得浓郁、花期长、开花数多，单株开花数为 9 朵，土壤栽培只有 5 朵；香石竹裂萼率仅 8%，而土壤栽培高达 90%，明显地提高了商品质量。

2. 节约水分和养分　土壤种植时灌溉的水分养分大量渗漏流失，浪费很多，无土栽培不存在水分渗漏损失，水分利用率高，无土栽培作物的耗水量只有土壤栽培的 1/10～1/5。意大利学者对茄子不同栽培方式耗水的研究结果充分证明了这一点(表 1-4)。

表 1-4　无土栽培与土壤栽培的耗水比较

方式	水分消耗(L)	茄子产量(kg)	产量：水
土壤栽培	5 250	13.05	1：400
水培	2 000	21.50	1：93
气培	1 000	34.20	1：29

注：试验面积 4 m^2。

原北京农业大学园艺系，1988 年秋季进行大棚黄瓜无土栽培试验(面积 333.3 m^2)，自 7 月 30 日播种至 9 月 14 日，46 d 共浇水(营养液)21.7 m^3。若进行土培，46 d 中至少浇水 5 次，需用 50～60 m^3 的水，节水率为 50%～67%，效果非常明显，是发展节水型农业的有效措施之一。

无土栽培不但省水，而且省肥，据统计土壤栽培养分损失比率约 50%。无土栽培采用封闭式营养液循环利用系统，肥料利用率可达 90%～95%，不存在土壤对养分的固定问题。我国农村由于科学施肥技术水平低，肥料利用率更低，仅 30%～40%，多一半的养分都损失了。在土壤中肥料溶解和被植物吸收利用的过程很复杂，不仅损失多，而且各种营养元素的损失不同，使土壤溶液中各元素间很难维持平衡。而无土栽培作物种在栽培槽中，作物不同生育阶段所需要的各种营养元素，是人工配制成营养液施用的，按需定量供应，可以循环利用，而且能保持营养液养分平衡，所以作物生长发育健壮，生长势强，增产潜力可充分发挥出来。

3. 省力省工、易于管理　无土栽培摆脱了土壤栽培中的翻土、整地、作畦、除草等劳动，随着无土栽培生产管理设施中计算机与智能控制系统的使用，机械化程度逐渐提高，降低劳动强度，提高劳动生产效率，可采用与工业生产相似的方式为劳动者提供优美的劳作环境。荷兰、以色列等设施园艺及灌溉技术发达国家，已进入计算机控制时代，供液及营养液成分的调控，全用计算机管理，与工业生产的方式相似，日本称之为“健幸乐美”农业。

4. 避免土壤连作障碍　设施栽培中，土壤极少受自然雨水的淋溶，水分、养分运动方向自下而上。土壤水分蒸发和作物蒸腾，使土壤中的矿质元素由土壤深层移向表层，长年累月年复一年，土壤表层积聚了很多盐分，对作物有危害作用。土壤盐分积聚，以及多年栽培相同作物，造成土壤养分失衡，发生连作障碍，一直是个难以解决的问题，而应用无土栽培则从根本上解决了此问题。土传病害也是土壤栽培的难点，土壤消毒不仅困难而且消耗大量能源，成本可观，且难以消毒彻底。若用药剂消毒既缺乏高效药品，同时药剂有害成分的残留还污染环境、危害健康，无土栽培则可避免或杜绝土传病害。

5. 不受地区限制、充分利用空间　无土栽培使作物彻底脱离了土壤环境，因而也就摆脱了土地的约束。耕地被认为是有限的、最宝贵的、不可再生的资源，尤其对一些耕地缺乏的地区和国家，无土栽培就更有特殊意义。无土栽培进入生产领域后，地球上许多沙漠、荒原、海岛等或难以耕种的地区，都可采用无土栽培加以利用。此外，无土栽培还不受空间限制，可以利用城市楼房的平面屋顶种菜、种花，无形中扩大了栽培面积，改善了生态环境。

6. 清洁卫生　无土栽培的生产场地没有土壤，作物生长在栽培槽或容器内，供应水分、养分均通过管道或专用的供液系统，现场清洁卫生。水培施用的是无机肥料，没有臭味污染环境，尤其室内种花，更要求清洁卫生、无异味。一些高级饭店、宾馆，过去租摆花卉，施肥造成异味污染，是个难以解决的问题，通过无土栽培养花，使问题迎刃而解。

7. 有利于实现农业现代化　无土栽培使农业生产摆脱了自然环境的制约，可以按照作物需求人工进行环境控制，所以是一种受控农业，有利于实现农业机械化、自动化，从而逐步走向工业化、现代化。目前在荷兰、俄罗斯、美国、日本、奥地利等都有水培“工厂”，荷兰的盆栽红掌、岩棉栽培的玫瑰等全部能够实现自动化和机械化管理，是现代化农业的标志。我国进入 20 世纪 90 年代以后，先后引进了许多现代化温室，同时也引进了配套的无土栽培技术，在一些科技示范园区加以展示，有力地推动了我国农业现代化进程。

(二)无土栽培的局限性

1. 一次性投资大，运行成本相对较高　要进行无土栽培生产，就需要有相应的设施、设备，这就比土壤栽培投资大，尤其是大规模、集约化、现代化无土栽培生产，一次性投资更大，平均每平方米投资在 1 000～1 200 元；对营养液所需肥料纯度要求高，生产过程对营养液及栽培环境控制(温度、湿度等)也需要消耗能源，一般每平方米的年运行成本约 150 元。

2. 要求管理人员素质高，管理过程技术要求严格　无土栽培生产过程中需要依据栽培作物和季节对营养液的配方、浓度、pH 等进行管理，同时对地上部温度、湿度、CO_2 浓度等进行调控，要求管理人员具备一定的文化水平，经过专门的技术培训；同时由于无土栽培不像土壤具有缓冲性，对管理技术要求严格，水肥管理不当极易出现生理性障碍，管理不好产量甚至低于土壤栽培。

3. 有一定风险，管理不当，易发生一些病害的迅速传播　对采用营养液循环供液方式的无土栽培，必须严格控制根传病害，对营养液及栽培装置严格进行消毒，避免由于管理不当造成病害在营养液中迅速蔓延，导致栽培失败。

(三)无土栽培的应用

无土栽培虽然可以完全替代土壤，生产出优质安全农产品，但无土栽培的应用范围有一定局限性，它受到地理位置、经济环境和技术水平等诸多因素的限制，因此不能完全取代土壤，但可以用来补偿失去的土壤。在下列情况下，能充分体现无土栽培的优越性。

1. *生产安全、优质园艺产品* 随着人类活动领域的不断扩展，以及人类物质生活欲望的日益膨胀，工业废气、废水，汽车尾气、建筑垃圾、生活垃圾、养殖业粪便的随意排放给大气环境和耕地带来极大的污染，化学肥料和农药的不合理使用给土壤微生态和土壤质量造成严重伤害，传统耕地及其生长在土壤中的动植物、昆虫正面临生存挑战，植物生长不健康、病虫害加重、防控成本增高、食物不健康、质量安全隐患日益显现。

无土栽培是目前唯一完全可以人为调控的栽培方式，从基质、营养液原料的选择，灌溉水的指标要求，到科学配制营养，标准化的生产工艺，精准化的栽培控制，使生产的每一个环节均可实行智能化控制，确保产品的安全、无害、品质可控。尤其在经济较为发达地区应用，生产优质、高档园艺产品，满足人们对高端园艺产品的需求。如近几年从日本引进的草莓、番茄；荷兰、以色列引进的彩椒、串收番茄、水果黄瓜；中国台湾樱桃番茄及我国自主育成的‘金童’‘玉女’水果黄瓜及厚皮甜瓜等，都成为北京、上海等经济发达地区无土栽培首选品种，通过采摘和定位高端消费人群，获得了较好的经济效益。

近几年，花卉无土栽培逐渐增多，红掌、百合、玫瑰等鲜切花和蝴蝶兰、一品红等盆花生产采用无土栽培面积逐年增加，所获产品花朵较大、花色鲜艳、花期长，尤其是采用无土栽培生产的盆花产品，深受家庭、宾馆、城市白领等消费群体喜爱。

2. *利用非耕地资源进行作物生产* 无土栽培可用较少的基质或水肥，就能实现作物的高产栽培，可以不依附土地进行作物生产，因此，无论戈壁沙漠还是沿海滩涂，废弃工矿企业还是垃圾填埋场，只要进行环境整治，隔离这些不利因素的干扰，都可利用其接受自然阳光的地表优势，配合温室设施、栽培设施、洁净无污染的水和营养液，就可进行高质量的蔬菜、花卉生产。这在人口不断增加、土地逐渐减少及非耕地资源丰富的我国，解决粮食安全和国土安全问题，意义更加重大。我国科技部和农业部在“十二五”期间，针对西北非耕地利用、南沙群岛等军事战略基地、南极科考基地等的园艺作物生产与周年均衡供应问题，均设立了相关科技支撑和行业科技项目，在这些地区采用无土栽培技术生产园艺产品，已经取得良好的经济效益和社会效益。

3. *在设施园艺生产中应用* 无土栽培技术作为解决温室、大棚等园艺设施土壤连作障碍的有效途径被世界各国广泛应用。我国是设施园艺大国，设施栽培面积占世界总面积的 80%以上，随着温室设施栽培年限的延长，温室连作障碍问题日益严重，尤其是北方日光温室，重茬与连作障碍已经成为制约蔬菜优质、高产、高效的重大障碍，成为影响蔬菜安全性的最大症结。

温室是持久性农业设施，如日光温室和高档连栋温室，一经建成，至少可用于园艺作物生产 15 年以上，温室连作障碍问题不可避免。温室拆建和温室换土的成本高，如何实现温室的可持续生产，无土栽培是人们不得不采用的“可替代”生产方式。随着温室连作障碍的日益严重，蔬菜品质及安全性问题突出，无土栽培技术是未来中国设施园艺发展的必然趋势。

4. *在城市立体空间及庭院生产中应用* 现代城市化发展，密集的房地产建筑开发，以及工业化时代的变革，各地大中城市在未来数十年，将呈现越来越多的城市闲置建筑。如何利用闲置建筑物的室内空间和高层建筑的外立面、屋顶，拓展城市绿化空间，实现农业生产与城市生态调节功能，满足新鲜食品就近供给，绿化、美化城市生活，是未来城市发展的必然趋势。无土栽培在城市化发展和立体绿化、美化，蔬菜花卉的优质、安全、高效生产中将扮演举足轻重的角色。采用无土栽培技术在自家庭院、阳台和屋顶来种花、种菜，既有娱乐性，又有一定的观赏价值和食用价值，清洁卫生，操作方便，还可美化环境，应用前景广阔。

5. 能够解决劳动力资源短缺，农业生产后继乏人问题 传统设施环境的土壤耕作、播种、施肥、除草以人力作业为主，生产条件简陋、劳动强度大，消耗体力较多。现代大部分年轻人不愿从事这项工作，农业劳动力资源面临严重短缺和青黄不接，这种现象在我国尤其突出。我国从 2006 年后，全国各地普遍开始出现劳动力资源紧缺的现象，不仅工厂、企业招工难，农村从事农业生产的劳动力也日益减少，留守农村的妇女、老人成为农业劳作的主力军，劳动者素质普遍下降，土地及温室抛荒现象呈逐年递增趋势。一些企业经营或合作社经营的蔬菜生产企业，招不到合适的劳动力，即使招到劳动力，工钱支出也越来越高，一亩地的设施蔬菜产出还不够支付一个劳动力的工资。劳动力工资支出已经成为农业生产企业的主要成本。

无土栽培可以创造舒适的设施环境和轻松的生产作业方式，通过规模化、设施化、工厂化、智能化、标准化的生产手段，实现较少的人力投入，以规模化的生产经营，获得优质高产的园艺产品，这是我国农业现代化的发展方向和努力目标。

6. 作为中小学生的教具和科研人员的研究工具 无土栽培尤其是水培植物，新颖、直观，生动、说服力强，可帮助中小学生了解植物生长发育、根系吸收矿质营养等方面的知识，培养青少年学科学、爱科学，开发学生智力，培养学生的动手能力，无土栽培植物是中小学生物课、课外兴趣小组良好的教具，我国许多中小学已在校内建立了无土栽培种植园或种植基地，供学生定期参观和参加管理过程，对学生了解现代化农业科学技术和接触农业生产实际发挥了积极的作用。

此外，无土栽培技术从诞生以来，就成为重要的科学研究工具被广泛采用，显示了其优越的便利性和可控性特点，在植物的营养生理、根系生理、逆境生理、化感作用、根际病害等领域的应用已十分普遍。

7. 在开发太空农业上的应用 无土栽培技术在可以预见的未来人类较为长期在太空生活中几乎是唯一的一种种植绿色植物的方法，随着航天事业的发展和人类进驻太空的需要，无土栽培技术在航天农业上的研究与应用正发挥着重要的作用。美国国家航空航天署(NASA)和包括我国在内的许多国家的宇航研究部门，都非常重视无土栽培在太空中的应用。对采用无土栽培技术生产宇航员在太空中所需要的食物及相应的栽培系统做了大量研究与应用工作，有些粮食作物、蔬菜作物的栽培已获成功，并且取得了很好的效果。

第二节 无土栽培技术的发展历史

自古以来农业的传统概念为“辟土种谷曰农”，农业生产离不开土壤，这是长期以来人们对作物种植所形成的基本概念。而无土栽培则完全摆脱了对土壤的依赖，冲破了传统观念的束缚，在技术和观念上均是重大的改革和进步。最早的有关无土栽培的文字记载可以追溯到 2000 多年以前，那时是人们无意识地进行了无土栽培的生产实践。我国在 1700 年前的汉末(公元 3 世纪)时，南方水乡就有利用葑田(又名架田，是菰的根系和茎多年聚结起来的“板块”，常浮于水面)种稻、种菜的图文记载。此外，我国宋代已盛行的豆芽菜栽培，利用盘碟盛水种蒜苗、风信子、水仙花及竹筏草绳种水蕹菜等，都属于无土栽培，形成了原始的无土栽培雏形。随着 19 世纪李比希(Liebig)提出植物矿质营养学以来，人们对植物营养本质逐步认识，便进行了广泛的无土栽培试验研究工作。从科学地自主性地进行无土栽培试验研究到今天大规模生产应用只经历了170余年的历程，大体上可分为试验探索研究、生产应用和高科技发展3个时代。

一、试验探索研究时期

（一）矿质营养学说的提出

1840年，德国化学家李比希在有关植物营养源于水说（1648）、土说（1731）、腐殖质说（1761）等前人大量研究的基础上，对植物的营养吸收及植物体的成分进行了研究，通过对植物体的化学成分分析结果及根据当时农业上关于物质循环的观念，提出了植物以矿物质作为营养的“矿质营养学说”，奠定了无土栽培的理论基础。尽管他本人没有做过矿质盐配制溶液（营养液）栽培植物的尝试，但他的学说引发了广泛的有关矿物质作为植物营养来源和作用的试验研究工作，他的许多观点被其后的科学工作者的试验所证实，并得到补充和完善，成为一个至今仍发挥巨大作用、划时代的伟大学说。

（二）矿质营养学说的证实

1842年，德国科学家卫格曼（Wiegmann）和波斯托罗夫（Postolof）使用铂坩埚，用石英沙和铂碎屑作基质支撑植物，并加入溶有硝酸铵和植物灰分浸提液的蒸馏水来栽培植物获得成功，发现仅用硝酸铵溶液时植物发育不够完全，而添加植物灰分浸提液后植物生长良好，证实了李比希的矿质营养学说，这是营养液栽培的雏形。此后，布森高（Boussingault）、霍斯特马尔（Horstmar）进一步进行营养液栽培试验，证实了矿质营养学说。

（三）矿质营养学说的充实

1859年，萨克斯（Sachs）研究了利用石英沙作为基质，浇灌营养液来栽培植物，1865年他又与克诺普（Knop）利用广口瓶盛装营养液，用棉塞固定植株，把植株悬挂起来而根系伸入瓶内的营养液中，进行水培植物试验（图1-2）。同时结合化学分析的方法分析植物体的元素组成，首次提出了10种必需元素学说，这10种元素为C、H、O、N、P、K、Ca、Mg、S、Fe，并确定了相应的无机化合物KNO_3、$Ca(NO_3)_2$、KH_2PO_4、$MgSO_4$作为植物的营养源（并添加少量的$FeCl_3$作为铁源），形成了克诺普营养液，也成为四盐营养液。这种利用含有矿质元素的溶液（即营养液）来种植植物的方法被称为溶液培养（solution culture）或水培（water culture），该方法至今仍在许多科学研究领域中应用。萨克斯和克诺普可以称为现代无土栽培技术

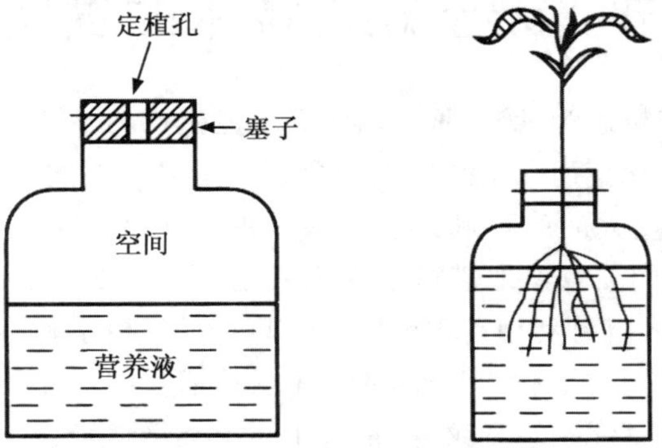

图1-2　Sachs和Knop的水培装置图

的先驱。

(四)标准营养液配方的提出

随着现代化学科学和生物科学的进展,继萨克斯和克诺普工作之后,许多科学工作者对营养液进行了深入的研究,提出了很多营养液的配方,有许多标准的营养液配方至今世界各地仍作为营养液的规范配方在广泛使用。其中最有代表性的科学家有诺伯(Nobbe,1869)、托伦斯(Tollens,1882)、舒姆佩尔(Schimper,1890)、普法发尔(Pfefter,1900)、科劳恩(Crone,1902)、托丁汉姆(Tottingham,1914)、斯福(Shive,1915)等。特别值得一提的是美国科学家霍格兰和阿农(Hoagland and Arnon),他们在1938—1940年通过试验研究,阐明了营养液中添加微量元素的必要性,并对营养液中各种营养元素的比例和浓度进行了大量的研究,在此基础上发表了标准的霍格兰均衡营养液配方,迄今仍被广泛采用。

这一时期众多研究者的工作重点是探索植物究竟需要什么作为营养,各营养元素的比例需要达到怎样的水平才能更符合植物生长的需求等,此时的工作以实验室为主,还没有认识到营养液栽培作为一项具有巨大潜能的先进农业生产技术来应用的可能性。

二、生产应用时期

1929年至第二次世界大战前夕,是无土栽培技术投入生产的发端期。1929年美国加利福尼亚大学的W. F. Gericke教授,利用营养液成功地培育出一株高7.5 m的番茄,采收14.5 kg果实,引起人们极大的关注,被认为是无土栽培技术由试验转向实用化的开端。他在装有营养液的种植槽上方安装四周用木板、底部由金属网做成的定植网框,依次装入麻袋片、锯木屑和蛭石等固体基质以固定、支撑植物,并保证根系在黑暗的环境下生长。植物定植在基质中,随着植株的生长,根系伸长后穿过金属网而漂浮于种植植物的营养液中,从营养液中吸收水分和养分(图1-3)。格里克于1933年用这种种植植物的装置以"水培植物设施"为名取得专利。为了区别于以前的水培(water culture),Gericke教授把无土栽培定义为"Hydroponics"(hydro是"水"的意思,ponics意为"放置")。后来又称为水耕(hydroponics,water working)。1935年一些蔬菜和花卉种植者,在Gericke教授指导下,进行了大规模的生产实践,首次把无土栽培发展到商业规模生产,面积最大的有0.8 hm^2。同期,美国新泽西农业试验场利用沙子作基质,进行沙培(sand culture)玫瑰获得成功。1938年,美国普鲁东大学又在沙培基础上改用排水透气性较好的石砾作为栽培基质,进行大规模的砾培(gravel culture)。在Gericke教授指导推动下,水培技术也很快传到了欧洲、印度和日本等地。

第二次世界大战期间,水培在生产上起了相当大的作用。在Gericke教授指导下,泛美航空公司在太平洋中部荒芜的威克岛上种植蔬菜,用无土栽培技术解决了航空班机的乘客和服务人员吃新鲜蔬菜问题。以后英国农业部也对水培发生兴趣,1945年英国空军部队在伊拉克的哈巴尼亚和波斯湾的巴林群岛开始进行无土栽培,解决了吃菜靠飞机由巴勒斯坦空运的问题;1944年在日本硫黄岛,建立了无土栽培基地,生产蔬菜以解决军需供应。在圭亚那、西印度群岛、中亚的不毛沙地上,科威特石油公司等单位,都运用无土栽培为他们的雇员生产新鲜蔬菜。同期,华侨张四维在我国上海虹桥创办四维农场开展了温室番茄的无土栽培,供应聚居上海的国内外豪富消费,浙江大学农学院的陈子元院士是当时该农场的青年技师。

由于第二次世界大战期间无土栽培在解决不毛之地的军需供应上的突出贡献,战后美国、欧洲等喜生食蔬菜的国家和地区的国际交流频繁,把无土栽培技术推广到日本、韩国、中国等东方使用人畜粪尿的国家，以生产洁净的蔬菜满足西方人饮食文化需求。1946 年在日本东京的调布、滋贺县大津及韩国太原等地建立了大型的砾培设施，作为美军新鲜洁净蔬菜的生产与供应基地，其中调布投资 2 亿日元，面积达 22 hm^2，提供了大量的莴苣、芹菜、萝卜、白菜等新鲜蔬菜，当时在无土栽培基地中规模堪称世界第一，直到 1961 年美军移驻异地。

三、大规模集约化、自动化生产应用时期

从 20 世纪 60 年代开始，随着无土栽培理论和技术趋于完善和成熟以及在生产应用上初步显示出的优越性，无土栽培作为一种理想的农业生产模式引起了科技界和各国政府部门的普遍关注，成为生产者所期望的一种农业新技术。由于广阔的应用前景和社会需要，众多的研究者和非农业生产部门迅速介入，使无土栽培技术自第二次世界大战以后真正进入大规模生产应用阶段。同时伴随着石油化工工业的发展，使无土栽培中大量使用的塑料产品如管道、薄膜等价格下降，以及水泵、电磁阀、定时器和酸度计、电导仪和计算机等控制仪器仪表的应用，使栽培设施定型化、标准化，使安装操作简易、方便化，使栽培环境洁净化，且成本投入大幅度降低；尤其是进入 20 世纪 80 年代以后，由于各种营养液管理系统辅助设施、仪器、仪表的开发、应用和发展，温室环境计算机全自控技术的应用，基本实现了温室内温、湿、光、气等环境调控与营养液管理的自动化；伴随着园艺设施工程技术的发展，使无土栽培的环境保护设施不断提高和完善，且设施不断向大型化方向发展；同时园艺设施内栽培床、运送机械设备与机器人的研发和使用，使得无土栽培的生产全程逐步实现机械化、自动化与智能化操作，生产规模日益扩大。

20 世纪 80 年代开始在日本、英国、美国、奥地利、丹麦及中国都陆续建有高度自动化的蔬菜工厂、花卉工厂和果树工厂。1981 年英国 Littlehampton 建立了一个面积达 8 hm^2 的大型温室，专门用于番茄的生产，号称“番茄工厂”。在沙特阿拉伯萨地亚特岛的干旱地区研究所建立了面积为 8 hm^2 的水培温室。奥地利的鲁斯那(Luthner)公司研发了一种作物连续水培的装置，在一个高大温室中设一些传送带，在传送带上固定作物，从传递带的一端开始每天播种，根据作物生长期的不同，设立多个不同生长期最适的环境，传送带把不同苗龄的植株逐级向后传送，直至最后收获，这种装置主要用于小株型作物的种植。20 世纪 80 年代，美国的亚基塔尼约卢 · 米德兰农场建成一座 18 000 m^2 的植物工厂，规模之大前所未有。日本相继建立了 50 余所植物工厂，采用封闭式 LED/CCEF 或荧光灯人工光源和全新的调控系统，最大限度地满足作物对水、肥、气、光、热等条件的要求；采取水平放任栽培法，使番茄根茎粗达 20 cm 以上、一株生产果实 13 000 个，一株黄瓜生产 3 300 条瓜，一株甜瓜生产 90 个瓜，开拓了生命科学新空间，最大限度地发挥了植物的生产潜能。日本神内农场 2001 年建立了一个面积为 3 000 m^2 的全自动、全天候的植物工厂，太阳光和人工光并用，它由计算机对室内所有的作物生长条件自动控制，从种子的播种开始，经历生长的各阶段直至最后的收获均由计算机全自动控制，采用 M 式水培技术，多层立体栽培叶用莴苣和青梗菜，机器人采收，生产过程高度机械化和自动化。我国 20 世纪末从国外引进成套无土栽培生产设施，例如 1996 年上海从荷兰引进 6 hm^2 钢结构玻璃温室，其中 3 hm^2 设在浦东孙桥现代农业开发区，并引进相应的岩棉培无土栽培技术，长季节栽培番茄、甜椒等蔬菜作物获得成功；1998 年、1999 年深圳和北京分别从加拿大引进 1.33 hm^2 和 1.5 hm^2 的叶用莴苣连续生产深池水培装置；2009 年 9 月在长春、寿光，2010 年 2 月、2011 年 4 月分别在北京和南京建成现代化植物工厂，反映了高科技时代的

无土栽培技术水平。

无土栽培的集约化和规模化经营最成功的国家是荷兰，荷兰无土栽培的推广应用面积，1971 年为 20 hm^2，1981 年推广至 120 hm^2，1993 年为 700 hm^2，1995 年为 8 500 hm^2，2000 年超过 1 万 hm^2，近 10 年来稳定在 1.1 万 hm^2 左右；荷兰依托高科技，使温室无土栽培番茄和黄瓜单产，从 20 世纪 70 年代每平方米年产 20 kg，增长到 2008 年的 100 kg，38 年间增长 4 倍。其温室大型化和经营规模化趋势明显，如 1975—1995 年的 20 年间，经营 0.1～0.5 hm^2 温室面积的农户由 5 900 户降至 1 660 户，而此期经营大于 2 hm^2 的农户由 101 户增至 442 户，经营总户数由 9 770 户下降至 4 690 户，平均每户经营面积由 0.48 hm^2 增至 0.94 hm^2。经营农户逐渐减少，单体面积不断增加，日趋向大型化、规模化、连片化方向发展。到 2005 年，单栋 2 hm^2 以上的温室，占全国温室的 60%以上，这在一定程度上反映了西欧各国无土栽培生产应用的发展态势和规模化程度。

第三节 无土栽培的现状与展望

一、世界无土栽培发展的历史与现状

由于无土栽培在世界范围内的不断发展，1955 年 9 月，在第 14 届国际园艺会议上成立了国际无土栽培工作组，成员 12 人。而到了 1980 年召开的第五届国际无土栽培会议时，出席人员已达 175 人，发表论文 50 多篇，并在会上决定把“无土栽培工作组”改称为“国际无土栽培学会”(International Society of Soilless Culture，ISOSC)。目前世界上已有 100 多个国家和地区掌握了无土栽培技术，应用于蔬菜、花卉、果树和药用植物的栽培。

(一)欧洲的无土栽培概况

荷兰是世界上温室园艺十分发达的国家，世界上连栋玻璃温室 2/3 的面积在西欧，荷兰面积居首位达 1.1 万 hm^2。国际无土栽培学会(ISOSC)总部设在荷兰，极大地促进了欧洲和荷兰的无土栽培发展速度。荷兰 1971 年无土栽培面积仅 20 hm^2，1995 年达到 8 500 hm^2，2000 年已经超过 10 000 hm^2，成为世界上无土栽培最发达的国家之一。荷兰无土栽培主要是岩棉培，占总面积的 2/3，主要种植番茄、黄瓜、甜椒，目前花卉(主要是切花)无土栽培的面积占荷兰无土栽培总面积的 50%以上。

英国人库柏(Cooper)在 1973 年发明了薄层营养液膜技术(NFT)，是水培技术的重大突破，它较好地解决了水培作物根系供氧与供水之间的矛盾，推动了无土栽培的一次发展高潮，曾经在英国有较大的发展，占英国无土栽培总面积的 1/3，但因其技术要求高不易掌握，设备投资也比较高，目前面积日趋减少。英国无土栽培也以蔬菜为主，黄瓜面积最大。

欧洲的其他国家也有无土栽培技术推广应用，意大利的无土栽培占园艺作物生产的 1/5。此外，法国、挪威、西班牙、俄罗斯等都有无土栽培生产。

(二)美洲的无土栽培概况

美国是世界上最早应用无土栽培技术进行商业化生产的国家，而且由于军需，也是在世界范围内广泛传播和推广无土栽培技术的国家。但美国目前国内无土栽培面积按其国土面积和人口来衡量，并不太多，1997 年约为 308 hm^2。美国无土栽培主要集中在自然条件差的地区，无土栽培技术及科技水平都相当先进，全国有几百万个家庭业余在庭院中搞无土栽培。目前美国无土栽培技术的研究重点已转向太空农业，无土栽培可能是太空中进行绿色植物生产的唯一方法，美国宇航中心已经成功地采用无土栽培技术生产出人类在太空中生活必需的食物，其研究成果显示出了农业高科技可观的生产能力。据有关资料报道，在古巴哈瓦那郊区，一个水培工厂生产的黄瓜和番茄，占有当地市售产品的相当比重。在美国采用岩棉栽培黄瓜，也获得 100 kg/m^2 的产量水平，表明其无土栽培的产业化生产能力也具世界先进水平之列。

（三）亚洲无土栽培概况

日本无土栽培技术的发展得益于 1946 年美军在调布建立的 22 hm^2 大型无土栽培基地，生产军需蔬菜，同时吸收了 40 名日本技术人员参与管理。无土栽培技术很快引起社会极大关注，加之 1960 年前后，日本全国范围内设施栽培的普及和连作障碍的日益突出，促进了无土栽培技术的普及与发展。无土栽培面积由 1971 年的 31 hm^2 到 1981 年的 282 hm^2，1999 年达到 1 056 hm^2，主要栽培草莓、番茄、辣椒、黄瓜、甜瓜等作物。日本著名无土栽培专家山崎肯哉提出了植物对养分和水分的吸收，是按比例同步进行的概念，即植物吸收一定量的水就相应吸收一定量的各种营养元素，以此概念为基础，设计出一系列山崎营养液配方，对专用配方研究起到了积极推动作用。日本的营养液栽培有独自的特点，深液流技术（DFT）就是在日本首先发展起来的，而且形式多样，如 M 式、神园式、协和式等。日本不仅在无土栽培的试验研究和大规模应用方面处于世界先进水平，而且开展了超前性研究，尤其在植物工厂研究方面居世界领先水平，根据 2009 年的统计，遍及全国各地的植物工厂有 50 处，如日本电力中央研究所、三菱重工、M 式水耕研究所等研制的各种全自动控制的植物工厂基本实现了机械化和自动化生产。韩国无土栽培也有相当面积，主要从事蔬菜和花卉栽培。

二、我国无土栽培发展的历史与现状

我国原始的无土栽培历史悠久，宋代林洪的《山家清供》一书就有泡豆芽的记载。我国南方的“船户”，由于长年在水上作业难以吃到新鲜蔬菜，就在船尾拖一竹筏于筏上种菜，成为“水上菜园”。水仙栽培、水生蒜苗栽培、各种芽菜栽培，都是比较原始的无土栽培，我国很早就广为应用。

现代无土栽培技术的研究与应用，我国起步较晚。20 世纪 70 年代后期，我国无土栽培技术有了较大发展。山东农业大学园艺系率先开展了相关研究，并将研究成果应用于生产，于 20 世纪 80 年代初，在胜利油田建成我国第一个有一定规模（6 699 m^2）的蔬菜无土栽培基地。1986—1995 年的“七五”“八五”期间农业部把蔬菜作物的无土栽培列为农业部重点攻关项目，中国农业大学（原北京农业大学）、中国农业科学院蔬菜花卉研究所、南京农业大学、上海农业科学院、北京蔬菜研究中心、江苏农业科学院、华南农业大学等许多单位，都开展了有关无土栽培的研究与开发工作，并加以应用推广，取得了一批有价值的研究成果，形成了南北方各具特色的无土栽培技术体系，其中以浮板毛管水培和有机生态型无土栽培最具特色。前者是浙江省农业科学院和南京农业大学在对日本浮根水培设施充分研究的基础上形成的深液流栽培系统，用分根法较好地解决了水培供液与供氧的矛盾，并在东南沿海地区得到了推广应用；后者是中国农业科学院蔬菜花卉研究所针对北方地区水质硬，营养液管理技术复杂，生产者难以掌握的问题，采用槽培方式，在栽培基质中混入有机肥，管理过程中用固态肥（以有机肥为主，根据植物需要添加适宜比例的氮、磷、钾等大量元素）取代传统营养液，既解决了北方地区水质硬对营养液平衡影响所带来的一系列问题，也简化了管理对技术的要求，生产者容易掌握，生产成本也大幅度下降，因此在北方地区得到了大面积的推广应用，这种无土栽培方式目前在我国仍占有很大比重。“九五”以后，科技部在设施园艺领域所列科技支撑项目，均把无土栽培作为重点研究内容之一，包括替代草炭基质研究、适宜都市农业的栽培方式研究等，使我国在无土栽培实用技术应用方面取得很多新进展。

1985 年成立了“中国农业工程学会无土栽培学组”，积极推动了我国无土栽培技术的发展。1988 年 5 月，中国首次出席了在荷兰召开的第七届国际无土栽培学术年会，并在会上发表了论文，引起了很多国家的重视。1994 年在浙江杭州，中国首次召开了国际无土栽培学术会议，影响很大。

北京林业大学马太和教授，于 20 世纪 80 年代初，以美国 Howard M. Resh 的水培为基础编译出版了我国第一本专著《无土栽培》，系统阐述了无土栽培的理论与技术，对我国无土栽培的发展起到了重要的推动作用；1994 年，华南农业大学连兆煌教授和南京农业大学李式军教授组织编写了全国第一本无土栽培方面的高校统编教材《无土栽培原理与技术》，为农业院校相关专业开设无土栽培课程提供了教材；2003 年南京农业大学郭世荣教授主编了普通高等教育“十一五”国家级规划教材《无土栽培学》，对无土栽培人才培养和技术普及起到了重要推动作用。

改革开放以来，随着无土栽培理论与实用技术的普及，我国无土栽培也得到了持续稳定的发展，尤其是“九五”（1996—2000 年）期间，我国无土栽培迅速发展，面积由 1996 年的 100 hm^2，扩大到 200 hm^2 以上，5 年增加了 1 倍，2000 年急速增至 500 hm^2，2001 年约 865 hm^2，2004 年 1 070 hm^2，2006 年 2 000 hm^2，2008 年超过 10 000 hm^2，迄今仍处于蓬勃发展的强劲势头。从栽培形式来看，各地都在多年栽培积累经验的基础上，努力摸索适合本地经济水平、市场状况和资源条件的无土栽培系统和方式。尤其是对非可耕地利用方面，积累了丰富经验，无土栽培面积迅速扩大。甘肃省肃州区，2007—2009 年累计利用盐碱、沙石地发展日光温室 353 hm^2，主要采用无土栽培技术生产茄果类和瓜类蔬菜，平均每 667 m^2 效益达到 15 447 元。同时，辐射带动玉门、高台、临泽、金塔、敦煌、临洮等周边县（市）发展非耕地日光温室蔬菜无土栽培面积已超过 733 hm^2。海南省在沿海荒滩上建起约 2 000 hm^2 的塑料大棚无土栽培基地，主要生产反季节优质西（甜）瓜，规模效益十分显著。宁夏回族自治区中卫市，在腾格里沙漠腹地盖起草砖墙体沙漠日光温室 39 栋，生产有机果菜，并规划先用 5 年的时间，建成一个 1 067 hm^2 的沙漠高科技农业科技示范园区，再用 15～20 年的时间，建成一个占地 6 667 hm^2 规模和区域特色鲜明的沙漠现代农业示范基地。在海南滨海滩涂和南沙群岛，基质栽培也得到广泛应用。目前基质栽培面积占到我国无土栽培面积的 90%以上，水培技术主要集中在东南沿海长江流域以及江浙沪一带，水质比较软的地区及在科技园区、都市观光农业和绿叶蔬菜工厂化生产领域应用，如在北京地区，为了解决韭菜栽培的韭蛆问题，由北京市农林科学院蔬菜研究中心开发的水培韭菜系统近两年得到了一定面积的应用。

三、无土栽培技术前景展望

无土栽培技术的出现，使人类获得了对作物生长全部环境条件（地上和地下）进行精密控制的能力，从而使得农业生产有可能彻底摆脱自然条件的制约，按照人类的愿望，向着机械化、自动化和工厂化的方向发展，这将会使农作物的生产潜力充分发掘，产量得以大幅度提高。

从资源的角度看，耕地是一种极为宝贵的、不可再生的资源，由于无土栽培可以将许多不可利用的土地加以开发利用，所以使得耕地资源得到了扩展和补充，这对于缓和地球上日益严重的土地问题，有着深远的意义。在不久的将来，海洋、太空也将成为新的开发利用领域，无土栽培技术已被许多科学家作为研究“宇宙农场”的有力手段，人们称为太空时代的农业，已经不再是不可思议的事。

水资源的问题，也是日益严重地威胁人类生存和发展的问题，随着人口的不断增长，水资源紧缺越来越突出，无土栽培避免了水分的渗漏和流失，将成为节水型农业的途径之一。此外，随着农业人口逐年减少、劳动力逐年老龄化、劳动力成本逐年增加等，解决这些问题的对策就是实行栽培设施化、作业机械化、控制自动化，而无土栽培是最佳选择。上述几方面，反映了无土栽培发展前景非常广阔。

但是，无土栽培技术在走向实用化的进程中也存在不少问题，突出的问题是成本高、一次性投资大；同时还要求较高的管理水平，这也不是任何地方都能做到的。从理论上讲，进一步研究矿质营养的生理指标，如何解决某些作物无土栽培过程中早衰、减少岩棉等基质栽培的盐分积累问题，都是有待解决的问题。此外，无土栽培中的病虫防治、基质和营养液的消毒、废弃基质的处理等也需要进一步研究解决。

因此，对无土栽培技术要有客观评价。土壤是人类赖以生存的物质基础，人类不能没有它。人类可以用无土栽培去代替部分土壤，但不能完全取代土壤。

本章思考题

1. 无土栽培有哪些类型？什么是水培、雾培和基质培？
2. 无土栽培有哪些优点？存在哪些局限性？
3. 无土栽培主要应用在哪些方面？

第二章　无土栽培的理论基础

学习目标：

1. 理解无土栽培的理论基础是矿质营养学说。
2. 掌握植物根系对水分和养分的吸收过程和影响因素。
3. 了解植物必需营养元素的功能及缺乏所产生的功能障碍。
4. 了解表观吸收成分组成浓度在作物专用营养液配方研究中的原理与作用。

第一节　植物的矿质营养学说与无土栽培

我国农业生产的历史悠久，"万物土中生"是人们对于作物种植模式的一般理解，这段发展历史延续了几千年。实际上很久以前人们就开始了无土栽培植物的尝试，直到后来从西欧开始对植物营养科学理论的探索，围绕着植物生长发育究竟需要什么物质，所需的物质是矿物质养分还是有机物质养分等问题开展讨论，在逐渐对植物矿质营养学说有了进一步认识的基础上，才开始了无土栽培的试验研究，并最终走向大规模的生产实用化，因此植物矿质营养学说的提出为无土栽培奠定了理论基础。

一、植物的矿质营养学说

18 世纪末到 19 世纪初，西欧对两种对立的植物营养学说进行着争论，即腐殖质营养学说和矿质营养学说。争论的核心为植物究竟需要什么作为其营养？

腐殖质营养学说的代表人物是德国学者泰伊尔(Thaer，1752—1828)。该学说认为，腐殖质是决定土壤肥力的主要因素，是植物营养的唯一来源，而矿物质只不过是起着间接作用，即矿物质只是起着加速腐殖质转变为易被植物吸收的物质的作用。腐殖质营养学说尽管在欧洲风行一时，但是也有很多学者反对该学说，并以科学实验的结果来批驳。1804 年，法国索秀尔(de Saussure)采用精确定量方法测定了空气中的 CO_2 含量以及由含有不同数量 CO_2 的空气所培养的植物体内碳素含量，结果证实植物体内的碳素来自大气中的 CO_2，是植物同化作用的结果，而植物的灰分则来自土壤；碳、氢、氧来自空气和水。1834 年法国农业化学家布森高(Boussingault，1802—1887)在自己的庄园里采用索秀尔的定量分析方法，研究碳素同化和氮素营养问题，表明植物中碳素来源于空气中的二氧化碳，并发现豆科作物有利用空气中氮素的能力，而谷类作物只能吸收土壤中化合态氮素。这些学者用相关试验结果不断的批驳着腐殖质学说，但是一直没有一种独立的学说被提出。

直到 1840 年，德国著名的化学家李比希(Liebig，1803—1873)在伦敦英国有机化学学会上发表了题为"化学在农业和生理学上的应用"的著名论文，正式提出了植物矿质营养学说，并彻底否定了当时流行的腐殖质营养学说。他指出腐殖质是在有了植物以后地球上才出现的，而不是在植物出现以前，因此植物的原始养分只能是矿物质，这就是矿质营养学说的主要论点。

矿质营养学说被李比希提出后获得了许多学者的证实和发展。萨克斯(Sachs,1860)和克诺普(Knop,1861)先后用矿质盐类制成的人工营养液(完全排除有机腐殖质)栽培植物并获得成功,在营养液中植物不仅能正常生长与成熟,还能结出种子,完成其生命周期。这一成就有力地证明了矿质营养学说的正确性。至此,人们对植物营养要求才有了较为清晰的认识,也是对土壤本质即土壤肥力这一核心思想的认识。在前人的基础上,萨克斯还创立了近代水培技术,他提出一个营养液成分的标准配方,同时介绍了更换营养液的方法、培养液体积与植物密度的相关性,并提出铵盐和硝酸盐两者均可被利用的观点。

无土栽培技术在100多年前是作为验证植物营养学说而被使用的,它充分证明了李比希矿质营养学说的正确性,充实和丰富了矿质营养学说的内容。在过去由于土壤成分复杂而且不均一,植物矿质营养中的许多问题,如各营养元素必需性的确定、缺乏症的鉴定等,很难用土壤培养的方法来研究。在溶液培养中,因为所有无机盐的成分和数量都是已知的,而且可以任意控制,所以研究便利而有效。把植物的根浸在通气的培养液中,植物可以生长得很好。培养液的pH影响和总的盐浓度对植物生长的渗透效应也很容易分析。

可以说,没有无土栽培技术的应用,就难以证明矿质营养学说的正确性,其内涵也不可能得以充实和完善。反过来,日趋完善的植物营养学说又进一步推动了无土栽培技术的发展,从20世纪30年代开始,无土栽培技术从实验室的研究逐渐走向实用化的生产应用。格里克(1929)在美国加州农业试验站将无土栽培技术应用于生产,使得最初用于验证矿质营养学说正确性的无土栽培技术从实验室走向大规模商业化应用,使之发展成为一种高产优质高效作物生产的先进农业生产技术。因此,可以说植物的矿质营养学说是无土栽培的理论基础。

二、植物的必需营养元素

李比希的矿质营养学说中指出燃烧植物所剩下的残灰中有P、K、Ca、Mg、S、Na等元素,这些物质对植物体的形成是必要的。后来学者用化学方法测定得知,植物灰分中至少有几十种化学元素,甚至地壳岩石中所含的化学元素均能从灰分中找到,只是有些元素的数量极少,但经生物试验证实,植物体内所含的化学元素并非全部是植物生长发育所必需的营养元素。如何判定哪些营养元素是植物生长所必需的,对此,1939年阿隆(Arnon)和斯托德(Stout)提出了三条准则:①这种化学元素对所有植物的生长发育是不可缺少的。缺少这种元素植物就不能完成其生命周期。对高等植物来说,即由种子萌发到再结出种子的过程。②缺乏这种元素后,植物会表现出特有的症状,而且其他任何一种化学元素均不能代替其作用,只有补充这种元素后症状才能减轻或消失。③这种元素必须是直接参与植物的新陈代谢,对植物起直接的营养作用,而不是改善环境的间接作用。符合这些标准的化学元素才能称为植物必需营养元素,其他的则是非必需营养元素。

到目前为止,国内外公认的高等植物必需的营养元素为碳(C)、氢(H)、氧(O)、氮(N)、磷(P)、钾(K)、钙(Ca)、镁(Mg)、硫(S)、铁(Fe)、硼(B)、锰(Mn)、铜(Cu)、锌(Zn)、钼(Mo)、氯(Cl),共16种。碳和氧来自空气中的二氧化碳;氢和氧可来自水,而其他的必需营养元素几乎全部是来自土壤。只有豆科作物有固定空气中氮气(N_2)的能力,植物的叶片也能吸收一部分气态养分,如二氧化硫。

这些必需营养元素在植物的生长发育过程中起着不同的作用,K. Mengel和E. A. Kirkby

(1982)根据植物营养元素的生物化学作用和生理功能将植物必需营养元素分为以下四组。

第一组为C、H、O、N和S。它们是构成有机物质的主要成分,也是酶促反应过程中原子团的必需元素。这些元素能在氧化还原反应中被同化。碳、氢、氧在光合作用过程中被同化形成有机物,氢在氧化还原反应及电子传递中起重要作用。C、H、O、N和S同化为有机物的反应是植物新陈代谢的基本过程。

第二组为P、B、Si。这三个元素有相似的特性,它们都以无机阴离子或酸分子的形态被植物吸收,并可与植物体中的羟基化合物进行酯化作用生成磷酸酯、硼酸酯等;磷酸酯还参与能量转换反应。

第三组为K、Ca、Mg、Mn、Cl。它们以离子的形态被植物吸收。并以离子形态存在于细胞的汁液中,或被吸附在非扩散的有机离子上。这些离子有的能构成细胞渗透压,有的能活化酶,或成为酶和底物之间的桥梁。

第四组为Fe、Cu、Zn和Mo。它们主要以螯合态存在于植物体内,除Mo以外也常常以络合物或螯合物的形态被植物吸收。这些元素中的大多数可通过原子价的变化传递电子。此外,Ca、Mg、Mn也可被螯合,它们与第四组元素间没有很明显的界线。

多种的必需元素存在于土壤中,因此,在土壤栽培中为保证作物的产量,只需在其生长过程中施入部分营养元素,即氮、磷、钾。但是在无土栽培过程中,基质本身基本含有的营养元素很少,不足以满足作物生长所需,因此,在无土栽培过程中,营养液的配制显得格外的重要。

第二节　植物根系的结构与功能

一、植物根系的结构

1. 根系的类型　植物的根系主要分为直根系(tap root system)和须根系(fibrous root system)。

(1)直根系。直根系的主要特征是主根与侧根区别明显,主根粗大而长,具有强烈的向地性,总是垂直向下生长;侧根则相对短而细,一般沿一个角度围绕着主根生长。这样就形成了主根垂直向下、侧根沿一个角度向四周生长的"伞状"根系(图2-1A)。这种类型的根系往往生长得较深,其深扎的主根有利于吸收深层土壤的水分,周边分散的侧根容易吸收土壤表层的有效养分,因此是一些农作物的理想根构型。

大部分双子叶植物,如大豆、油菜、拟南芥等的根系都为直根系。种子在萌发后,首先产生胚根,再发育为初生根,初生根进一步发育为主根,然后主根再分化出侧根。侧根还可以进一步分化出次级根(二级侧根、三级侧根等)。此外,直根系在一定条件下也会在上胚轴、下胚轴、茎、叶或老根上长出一些根,由于这些根发生的位置不确定,所以又称为不定根。

(2)须根系。须根系主要特征是众多的不定根无主次之分,根系呈须状(图2-1B)。须根系由于没有主根,其不定根和侧根一般都向周围生长,因此整个根系往往分布较浅,且分布密度较大。这样的根系形态有利于吸收土壤表层的有效养分,但对吸收深层土壤的养分和水分不利。但也有特殊情况,如黄土高原上的小麦须根系在极端干旱条件下可深扎到2～3 m的土层中,说明根系的深浅可以在一定程度下受到环境条件的调节。

大部分单子叶植物,如水稻、小麦、葱、蒜、百合等的根系都为须根系。种子萌发后也会产

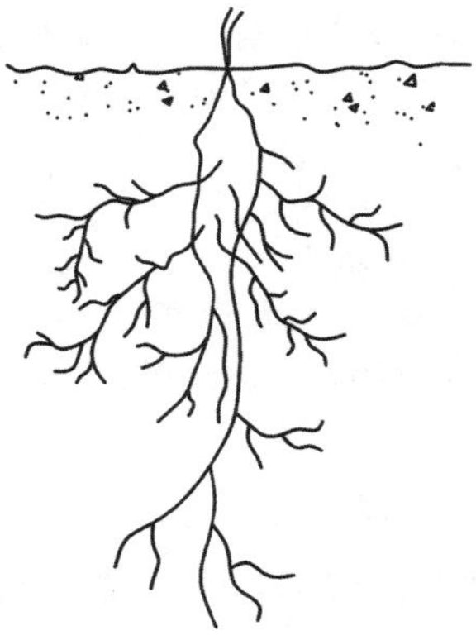

A. 直根系

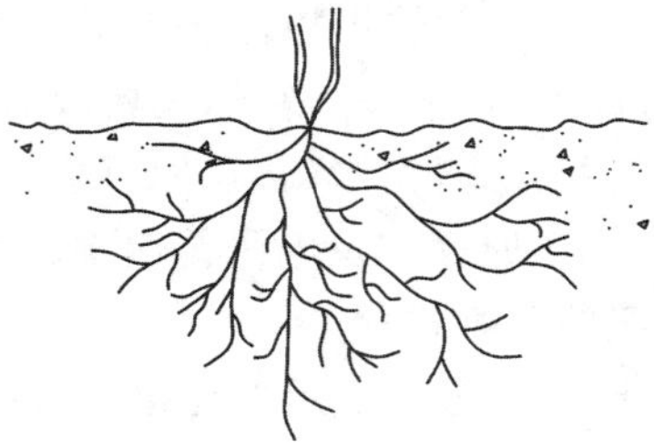

B. 须根系

图 2-1　根系的不同类型

生初生根（又称种子根），但初生根一般会退化甚至消亡，同时在茎的基部分化产生大量细小而且均匀的不定根，不定根上也可进一步分化出次级侧根。

2. 根系的构造　尽管植物根系千差万别，但到个体水平上，所有根系都有一定的共性，都可以细分为主根、侧根与不定根，其根尖都是由 4 个部分组成，即根冠（root cap）、分生区（meristem zone）、伸长区（elongation zone）和根毛区（root-hair zone）。

（1）根冠。根冠是指根尖顶端呈冒状结构的组织，是由多层排列不规则的薄壁细胞组成。根冠主要具有三个功能：一是保护根尖的顶端的分生组织，根尖生长时，根冠外层细胞不断解体和脱落，形成一个保护罩，使根尖不直接暴露在土壤中仍能正常生长；二是分泌黏液，黏液的主要成分为果胶等多糖类物质和氨基酸等活性物质；三是感受重力，控制根的向地性生长。

（2）分生区。分生区（又称生长点），是根生长活跃的部位。分生区全部都为分生组织细胞，具有极强的分裂能力和产生大量新细胞的能力。这些新细胞能用于补充根冠解体和脱落的细胞，也能用于分化为根的各种组织结构。同时，该区域合成功能旺盛，富含蛋白质和生长素，还是合成细胞分裂素的地方。一般作物根系分生区仅为数毫米，但是玉米、豌豆的长达 10～15 mm。

（3）伸长区。伸长区紧靠在分生区后面，是分生区细胞发育分化的结果。它的特点是细胞分裂基本停止，细胞体积扩大，出现明显的大液泡，并沿着根的长轴方向延伸，促进根的伸长皮层与中心柱内的维管束等组织开始分化。该区域代谢旺盛，干物质重，蛋白质含量高，氧化酶、转化酶等活性高，RNA 显著增加，赤霉素含量增多，吸水量增加，细胞膨压高，细胞迅速伸长。

（4）根毛区。根毛是指在根毛区由生毛细胞形成的突出部分，是特化的表皮细胞的一部分，是根的一种特殊结构。根毛一般呈管状，但不同植物的根毛形态差异很大。有人对自然条件下 20 个被子植物品种进行统计发现：根毛直径为 5～17 μm，平均长度为 0.11～1.5 mm，每毫米根长的根毛密度为 0～100 条。而 Hochmuth 等（1985）在番茄中发现了一种“蓬松”根毛，其密度达到 180 条，平均长度为 1.8～3.1 mm

根毛的生长速度和周期也因个体而差异较大。Dolan 等（1994）观察发现，拟南芥根毛以每分钟 1～2 mm 的速度伸长，直至 20～40 mm。根毛的寿命较短，一般只有几天，多的 10～

20 d就死亡。同时，根毛是吸收水分和养分的重要器官，它主要是通过增大根表面积来增加对水肥的吸收的。

根能吸收水肥，但水肥的含量也影响着根系的发育和生理功能。根毛对土壤湿度变化反应敏感，湿度正常时根毛发生较多，淹水时很少发生，过度干旱时停止发生。土壤干旱或植株体内水分供应不足引起根毛功能丧失，随后萎蔫枯死，这种情况下即使迅速恢复水分，新根毛也只能在数日后才发生。当Ca、B缺乏时，莴苣根毛的分化形成会受到抑制；Mn、Mo缺乏时，根毛分化形成得到促进；其他营养元素缺乏时，根毛的分化形成几乎不受影响。P的有效性较低和缺Fe能促进拟南芥根毛的分化，但NaCl胁迫抑制拟南芥根毛的伸长。Ca^{2+}是根毛发育的多功能调节者，其分布和动态影响着根毛的分化和发育。为了形成大量根毛并保持其吸收活性，需要控制水肥环境，而无土栽培多为容器栽培，几乎无缓冲空间，根系一旦出现问题难以修复，因此在该过程中为了能保证根毛的大量形成和保持活性，控制水肥环境就成为它的一个关键技术。

3. 限根栽培与根系发育　无土栽培多为容器栽培，容器生长植物根系的作用在本质上与田间生长植物一样，主要是维持水分和养分吸收和产生植物生长调节剂。它们主要的区别在于容器里生长的植物，其整个根系处在一致的环境变化中，而在田间，深层根系每天根系温度和湿度的变化较表层根系慢。容器栽培常常需要限制根系生长，限根培养对植物营养会产生影响：①它能限制根的物理生长，根的体积、长度以及表面积都会减小。②限制根区贮藏营养体积，减小了基质内缓冲能力，造成营养补给能力下降。因此，在容器里生长的植物，一旦遭受不良影响，则没有缓冲的空间，尤其是临界温度和湿度，以及养分的缺乏和盐分积累，且容器越小，根系遭受不良管理损坏的风险更大。由于增加营养补给并不能无限制地提高养分的浓度，这种情况下，可以通过高频率滴灌的持续供应方式使植物充分利用有效养分和水分；但即使如此，持续供应养分也不能克服根体积小带来的弊端。因此，根据特定作物生长速率、最终生长形态以及生长状况来选择合适的培养容器是十分重要的。

容器里生长的植物，常见的对根系生长影响的问题如下：

1）由于过量灌溉引起缺氧，导致根系死亡，尤其是在植物快速生长期。

2）根层没有被灌溉水充分淋洗，导致盐分积累。

3）高温期间，高浓度肥料投入导致的铵中毒。

4）太阳直射植物容器，使温度过高，导致根系死亡（Kafkafi，1990）。容器的材料和颜色影响光照吸收，进而影响了根系所处环境的温度。

5）在生长介质中含有有机物时，容易出现根系缺氧，因为有机质降解过程中，好氧微生物消耗大量氧气。对于所有活性根系，向下生长是向地性和向水性的自然反应。而在容器里，通常导致根系在容器底生成根丛，而这一区域可能由于根系之间对氧气竞争以及水层积累而易导致缺氧。

6）在容器栽培中，沙子作为生长介质可能引起通气和压实问题。在频繁操作过程中，每次对容器的物理碰撞，使得沙子压实，减少了通气空间，增加了根系渗透的机械阻力。

7）由于根区受到明显的限制，如营养液膜技术（NFT；Copoer，1973）下的植物生长体系需要持续不断的精细维护。已有研究表明，甚至是10 min的养分供应短缺，根系将停止生长；30 min缺氧将导致根尖以上根系伸长部的死亡（Huck et al.，1999）。

综上所述可知，限根栽培中，当生长介质的缓冲能力和供给能力成为限制因素时，单位植株和单位根系的养分吸收都会减少。当生长系统能维持根表每种养分的浓度时，限根培养系统中满足植物的养分需求不是主要的限制因子，最小的根系形态对植物 N 营养和其他可移动养分的需求比水分需求，气体和其他生理要求要小得多，但 P 和 Ca 的供应会成为限根培养的限制因子。

二、根系的功能

1. 固定支撑功能　植物根系随着栽培方式的不同而表现不同。如水培、雾培以及营养液膜技术中根系漂浮在营养液中或者暴露在潮湿的空气中，其支撑作用不大，株体的固定和支撑需要人工措施来实现；在基质栽培中，如沙培、岩棉培等中，根的固定支撑功能与土壤栽培中一样重要，根系扎在生长介质中，支撑起整个植株，使植物地上部分的茎和叶能自由伸展，并抵抗外界恶劣环境的冲击。

某些植物能从茎秆或近地表的茎节上长出一些不定根，能起到支撑植物直立生长的作用，称为支柱根，该现象在玉米、甘蔗等植物中能遇见。一些木质藤本植物（如常青藤）在其茎部能长出可依附其他物体表面生长的一种不定根，称之为攀缘根。借助这些攀缘根植物可以调整自己的空间位置，使细长柔弱的茎固着或攀缘其他物体向上生长，从而更好地生长发育。

2. 吸收与输导功能　根最主要的生理功能之一是吸收，植物生长过程中需要的水分与矿质营养主要都是通过根系吸收获取的。根系各个部位的吸收能力存在着很大的差异，其中以根毛区最强，根冠和根基最差。水分和矿质养分通过根系表皮的细胞壁和细胞内质膜进入植物体内，然后通过输导组织运往地上部分，矿质营养以溶于水中的离子形态被根系吸收。在无土栽培过程中，如果营养液浓度较低时，根系吸收的营养物质的量比水多，造成营养液浓度越来越低；反之，当营养液浓度较高时，根系吸收的水分比营养物质要多，从而使营养液浓度越来越高，这种现象在一定的范围内时有发生。

根系的输导功能表现在根能够将其吸收的水分、矿质营养、简单的小分子化合物。气体以及根系合成的各种物质等输送到地上部分相关器官，同时还能将地上部分合成的有机物输送到根部。

3. 合成与分泌功能　根系能够利用地上部分输送来的糖类，以及本身所吸收的 CO_2 与 NH_4^+-N 等合成许多有机物质，如氨基酸、维生素、植物激素、生物碱等。植物体内约 1/3 的赤霉素是在根内合成，细胞分裂素主要在根尖的分生组织中合成。

根系还能分泌出糖类、有机酸等近百种物质。根系分泌物根据分析质量的大小可以分为高分子分泌物和低分子分泌物，前者主要包括黏胶（多糖、多糖醛酸）和外酶，后者包括低分子有机酸、糖、酚及各种氨基酸。根系分泌物中还含有一些生理活性物质，如激素、维生素及各种自伤性和他伤性化合物。

4. 贮藏与繁殖功能　根系贮藏着许多养分物质或含有生物碱、苷等物质。有些植物的根系膨大，形成了明显的贮藏器官，有的植物贮藏器官是由主根膨大而成，如萝卜、甜菜等；有的植物贮藏器官则是由侧根膨大而成，如甘薯等。许多球根花卉根部贮存了大量的糖和脂肪等，当植物需要时，这些大分子物质降解为小分子物质被其利用，如大丽花、芍药等。较大的根冠对生长在干旱环境中的植物来说具有重要意义。

5. 呼吸与气体交换功能　根系在生长过程中需要不断的呼吸，与环境进行气体交换。多数情况下，植物进行有氧呼吸，在淹水的情况下，部分植物也能通过无氧呼吸来维持生命。茎秆上长出的粗壮气生根，除了可以吸收空气中的水分以外，还能进行气体交换，以补充土壤中氧气的不足，也称作呼吸根。

6.其他功能　根系除了以上功能以外，还具有感应功能、寄生功能、收缩功能、与菌的共生功能。

三、根系对水分的吸收

1.根系吸水过程　水在植物体内的运动包括3个步骤：水由根际环境进入根皮组织，并向木质部导管传送；水由根向叶输送；在叶片中水以气体分子形态释放到大气中。

根系主要是通过毛细管作用和渗透作用吸收水。根细胞的细胞壁呈多孔结构，这些微孔的直径通常小于10 mm，从而具有毛细管作用而吸收介质中的水分。这种毛细管作用实质是细胞壁对水分产生基质势(ψ_M)，可抵达－10 MPa。由于毛细管水势小于基质水势，所以基质水势通过根细胞壁的毛细管作用可直接进入根系组织。水分由皮层组织进入木质部导管可通过质外体途径和共质体途径。质外体途径吸收水的速率要高于共质体途径。靠近根尖部分的水分通过质外体途径进入木质部，其原因是根尖内皮层细胞尚未形成凯氏带；根成熟区水分通过共质体途径进入木质部，其原因是由于凯氏带的形成以及木栓质的不断增厚，进而阻止了水分通过质外体途径进入木质部。植物未形成凯氏带的根尖区域只占根系的很小一部分，如多年生木本植物不足1%，因此水分主要是通过共质体途径运输。

根细胞水分共质体运输的第一步为水分进入细胞，该步骤的动力是渗透作用。细胞膜有着半透膜的功能，由于细胞的代谢活动(离子主动吸收、有机酸的合成)，细胞内具有渗透活性的溶质增加，渗透势降低，细胞水势随之降低，从而推动水分进入细胞内。一般根外介质水势为－0.02～－0.2 MPa，根内水势则达到－0.5 MPa。根系吸水过程与其代谢密切相关，如低温缺氧、有毒物质等抑制代谢的因素存在，将会降低根系对水分的吸收。

水分由根细胞进入木质部导管的机理目前仍不完全清楚。一般认为主要依赖于渗透作用，即离子由木质部薄壁细胞主动分泌入木质部导管，使导管内水势下降，水分随之流入导管中，这就是根压的成因。在幼小植物中，根压强烈，足以使水分从叶尖泌出，称为吐水。如叶尖出现水珠，说明根部水分状态良好。但由于根压所产生的植物体内水分垂直运输输送距离仅为10～20 cm，最多不超过30 cm，所以只依靠根压作用不能做远距离输水。

2.蒸腾作用和蒸腾系数　蒸腾作用产生的蒸腾拉力是植物吸收和传导水分的主要动力，它主要是通过叶片进行的，包括角质层蒸腾和气孔蒸腾。蒸腾作用是受环境因子综合影响的，其中除气温、风速和光照对其影响较大以外，基质的含水量对总蒸腾耗水量、作物水分生产率和作物产量均有极显著影响。当基质含水量偏低时，总蒸腾耗水量最大、产量最低；而当基质含水量偏高时，导致植株的“无效”蒸腾增加，降低了作物水分生产率，使产量显著降低。

蒸腾系数是指植物在一定生长时期内的蒸腾失水量与其干物质积累量的比值，通常用每产生1 g干物质所需散失的水量克数表示。根据蒸腾系数的大小，可大体估计出不同作物的需水量，也能反映作物对水分利用的效率。蒸腾系数小表示植物合成1 g干物质所蒸腾消耗水分量少，植物对水分需求程度低，水分利用率高；反之亦然。蒸腾系数的大小取决于气象条件、作物类型和基质条件等因素。

3.表观吸收成分组成浓度　在无土栽培中，要同时考虑必要水量和各元素的吸收量，因此用蒸腾系数不能充分表达必要水量和必要肥量这一双重关系。为此。日本的山崎肯哉提出了表观吸收成分组成浓度这一概念。表观吸收成分组成浓度用 n/w 表示，n 表示各元素的吸收量(mmol)，w 表示吸收消耗水量(L)，反映了植物吸水与吸肥之间的关系，即植物吸收一定量水的同时就相应地吸收了一定量的各种植物营养元素，因而，n/w 值就成为配制营养液的浓度标准。日本学者山崎对几种蔬菜进行了测定，其结果如表 2-1 所示，并以此为基础，形成了不同蔬菜的专用营养液配方(见营养液相关章节)。

表 2-1　几种蔬菜的 n/w 值(山崎肯哉，1976)

蔬菜	生长季	1 株作物一生吸水量(L)	每吸收 1 L 水的同时吸收各元素的量(n/w＝mmol/L)				
			N	P	K	Ca	Mg
甜瓜	3～6 月份	65.45	13	1.33	6	3.5	1.50
黄瓜	12 月份至翌年 7 月份	173.36	13	1.00	6	3.5	2.00
番茄	12 月份至翌年 7 月份	164.50	7	0.67	4	1.5	1.00
甜椒	8 月份至翌年 6 月份	165.81	9	0.83	6	1.5	0.75
茄子	3～10 月份	119.08	10	1.00	7	1.5	1.00
结球莴苣	9 月份至翌年 1 月份	29.03	6	0.50	4	1.0	0.50
草莓	11 月份至翌年 3 月份	12.64	7.5	0.75	4.5	1.5	0.75

4. 影响水分吸收的因素　根系对水分的吸收受到温度、光照、相对湿度、风速、叶面积和植物叶片气孔的开合程度的影响，其中基质的含水量对总蒸腾耗水量有着极显著的影响。由于根系的向地性等导致在整个根区中，水分的吸收转运速率不均一。

在无土栽培中基质的含水量主要是受到基质“导水率”的影响，即水分在根区中的移动速率。基质的导水率要大于土壤的导水率，在所有的基质中，湿润的介质与干燥的介质导水率有很大的差异。当介质中水分不饱和时在灌溉时水分横向移动迅速。如果根区水分的移动速率较慢，植物就能以较高的速率吸收溶解的养分，造成后续的灌溉水中养分补给缺乏，进而造成营养和氧气匮乏。因此，无土培养系统一般由比土壤导水率高的基质组成。

如果基质的导水率非常低，在两次灌溉的间歇时期，从上部或下部根区提供的水分不能迅速分布到整个根区域，这会造成某区域的根区缺水。由于低导水率，根系附近基质补充水分是一个缓慢的过程，植物根系附近水分非常少且将继续耗竭，如果此时植物处在高温、强光照和干风的环境中，情况将十分严重，需要迫切采取有效措施。

如果植物不足以控制水分损失，它将开始凋萎，这通常造成叶细胞膨压的减小，外观上就是植株叶片的凋萎和茎的枯萎。在很短的时期内，由于不能进行大量足够的蒸腾作用，植物组织达不到机体降温的需要，如果继续下去，强光下，叶片的温度将升高，可能造成叶片死亡，需要有效的灌溉措施来防止植株凋萎的发生。因为 CO_2 进入叶片时，气孔会打开，水分也能通过这一过程进入叶片，所以使气孔打开的灌溉措施也能使产量达到最大化。如果水势非常低会减缓植物的生长，同样，如果植物体内的水分移动减慢，蒸腾作用减弱，矿质养分在植物体内移动也会减慢进而不能达到植物的需要。

同样的状况发生在土壤和无土基质系统中将会产生重大的差别。在土壤中，水分在根区的移动较为缓慢，因此植株需要更强大的根系生长到更广的土壤空间吸取水分以满足其蒸腾作用的需要。无土栽培系统中植株的根系较小，植株对于灌溉中伤害的自我保护能力较差，因此要格外重视灌溉管理。在根系较小的情况下，植株通过增加水分吸收缓解极端天气伤害的能力就更差。

当给植物提供灌溉水时，溶解在水中大量的物质也同时提供给了植株，这其中包括一系列的营养成分以及氧气。在无土栽培中，经常会将可溶性肥料溶解在灌溉系统中，这种情况称之为灌溉施肥。在许多无土栽培中，加肥灌溉几乎是给作物提供养分的最佳培养方式，尤其是当基质阳离子交换量较低，不能很好与离子结合时。

四、根系对矿质养分的吸收

1. *根系对矿质养分吸收过程*　根系可通过扩散和质流的方式吸收养分。扩散是养分通过其浓度梯度移动的过程。质流，是指溶液将溶解在其中的养分携带到另一地点的过程。扩散过程相对较慢，移动 1 cm 的距离需要几小时或者几天，这取决于浓度梯度的大小。元素通过质流的方式移动 1 cm 则只需要几秒或更快。当蒸腾作用较强烈，水分移动较快，或者采用水分灌溉时，养分和氧气通过质流的方式移向根表。

根部吸收矿物质的部位也和吸收水分一样，主要是根尖，其中根毛区吸收离子最活跃。根毛的存在能使根部与土壤环境的接触面积大大增加。根部吸收溶液中的矿物质是经过两个步骤：①离子吸附在根部表面。根部细胞在吸收离子的过程中，同时进行着离子的吸附与解吸附。这时，总有一部分离子被其他离子所置换。由于细胞吸附离子具有交换性质，故称为交换吸附(exchange adsorption)。根部之所以能进行交换吸附，是因为根部细胞的质膜表层有阴阳离子，其中主要是 H^+ 和 HCO_3^-，这些离子主要是由放出的 CO_2 和 H_2O 生成的 H_2CO_3 离解出来的。H^+ 和 HCO_3^- 迅速地分别与周围溶液的阳离子和阴离子进行交换吸附，盐类离子即被吸附在细胞表面。这种交换吸附是不需要能量的，吸附速度很快(几分之一秒)；②离子进入根部内部。它与水分进入根部一样，可通过质外体途径与共质体途径。

植物从营养环境中吸收离子时，还具有选择性，即吸收的离子数量不与溶液中的离子成比例。这种离子的选择吸收(selective absorption)，表现在对同一溶液中不同离子的吸收差异上。根部对离子吸收之所以有选择性，与不同载体和通道的数量多少有关。离子的选择性吸收还表现在对同一种盐的阴离子和阳离子吸收的差异上。例如，供给 $(NH_4)_2SO_4$ 时，根对 NH_4^+ 吸收多于 SO_4^{2-}，在根部细胞吸收 NH_4^+ 的同时向外分泌 H^+，使溶液的氢离子浓度增大，这种盐类为生理酸性盐类，大多数铵盐属于这一类。相反，$NaNO_3$ 和 $Ca(NO_3)_2$ 等属于生理碱性盐类，因为根部吸收 NO_3^- 比 Na^+ 和 Ca^{2+} 更多些，所以溶液中留存许多 Na^+ 或 Ca^{2+}，根部细胞吸收 NO_3^- 的同时向外排出 HCO_3^-，HCO_3^- 与 H_2O 结合形成 H_2CO_3 和 OH^-，结果使土壤溶液变碱。此外，还有一类化合物的阴离子和阳离子几乎以同等速率被根部吸收，而溶液不发生变化，这种盐类就称为生理中性盐类，如 NH_4NO_3。无机盐养分通常通过根细胞进入植物。根系细胞膜对于允许哪种元素进入植物表现出特异选择性。对于阳离子而言，尽管在土壤中 Na^+ 的浓度通常比 K^+ 浓度高很多倍，但 K^+ 被植物正向吸收，而 Na^+ 则不被吸收，对于很多植物类型，Na^+ 反而被分泌出植物。

2. *影响根系吸收养分的因素*

(1)介质养分浓度。在一定范围内，根吸收养分的速率与介质中养分的浓度成正相关，当养分浓度高到一定程度时，根的吸收速率不再增加，浓度过高时还会由于离子毒害作用降低吸收速率。

(2)温度。在一定范围内，根部吸收矿质元素的速率随土壤温度的增高而加快，因为温度影响了根部的呼吸速率进而影响主动吸收。但温度过高(超过40℃),作物吸收矿质元素的速率下降,高温使酶钝化,影响根部代谢,同时高温使细胞透性增大,矿质元素被动外流,导致根部纯吸收矿质元素量减少;温度过低时,根吸收矿质元素也减少,低温代谢弱,主动吸收慢,细胞质黏性增大,离子进入困难。

(3)光照。光照对根系吸收矿质养分一般无直接的影响,但可通过影响植物叶片的光合强度而对某些酶的活性、气孔的开闭和蒸腾强度等产生间接影响,最终导致根系对矿质养分的吸收能力的变化。光照直接影响光合产物的数量,而植物的光合产物(如糖及碳水化合物)被运送到根部,能为矿质养分的吸收提高必需的能量及受体。有试验表明,在通气条件下,根部的糖分被消耗,K^+ 和 NO_3^- 的吸收量都较低;当从外部给葡萄糖时,吸收能力明显提高。

(4)水分。水分状况对植物的影响是多方面的。水分状况是决定土壤中离子向根表迁移的重要因素,也是化肥溶解和有机肥矿化的决定条件。水分对无机态离子吸收的影响十分复杂。由于植物的蒸腾作用使根系附近的水分状况变化较大,从而影响了土壤中离子的溶解度及土壤的氧化还原状况,也间接地影响离子的吸收。水分还对植物生长,特别是对根系的生长有很大的影响,也同样间接影响养分的吸收。

(5)通气状况。根部吸收矿物质与呼吸作用有密切关系。土壤的通气状况主要从三个方面影响植物对养分的吸收:①根系的呼吸作用。②有毒物质的产生。③土壤养分的形态和有效性。通气良好的环境,能使根部供氧状况良好,并能促使呼吸产生的二氧化碳(CO_2)从根际散失。这一过程对根系正常发育、根的有氧代谢以及离子的吸收都具有十分重要的意义。

(6)介质pH。介质pH通过多方面作用影响植物对养分的吸收,归纳起来包括以下几个方面。①pH对根表电荷性质和膜透性的影响。通常酸性介质有利于植物吸收阴离子,而碱性介质则有利于阳离子的吸收。这是因为膜蛋白是一种两性胶体,介质反应可以改变根细胞表面的电荷状况而影响对养分的吸收。在酸性反应中,由于 H^+ 浓度增加,抑制了蛋白质分子中羧基的离解,而增加了氨基的离解,在这种情况下,蛋白质分子中所带的电荷则以正电荷为主,故有利于从外界溶液中吸收阴离子(如 NO_3^-)等;反之,当介质pH升高,蛋白质分子中羧基所带的电荷以负电荷为主,故有利于从外界溶液中吸收较多的阳离子(如 NH_4^+)等。②pH对土壤中养分形态和有效性的影响。pH对土壤中养分的形态和有效性的影响十分显著,在不同pH下,植物营养元素可呈难溶态、交换态和水溶态等不同的形态。养分形态的不同,对植物的有效性也显然不同,酸性土壤,由于 H^+ 浓度高,有利于土壤矿物的风化,从而增加钾、镁、钙和微量元素硼、铜等的释放,有效性提高。在酸性环境中,由于土壤胶体上的交换位置极大部分被 H^+ 和 Al^{3+} 占据,钾、镁、钙和微量元素硼、铜淋失的机会增加,所以常会发生钾、镁、钙、硼等营养元素缺乏症。在盐土和石灰土壤中,pH较高,铁、锌、锰等金属元素因活性下降而导致吸收困难。硼、钾、镁等元素的含量虽高,但由于钙的拮抗作用,有时也会造成这些元素的缺乏。碱性土壤与钙形成难溶性的盐类,也可发生作物缺磷现象。只有钼在碱性土壤中可给性提高,有时会发生吸收过剩。

(7)根形态特殊性征对养分吸收的影响。植物吸收养分和水分能力的大小与根的形态有关。根形态的参数主要包括根重、根长度、根表面积、根密度、侧根数量、根毛数量和根尖数等。单子叶植物的根和双子叶植物的根在形态上有较大区别,因而在对养分的吸收利用上也有差异。禾本科牧草的根可以吸收黏土形态上矿质层间的非交换性钾,而豆科牧草这种能力就较弱。一般而言,根重不是一个理想的参数,因为老而粗的根所占的重量很大,而吸收养分和水分的作用却很小。根密度、根尖个数则是十分重要的参数。

(8)离子间的相互作用。离子之间的相互作用主要为拮抗作用和协同作用。拮抗作用是指某种养分离子存在，能抑制植物对另一种或多种养分离子的吸收，对作物吸收养分不利，如：有 Ca^{2+} 存在时，K^+ 对 Na^+ 的拮抗作用加强，Ca^{2+} 浓度增加，对 Mg^{2+} 的吸收有拮抗作用；阴离子 $H_2PO_4^-$、NO_3^-、Cl^- 之间有拮抗作用等。协同作用是指某种养分离子的存在能促进作物对另一种养分离子的吸收，对作物吸收养分有利，如：Ca^{2+} 的存在，能促进 NH_4^+、K^+ 的吸收。

(9)苗龄和生育阶段。植物从环境中吸取营养物质的时期不是发生在整个生长期内，在不同生育阶段，对营养元素的种类、数量和比例等都有不同的要求。植物生长初期，主要依靠种子中的养分，从外界吸收的养分数量少，吸收强度低；随着生长期的推移，对养分的吸收逐渐增加，通常在性器官分化期达到吸收高峰；到了生长末期，许多植物都停止吸收养分，甚至还从根部排出养分。

在整个生育期中，根据反应强弱和敏感性可以把植物对养分的反应分为营养临界期和最大效率期。营养临界期是指植物生长发育的某一个时期，对某种养分要求的绝对数量不多但很迫切，并且当养分营养不足和元素间数量不平衡时将对植物生长发育造成难以弥补的损失。不同作物对于不同营养元素的临界期不同。大多数作物的磷营养临界期在幼苗期，因种子的磷消耗后，根系尚小，吸收力弱，若磷供应不足，幼苗生长严重受阻；水稻钾的营养临界期在分蘖期和幼穗形成期。

在植物的生长阶段中所吸收的某种养分能发挥其最大效能的时期，叫植物营养的最大效率期。这一时期，作物生长迅速，吸收养分能力特别强，如能及时满足作物对养分的需要，增产效果将非常显著。实验表明，玉米的氮素最大效率期在喇叭口期至抽雄期；油菜为花薹期；棉花的氮、磷最大效率期均在花龄期；对于甘薯来说，块根膨大期是磷、钾肥料的最大效率期。在作物生产中应通过施肥措施满足作物在营养临界期和养分最大效率期对各种养分的需求。

第三节　营养元素的生理功能与常见的生理障碍

一、大量元素的生理功能与常见的生理障碍

1. 氮

(1)植物体内氮的含量和作用。在所有必需营养元素中，氮是限制植物生长和产量的首要因素。一般植物含氮量占作物体干重的 0.3%～5%，含量多少与作物种类、器官、发育阶段有关。氮是植物体内许多重要有机化合物的组分，如蛋白质、核酸、叶绿素、酶、维生素、生物碱和一些激素等，这些物质涉及遗传信息传递、细胞器建成、光合作用、呼吸作用等几乎所有的生化反应。

(2)氮的吸收。植物吸收利用的氮素主要是 NH_4^+ 和 NO_3^-。某些可溶性的有机含氮化合物，如氨基酸、酰胺和尿素，也能被植物直接吸收。

1)NO_3^- 的吸收：植物根细胞吸收 NO_3^- 是逆电化学势梯度进行的，首先需要由细胞膜上的质子泵(H^+-ATP 酶)水解 ATP，并向膜外释放 H^+，使膜电化学势下降，产生驱动力，最后由硝酸盐转运蛋白(载体)$2H^+$ ∶ $1NO_3^-$ 共运的方式，将 NO_3^- 运入细胞膜内。是一个主动吸

收过程。

2)NH_4^+ 的吸收:植物可通过以下两种途径吸收。①NH_4^+ 首先在根细胞膜表面脱去 H^+,然后以 NH_3 的形态扩散入细胞。②NH_4^+ 被直接吸收。现代分子生物学研究表明,植物根细胞质膜上有多种 NH_4^+ 转运蛋白,通过主动运输方向将 NH_4^+ 运入细胞内,目前已经在番茄等植物根中克隆到了高亲合性 NH_4^+ 转运蛋白基因。NH_4^+ 的吸收伴随 H^+ 向膜外的释放,从而导致根际 H^+ 浓度的升高。

(3)植物缺氮症状与供氮过多的危害

1)作物缺氮症状。缺氮后蛋白质合成受阻,细胞分裂活性下降。叶绿素含量下降后出现叶片黄化,光合强度减弱,光合产物减少,进而导致植物生长发育缓慢,植株矮小。严重缺氮甚至出现生长停滞,植株全部叶片表现黄化症状。后期缺氮则导致器官提前衰老,叶片氮输出过早,光合产物供应不足,产量明显降低。收获产品中的蛋白质、维生素和必需氨基酸的含量也相应地减少。

2)氮素过多的危害。超量供应氮素常使细胞增长过大,细胞壁薄,细胞多汁,导致作物易受各种病害侵袭。如果造成群体过大,受光条件恶化,则植株高度增加过快,下部节间过细,易造成倒伏。过量氮素的同化过程要消耗大量碳水化合物,从而使植株碳、氮代谢失调,导致甜菜块根的产糖率下降,园艺作物果实的含糖量降低,过多氮素还打破营养生长与生殖生长(或地上部与块根、块茎)的平衡,营养生长过旺,生殖器官得不到碳水化合物的适量供应,发育受阻,成熟期推迟。对叶菜类蔬菜来说,过量氮素不仅降低其贮存和运输品质,更易导致植物体内硝酸盐积累,对人体营养有很大危害。

2.磷

(1)植物体内磷的含量和作用。植物体的含磷量为干物重的 0.2%~1.1%,其中大部分是有机态磷,约占全磷量的85%,以核酸、磷脂和植素等形态存在。无机态磷仅占15%左右,主要分布在液泡中,只有一小部分存在于细胞质和细胞器内。不同作物含磷量:油料作物>豆科作物>谷类作物。

磷酸是许多大分子结构物质的桥键物,由磷酸桥接所形成的含磷有机化合物(RNA、DNA、磷脂、ATP 等)对植物碳氮及脂肪代谢过程起着重要作用。磷的运转和分配能力很强,当供磷不足时,根保留其所吸收的大部分磷,地上部发育所需的磷主要靠茎叶中磷的再利用;供磷适宜时,根只保留其所吸收磷的一小部分,大部分磷则运往地上部;供磷水平高时,根吸收的磷大部分在茎叶中积累。在繁殖器官发育时,茎叶中的磷可被再利用。

(2)磷的吸收。在 $pH<7.2$ 时,土壤中的可溶性磷以 $H_2PO_4^-$ 为主。通常情况下,植物体内的磷浓度要远远高于生长介质中磷的浓度。植物细胞对 $H_2PO_4^-$ 的吸收机理与 NO_3^- 相同,需要质子泵向细胞膜外泵出 H^+ 作为驱动力,以 H^+ 与 $H_2PO_4^-$ 共运方式,由 $H_2PO_4^-$ 转运蛋白将 $H_2PO_4^-$ 运入细胞膜内,是一个逆电化学势的吸收过程。植物对磷的吸收主要在根毛区进行。

(3)植物对缺磷和供磷过多的反应。缺磷条件下,短期内植物表现为地上部受抑制,而根系生长增强,结果根冠比增加。但如果缺磷时间延长到一定程度,由于碳水化合物供应不足,则根系生长也会受严重抑制。

缺磷的典型症状包括:苗期时植株矮小,因为碳水化合物代谢受阻,植物体内易形成花青素,如植株的茎常出现紫红色症状。

对于番茄、黄瓜等喜温作物而言，在低温条件下，由于作物吸磷能力下降，即使土壤中已施了磷，植株幼苗也常表现出典型的缺磷症状。

施用磷肥过量时，由于植物呼吸作用过强，消耗大量糖分和能量，也会因此产生不良影响。例如，繁殖器官常加速成熟，产量下降。还会出现叶用蔬菜的纤维素含量增加、烟草的燃烧性差等品质下降的情况。施用磷肥过多还会诱发锌、铁、镁、锰的缺乏。

3. 钾

(1)植物体内钾的含量和作用。一般植物体内的含钾量占干物重的0.3%～5.0%。钾呈离子状态存在于细胞中。细胞质中钾浓度的水平较低，且十分稳定，为100～200 mmol/L。当植物组织含钾量较低时，钾首先分布在细胞质内，直到钾的数量达最适水平。过量的钾几乎全部转移到液泡中。液泡中的钾浓度变化在10～200 mmol/L。

K^+在细胞质及液泡中的累积能调节细胞的水势，它是细胞中构成渗透势的重要无机成分。钾与其他一价阳离子通过诱导酶蛋白的构象变化使之活化，目前已知有60多种酶需要一价阳离子来活化，而其中K^+是植物体内最有效的活化剂。K^+是平衡细胞质、叶绿体中非移动性阴离子以及液泡、木质部和韧皮部中移动性阴离子的主要阳离子。钾通过调节气孔的开闭、叶绿素的合成、RuBP羧化酶的合成、ATP的合成以及叶绿体的结构而影响CO_2的同化。钾促进光合产物的输出与利用；钾是氨基酰-tRNA合成酶和多肽合成酶的活化剂，因而能促进蛋白质和谷胱甘肽的合成。在水分胁迫、高温、寒冷、盐害等逆境条件下，钾通过其渗透调节功能，可以在一定程度上维持植物细胞的含水量，使原生质体保持一定的充水度、分散度和黏滞性，进行正常的代谢活动。在施肥实践中，充足供钾有利减轻由氮肥过多引起的抗病性下降、倒伏等不利影响。另外，钾肥充足有利于提高水果、蔬菜的含糖量及块茎、块根的淀粉含量，改善品质，延长其贮存期。

(2)钾的吸收。植物细胞对钾的吸收有两种方式，当介质中钾浓度较高时(>1 mmol/L)，主要通过K^+通道吸收，为顺电化学势的扩散过程。当介质中的K^+浓度较低时(<100 μmol/L)，主要通过高亲合力钾载体吸收，为逆电化学势的主动吸收。

(3)植物缺钾的一般症状。植物缺钾时，由于钾在植物体内流动性很强，能从成熟叶和茎中流向幼嫩组织进行再分配，因此作物生长早期不易观察到缺钾症状，表现出植株生长缓慢、矮化。在作物生长发育的中、后期，缺钾植株的下部老叶上出现失绿并逐渐坏死。双子叶植物叶脉间先失绿，沿叶缘开始出现黄化或有褐色的斑点或条纹，并逐渐向叶脉间蔓延，最后发展为坏死组织。单子叶植物叶尖先黄化，随后逐渐坏死。植物出现褐色坏死组织与缺钾体内有腐胺积累有关。

二、中量元素的生理功能与常见的生理障碍

1. 钙

(1)植物体内钙的含量与作用。植物体内钙的含量为0.1%～5%，大部分存在于细胞壁上。细胞中的钙主要分布在液泡中，细胞质中较少，以防钙与磷酸形成沉淀。不同植物种类、部位和器官的含钙量变幅很大。通常，双子叶植物细胞壁中的阳离子交换量大，含钙量较高，而单子叶植物含钙量较低。

钙的生理功能：①稳定细胞膜，钙能把生物膜表面的磷酸盐、磷酸酯与蛋白质的羧基桥接起来，从而稳定生物膜结构，保持细胞膜对离子的选择性吸收的功能。②稳固细胞壁，植物细

胞壁中有丰富的 Ca^{2+} 结合位点，绝大部分钙与细胞壁中的果胶质结合，果胶酸盐的降解是由多聚半乳糖醛酸酶催化，而较高浓度的钙能显著抑制此酶的活性。③能提高作物品质。在贮藏器官发育初期，如果其中 Ca^{2+} 含量较低时，细胞原生质膜的通透性增加，有利于糖等有机物质经韧皮部向贮藏器官中转运，对提高某些作物的品质有重要意义。成熟果实中的含钙量较高时，可有效地防止采后贮藏过程中出现的腐烂现象，延长贮藏期，增加水果保藏品质。此外，Ca^{2+} 在阴离子、阳离子平衡和渗透调节方面也有重要作用，在随 NO_3^- 还原优先合成草酸的植物中，液泡中草酸钙沉淀的形成既可以维持细胞质中低的 Ca^{2+} 浓度，又可以避免液泡渗透压升高。

(2)钙的吸收。钙通过 Ca^{2+} 通道被动扩散进入植物细胞。为了控制细胞质中较低的钙浓度，细胞还需要通过膜转运蛋白将胞质中的 Ca^{2+} 转移到质外体或内质网、叶绿体及液泡中贮存。

(3)植物缺钙的典型症状。蔬菜作物体内含钙量比禾谷类作物高出 12 倍之多。蔬菜对钙素养分的获得主要通过土壤而来。我国北方大部分菜园土壤的有效钙含量均非常丰富，但在生产实践中，仍能经常看到番茄、青椒、芹菜、大白菜、甘蓝等蔬菜作物的缺钙现象。这主要归结于蔬菜对钙素的吸收受到作物蒸腾作用的影响。所以即使土壤钙素营养丰富，但在栽培管理中由于土壤过于干旱、盐渍化现象严重、温湿度不协调时，也会导致钙素营养缺乏，这主要是生理缺钙所致。

由于钙在细胞壁、细胞膜中的关键作用，同时也由于钙主要通过木质部运输，受蒸腾作用影响大，老叶中钙的再利用程度低，故缺钙植株的顶芽、侧芽、根尖等分生组织首先出现缺素症，植株生长受阻，节间较短，植株矮小、柔软，幼叶卷曲畸形、脆弱，多呈缺刻状，叶缘发黄，逐渐枯死，叶尖有黏化现象，不结实或很少结实。几种蔬菜缺钙症状如下。

大白菜缺钙：叶缘腐烂，内叶边缘水浸状，至褐色坏死，干燥时似豆腐皮状，又名干烧心、干边、内部顶烧症。

番茄缺钙：幼叶顶端发黄，植株瘦弱、萎蔫，叶柄卷缩，顶芽死亡，顶芽周围出现坏死组织，根系不发达，根短，分枝多，褐色。果实易发生心腐病或空洞果。

黄瓜缺钙：叶缘、叶脉间呈白色透明腐烂斑点，严重时脉间失绿，植株矮化，嫩叶上卷，花小呈黄白色，瓜小无味。

莴苣缺钙：生长受抑制，幼叶卷曲畸形，叶缘呈褐色到灰色。严重时幼叶从顶端向内部死亡，死亡组织呈灰绿色。

甘蓝缺钙：叶缘卷曲，失色，有白色条斑，生长点死亡。

胡萝卜缺钙：叶片失绿，坏死，最终死亡，叶子稀疏。

芹菜缺钙：幼叶早期死亡，生长细弱，叶色灰绿，生长点死亡，小叶尖端叶缘扭曲、变黑。

菜豆缺钙：植株发黑至死亡。

豌豆缺钙：幼叶卷曲发硬，基部叶片失绿，植株矮小，未熟先衰，根尖坏死。

萝卜缺钙：幼株叶缘有窄条白斑，叶片有间隔失绿，叶缘卷曲，并坏死。

2. 镁

(1)植物体内镁的含量和作用。植物体内镁的含量为 0.05%～0.7%。不同植物镁的含量不同，豆科植物地上部分镁的含量是禾本科植物的 2～3 倍。一般来说，种子含镁较多，茎、叶次之，而根系较少。作物生长初期，镁大多存在于叶片中，到了结实期，由于镁在韧皮部中的移动性强，贮存在营养体或其他器官中的镁可以被重新分配和再利用，转移到种子中，以植酸盐的形态贮存。

在正常植物的成熟叶片中大约有10%的镁结合在叶绿素a和叶绿素b中，75%的镁结合在核糖体中，其余的15%呈游离态或结合在各种酶或细胞的阳离子结合部位上，如蛋白质的各种配位基团、有机酸、氨基酸和细胞壁自由空间的阳离子交换部位。

镁是叶绿素的组成成分，是许多酶的活化剂，参与脂肪代谢和氮代谢，对调节植物体内酶的活性十分重要，因此尤其是果菜类植物对镁是必不可少的。

(2)缺镁典型症状。镁元素的缺乏在蔬菜生产中十分普遍，主要原因是生理性的镁缺乏比较普遍，施肥可以部分解决养分缺乏的问题，增施镁肥可增加产量，适量施镁可增加叶绿素、胡萝卜素及碳水化合物的含量。但不能从根本上解决镁的缺乏问题。

在沙质土壤、酸性土壤、K^+和NH_4^+含量较高的土壤上容易出现缺镁现象。甜菜、马铃薯、水果和温室作物特别容易缺镁。植物叶片中的镁含量低于0.2%时可能出现缺镁，其突出表现是叶绿素含量下降，并出现失绿症。由于镁在韧皮部的移动性较强，缺镁症状常常首先表现在老叶上，如果得不到补充，则逐渐发展到新叶。几种蔬菜缺镁症状如下。

甘蓝缺镁：老叶叶脉间失绿，叶缘卷曲，叶片皱缩，严重时叶片变黄，并脱落。

番茄缺镁：老叶叶脉间失绿并坏死，叶柄向下扭曲，叶缘向上，茎细。缺镁严重时老叶死亡，全株变黄，中等缺镁时对果实影响不大。

黄瓜缺镁：老叶叶脉间失绿，并由叶脉间向叶缘发展，适度缺镁时茎叶生长正常，严重缺镁时失绿扩展到小叶脉，仅主茎仍为绿色，最后全株变黄。

莴苣缺镁：老叶失绿有斑驳，严重时叶子全部发黄。

洋葱缺镁：筒状叶先端发生顶枯，未老先衰，生长缓慢。

萝卜缺镁：老叶叶脉间失绿。

芹菜缺镁：叶尖及叶缘失绿，逐渐发展至叶脉间出现坏死斑，以至全部叶子死亡。

辣椒缺镁：叶片变成灰绿色，接着叶脉间黄化，基部叶片脱落，植株矮小，果实稀疏，发育不良。

豌豆缺镁：叶尖变成黄褐色，叶片未老先衰。

茄子缺镁：叶子失绿，叶脉间表现更为显著，果实小，容易脱落。

3.硫

(1)植物体内硫的含量与分布。植物含硫量为0.1%～0.5%，十字花科植物种子含硫可高达1.7%，豆科、百合科植物次之，禾本科植物较少。植物开花前硫集中分布于叶片中，成熟时叶片中的硫逐渐减少并向其他器官转移。

植物体内的硫有无机硫酸盐和有机硫化合物两种形态。SO_4^{2-}主要贮藏在液泡中，有机态的硫主要以含硫氨基酸及其化合物如胱氨酸、半胱氨酸、蛋氨酸和谷胱甘肽等存在于植物体各器官中，是组成蛋白质的必需成分。植物吸收的硫首先满足合成有机硫的需要，多余时才以SO_4^{2-}形态贮藏于液泡中。同一植物蛋白质中硫和氮的含量基本上是恒定的。缺硫时则植物体S/N发生变化，可用S/N来诊断植物的硫营养状况。

硫是胱氨酸、蛋氨酸等含硫氨基酸的组分，缺硫将导致氮代谢受阻，影响蛋白质的合成并形成可溶性氮的积累，进而造成蔬菜体内硝酸盐积累，在无公害蔬菜生产中应提倡硫肥的施用；硫与叶绿素的形成有关，严重缺硫时作物新叶黄化；硫是维生素B_1和一些酶的组分；同时硫是形成十字花科蔬菜的糖甙油和洋葱、大葱、大蒜中的辛辣物质的重要物质；硫可以增加某些作物的抗寒、抗旱能力。在深冬和早春季节大棚蔬菜增施硫肥能够提高蔬菜作物的抗寒能力。

(2)硫的吸收。植物细胞主要吸收 SO_4^{2-}，其吸收机理与 NO_3^- 相同，是通过 H^+-SO_4^{2-} 共运载体来实现的主动运输过程。

(3)植物缺硫的典型症状。当植物的干基硫含量低于0.2%时，植物易出现缺硫症状。缺硫时蛋白质合成受阻导致失绿症，其外观症状与缺氮很相似，但发生部位有所不同。缺硫症状往往先出现于幼叶，而缺氮症状则先出现于老叶。缺硫时幼芽先变黄色，心叶失绿黄化，茎细弱，根细长而不分枝，开花结实推迟，果实减少。十字花科和豆科作物对缺硫十分敏感，如四季萝卜常作为鉴定土壤硫营养状况的指示植物。油菜缺硫时，叶片出现较大的缺刻，并皱缩成标状，叶背面、叶脉和茎等变红或紫色，植株矮小，花而不实。

三、微量元素的生理功能与常见的生理障碍

1.铁

(1)植物体内铁的含量及作用。大多数植物的含铁量为100～300 mg/kg(干重)，豆科植物、菠菜、莴苣、甘蓝等蔬菜作物含铁量较高，水稻、玉米的含铁量相对比较低，在植株中，铁主要分布于茎叶中，籽粒、块茎等贮存器官中较少。

铁的生理功能：①叶绿素合成所必需，植物体内的铁大部分存在于叶绿体中。它虽然不是叶绿素的组成成分，但却是叶绿素合成所必需的，而且缺铁严重影响叶绿体的结构和叶绿体中蛋白质的含量。②参与植物体内氧化还原反应，铁通过 Fe^{3+} 与 Fe^{2+} 之间的化合价变化和电子得失，作为辅酶或活化剂参与植物体内的氧化还原反应和电子传递。

(2)铁的吸收。植物对铁的主要吸收形式为 Fe^{2+}。Fe^{3+} 在高 pH 条件下溶解度很低，大多数作物很难利用。除禾本科植物可以吸收 Fe^{3+} 以外，Fe^{3+} 只有在根表面还原成 Fe^{2+} 以后才能被植物所吸收利用。植物吸收铁受多种离子的影响，如 Mn^{2+}、Cu^{2+}、Mg^{2+}、K^+、Zn^{2+} 等金属离子与 Fe^{2+} 有明显的拮抗作用。

(3)植物缺铁及亚铁毒害的典型症状。在石灰性土壤上植物极易发生缺铁。叶片中缺铁的临界值在50～150 mg/kg(干重)范围内。缺铁的典型症状是幼叶叶脉间失绿黄化，下部老叶则仍能保持绿色，这是因为铁的再利用程度低，老叶中的铁很难再转移到新生的组织中去。同时，缺铁导致根的伸长受阻，根尖部分的直径增加，产生大量的根毛。

在蔬菜及花卉生产中，只要不人为地过量施用螯合铁及硫酸亚铁，一般不会发生铁过剩症状。

2.铜

(1)植物体内铜的含量、作用和吸收。植物的含铜量在5～25 mg/kg(干重)，主要分布于幼嫩叶片、种子胚等生长活跃的组织中，而茎秆和老熟叶片中较少。在叶细胞中，约有70%的铜结合在叶绿体中。

铜离子形成稳定性络合物的能力很强，它能和氨基酸、肽、蛋白质及其他有机物质形成络合物，因而植物体内有多种含铜的酶和蛋白质。主要功能包括：参与光合作用、呼吸作用及活性氧代谢等。铜主要以 Cu^{2+} 形式被吸收。

(2)植物缺铜与铜中毒的典型症状。当作物体铜的含量<4 mg/kg 时，就有可能缺铜。小

麦缺铜会导致叶色发暗，叶尖产生坏死；孕穗期花药形成受阻，花粉发育不良，生活力差；后期籽粒结实率降低，或籽粒不饱满。

果树缺铜，顶梢上的叶片呈叶簇状，叶和果实均退色。严重时顶梢枯死，并逐渐向下扩展。在开花结果的生殖生长阶段对缺铜更加敏感。缺铜常使作物花的颜色发生退色，如蚕豆缺铜时，花的颜色由原来的深红褐色变为白色。

作物含铜量＞20 μg/kg 时，作物就可能铜中毒。其症状是新叶失绿，老叶坏死，叶柄和叶的背面出现紫红色。主根的伸长受阻，侧根变短。

3. 锌

(1)植物体内锌的含量、作用和吸收。锌在植物体内的含量一般为 25～150 mg/kg。锌在植物体内的主要生理功能有以下几个方面：①是一些酶的成分，锌是色氨酸酶的组分，能催化丝氨酸与吲哚形成色氨酸，而色氨酸又是 IAA 的合成前体，所以锌能促进细胞伸长。②锌是几种脱氢酶和激酶的活化剂，锌能维持蛋白的结构、使酶蛋白与辅基结合和使酶与底物结合。③锌还是 RNA 聚合酶的成分，每分子 RNA 聚合酶中约含 2 个锌原子，因此，锌参与 RNA 的合成，从而与蛋白质代谢有密切关系。缺锌植物体内蛋白质含量降低，是由于 RNA 降解加快引起的。

锌主要以 Zn^{2+} 形式被吸收，并以有机酸结合态或游离二价阳离子形态经木质部进行运输。

(2)植物缺锌和锌中毒的典型症状。石灰性土壤和高度风化的酸性土壤上植物易表现缺锌。植物缺锌时，老叶中的锌可向较幼小的叶片转移，只是转移率较低。因此缺锌症主要表现在茎尖和幼叶。通常作物含锌量低于 20 mg/kg 时就可能出现缺锌症状。主要表现为节间变短，植株生长矮化，叶脉间失绿呈白化，幼叶卷曲不能正常展开，严重时叶片分泌褐色液滴。苹果树缺锌时表现为新梢上的叶片狭小，丛生呈簇状，芽苞减少，称为“苹果小叶病”。这些变化可能与生长素合成受阻、或氧自由基毒害有关。

当植物含锌量超过 400 mg/kg 时，可能出现锌的毒害，表现为根系伸长受抑，幼叶失绿，这可能是由于因锌过量引起的缺铁或缺镁所造成。

4. 锰

(1)植物体内锰的含量、作用和吸收。植物体内锰主要存在于茎叶中，且含量变化幅度很大，在 pH＞7 的土壤上，植物含锰量低(一般在 100 mg/kg 以下)；在 pH＜7 的土壤上，植物的含锰量偏高，甚至可高达 1 600 mg/kg 以上，可能会发生锰中毒现象。

在植物体内，锰主要以 Mn^{2+}、Mn^{3+} 和 Mn^{4+} 的形态存在，因此在氧化还原过程中锰起着重要作用。锰参与光合作用中水的光解，在叶绿体内存在一个含锰的蛋白质，它与光系统Ⅱ结合，参与水的光解，放出 O_2 和电子，并把所产生的电子传递给光系统Ⅱ。缺锰条件下，即使叶绿素含量及叶干重变化较小，但光合氧的释放却可以大幅度下降。锰还可作为多种酶的活化剂，此外，植物体内都有含锰的超氧化物歧化酶(Mn-SOD)，它具有保护光合系统免遭活性氧毒害的作用。

植物主要吸收的是 Mn^{2+}，它在植物体内的移动性偏小。

(2)植物缺锰与锰中毒的典型症状。在高 pH 土壤或高度淋溶的热带土壤上植物易缺锰。叶片缺锰的临界水平为 10～20 mg/kg(干重)。缺锰和缺镁症状很类似，但缺锰的症状首先出现在幼叶上。

锰对铁的有效性有明显影响，锰过多时易出现缺铁症状。这是由于易于移动的 Fe^{2+} 被锰氧化转变为不易移动的 Fe^{3+} 所引起的。

植物锰中毒的临界浓度一般为 600 mg/kg，锰中毒的典型症状是成熟叶出现棕色斑点。锰中毒会诱发双子叶的棉花和菜豆发生缺钙（皱叶病），这可能是由于钙向正伸展叶的运输受到影响所致。

5. 硼

（1）硼的含量、分布与生理功能。植物体内硼的含量变幅很大，含量少的只有 2 mg/kg，含量多的可高达 100 mg/kg。植物体内硼比较集中地分布在子房、柱头等花器官中，因为它对繁殖器官的形成有重要作用。一般蔬菜比禾本科作物吸硼量高，尤其是根菜类和豆类蔬菜含硼量高，是禾本科作物的 3～20 倍。由于蔬菜体内不溶性硼含量高，硼在蔬菜体内再利用率低，易引起缺硼症。叶片含硼能反映植株硼营养状况。一般甜菜（中部叶片）、芹菜（嫩叶）、黄瓜（中部叶片）<20 mg/kg 为缺乏，30～100 mg/kg 为正常。Ca/B 也能反映作物的硼营养，如油菜、甘蓝的 Ca/B>200 时为缺硼，50～200 时正常；甜菜>100、大豆>500 时为缺硼。

硼的生理功能：稳定细胞壁和细胞膜，酸的一个重要特点是能与顺式二元醇形成稳定的酯类，糖及其衍生物（如糖醇、糖醛酸和多聚甘露糖醛酸等）及一些酚酸均含有顺式二元醇构型。通过这种方式，硼可以影响细胞壁和细胞膜的稳定性。硼对细胞壁的合成和结构的稳定非常重要，缺硼抑制细胞壁的合成，细胞分裂和伸长受阻。在器官建成上主要表现为根伸长受抑制，花粉母细胞不能进行四分体分化，花粉粒发育不正常，花粉的萌发和花粉管伸长受阻等。

（2）植物缺硼的典型症状。随土壤 pH 升高，硼对植物的有效性下降。对于大多数植物来说，硼在韧皮部中的移动性低，再利用程度差，因此缺硼的症状表现在幼嫩部位。典型缺硼症状为：分生组织受抑制，茎尖、根尖伸长受阻，甚至死亡。生殖器官发育受阻，授粉及结实率低，果实小、畸形。老叶叶片变厚变脆、畸形。枝条节间短，出现木栓化现象。

缺硼导致许多作物出现对应的生理性病害，如甜菜“腐心病”、油菜的“花而不实”、棉花的“蕾而不花”、花椰菜的“褐心病”、小麦的“穗而不实”、芹菜的“茎裂病”、苹果的“缩果病”及内部木栓化等。

另一方面，被粉煤灰、污水、城市及工业废弃物污染的土壤上，硼含量通常很高。当植物体内硼的含量超过 100 mg/kg 时，可能产生硼的毒害。由于硼在植物体内的运输受蒸腾作用的影响，因此硼中毒的症状多表现为成熟叶片尖端和边缘的灼烧和坏死。

6. 钼

（1）钼的含量、作用和吸收。正常植株的含钼量为 0.1～300 mg/kg（干重），通常不到 1 mg/kg。叶片含钼量通常高于茎和根，但豆科植物根瘤中含钼量比叶片高很多，因为钼是固氮酶的组分。

钼可以通过化合价的变化（Mo^{4+}，Mo^{6+}）传递电子，因而是硝酸还原酶、固氮酶的组分，故钼在氮素同化方面具有重要的作用。钼也影响根瘤的形成和发育。缺钼时，豆科作物的根瘤发育不良。此外，钼能提高过氧化氢酶、过氧化物酶和多酚氧化酶等的活性，参加植物体内的多种氧化还原反应。钼还影响叶绿素的合成，缺钼时叶绿素含量减少。

钼以 MoO_4^{2-} 的形态被植物吸收，SO_4^{2-} 是 MoO_4^{2-} 的竞争离子。钼主要存在于韧皮部和维管束薄壁组织中，在韧皮部内可以转移。

（2）植物缺钼与钼中毒的症状。作物成熟叶含钼量<0.5 mg/kg 时为缺钼，但因作物而

异，如花椰菜、甘蓝（叶）<0.08 mg/kg，三叶草（花期全株）及苜蓿（花期叶片）<0.2 mg/kg 均为缺钼。缺钼的临界值在 0.1～1.0 μg/kg（干重，叶），豆科作物低于 0.4 μg/kg 时就可能缺钼。酸性条件下容易发生缺钼。

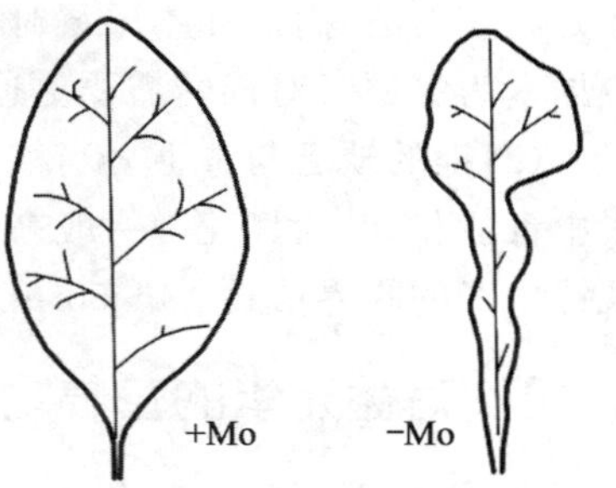

图 2-2 缺钼引起的花椰菜“鞭尾病”

缺钼的共同特征是老叶叶脉间失绿，且有大小不一的黄色或橙黄色斑点。严重缺钼时叶缘萎蔫，坏死，有时叶片扭曲呈杯状，老叶变厚、焦枯，以致死亡。花椰菜缺钼最典型的症状是叶片呈鞭尾状叶，通常称为“鞭尾病”（图 2-2），先是叶脉间出现水渍状斑点，继之黄化坏死，破裂穿孔，孔洞继续扩大连片，叶子几乎丧失叶肉而仅在中肋两侧留有叶肉残片，使叶片呈鞭状或犬尾状。萝卜缺钼时，也表现叶肉退化，叶裂变小，叶缘上翘，呈鞭尾趋势。番茄在第一、第二真叶时，叶片发黄，卷曲，随后新出叶出现花斑，缺绿部分向上拱起，小叶上卷，最后小叶叶尖及叶缘均皱缩死亡。叶菜类蔬菜，叶脉间出现黄色斑点，逐渐向全叶扩展，叶缘呈水渍状，老叶深绿至蓝绿色，严重时也显示“鞭尾病”症状。敏感作物主要是十字花科作物如花椰菜、萝卜等，其次是蔬菜作物中的叶菜类和黄瓜、番茄等。

7. 氯

(1)植物体内氯的含量与分布。植物最适生长所需的氯浓度为 0.2 ～ 0.4 mg/kg 干重，但植物体内氯的含量常高达 2～20 mg/kg 干重。因此氯的问题是氯的毒害而不是氯的缺乏。氯主要分布于茎叶中，籽粒中较少。

氯在植物体内的主要生理功能为：①参与光合作用，在光合作用中，氯作为锰的辅助因子参与水的光解反应，并与 H^+ 一起由间质向类囊体腔转移，起着平衡电性的作用。②参与气孔调节，Cl^- 作为液泡中溶质的成分，与 K^+、Na^+ 一起参与渗透调节，并与 K^+ 一起调节气孔开闭。③激活质子泵 H^+-ATP 酶。

氯以 Cl^- 形态被吸收，属于逆化学梯度的主动吸收过程，受代谢的调节。也以 Cl^- 形态存在于植物体中，且移动性很强。

(2)植物缺氯与氯毒害的典型症状。由于氯的来源（土壤、雨水、肥料、空气污染等）很多，在田间条件下植物很少出现缺氯症。缺氯的典型症状是叶缘萎蔫，根伸长强烈受阻，根细而短，侧根少。

当外界溶液中氯化物的浓度大于 20 mmol/L，氯敏感植物（如烟草、菜豆、马铃薯、柑橘、莴苣和一些豆科作物）会发生中毒。症状为叶缘似烧伤，早熟性发黄及叶片脱落。氯过多会影响某些作物的产品品质，如降低烟草的燃烧性，减少薯类作物的淀粉含量等。

8. 镍

(1)植物体内镍的分布。植物体中镍含量一般为 0.05～5.0 μg/g。车前属的一些种为镍超累积植物，体内镍的含量超过 1 000 mg/kg。

镍的生理功能：①脲酶的金属辅基，脲酶的作用是催化尿素水解为氨和二氧化碳。当植物直接吸收尿素，或通过氮代谢导致尿素积累过多时，需要含镍的脲酶，以使尿素分解。②促进种子发芽和幼苗生长，低浓度的镍能刺激许多植物（例如小麦、豌豆、蓖麻、白羽扇豆、大豆、水稻等）的种子发芽和幼苗生长。

豆科植物和葫芦科植物对镍的需求最明显，在固氮条件下大豆、豇豆木质部运输的氮素主要是尿素与酰脲，而在不固氮时，木质部运输的氮素主要是酰胺、酰脲和氨基酸。当植物在供应尿素为氮源时对镍的需要更迫切。

(2)镍的缺乏与毒害。当植物干物质中镍含量小于 0.01～0.15 μg/g 时，叶片就会出现尿素中毒症状，叶尖坏死。一般来讲，更常见的是镍的毒害，表现为根系生长受到抑制。作物出现镍中毒的临界值在 10～50 μg/g 干重。

四、有益元素的营养功能及常见的生理障碍

在 16 种必需营养元素之外，还有几种元素，它们对有些植物的生长发育具有良好的作用或为某些植物在特定条件下所必需，但不是为所有植物所必需，这些元素称为“有益元素”，其中主要包括硅、钠、钴、硒、铝等。植物对这些元素的需求量是有限度的，适宜的范围也很窄。例如铝在低剂量时促进茶等植物生长，但在高剂量时则对植物有毒害作用。

1. *硅*　植物体的含硅量通常以植物干重中 SiO_2 的百分率计算，水稻含硅量高达 5%～20%，燕麦、小麦、大麦等禾本科作物含硅 2%～4%，豆科植物和其他双子叶植物的含硅量则通常不足 1%。

高等植物主要吸收分子态的单硅酸[$Si(OH)_4$]，并以单硅酸形态向地上部运输。它在地上部茎叶中的分布取决于各器官的蒸腾率。硅主要存在于质外体，当水分蒸发后沉淀于蒸腾流的末端，例如在叶片两面的表皮细胞的外壁。在长距离运输中，硅也沉积于木质部导管的细胞壁中，增加导管的强度。

硅的有益作用表现在它参与细胞壁的组成。硅与植物体内果胶酸、多糖醛酸、糖脂等有较高的亲合力，形成稳定性强，溶解度低的单、双、多硅酸复合物沉积在木质化细胞壁中，增强各种组织的机械强度与稳固性。通过这种机制，硅表现为多方面的有益作用：①提高植物抵御病虫害的能力，例如水稻对稻瘟病、褐斑病的抵御能力随着体内含硅量的增加而提高。②有助于叶片直立、使植株保持好的受光姿态，间接增加群体光合作用。③在叶片中硅化物沉淀在细胞壁与角质层之间，能减少植物的蒸腾，提高植物对水分的利用率。④有助于水稻等植物抵抗盐害、铁毒、锰毒的能力。其原因可能是硅增强了水稻茎、根通气组织中的刚性与体积，有利于氧的输入，提高根系的氧化力，从而降低了根际铁、锰的有效性。另一方面，充足的硅有助于叶片中的锰均匀分布。

2. *钠*　通常植物体中钠的平均含量是干物重的 0.1%左右，是含钾量的 1/10。植物对钠的反应不同，可分为喜钠植物和厌钠植物两类。典型的喜钠植物有甜菜、滨藜等，其体内的含钠量显著高于钾，在高盐浓度下生长茂盛。

钠的主要作用是调节植物渗透压，在高盐条件下，钠可以优先在液泡中积累，增加液泡中的溶质势，产生膨压而促进细胞的伸长。此时，植物叶片面积、厚度、单位叶面积储水量和肉质性都有所增加，呈现出多汁性。这种变化可以减缓植物叶片水势的进一步降低，有利于缓解生理干旱的危害。

某些植物在供钾不足时，钠可有限度地替代钾的功能，钠取代钾的程度因植物的种类而异。根据植物对钠的反应不同以及钠、钾之间的互换关系，可将植物分为以下 4 类。

第 1 类：体内大部分钾可被钠替代，钠对其生长有明显刺激作用的植物，而且钠对该类植物的刺激作用是钾所不能代替的。如糖用甜菜，食用甜菜、萝卜、芜菁等。

第 2 类：体内少部分钾可被钠替代，钠对其生长有一定的刺激作用，例如甘蓝、四季萝卜、

棉花、豌豆、亚麻和小麦。

第 3 类：体内少量钾可由钠替代，钠对其生长无刺激作用的植物，例如：水稻、大麦、燕麦、番茄、马铃薯与黑麦草等。

第 4 类：体内钾的功能完全不能由钠替代的植物，如玉米、黑麦、大豆、莱豆等。

3. *钴*　植物含钴（Co^{2+}）量通常在 0.02～0.5 mg/kg，但在蛇纹岩上发育的土壤上，植物的含钴量可达 100 mg/kg 以上。豆科植物需要并积累较多的钴，平均为 0.24～0.52 mg/kg。当牧草含钴量不足时，可导致反刍动物出现缺钴。另一方面，牧草中含钴量达 60 mg/kg 时，动物会受到毒害。

钴的生理功能主要是参与豆科植物根瘤固氮。因为钴是钴胺素辅酶（维生素 B_{12}）的金属组分，而在根瘤菌中有 3 种酶系统依赖于钴胺素：它们是甲硫氨酸合成酶、核糖核苷酸还原酶和甲基丙二酰辅酶 A 变位酶。缺钴的条件下，上述三种酶的活性下降，相应的生化作用受阻，致使蛋白质的合成下降，豆血红蛋白的合成降低，固氮率明显下降。

4. *硒*　植物体的含硒量因植物种类不同而有很大变异。通常可分为高积累型、亚积累型和非积累型。高积累植物主要包括黄芪、剑莎草、金鸡菊等。它们只能生长在富硒的土壤上，体内的含硒量每克可达数千微克，牲畜食用后易发生眩晕症或急性硒中毒。亚积累植物主要有紫菀属、滨藜属、扁萼花属和黏胶葡属中的一些种，它们体内的含硒量每克可达数百微克。大多数粮食作物为非积累植物，平均含硒量在 0.01～1.00 μg/g。在低等植物中蘑菇含硒量高，有时可以达到一般高等植物的 1 000 倍。

在富硒土壤上，植物含硒量显著增加，如富硒茶叶含硒量为 0.70 μg/g。

牧草的含硒量与动物饲养及畜群健康的关系密切，为了预防反刍动物发生"白肌病"，饲料的含硒量必须达到 0.05～0.10 μg/g。

植物根吸收的主要是硒酸盐（SeO_4^{2-}）和亚硒酸盐（SeO_3^{2-}）。硒的生理功能主要是增强植物体的抗氧化作用。施硒可以提高谷胱甘肽过氧化物酶（GSH-PX）活性，从而清除氧自由基。同时，低浓度的硒（0.001～0.05 μg/g）可不同程度地促进百合科、十字花科、豆科、禾本科植物的种子萌发和幼苗生长。

本章思考题

1. 简述植物根系的基本结构与功能。
2. 植物必需营养元素有哪些？有益营养元素有哪些？
3. 影响根系吸收水分和养分的因素有哪些？
4. 何为蒸腾系数和表观吸收成分组成浓度？

第三章　无土栽培的设施与设备

学习目标：

1. 了解用于无土栽培的主要园艺设施的类型及结构特点。
2. 掌握用于无土栽培营养液配制的水处理的设备和方法以及水质分析方法。
3. 掌握基质和营养液消毒原理和方法。
4. 了解无土栽培常用的传感器及营养液循环系统的设备构成。

第一节　设施的主要类型与性能

一、温室概述

以采光覆盖材料作为全部或部分围护结构材料，可供冬季或其他不适宜露地植物生长的季节栽培植物的建筑统称为温室。“温室”一词源于“温室效应”。以短波辐射为主的太阳辐射通过温室采光材料进入温室后使室内地温和气温升高而转化为长波辐射，长波辐射又被温室覆盖材料阻隔在温室内，从而形成室内热量的积聚，使室内温度提高，这一过程称之为温室效应。温室正是利用温室效应，在作物不适于露地生长的寒冷季节通过提高室内温度创造作物生长的适宜环境来达到作物反季节生产和提高作物产量的目的。但随着科学技术的进步，温室生产已远远超过“温室效应”的概念，目前，利用高科技技术可以对温室内的各种环境因子，包括温度、光照、湿度、CO_2 施肥等进行自动控制和调节，根据生产作物的生长习性和市场的需要，部分或完全摆脱自然环境的约束，人为创造适宜作物生长的最佳环境，生产出高品质、高产量的产品，以满足不同消费群体的需要。

西方温室产业起源于 17 世纪的荷兰，而我国的近代温室则开始于 20 世纪 30 年代的冬季不加温“日光温室”，大规模的温室生产则在 20 世纪 70 年代末和 80 年代初开始，通过第一次大量的温室引进揭开了我国现代化温室生产、研究和应用的序幕。经过近 20 年的发展，我国温室生产面积（包括日光温室、塑料大棚）已达到 250×10^4 hm^2，跃居世界第一。

二、无土栽培温室建筑类型

温室由于在使用功能、建筑造型与平面布局、覆盖材料等方面的不同，有各种各样的结构形式和命名方式，同一个温室从不同的角度、按不同的方法也可分为不同的类型。

1. 按使用功能分类　根据温室的最终使用功能，温室可分为生产性温室、试验（教育）性温室和允许公众进入的商业性温室。蔬菜栽培温室、花卉栽培温室、养殖温室等均属于生产性温室；人工气候室、温室实验室等属于试验（教育）性温室；各种观赏温室、零售温室、商品批发温室等则属于商业性温室。

2. 按建筑造型和布局分类

(1)按温室造型分类。沿温室跨度方向,温室具有不同的立面造型,据此可将温室划分为单坡面温室、双坡面温室。单坡面温室又可根据前坡与后坡的投影长度比例划分为 1/2 式、2/3 式、3/4 式、全坡式等几种。按屋面形状,温室有圆拱形、折线形、锯齿形、尖顶形和平顶形等多种形式。

(2)按平面布局分类。根据温室平面的不同布局和组合形式,温室又可分为单栋温室和连栋温室。单栋温室就是以一个标准单元作为一个独立的子项进行建设,而连栋温室则是将多个“单栋”温室通过天沟连接起来,单坡面温室也属于单栋温室中的一种。

3. 按温室主体结构材料分类　由于温室发展历史较长,温室主体结构材料也多种多样,大体上可分为两大类,即金属结构温室和非金属结构温室。例如钢结构温室、铝合金结构温室等均属于金属结构温室;木结构温室、竹结构温室、混凝土结构温室、玻璃钢结构温室等均属于非金属结构温室。

4. 按覆盖材料种类分类　根据覆盖材料的不同,温室可分为两大类:一类为薄膜型温室,另一种为硬质覆盖材料温室。薄膜型温室中,包括各种单层、双层覆盖的塑料温室,如单栋或连栋塑料温室、日光温室等;硬质覆盖材料温室包括玻璃温室、PC 板(单层板、双层板、波浪板等)、玻璃钢温室等。

5. 按加温方式和覆盖材料热阻进行分类　按加温方式和覆盖材料热阻的不同,温室可划分为连续加温温室、间歇加温温室和不加温温室三类。连续加温温室定义为:配备采暖设施,冬季室内温度始终保持在 10℃以上的温室。

6. 按温室建造的经济性及综合功能分类　按温室建造的经济性及综合功能不同,可分为塑料大棚、日光温室、现代化温室。塑料大棚是指以塑料薄膜为覆盖材料的简易单栋拱圆形保护设施,跨度在 6 m 以上,脊高 2.6～3 m,长度在 30 m 以上,用塑料薄膜覆盖的棚室。这类大棚起初多用竹木搭建骨架,进入 20 世纪 90 年代以后,骨架逐渐被钢筋焊合衍架和装配式骨架所取代。以其构建简单、组装方便、单位面积成本低等优点,已成为适合目前我国国情且能够广泛应用的种植设施。

日光温室是指南(前)面为采(透)光屋面,东、西、北(后)三面为保温围护墙并有保温后屋面的单坡面型塑料薄膜温室,在冬季不采暖或较少采暖可越冬生产植物的温室称为日光温室。在寒冷地区,尽可能多地吸收太阳辐射,有效地蓄热、隔热、保温,从而最大限度地利用太阳能、减少辅助加温消耗的温室,通常被称作节能日光温室。

现代化温室是指骨架由采用经热镀锌防锈处理的型钢构件组成,具备相应的抗风雪等荷载的能力;采用玻璃、塑料薄膜、硬质塑料、PC 板等透光材料覆盖及其相应的卡槽、卡簧、铝合金型材等紧固、镶嵌构件,具有透光和保温的性能要求;配备有遮阳、降温、加温、通风换气等配套设备和栽培床、灌溉施肥、照明补光等栽培设施;还有环境调控的控制设备等,形成完整成套的技术和设施设备。

三、塑料大棚的结构与性能

1. 塑料大棚的结构类型　塑料大棚是指以塑料薄膜作为透光覆盖材料的单栋拱棚,一般跨度在 6.0～12.0 m,脊高 2.6～4.0 m,长度在 30 m 以上。由于大棚结构简单、拆建方便、投资省、土地利用率高等优点,所以从东北到华南都广为应用。在北方多用于“春提前、秋延后”

栽培，一般比露地生产可提早或延后1个月左右。由于其保温性能较差，在北方地区一般难以进行越冬生产。在南方可周年利用，尤其在越冬或防雨栽培中发挥重要作用。

目前生产中应用的大棚，按棚顶形状可以分为拱圆形和屋脊形（图 3-1），但我国绝大多数为拱圆形。按骨架材料则可分为竹木结构、钢架混凝土柱结构、钢架结构、钢竹混合结构等。按连接方式又可分为单栋大棚、双连栋大棚及多连栋大棚（图 3-2、图 3-3）。我国连栋大棚棚顶多为半拱圆形，少量为屋脊形，日本屋脊形连栋大棚比较普遍。

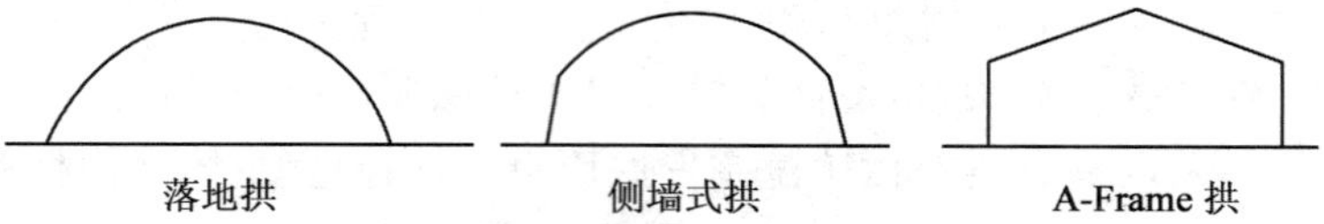

图 3-1　单栋塑料薄膜大棚的类型

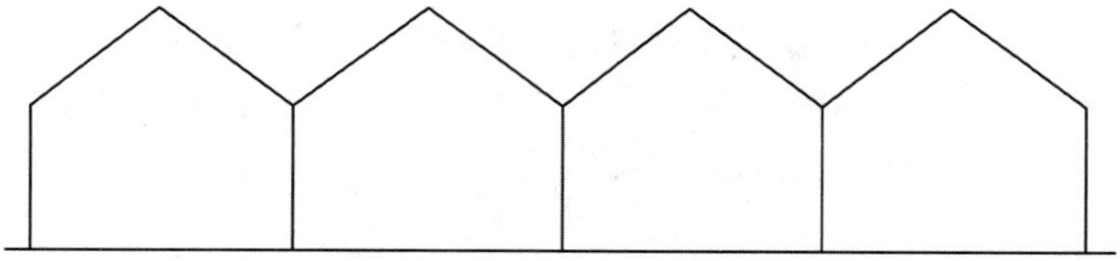

图 3-2　A-Frame 型连栋塑料薄膜温室

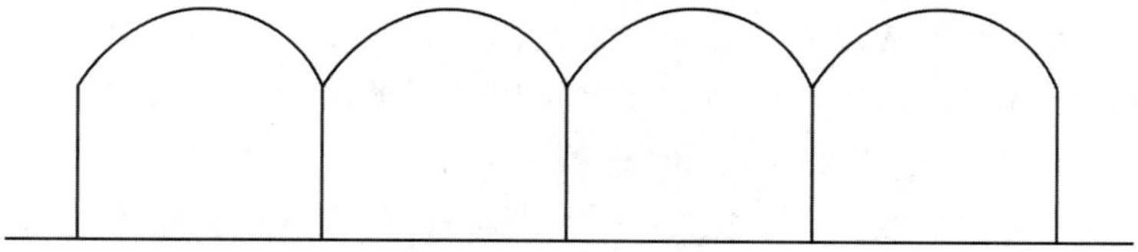

图 3-3　圆拱型连栋塑料薄膜温室

塑料薄膜大棚的骨架是由立柱、拱杆（拱架）、拉杆（纵梁、横拉）、压杆（压膜线）等部件组成，俗称“三杆一柱”。这是塑料薄膜大棚最基本的骨架构成，其他形式都是在此基础上演化而来。

塑料薄膜大棚应具有采光性能好，光照分布均匀，保温性好，保温比适当；棚型结构抗风（雪）能力强，坚固耐用，易于通风换气和环境调控，利于园艺作物生长发育和人工作业，能充分利用土地等特点。

2. 竹木结构大棚　这种大棚的跨度为 8～12 m，高 2.4～2.6 m，长 40～60 m，每栋生产面积 333～666.7 m^2。由立柱（竹、木）、拱杆、拉杆、吊柱（悬柱）、棚膜、压杆（或压膜线）和地锚等构成。

3. 水泥柱钢筋梁竹拱大棚　这种结构跨度 10～12 m，棚高 2.2 m，长 40 m 以上。立柱全部用含钢筋水泥预制柱。柱体断面为 10 cm×8 cm，顶端承担拱杆，每排横向立柱有 4～6 根，南北向每 3 m 一排立柱。

拉杆为钢筋或钢管，纵向连接立柱，支撑拱杆。一般可做成单片花梁，上部用 8 mm 圆钢，中下部用 6 mm 圆钢焊成三角形三梁桁架。

拱杆用直径 4～6 cm 竹子制。其他同竹木结构大棚，其结构见图 3-4。

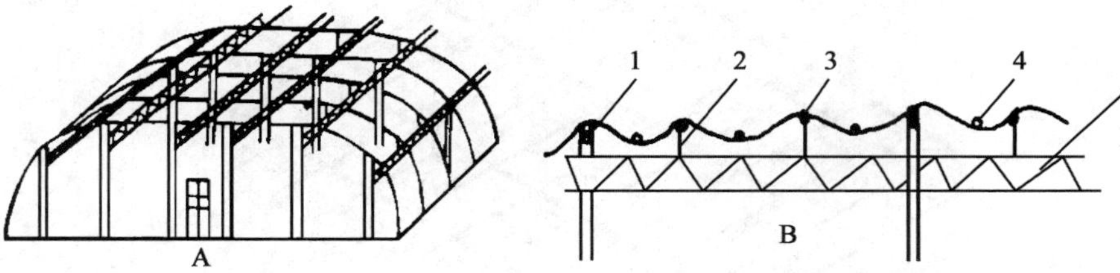

图 3-4　水泥柱钢筋梁竹拱大棚

A. 结构图　B. 中柱纵横截面图

1. 立柱　2. 小支柱　3. 塑料棚膜　4. 压杆　5. 花梁

4. 钢拱架大棚　这种大棚的骨架是用钢筋或钢管焊接而成，其特点是坚固耐用，中间无柱或只有少量支柱，空间大，便于作物生育和人工作业，但一次性投资较大。

这种大棚因骨架结构不同可分为：单梁拱架、双梁平面拱架、三角形（由三根钢筋组成）拱架。通常大棚跨度 10～12 m，高 2.5～3.0 m，长度 50～60 m，单栋面积多为 666.7 m^2，两侧距棚边 1 m 处的垂直高度约 1.5 m。

钢架大棚的拱架多用 ϕ12～16 圆钢或直径相当的金属管材为材料；双梁平面拱架由上弦、下弦及中间的腹杆连成桁架结构，两弦间的腹杆用直径 6 mm 的圆钢制成，桁架间距为 1.2～1.4 m，各个桁架也是纵向拉梁连接为一整体；三角形拱架则由三根钢筋及腹杆连成桁架结构（图 3-5）。这类大棚强度大，刚性好，耐用年限可长达 10 年以上，但用钢材较多，成本较高；钢架大棚需注意维修、保养，每隔 2～3 年应涂防锈漆，防止锈蚀。

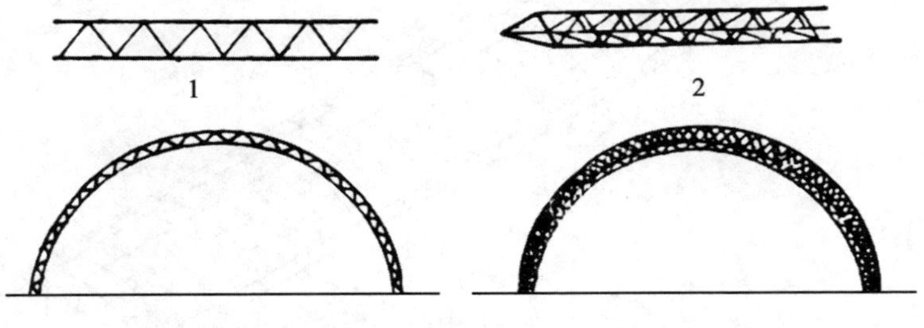

图 3-5　钢架单栋大棚的桁架结构

1. 平面拱架　2. 三角拱架

平面拱架大棚是用钢筋焊成的拱形桁架，棚内无立柱，跨度一般在 10～12 m，棚的脊高为 2.5～3.0 m，每隔 1.0～1.2 m 设一拱形桁架，桁架上弦用 ϕ14～16 钢筋、下弦用 ϕ12～14 钢筋、其间用 ϕ10 或 ϕ8 钢筋作腹杆（拉花）连接。拱架横向每隔 2 m 用一根纵向拉杆相连，拉杆为 ϕ12～14 钢筋，拉杆与平面桁架下弦焊接，将拱架连为一体。

5. 装配式管架大棚　镀锌钢管装配式大棚：自 20 世纪 80 年代以来，我国一些单位研制出了定型设计的装配式管架大棚，这类大棚多是采用热浸镀锌的薄壁钢管为骨架建造而成。尽管目前造价较高，但由于它具有重量轻、强度好、耐锈蚀、易于安装拆卸、中间无柱、采光好、作业方便等特点，同时其结构规范标准，可大批量工厂化生产，所以在经济条件允许的地区，可大

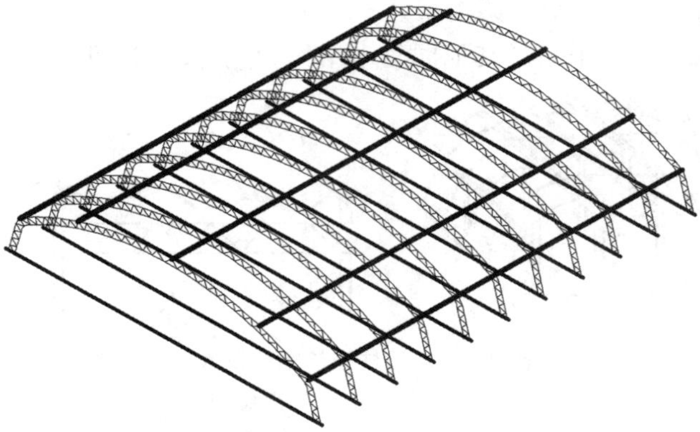

图 3-6　钢筋桁架无柱大棚示意图

面积推广应用。

按照标准，目前国内主要生产跨度 6 m、8 m、10 m、12 m、16 m，长 30～100 m、高度 2.4～4.0 m 等规格的拱圆形大棚。棚体南北延长，无内立柱，拱杆由直径 25～32 mm 镀锌钢管在顶部用套管对接而成；立柱由直径 25 mm 镀锌管用拉杆插销连接，用"十"字管将拱杆固定其上；全棚用 6 条纵向拉杆连接成整体。大棚两端有 6 根直径 25 mm 钢管立柱，并用横向拉杆构成棚头和门。用压膜槽将薄膜固定在棚体上。其结构见图 3-7。

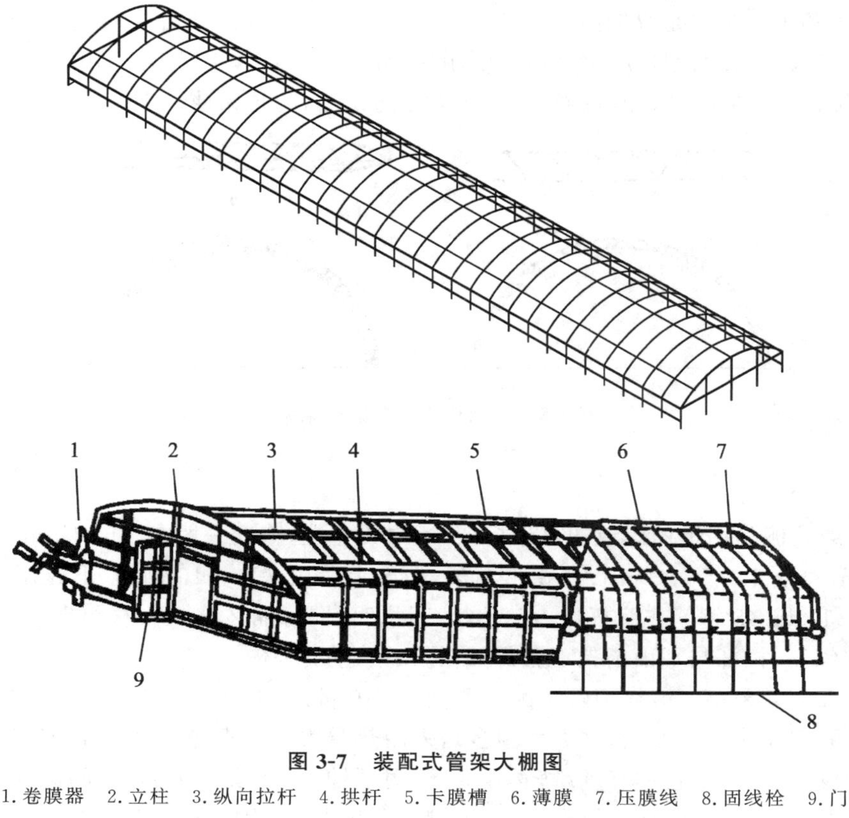

图 3-7　装配式管架大棚图

1.卷膜器　2.立柱　3.纵向拉杆　4.拱杆　5.卡膜槽　6.薄膜　7.压膜线　8.固线栓　9.门

四、日光温室的类型及结构

1. 节能日光温室基本性能　前坡面夜间用保温被覆盖，东、西、北三面为围护墙体的单坡面塑料温室，统称为日光温室。日光温室是一种在室内不加热的温室，即使在最寒冷的季节，也只依靠太阳光来维持室内一定的温度水平，以满足蔬菜作物生长的需要。其雏形是单屋面玻璃温室，前屋面透光覆盖材料用塑料薄膜代替玻璃即演化为早期的日光温室。日光温室的特点是保温好、投资低、节约能源，非常适合我国北方地区（北纬 42°以南，秦岭黄淮河流域以北）的经济欠发达农村使用。

节能型日光温室的透光率一般在 70％以上，室内外气温差可保持在 21℃以上。例如，在北京（北纬 40°）地区冬季气候条件下，晴天时室内作物冠层上方的光照强度一般可达 2 万～3 万 lx，12 月上旬至 2 月下旬各旬的平均气温维持在 12～21℃，旬平均最高气温 21.5～35.5℃，旬平均最低气温 10～13℃，一天之中气温≥25℃的持续时间在 2.5～3.0 h 及以上，长的可持续 5 h，在室外最低气温－13℃的条件下，室内气温仍可维持在 10℃以上，5～10 cm 地温的平均值一般保持在 12℃以上。在上述气候环境中，加上适宜的栽培技术措施，如选用耐低温抗病品种，适宜的播种期，膜下暗灌、渗灌，增施有机肥，大温差管理和增施二氧化碳气肥等，就能获得较高的喜温果菜产量，平均每 667 m^2 产 5 000～7 000 kg。

2. 日光温室的类型　日光温室类型的划分，依据不同，分法不同。

依据日光温室前屋面的构型不同，基本分为一面坡式、立窗式、半拱式、拱圆式和可变屋面角式。依据后坡长短、后墙高矮不同，又可分为长后坡矮后墙温室、高后墙短后坡温室、无后坡温室（俗称半拉瓢）。依据前屋面建材不同可分为竹木结构温室、水泥结构温室、钢结构温室、钢竹混合结构温室等。依据温室墙体可分为土墙温室、砖墙温室和其他复合材料温室。

决定温室性能的关键在于采光和保温，至于采用什么建材主要由经济条件和生产效益决定，目前生产中以拱圆形日光温室为主，跨度 8～10 m，脊高 3.7～4.5 m，以异质复合墙体为主，其他类型温室相继被淘汰。以下介绍几种新型结构日光温室。

（1）太阳能水蓄热型日光温室。太阳能水蓄热型日光温室一般跨度为 8～10 m，脊高 3.7～4.5 m。温室主体结构为 37 cm 灰土砖墙＋保温板 10 cm＋37 cm 灰土砖墙，墙体内表面附设 PE 管道，管道内蓄水收集太阳能热量。温室拱架为钢骨架。温室骨架与前屋面脚和后墙顶部的连接部，都设计为通长现浇的整体梁；温室后坡骨架上统一设计角钢两道，用于固定骨架和后坡其他结构材料。内外墙之间设计内部刚性过梁，具体布置为，长度方向每 10 m 一道，垂直方向每 1 m 一道，实际布置数量依温室的具体长度和后墙高度来定；内外墙顶部统一设计 80 mm 厚混凝土盖板一块，盖板内配 ø6@150 双向钢筋网。

温室土墙基础为砖基础，深度不小于 500 mm。基础前挖防寒沟，防寒沟宽度 400 mm，深度 500 mm。室内靠后墙用红砖铺设宽 600 mm 人行道。其他未说明部分见图 3-8。

（2）非晶硅太阳能日光温室。日光温室长 60～100 m，跨度为 8～10 m，后墙体采用普通红砖砌筑，内表面附非晶硅太阳能膜。其他同太阳能水蓄热型日光温室。具体结构见图 3-9。

（3）相变后墙日光温室。相变后墙日光温室是指温室墙体为空心砌块，然后在空心砌块内部填充复合相变材料，进而达到相变蓄热的功能；另外也可以在后墙内侧墙壁上安装 PE 管材，然后将相变材料充入 PE 管材内部，进而达到相变蓄热的功能。温室土墙基础为砖基础，深度不小于 500 mm。基础前挖防寒沟，防寒沟宽度 400 mm，深度 500 mm。室内靠后墙用红

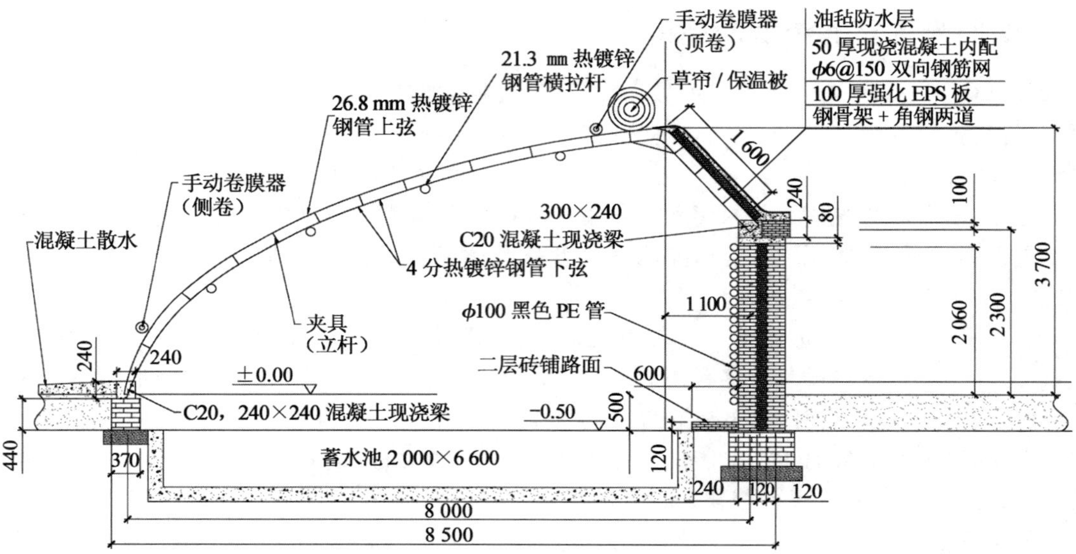

图 3-8　太阳能水蓄热型日光温室设计示意图（mm）

（西北农林科技大学张勇提供）

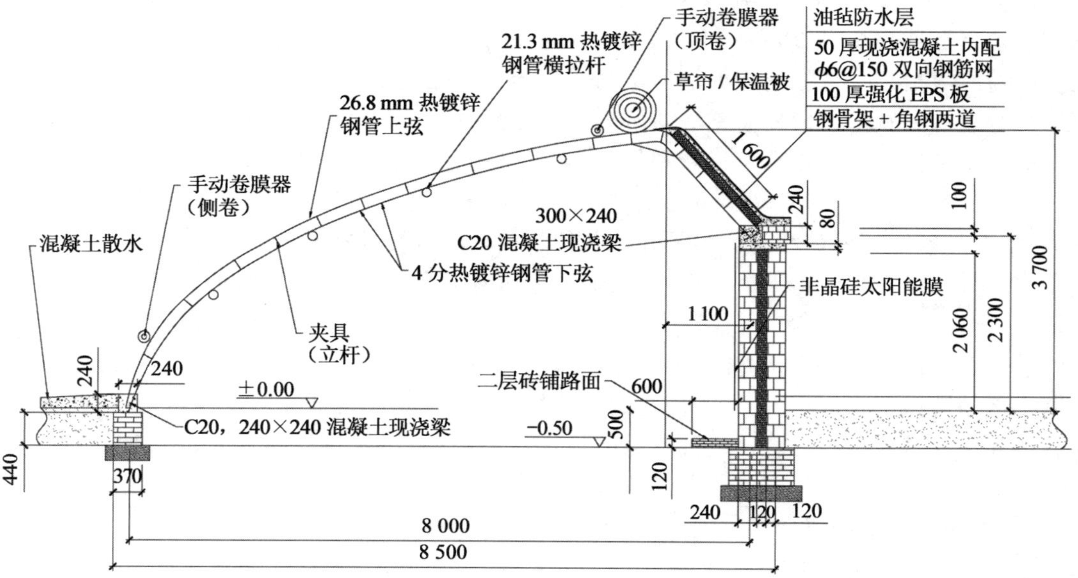

图 3-9　红砖非晶硅太阳能日光温室设计示意图（mm）

（西北农林科技大学张勇提供）

砖铺设宽 600 mm 人行道。

钢材采用一级圆钢，经防腐处理，棚架上弦选用直径 50 mm、壁厚不小于 3 mm 的热镀锌钢管，下弦选用直径 21.3 mm、壁厚 2.0 mm 的热镀锌钢管。立柱用直径 50 mm 镀锌钢管。具体见图 3-10。

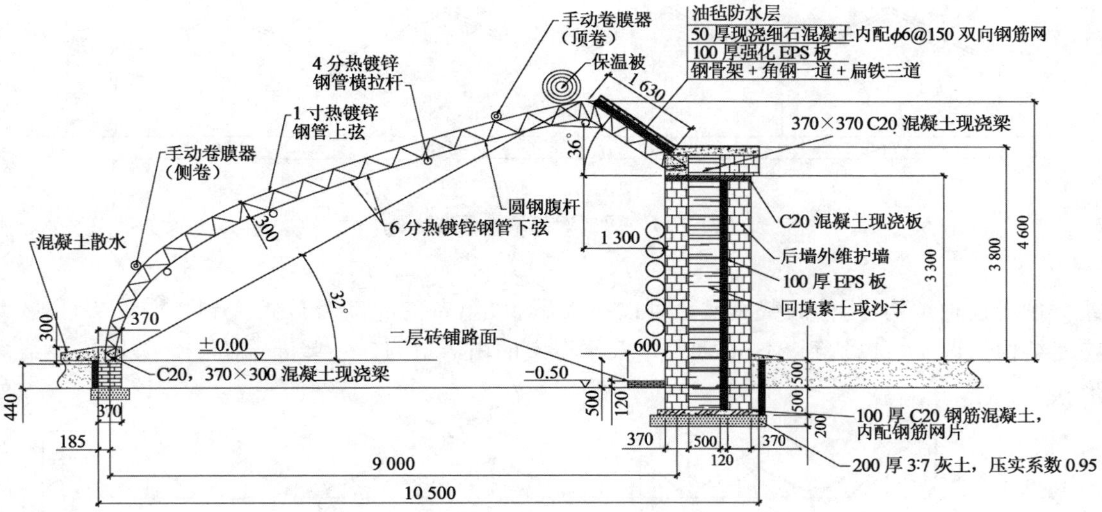

图 3-10　相变后墙日光温室设计示意图(mm)

（西北农林科技大学张勇提供）

五、现代大型连栋温室的类型及结构

1. 现代大型连栋温室基本性能　为了加大温室的规模，适应大面积生产植物产品的需要，将两栋以上的单栋温室在屋檐处连接起来，去掉相连接处的侧墙，加上檐沟（或称天沟），就构成了连栋温室。它们又称为连跨温室、连脊温室。

常见的连栋温室类型有 Venlo 型、锯齿形、圆拱形连栋温室和三角形大屋面连栋温室等。除此之外，还有坡屋面温室、折线形屋面温室、哥特式尖顶屋面温室、平屋面温室等。从覆盖材料上说有连栋玻璃温室、双层充气薄膜温室、双层结构的塑料薄膜温室、聚碳酸酯板（PC 板）温室和 PET 温室等。

连栋温室一般采用性能优良的结构材料和覆盖材料，其结构经优化设计，具有良好的透光性和结构可靠性。连栋温室一般配备智能环境控制设备，例如为了达到良好的冬季保温节能性，连栋温室内部设置缀铝膜保温幕以及地中热交换系统贮存太阳能用于夜间加温等技术与设施。连栋温室设有自然通风与强制通风以及湿帘降温与遮阳幕系统，保证温室达到良好的通风条件，夏季有效降低室内气温，满足温室周年生产的需要。依靠温室计算机环境数据采集与自动控制系统，实时采集、显示和存储室内外环境参数，对室内环境实时自动控制。

2. 玻璃温室结构　玻璃温室的屋面形式基本为平坡屋面，一面坡温室屋面为多折式，连栋温室基本为“人”字屋面。“人”字屋面的结构形式包括门式钢架结构、组合式屋面梁结构、桁架结构屋面、Venlo 型结构。

(1)门式钢架结构。门式钢架结构（图 3-11）的特点是屋面梁和立柱以及屋面梁在屋脊处的连接为固结形式，这种结构形式内部的弯矩较大，结构用材较多，单位面积用钢量在 12～14 kg/m^2，甚至更高。为了减少构件内部的弯矩，常在门式钢架屋面结构上增加拉杆，这样可使结构内部的应力分配更加均匀，有利于全面发挥结构的作用。

(2)桁架结构屋面梁结构。桁架结构（图 3-12）屋面梁结构是沿用传统民用建筑的结构形

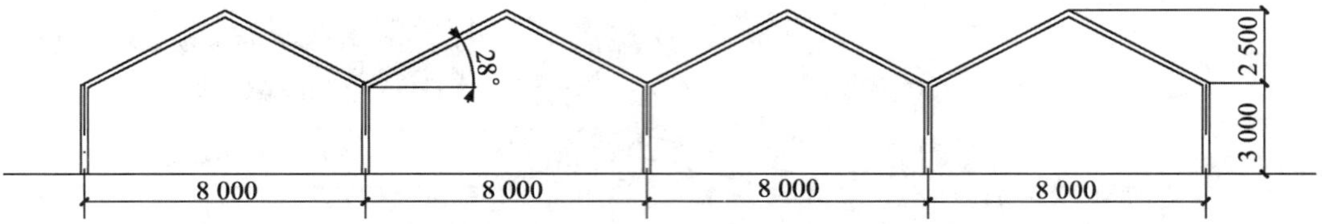

图 3-11　门式钢架结构温室(mm)

式。采用这种结构,构件的截面尺寸可以大大减少,温室的跨度可以扩大到 10 m 以上,最大跨度结构的温室可以达到 24 m,大大增大了温室的内部空间。一些展览温室常采用这种结构形式。

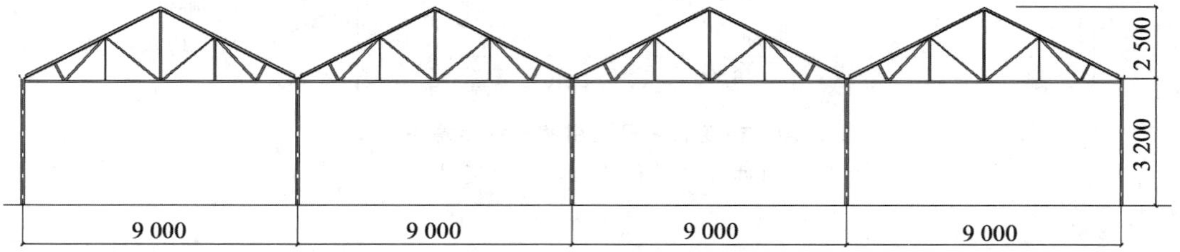

图 3-12　三角形屋架温室(mm)

(3)屋面组合梁结构形式。屋面组合梁结构(图 3-13)的屋面梁采用了桁架,拉杆和腹杆采用简单的钢管或型钢,使温室的承载力大大加强,温室同样可以做成大跨度形式。

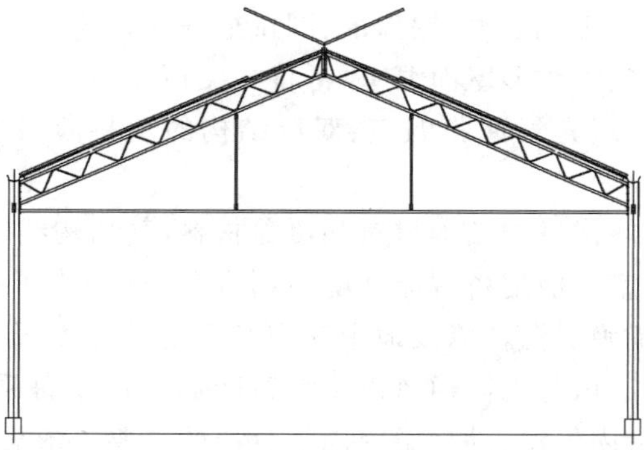

图 3-13　组合屋面梁结构玻璃温室结构形式

(4)Venlo 型结构。Venlo 型温室(图 3-14)系我国引进的玻璃温室的主要形式,为荷兰研究开发而后流行全世界的一种多屋脊连栋小屋面玻璃温室,温室单间跨度为 6.4 m、8 m、9.6 m 或 12.8 m,开间距 3 m、4 m 或 4.5 m,檐高 3.5～5.0 m,每跨由两个或三个(双屋面的)小屋面直接支撑在桁架上,小屋面跨度 3.2 m 或 4.0 m,矢高 0.8～1.0 m。其覆盖材料采用 4 mm 厚的园艺专用玻璃,透光率大于 92%,开窗设置以屋脊为分界线,左右交错开窗,屋面开窗面积与地面积比率(通风窗比)为 19%～23.43%,但由于窗的开启度仅 0.34～0.45 m,实际通风面积与地面积之比(通风比)仅为 8.5%和 10.5%,在我国南方地区往往通风量不足,夏季热蓄积严重，降温困难。

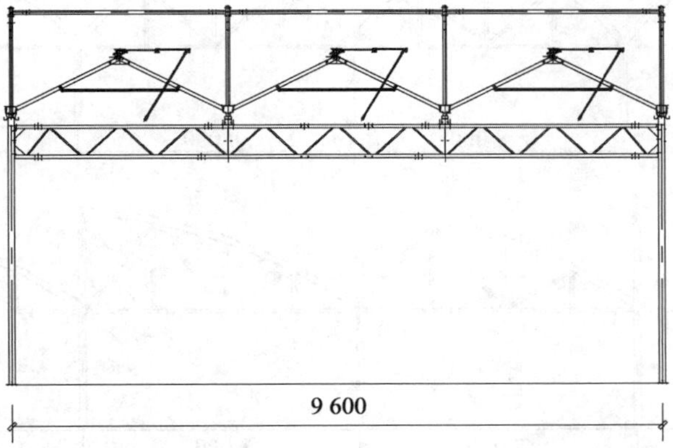

图 3-14　Venlo 型温室结构形式(mm)

近年来，国内经过多年的实践工程，对引进的标准 Venlo 型温室结构进行了改进(图 3-15)，改变了标准的 3.2 m 单元跨度，将标准的单元跨度做成 3.6 m 或 4.0 m，这样在工程实践中就出现了 8.0 m 和 10.8 m 跨度的温室结构。相比原引进的标准 Venlo 型温室，屋面承载力构件改用了小截面的钢材，传统铝合金的双重作用就简化成了只起玻璃镶嵌的作用，铝合金的用量和铝合金的断面尺寸大大减小。

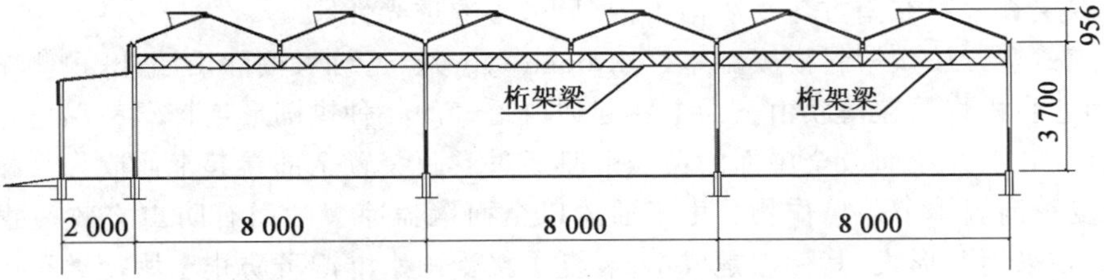

图 3-15　改良型 Venlo 型温室结构形式(mm)

(5)屋顶全开启型温室(open-roof gerrnhouse)。该类型温室最早由意大利的 Serre Italia 公司研制成的一种全开放型玻璃温室，近年来在亚热带暖地逐渐兴起成为一种新型温室。其特点是以天沟檐部为支点，可以从屋脊部打开天窗，开启度可达到垂直程度，即整个屋面的开启度可以从完全封闭直到全部开放状态，侧窗则用上下推拉方式开启，全开后达 1.5 m 宽，全开时可使室内外温度保持一致。中午室内光强可超过室外，也便于夏季接受雨水淋洗，防止土壤盐类积聚。可依室内温度、降水量和风速而通过电脑智能控制自动关闭窗，结构与芬洛型相似。

3. 塑料薄膜温室结构

(1)圆拱结构塑料薄膜温室。圆拱结构(图 3-16)是塑料薄膜温室最常用的建筑外形，最简单而且常用的结构形式为吊杆桁架结构，这种温室结构简洁、受力明确、用材量少，在风荷载较小的地区应用较多。为了增强温室结构的承载能力，在大风或者多雪地区，温室的屋面结构常做成整体桁架结构，其中完全桁架结构也用于大跨度温室。

(2)里歇尔(Richel)温室。法国瑞奇温室公司研究开发的一种流行的塑料薄膜温室，在我

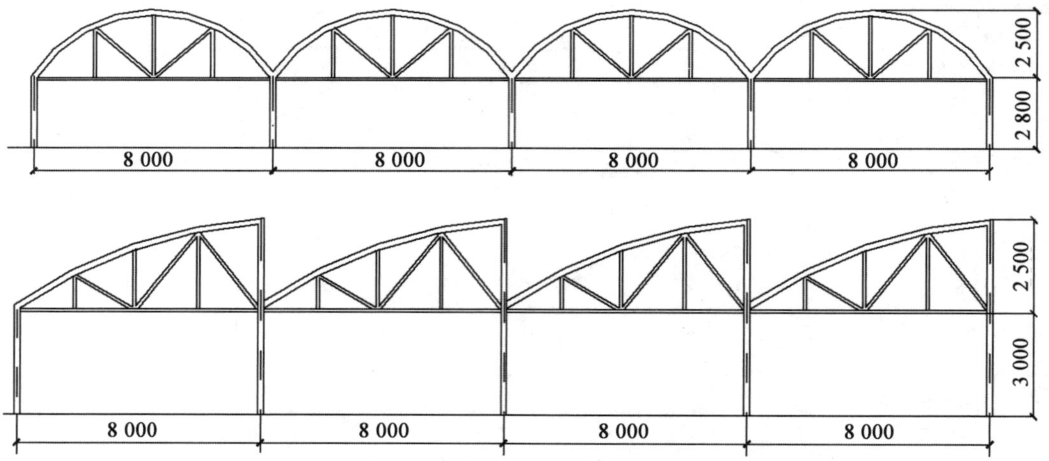

图 3-16　圆拱结构塑料薄膜温室(mm)

国引进温室中所占比重最大。一般单栋跨度为 6.4 m、8 m，檐高 3.0～4.0 m，开间距 3.0～4.0 m，其特点是固定于屋脊部的天窗能实现半边屋面(50%屋面)开启通风换气，也可以设侧窗，屋脊窗通风，该温室的自然通风效果均较好；且采用双层充气膜覆盖，可节能 30%～40%，构件比玻璃温室少，空间大，遮阳面少，根据不同地区风力强度大小和积雪厚度，可选择相应类型结构，但双层充气膜在南方冬季阴雨雪情况下，影响透光性。

(3)卷膜式全开放型塑料薄膜温室(full open type)。连栋大棚除山墙外，顶侧屋面均通过手动或电动卷膜机将覆盖薄膜由下而上卷起通风透气的一种拱圆形连栋塑料温室。其卷膜的面积可将侧墙和 1/2 屋面或全屋面的覆盖薄膜通过卷膜装置全部卷起来而成为与露地相似的状态，以利夏季高温季节栽培作物。由于通风口全面覆盖凉爽纱而有防虫之效。我国国产塑料薄膜温室多采用此形式，其特点是成本低，夏季接受雨水淋溶可防止土壤盐类积聚，简易，节能，利用夏季通风降温，例如上海市农机所研制的 GSW7430 型连栋温室和 GLZW7.5 智能型温室等，都是一种顶高 5 m，檐高 3.5 m，冬、夏两用，通气性良好的开放型温室。

第二节　营养液管理相关设备

无论是固体基质培还是非固体基质培的无土栽培形式，都主要靠营养液来为作物生长发育提供所需的养分和水分。在无土栽培中用于配制营养液的原料是水和含有营养元素的各种化合物及辅助物质，其中水是用量最多的很重要的原料。配制营养液的水质会或多或少地影响到营养液的组成和营养液中某些营养成分的有效性，有时甚至严重影响到作物的生长。因此，为了保证营养液的高效利用，了解营养液管理的相关设备是非常必要的。

一、水处理设备

在无土栽培用水的水质标准中，对于水的总溶解固体含量或含盐量，都有明确而严格的限制性要求。因为它对农业产品的质量和产率以及人体健康有着重要的影响。我国北方地区以及沿海地区水质偏碱，而许多蔬菜作物和花卉作物根际生长环境要求微酸，此外，在无土栽培中需要对营养液进行精确配方，不含过多杂质成分的水源是保证精确配方的基础。在碱性水质中直接加酸虽也能调节水的酸碱度，但酸碱中和往往会产生大量沉淀物质而堵塞灌溉系统，为此，必须对碱性水质首先进行软化处理，这样配套水软化设备就非常必要。水软化处理一般要求 pH 达到 6.5 左右。

降低或消除水中所含各种盐类、游离酸和碱的水处理方法是去离子水，一般统称为除盐(脱盐)。通常所谓水的除盐，即消除或降低水中溶解盐类物质含量的处理过程。水的除盐又分为局部除盐和完全除盐(深度除盐)两种。从处理机理上划分，除盐方法有多种类型，其中反渗透除盐技术是当今世界上最先进和最节能有效的膜分离技术。它主要利用半渗透膜的渗透参数原理，通过一定的方式给它施加压力，反于自然渗透方向的力，使浓溶液中的水向稀溶液中渗透，这种方式称为反渗透。由反渗透原件组成的装置为反渗透装置。由于反渗透膜的膜孔径非常小，因此能够有效地去除水中的溶解盐类、胶体、微生物、有机物等。该系统具有水质好、耗能低、无污染、工艺简单、操作简便等特点。

(一)反渗透水处理系统

1. *反渗透系统的组成*　反渗透系统主要由反渗透器、高压泵、计量控制设备、预处理设备以及清洗系统等组成，见图 3-17。其中反渗透器(膜组件)是反渗透系统的关键设备，它直接影响到整个系统的效能、造价、运转条件和成本等。

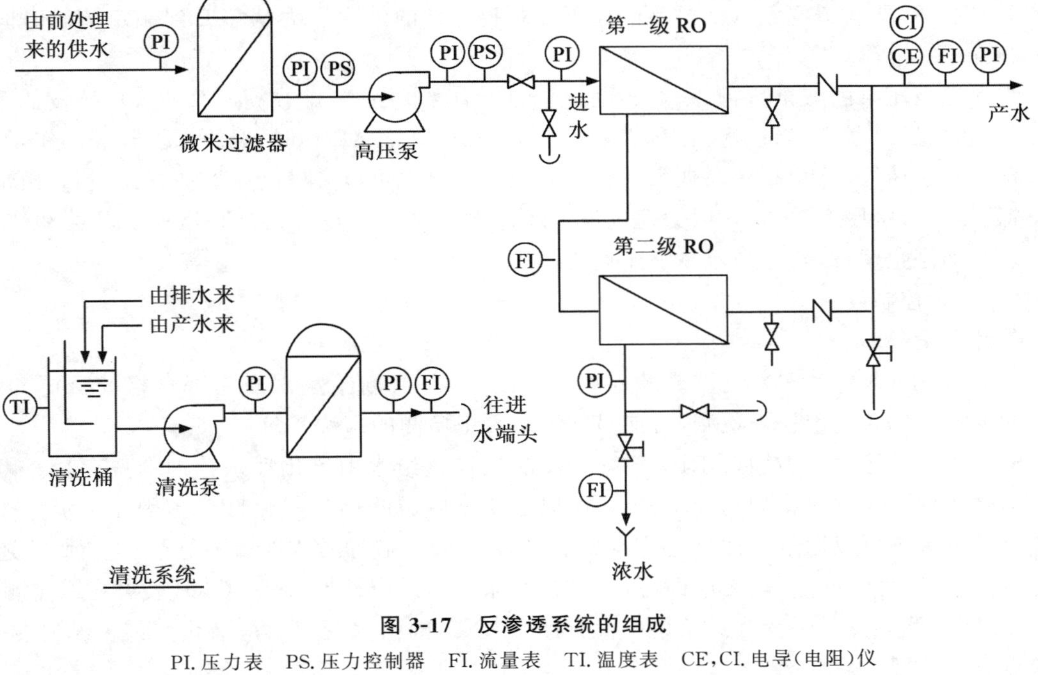

图 3-17　反渗透系统的组成

PI. 压力表　PS. 压力控制器　FI. 流量表　TI. 温度表　CE,CI. 电导(电阻)仪

(1)预处理设备。针对原水杂质的不同预处理设备可分为三部分。第一部分为化学加药设备，包括絮凝/助凝加药设备、阻垢剂加药设备、除氧还原剂加药设备、pH 调节加药设备。第二部分为化学-离子交换处理设备，包括离子交换软化、石灰软化设备。第三部分为物化过滤设备，包括多介质过滤、活性炭过滤、滤芯式过滤、微滤、超滤等设备。

(2)保安过滤器。保安过滤器处于整个反渗透系统的进口,其目的是防止预处理来水中可能携带的颗粒性杂质,以防止对高压泵和膜元件造成的机械损坏。通常,保安过滤器选用公称过滤精度为 5 μm 的滤芯,滤芯材质一般为聚乙烯或聚丙烯(丙纶)。为避免腐蚀,过滤器本体应采用不锈钢或塑料材质。保安过滤器不仅能截留颗粒性杂质,还能在一定程度上去除浊度和胶体铁,降低 SDI。滤芯的安装方式为蜡烛式(不推荐采用悬吊式)。根据运行压差更换滤芯。

有些厂家将保安过滤器设计为可反洗的结构,目的是延长滤芯的使用寿命。但因为反洗会造成滤芯过滤间隙变大,降低过滤效果,所以不推荐采用这种设计。

在系统设计中,保安过滤器只起保安作用,以防止预处理漏过的杂质进入高压泵和反渗透膜元件中,不能将其作为降低 SDI 或去除某种杂质的过滤器,所以进入保安过滤器的原水必须已经满足膜元件的进水指标。

(3)高压泵。高压泵是反渗透系统中的核心设备之一。高压泵为进入反渗透膜元件的原水提供足够的压力,以克服渗透压和运行阻力,满足装置达到额定的流量。

对于苦咸水反渗透系统,高压泵一般选择离心泵;对于海水反渗透系统,高压泵一般选择高压离心泵或柱塞泵。高压泵的材质应根据原水水质的不同,选择不同的不锈钢材质。

高压泵的启动方式是一个必须考虑的问题,一般有两种启动方式,在高压泵的出口装设电动慢开门或对高压泵进行变频启动。目的都是为了避免启动时产生的瞬间高压力水对膜元件造成冲击损坏(即水锤现象),都要保证高压泵对膜元件的给水压力从零升到额定值的时间为 20～30 s。

为保证高压泵的安全运行,一般还设有泵的压力保护装置,即在高压泵的入口装设低压保护开关,和高压泵联锁,当进水压力低(一般小于 0.05～0.1 MPa)时,低压保护开关动作,使高压泵自动停止运行,防止高压泵缺水空转。高压泵出口也可以装设高压保护开关,和高压泵联锁,当高压泵出水压力过高(一般为超过最高运行压力的 30%以上)时,高压保护开关动作,使高压泵自动停止运行,防止高压泵憋压运行。

(4)计量控制设备

①计量设备

a. 给水 SDI。给水 SDI 是重要的监测项目之一,是判断给水水质是否合格的重要参数。SDI 由专用的 SDI 测定仪来检测,目前只能采用手工检测的方法。

b. 给水氧化还原电位值(ORP)。ORP 反映反渗透给水中氧化性杀菌剂的残存量。因为反渗透膜元件是不耐氧化的高分子材料,所以在给水中就必须将氧化性杀菌剂完全消除。消除氧化性杀菌剂可以通过活性炭过滤器吸附或加入还原剂(通常为亚硫酸氢钠)进行氧化还原来完成,该反应为瞬间过程,之后即可检测 ORP 来显示反应结果,通过 ORP 表可在线监测。

c. pH 监测表。如果反渗透给水中设有加酸装置,则给水管道上应装设在线 pH 监测表,并应设有上、下限报警。

d. 温度。给水温度影响反渗透装置的产水量,当温度恒定时,它决定高压泵的出口压力。在很多系统中,需要设置加热器将给水升温,在此,温度作为一个重要的参数需进行测量并定期记录。

e. 压力。要监测并记录保安过滤器的进、出口压力或压降,以判断滤芯的运行状况。要监测并记录反渗透膜元件各段之间的压力或压降,以判断膜元件是否污染或结垢,并可判断异常膜元件的位置。

f. 流量。在反渗透系统中，至少要监测并记录反渗透产品水和浓水的流量，这两个流量决定装置的回收率。必须将回收率保持为设计值，回收率过高会加速膜元件的污染，回收率过低会造成水的浪费和高压泵能耗的增加。

在许多大型系统中，还装有给水流量表，可输出给水流量信号，自动调节加药计量泵按比例加药，或在多段系统中装设单段的产品水流量，分别判断每一段的运行状况。

g. 电导率。监测给水和产品水的电导率值，可反映反渗透装置的脱盐率。

压力、流量是互相关联的参数，结合 pH、电导率值，通过标准化后，可以判断反渗透系统是否正常运行、是否有污染或结垢、是否需要清洗等，是判断反渗透装置运行状况的重要参数。

② 控制设备

a. 系统控制方式。反渗透系统一般采用 PLC（可编程逻辑控制器）程序自动控制方式。选择的 PLC 应保证有较强的抗干扰能力、丰富的程序指令和较快的运算速度，以保证控制系统的安全稳定。

b. PLC 控制内容。PLC 控制的内容应包括如下几个方面。

ⅰ. 高压泵的控制。高压泵进口压力低于设定值时，自动停止泵的运行；高压泵出口压力高于设定值时，自动停止泵的运行。高压泵采用变频控制时，通过调节泵的频率，控制泵的出口压力。海水淡化工程中，通过能量回收装置的控制，以节省电耗，降低运行费用。

ⅱ. 反渗透装置的程序启动和停止。反渗透装置由 PLC 控制，自动完成包括计量泵、高压泵、电动慢开门等按顺序启动和停止；反渗透装置与产品水箱水位联锁的高停低启。

ⅲ. 反渗透停运时的自动低压表面冲洗。反渗透装置停运时，自动打开电动冲洗排水门和冲洗水泵，对膜表面进行低压冲洗，将膜元件内的浓水冲洗干净。

ⅳ. 异常运行状态的监测，报警。在反渗透装置运行过程中，PLC 自动对各设备如高压泵、计量泵、电动门等运行状况进行监测，并输出故障报警信号，PLC 自动对温度、流量、压力、液位、电导率、ORP、pH 等运行参数进行监测，异常运行状况时报警，并根据不同的情况决定是否停运反渗透装置。

ⅴ. 加药量的自动控制调节。通过反渗透给水管道上的流量、pH、ORP 等测量仪表输出的 4～20 mA 信号或脉冲信号，自动调节各计量泵的输出投加药品量，实现加药量的按比例自动调节。

（5）清洗系统。清洗系统主要包括清洗水箱、清洗水泵和保安过滤器。

二、营养液输送设备

无土栽培中配制好的工作营养液一般贮存在地下贮液池中。地下贮液池是作为增大营养液的缓冲能力，为作物根系创造一个较稳定的生存环境而设的。在无机基质培和水培系统中，营养液在贮液池和种植槽中循环流动，需要供液系统和回流系统两大部分。供液系统中包括供液管道、水泵和调节流量的阀门等部分，而回流系统由回流管道和种植槽中的液位调节装置两部分组成。有机生态型无土栽培系统中，营养液输送到种植槽中有供液系统即可，少量的多余的营养液排到温室外，一般不做回收处理。

系统输配水管网由各种管道和连接件按设计要求组合安装而成，也是系统的重要组成部分，起着向种植槽输送营养液的作用。管道和连接件在系统中用量大、规格多，所占投资比例较大，所用的管道和连接件规格是否适合、质量好坏等，直接关系到工程费用的大小以及工程质量和使用寿命。因此，设计和使用人员必须了解各种管道和连接件的作用、种类、型号、规格及性能，才能正确合理地设计和管理好灌溉工程。

（一）管道及管件

1. 硬聚氯乙烯管（PVC 管） 硬聚氯乙烯管是目前设施灌溉工程使用最多的管道，它是以聚氯乙烯树脂为主要原料，加入符合标准的、必要的添加剂，经挤出成型的管材。

硬聚氯乙烯管的承压能力按管壁厚度和管径不同而异，喷灌系统常用的为 0.6 MPa、1.0 MPa、1.6 MPa、2.5 MPa，而微灌系统则根据系统压力一般选择压力较低的管道，主要用输水骨干管道。硬聚氯乙烯管的优点是耐腐蚀，使用寿命长，在地埋条件下一般可用 20 年以上；重量小，搬运容易；内壁光滑、水力性能好，过水能力稳定；有一定的韧性，能适应较小的不均匀深陷。缺点是材质受温度影响大，高温发生变形，低温变脆；易受光、热老化，工作压力不稳定；膨胀系数大等。

目前，我国还没有制定设施灌溉用硬聚氯乙烯管产品的国家标准，设施灌溉工程中所用硬聚氯乙烯管的规格的尺寸、技术要求等是以《给水用硬聚氯乙烯（PVC-U）管材》（GB/T 10002.1—1996）标准来要求的。硬聚氯乙烯管的连接方法有专用胶水黏合与橡胶圈密封承插连接两种方法。

硬聚氯乙烯管的管件比较齐全，见图 3-18。

图 3-18 PVC 管材及部分管件

2.聚乙烯管(PE管)　聚乙烯管根据聚乙烯材料密度的不同,可分高密度聚乙烯管(简称HDPE或UPE管)和低密度聚乙烯管(简称LDPE或SPE管)。前者为高硬度管,具有较高的强度和刚度;后者为低硬度管,其柔性、伸长率、耐冲击性能较好。因而喷灌系统中使用高密度聚乙烯管(HDPE)较多,而在微灌系统中低密度聚乙烯管(LDPE)较多。一般应掺入炭黑(约2.5%)做成黑色管。这样可以吸收紫外线,减缓老化的进程,延长使用寿命,另一方面可以使阳光照不到管内,以防止藻类在管内繁殖。HDPE管材的公称压力和规格尺寸是参照《给水用高密度聚乙烯(HDPE)管材》(GB/T 13663—1992)标准来要求的。原轻工业部标准SG 80—1975规定,低密度聚乙烯管(图3-19)在常温条件下使用压力为0.4 MPa,一般用于微灌系统能够满足系统要求,但地埋喷灌固定管的内水压力常常达到0.6 MPa级或1 MPa级,因此在选用时要予以注意。

聚乙烯管的连接方式有内插式、螺纹连接式和螺纹锁紧式3种,内插式用于连接内径标准的管道,螺纹连接式用于PE管道与其他材质管道的连接。微灌用聚乙烯(PE)管件,见图3-20。

目前,HDPE筋塑管材以外径为公称直径,共分为ϕ50、ϕ63、ϕ75、ϕ90、ϕ110、ϕ125、ϕ160、ϕ200、ϕ250、ϕ315 10个规格,管材公称压力分0.6 MPa、0.8 MPa、1.0 MPa、1.25 MPa、1.6 MPa共5个等级。

另外,聚乙烯管材在半固定式喷灌系统和微灌系统中应用较多,而在地埋式固定喷灌系统中则应用很少。

图3-19　微灌用聚乙烯(PE)管材

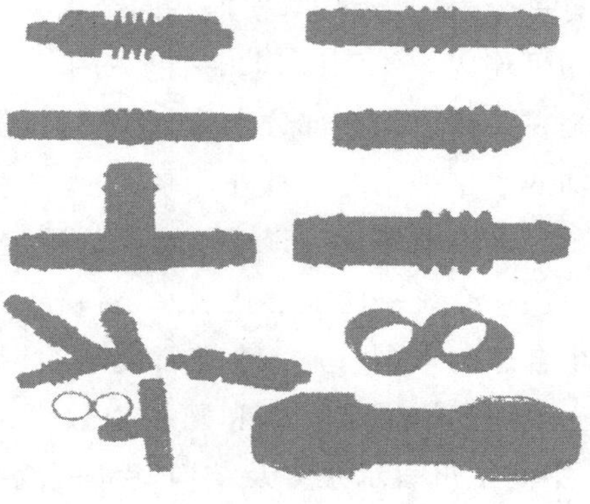

图3-20　微灌用聚乙烯(PE)管件

3.聚丙烯管　喷灌用聚丙烯管是以聚丙烯树脂为主要原料,经挤出成型而制成的性能良好的聚丙烯管材。由于聚乙烯管存在低温时性脆的缺点,故一般喷灌多使用改性聚丙烯管。聚丙烯管在常温条件下,使用压力分为Ⅰ、Ⅱ、Ⅲ型。Ⅰ型为0.4 MPa、Ⅱ型为0.6 MPa、Ⅲ型为0.8 MPa。

4.硬塑料管材的连接　硬聚氯乙烯管、聚乙烯管、聚丙烯管都具有性硬、不易弯曲,所以统称为硬塑料管。硬塑料管的连接方式有扩口承插式、套管式、锁紧接头式、螺纹式、法兰式、热熔焊接式等形式。同一连接形式中又有多种连接方法,不同连接方法的适用条件、适用范围及选用的连接件亦不同。因此,在选择连接形式、连接方法时,应根据被连接管材的种类、规格、管道系统设计压力、环境、连接方法的适用范围、操作人员技术水平等来进行综合考虑。

(二)水泵

水泵是现代灌溉技术的重要设备,是设施灌溉系统的重要组成部分,除了自压灌溉系统之外,基本上所有设施灌溉系统都需要利用水泵给系统进行加压。

1.设施灌溉用泵的分类　水泵的种类很多,按工作原理可分为叶片泵、容积泵及其他类型。因设施灌溉系统中使用水泵主要是叶片泵,且以离心泵和井泵使用较多,因此本章主要介绍叶片泵。

叶片泵根据液体从叶轮流出的方向可分为离心泵、轴流泵和混流泵三大类。它们的共同特点是都有一个或数个叶轮,叶轮上装有数量不等的叶片,叶片紧固在泵轴上,泵轴用轴承支承并与动力机轴相连接。在动力机的带动下,叶轮在旋转过程中将动力机的机械能转换为水能,通过与进、出水管连接的泵壳将水收集起来,并将水的部分动能转换成势能,经出水管将水从低处输往高处。而不同之处在于叶轮出流方向,离心泵中的液流在离心力的作用下,沿与泵轴线垂直的径向平面流出叶轮,又称径流泵。轴流泵中的液流在推力作用下,沿轴向流出叶轮,又名旋桨泵。混流泵则是在离心力和推力的双重作用下,液流沿斜向流出叶轮,又称斜流泵。

根据构造和使用的要求,叶片泵可分为自吸泵、长轴井泵、潜水电泵和水轮泵等。长轴井泵有一个长的传动轴,根据井的结构和扬程的高低,又可分为浅井泵和深井泵。潜水电泵是与电动机连成一体、潜入水中抽水的泵。用来从深井中抽水的潜水电泵叫深井潜水电泵。自吸泵是在泵体内储有部分水体,能自行排气充水的离心泵。水轮泵是利用水流驱动水轮机带动同轴的水泵抽水的一种叶片泵。

2.水泵型号意义说明　水泵的种类很多,规格各异,在进行灌溉系统水泵选型时,如果不能提供一个统一的能够代表水泵口径、结构形式和性能参数的型号,则要从众多的水泵中选择一个合适的水泵将是一个非常复杂的事情,因此弄清水泵型号的意义非常重要。我国水泵型号一般用汉语拼音字母和阿拉伯数字组成,组合形式如150B-90,其中前面数字表示泵口直径,中间字母表示泵型及结构,后面数字表示比转数被10除后的整数或扬程。设施灌溉系统常用水泵型号的意义见表3-1。

3.水泵的性能参数　水泵的性能参数是用来表征水泵工作状况和性能的一组数据,包括流量、扬程、功率、效率、允许吸上真空高度或必需汽蚀余量、转速等。水泵型号不同,这6个参数也就不同,通常它们被标注在水泵铭牌上,供人们识别和选用。

(1)流量 Q。水泵的流量是指水泵在单位时间内能够排出的水量,常用的单位是 m^3/s、L/s、m^3/h。

每一种型号的水泵,其流量都有一定的范围,如果超过这个范围,水泵的效率就会大大降低。所谓水泵“设计流量”,是水泵在这一流量下运行时效率最高。

(2)扬程 H。扬程是指被输送的单位重量液体从泵进口到出口所增加的能量,即单位重量液体通过水泵时所获得的有效能量。在设施灌溉系统中为能够给管道系统提供的水压,单位为 m。

水泵扬程并不等于扬水高度，扬程是一个能量概念，既包括了吸水高度的因素，也包括了出口的压水高度。不能错误地理解为吸水靠大气压、压水靠水泵以及扬程应该从水泵轴心算起。水泵扬程的正确理解和计算对选择、安装和使用水泵是很重要的。

(3)功率。功率是指水泵在单位时间内所做的功。在水泵工作中，其大小主要取决于水泵的流量和扬程。它是衡量水泵工作能力大小的一个主要参数，单位是 kW。

表 3-1　设施灌溉用水泵型号代表意义

水泵种类				型号举例	型号中字母的意义	型号中数字的意义
离心泵	单级单吸	改进型号	BP 型	65BP-55	BP:喷灌用离心泵	65—泵的吸入口直径为 65 mm 55—泵的扬程为 55 m
			BPZ 型	50BPZcz-45	BPZ:喷灌用自吸式离心泵 cz:与柴油机直联	50—泵的吸入口直径为 50 mm 45—泵的扬程为 45 m
		原型号	BP 型	2.5BP-55	BP:喷灌用离心泵	2.5—泵吸入口径为 2.5 英寸 (1 英寸＝2.54 cm;下同) 55—扬程为 55 m
			BPZ 型	2BPZ5Z-45	BPZ:喷灌用自吸式离心泵 Z:直联	2 —泵吸入口径为 2 英寸 5—功率为 5 马力(1 马力＝735.5 W,下同) 45—扬程为 45 m
		改进型号	IB 型 IS 型	IB 80-50-250 IS	I:国际标准第一代号 B:“泵”汉语拼音第一字母 IS:国际标准	80—泵吸入口径为 80 mm 50—泵排出口径为 50 mm 250—叶轮名义直径为 250 mm
		原型号	BA 型	6BA-18A	BA:单级单吸悬臂式离心泵	6—泵吸入口径为 6 英寸 18—比转数为 180 A—泵的叶轮外径已车小过(若是 B、C 则表示车小得更多些)
			B 型	4B-35	B:单级单吸悬臂式离心泵	4—泵吸入口径为 4 英寸 35—扬程为 35 m
	单级双吸	改进型号	S 型	150S-50	S:单级双吸卧式离心泵	150—泵吸入口径为 150 mm 50—扬程为 50 m
		原型号	Sh 型	10Sh-19	Sh:单级双吸卧式离心泵	10—泵吸入口径为 10 英寸 19—比转数为 190
	多级分段	改进型号	D 型 DA1 型	D25-50×12 DA1-80×2	D:分段式多级离心泵	1—第一次改进设计 25—流量为 25 m^3/h 50、80 —单级扬程为 50 m、80 m 2、12—泵的级数为 2 级、12 级
		原型号	DA 型	4DA-8×5	DA:分段式多级离心泵	4—泵吸入口径为 4 英寸 8—比转数为 80 5—泵的级数为 5 级

续表 3-1

<table>
<tr><th colspan="4">水泵种类</th><th>型号举例</th><th>型号中字母的意义</th><th>型号中数字的意义</th></tr>
<tr><td rowspan="3">井泵</td><td rowspan="3">长轴井泵</td><td>改进型号</td><td>JC 型</td><td>100JC10×23</td><td>JC:长轴离心深井泵</td><td>100—适用最小井径 100 mm
10—流量 10 m^3/h
23 —泵的级数为 23 级</td></tr>
<tr><td rowspan="2">原型号</td><td>JD 型</td><td>6JD36×8</td><td>JD:深井多级泵</td><td>6—适用最小井径 6 英寸
36—流量 36 m^3/h
8—泵的级数为 8 级</td></tr>
<tr><td>J 型</td><td>10J80×10</td><td>J:机井用泵</td><td>10—适用最小井径为 10 英寸
80—流量 80 m^3/h
10—泵的级数为 10 级</td></tr>
<tr><td rowspan="4">微型泵</td><td rowspan="4">深井潜水电泵</td><td>改进型号</td><td>QJ 型</td><td>200QJ80-55/5</td><td>QJ:井用潜水泵</td><td>200—适用最小井径为 200 mm
80—流量 80 m^3/h
55—扬程为 55 m
5—泵的级数为 5 级</td></tr>
<tr><td rowspan="3">原型号</td><td rowspan="2">NQ 型</td><td>8NQ20-125</td><td rowspan="2">NQ:农用潜水电泵</td><td>8—适用最小井径为 8 英寸
20—流量 20 m^3/h
125—扬程 125 m</td></tr>
<tr><td>250NQ50-160/8</td><td>250—适用最小井径为 250 mm
50—流量 50 m^3/h
160—扬程 160 m
8—泵的级数为 8 级</td></tr>
<tr><td>WB 型</td><td>WB10-10-80 (250B)</td><td>WB:微型泵
B:电动机型式</td><td>10—泵吸入口径为 10 mm
10—泵排出口径为 10 mm
80—叶轮名义直径为 80 mm
250—电动机额定功率为 250 W</td></tr>
<tr><td rowspan="5">真空泵</td><td rowspan="5">水环式真空泵</td><td>改进型号</td><td>SZ 型</td><td>SZ-1</td><td>S:水环式
Z:真空泵</td><td>1—规格号</td></tr>
<tr><td>原型号</td><td>PMK 型</td><td>PMK-1</td><td></td><td>1—规格号</td></tr>
<tr><td>改进型号</td><td>SZB 型</td><td>SZB-4</td><td>S:水环式
Z:真空泵
B:悬臂式</td><td>4—520×0.133 kPa 时的排气量为 4 L/s</td></tr>
<tr><td rowspan="2">原型号</td><td>KBH 型</td><td>KBH-4</td><td>K:悬臂式
B:真空
H:泵</td><td>4—520×0.133 kPa 时的排气量为 4 L/s</td></tr>
<tr><td>SZZ 型</td><td>SZZ-4</td><td>S:水环式
Z:真空泵
Z:直联式</td><td>4—520×0.133 kPa 时的排气量为 4 L/s</td></tr>
</table>

a. 有效功率 N_c　是指水流通过水泵时实际所获得的功率，也可称为水泵的输出功率。

b. 轴功率 N　轴功率是水泵工作时所需要的外加功率，它是由动力机传给水泵转轴的，因此也是与水泵配套的动力机的功率，也称为配套功率。轴功率直接与运行费用有关，单位是 kW。

(4)效率 η。效率是指水泵的有效功率与轴功率的比值，它标志着水泵工作效能的高低(转换能量的有效程度)，反映了水泵对动力的利用情况，是水泵的一项重要技术经济指标。水泵铭牌上标注的效率是指水泵可能达到的最高效率。

(5)允许吸上真空高度 $H_{S允}$。为防止水泵发生汽蚀，规定了吸上真空高度的允许值。允许吸上真空高度越高，说明泵的吸水性能越好，即抗汽蚀性能力越好。JB 1039—67、JB 1040—67 规定留 0.3 m 的安全余值，即将试验得出的 $H_{S临}$减去 0.3 m 作为允许最大吸上真空高度。

4. *水泵的选型*　在给设施灌溉系统选择水泵时，一定要从节约能源、方便管理、运行可靠的角度去考虑，选择时应遵循以下原则。

(1)设施灌溉工程所选用的水泵，其流量和扬程应与灌溉系统的设计流量和设计扬程基本一致，且当工作点变动时，泵始终在高效率区工作，既不能产生汽蚀，也不能使动力机过载。

(2)在水泵的数量和大小选择上，应充分考虑其运行效率、投资管理费用和流量调节之间的关系，当系统设计流量较小时，设置一台水泵即可，但应配备一定数量的易损零件。

(3)设施灌溉系统只有当系统工作压力处于设计压力范围内时才能达到理想的灌溉效果，否则会灌水不均匀，灌溉强度不够，降低灌水质量，影响作物产量。目前市面上销售的水泵产品中有些质量不过关，使用过程容易出现问题，有些实际流量与压力达不到铭牌上所标的流量与压力。因此选用水泵时一定要使用优质产品，或向有经验者咨询，切不可掉以轻心，随意选用质量不佳的产品，以防因一台水泵影响到整个灌溉系统的灌水质量。

(4)如果同一系统需要安装两台以上的水泵，则型号尽可能一致，以方便管理和维修。

(5)如灌区流量与压力要求变化较大，难以用水泵数量来调节时，利用变频调速装置进行流量与压力调节是一个比较理想的选择。但要注意变频器与水泵的配套，此时应请专业人员根据需要进行水泵与变频调速装置的选择与安装。

一般 1 000～2 000 m^2 的温室选用 1 台口径为 25～50 mm、扬程 30～50 m、功率为 1.5 kW 的自吸泵即可。

三、无土栽培消毒设备

(一)基质消毒设备

1. *基质消毒方法*　世界上的无土栽培形式大多数是基质栽培。用作无土栽培生产的基质在经过一段时间的使用之后，由于空气、灌溉水、前茬种植过程滋生以及基质本身带有的病菌等，会使后茬作物产生病害，严重时影响后茬作物的生长，甚至造成大面积的传播以至整个种植过程失败。因此，基质在使用一段时间后要进行消毒处理或更换。基质消毒可分为物理消毒和化学药品消毒。

(1)物理消毒

1)蒸汽消毒。将基质堆成高约 20 cm 的长条形，用防水高温布盖上，然后通入蒸汽，在 70～90℃下，消毒 1 h 就能杀死病菌。采用蒸汽消毒效果良好，而且也比较安全，缺点是成本较高。

2)曝晒。将基质摊在水泥地上,让灼热的阳光直接照射3~7 d,一般可以杀死真菌孢子和虫卵。

3)薄膜覆盖高温消毒。夏季高温季节,把基质堆成20~30 cm高的堆(长、宽视具体情况而定),同时喷湿基质,使其含水量超过80%,然后用塑料薄膜覆盖基质堆,密闭温室或大棚,曝晒10~15 d,消毒效果良好。

(2)化学药品消毒。利用一些对病原菌和虫卵有杀灭作用的化学药剂来进行基质消毒的方法。一般而言,化学药剂消毒的效果不及蒸汽消毒的效果好,而且对操作人员有一定的副作用,但由于化学药剂消毒方法较为简便,特别是大规模生产上使用较方便,因此使用广泛。下面介绍几种常用的化学药剂消毒方法。

1)甲醛消毒。甲醛俗称福尔马林。进行基质消毒时将浓度为40%左右的甲醛溶液稀释50~100倍,把待消毒的基质在干净的、垫有一层塑料薄膜的地面上平铺一层厚约10 cm,然后用洒壶或喷雾器将已稀释的甲醛溶液将这层基质喷湿,接着再铺上第2层,再用甲醛溶液喷湿,直至所有要消毒的基质均喷到甲醛溶液为止,最后用塑料薄膜覆盖封闭1~2昼夜后,将消毒的基质摊开,曝晒至少2 d以上,直至基质中没有甲醛气味方可使用。利用甲醛消毒时由于甲醛有挥发性强烈的刺鼻性气味,因此,在操作时工作人员必须戴上口罩做好防护工作。

2)溴甲烷消毒。荷兰温室中大部分采用溴甲烷消毒。溴甲烷在常温下为气态,作为消毒用的溴甲烷是贮藏在特制钢瓶中、经加压液化了的液体,它对于病原菌、线虫和许多虫卵具有很好的杀灭效果。将基质中的植物残根剔除后,逐层堆放,然后在堆体的不同高度用施药的塑料管插入基质中施入溴甲烷,施完足量药剂后立即用塑料薄膜覆盖,密闭3~5 d,去掉薄膜,晒7~10 d后即可使用。用此法进行消毒时基质的湿度要求控制在30%~40%,太干或过湿都将影响消毒的效果。溴甲烷具有强烈刺激性气味,并且具有剧毒,是强致癌物质,因而必须严格遵守操作规程,须加入2%的氯化苦以检验是否对周围环境有泄漏。使用时如手脚和面部不慎沾上溴甲烷,要立刻用大量清水冲洗,否则可能会造成皮肤红肿甚至溃烂。

3)氯化苦消毒。氯化苦是一种对病虫有较好杀灭效果的药物,外观为液体。消毒时将基质先堆成大约30 cm厚(堆体的长和宽可随意),然后在基质上每隔30~40 cm的距离打一个深10~15 cm的小孔,每孔注入5~10 mL的氯化苦,然后用一些基质塞住这些放药孔,等第一层放完药之后,再在其上堆放第二层基质,然后再打孔放药,如此堆放3~4层之后用塑料薄膜将基质盖好,经过1~2周的熏蒸之后,揭去塑料薄膜,把基质摊开晾晒4~5 d后即可使用。氯化苦有强烈的刺激性气味和催泪性,而且效果受温度影响,冬季温度低时气体扩散效果不良。

4)高锰酸钾消毒。高锰酸钾是一种强氧化剂,只能用在石砾、粗沙等没有吸附能力且较容易用清水清洗干净的惰性基质的消毒上,不能用于泥炭、木屑、岩棉、蔗渣和陶粒等有较大吸附能力的活性基质或者难以用清水冲洗干净的基质上。否则,基质吸附了高锰酸钾不易被清水冲洗出来而积累在基质中,可能造成植物的锰中毒,或高锰酸钾对植物的直接伤害。用高锰酸钾进行消毒时,先配制好浓度约为1/5 000的溶液,将要消毒的基质浸泡在此溶液10~30 min后,将高锰酸钾溶液排掉,用大量清水反复冲洗干净即可。

5)漂白剂(次氯酸钠或次氯酸钙)消毒。该消毒剂尤其适于砾石、沙子消毒,不可用于具有较强吸附能力或难以用清水冲洗干净的基质上。一般在水池中配制0.3%~1%的药液(有效氯含量),浸泡基质 30 min 以上,最后用清水冲洗,消除残留氯。此法简便迅速,短时间就能完成。次氯酸也可代替漂白剂用于基质消毒。

2. 基质消毒设备——蒸汽消毒机　蒸汽消毒法起源于欧美,英国在 20 世纪 50 年代就有较详细的研究数据,之后日本等国也有采用该法解决连作障碍使作物更具竞争力的实例。

国外蒸汽消毒机分为牵引式、自走式、车上搭载式等。此外,按照每小时蒸汽蒸发量不同,研发了不同种型号蒸汽消毒装置,如 SB-300 型、SB-400 型、SB-700 型。日本还生产专用的移动式全自动蒸汽消毒机(一体式和移动式),消毒箱分为 C-1.2 型、C-1.6 型、C-2.4 型。

日本蒸汽基质消毒机大体分为两类:一类带消毒箱,消毒箱下部为蒸汽室,上部为基质室,用于育苗、盆栽;另一类不带蒸汽室,把带孔的管子埋在基质中,向管道通入蒸汽。

国内曾使用过蒸汽消毒,对枯萎病、黄萎病、根腐病、根结线虫有很好的防效。但是,由于国内对蒸汽消毒技术掌握得较少,目前还没有完备的基质蒸汽消毒装置。

蒸汽消毒是利用高温蒸汽杀死基质中的有害生物。其原理是蒸汽锅炉产生高温蒸汽,通过导管把水蒸气通入到覆盖有保温膜的栽培基质中,使基质温度升高达到 80℃以上,干预有害微生物积累和繁殖,杀死病原菌。一般,栽培基质温度达 80℃时,可消灭大多数病原菌、害虫。病菌和害虫的灭死温度如图 3-21 所示。

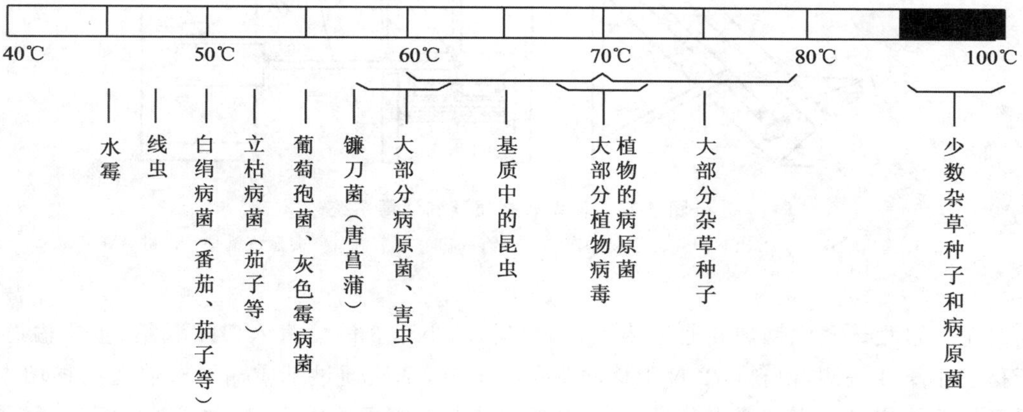

图 3-21　不同病虫的杀死温度

(1)基质蒸汽消毒机工作原理。基质蒸汽消毒机的工作原理是将待消毒栽培基质投入基质消毒箱中,基质消毒箱内设置蒸汽管道,管道上分布有通气孔;当蒸汽锅炉产生蒸汽后,通过送汽管将产生的高温蒸汽通入管道,然后经通气孔对栽培基质进行加热消毒。这种热力的方法可消灭基质中对作物有害的微生物、细菌、真菌、线虫、害虫和杂草,原理示意图如图 3-22 所示。

(2)基质蒸汽消毒机的结构。如设施园艺移动式基质蒸汽消毒机(图 3-23)的结构及工作过程(浙江大学发明专利,200510049632.8)。

1)结构。移动小车由四个轮胎支承,左、右分别为两个:车厢蒸汽箱为梯形,蒸汽入口在车厢蒸汽箱的左侧中部,出水口在车厢蒸汽箱的底部中间;车厢的左侧门与车厢蒸汽箱焊接,其他三侧厢门与车厢蒸汽箱上板通过合页联结,车厢的四侧门通过插销固定;车厢蒸汽箱上板均匀开有大小相同的蒸汽通孔。

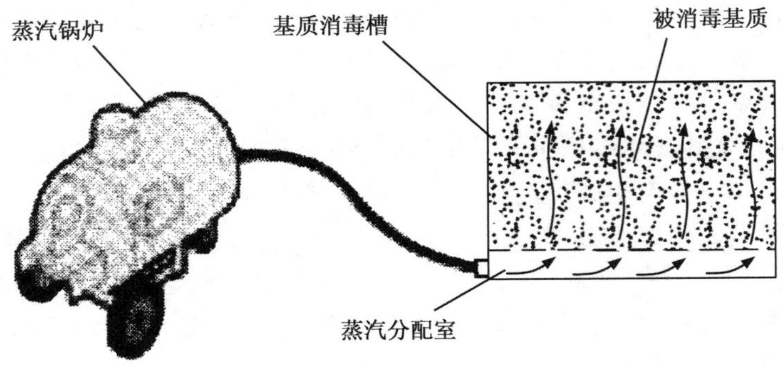

图 3-22　基质蒸汽消毒机原理示意图

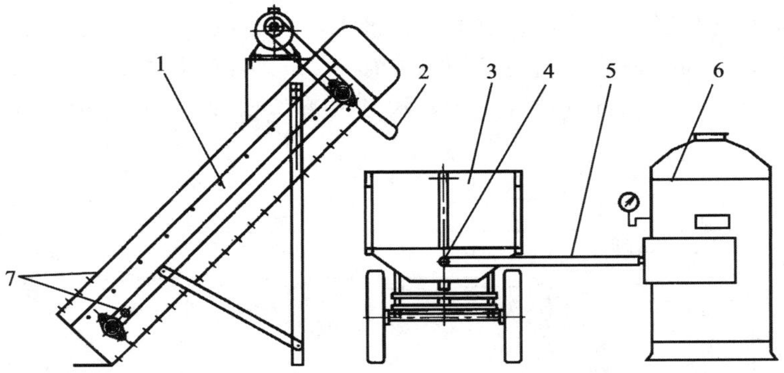

图 3-23　移动式基质蒸汽消毒系统

1.基质输送机　2.出料口　3.移动小车　4.蒸汽入口　5.蒸汽管　6.蒸汽锅炉　7.进料口

2)工作过程。蒸汽锅炉 6 通过蒸汽管 5 与移动小车 3 的蒸汽入口 4 联结，基质输送机 1 位于移动小车 3 一侧，出料口 2 位于移动小车 3 上方，基质通过基质输送机输送至移动小车，高温高压蒸汽通过蒸汽管通入消毒小车，对基质进行高温蒸汽消毒，移动式基质蒸汽消毒机可通过移动小车运载基质，移动小车同时作为消毒容器。

3)注意事项。处理前，基质须进行浇水处理，使基质含水量达到 20%～30%时，松整后进行消毒。

经蒸汽消毒处理后，不可马上种植作物，经 4～7 d，让基质的静菌作用恢复后，方可进行种植。

(二)营养液消毒设备

在蔬菜设施栽培中，由于土壤中盐分的积累及根部多发生病虫害而导致连作障碍，已成为栽培中的一大难题。为了克服这类问题，近年来，营养液栽培的面积在我国不断增加。利用营养液栽培进行蔬菜生产，可以获得优质高产产品，且生长发育快，很少发生病害，尤其是土传病害很少，但在实际生产中常常发生根部病害，如番茄发生枯萎病、青枯病，黄瓜发生疫病等。根部一旦发生这类病害，病原菌便在营养液中迅速扩散，在作物间传播很快，以致造成严重危害。对侵染作物根部造成很大危害的病害防治，已成为营养液栽培中的重大课题，同时也是普及营养液栽培的主要障碍之一。

有一些化学药剂能溶于营养液抑制病害的发生，如氯唑灵能有效地防治番茄灰霉病，但是因为一种药剂一般只对一种病原菌起作用，而且溶解于营养液中的药剂很容易被吸收而残留在植物体内，从而对人类的健康构成威胁。

近年来，随着生活水平的不断提高，对发展无公害农业有很强的呼声，人们需要吃到无污染的、绿色的"放心菜"。因此，农药的使用会越来越受到限制。另外，实际栽培中，常常对用过的营养液采取一次性废弃的方法，但是由于营养液中含有 NO_3^--N 和其他化学物质，会对地表和地下水造成污染。同时，营养液的一次性废弃，也是水和肥料的极大浪费。这就要求营养液循环使用。为此，营养液的物理(非化学农药)消毒技术和设备的研究与应用，就成为营养液循环使用的必然要求。

1. 循环营养液的物理消毒方法　营养液物理杀菌的方法主要包括紫外线、臭氧、过氧化氢、碘、氯气、微波、热、电、离心分离、过滤等。

(1)臭氧。臭氧是一种非常强的氧化剂，具有很强的氧化力，可以与所有活体组织反应。如果有足够的曝气时间和浓度，臭氧可以杀死水中的所有有机物。因此，臭氧具有很强的杀菌消毒和去除水中微污染物的作用，可以用来对营养液进行消毒。同时它还具有广谱杀菌、易分解以及使用方便等优点。

(2)紫外线。波长为 253.7 nm 的紫外线通过光化学反应，可以将微小有机体的结构破坏，从而表现出杀菌效果。在紫外线用于营养液消毒的初期，由于杀菌装置的落后，只有在低流量(18 L/h)、高能量(430 MJ/cm^2)时，紫外线才能将营养液的真菌杀死。这是因为紫外线在水中的穿透厚度只有 10 mm，高流量时水层扰动差，导致不同水层紫外线剂量不同，从而杀菌不均匀。

(3)加热。加热杀灭病原菌的原理是不言而喻的。对营养液栽培的排出液，加热杀菌再利用，可以提高经济效益，减少环境污染。

Runia WT 等经过试验后认为：用超过 90℃的高温对营养液加热 10 s，烟草花叶病毒(TMV)被完全控制，但要彻底根除枯萎病菌(*Fusarium oxysporum* f. sp.)，则需要较长的加热时间。竹内妙子对青枯病菌(*Pseudomonas solanasearum*)的试验结果是：完全杀死青枯病菌的温度是 55℃/30 min 或 60℃/5 min，完全防除青枯病需要设定 60℃/5 min 以上的温度；除病毒之外，多数病原菌在 70℃条件下加热几分钟就能死亡。

这种加热杀菌的方法在荷兰、法国和日本已有所使用。

(4)过滤。过滤方法主要是依靠阻挡和吸附的作用对营养液进行消毒。目前，研究较多的是利用沙粒和陶瓷。

Os EA van 和 Runia WT 等用直径为 0.5～1.6 mm、0.2～0.8 mm 和 0.15～0.20 mm 三种不同的沙粒以及 0.1 m/h 和 0.3 m/h 两种营养液流动速度进行了试验。结果表明：疫霉菌(*Phytophthora*)可以用 0.2～0.8 mm 和 0.15～0.20 mm 的沙粒，在流速为 0.1 m/h 时完全过滤掉；但枯萎病菌(*Fusarium oxysporum* f. sp. *lycopersici*)和烟草花叶病毒(TMV)只是暂时被阻挡下来，却不能被过滤掉。三种病原菌在流速为 0.3 m/h 时，都可以通过沙粒而不被阻挡。流速和沙粒的大小，不会引起营养液的物理指标(EC，温度)和化学指标(COD，

BOD_5，NH_4^+，NO_3^-，pH，溶氧量）的变化。

黑田克利等采用陶瓷作为营养液的过滤材料，陶瓷颗粒直径为 9 mm 和 5 mm，其表面有许多直径 50～100 μm 的孔隙，通过过滤装置的流量为 20 L/min。试验结果表明：这些孔隙对病原菌有吸附性，且能使营养液比较流畅地通过，但对营养成分没有影响。其他还有用滤膜、活性炭等材料进行过滤的方法。

由于过滤方法没有对营养液进行化学反应，杀菌效果较差，一般作为其他消毒方法如臭氧和紫外线杀菌的预处理。这是因为随着作物生育年龄的增长，排液中植物组织老化残留物、浮游物增多，营养液经沙粒或陶瓷过滤后，使排液的透明度能保持比较好的状态，再利用紫外线或臭氧就能保持很好的杀菌效果，维持杀菌效果的稳定性。

（5）氯气。在传统的水处理工艺中，大多使用氯气或次氯酸作为消毒剂，氯消毒剂能有效杀灭水中的细菌等。但近年来人们发现，氯消毒的一些副产物有一定的毒性。如 Ewart 和 Fiessinger 试验后认为：当营养液中氯气的剂量较小时（＜0.5 mg/L），对细菌的杀灭作用很弱；当剂量大到与紫外线消毒具有同等杀菌效果时，氯气对作物的根系产生伤害。即使是氯气的剂量很小，仍有证据表明，作物的根系同样受到氯气的伤害。他们的结论是使用氯气对营养液进行消毒是不可行的。

2. 营养液紫外线消毒设备

紫外线消毒与加热、臭氧等其他杀菌方式相比，具有以下优点：①紫外线杀菌速度快、效率高、效果好。②紫外线照射不会改变水的物理、化学性质，对营养液不会带入附加物，没有二次污染。③运行安全可靠，不会对环境造成污染，对人体造成伤害。④能适用于各种流量，操作简单，使用方便，只需定期地清洗石英玻璃套管即可。⑤体积小、轻便、耗电低、寿命长。

在紫外线应用于营养液消毒的早期，Buyanovsky G 的试验表明：用 572 J/(m^2·h)的紫外线照射 3 h，循环营养液中微小有机组织从每毫升（500～800）×10^3 细胞减少到每毫升（10～50）×10^3 个细胞。Ewart JM 等试验后认为：营养液经紫外线处理后，不但其中的细菌和真菌会被杀死，而且还具有提高营养液中溶氧量的作用。

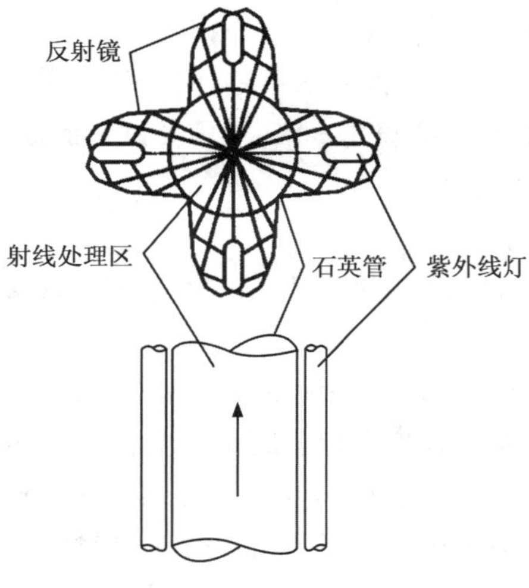

图 3-24　紫外线杀菌装置示意图

荷兰从 20 世纪 80 年代后期开始研究利用紫外线来杀灭循环营养液中的病原菌。他们研究成功一种紫外线杀菌装置（图 3-24）。其工作原理是：从作物根系中流出的营养液，首先经过滤装置作为预处理，滤除其中的固态微有机组织，以提高营养液的透明度；然后让营养液通过一个直径 70 mm 的石英管，在石英管的周围，均布 4～8 根低压水银蒸汽灯管，这些水银灯管会发出波长为 253.7 nm 的紫外线光对营养液进行照射，通过光化学反应破坏有机物的组织结构来杀灭病菌。同时，为了使紫外线直射水银灯管，提高紫外线的照射强度，在这些水银灯管周围还安装了一些反射镜。

此装置的特点是处理能力强，每小时可以处理

1～5 m^3 的营养液；营养液在石英管中扰动大，有利于杀菌均匀；杀菌能力强、范围广。

对该装置的试验结果是在紫外线强度为 70 MJ/cm^2 时，可以完全去除蔓割病（*Fusarium Oxysporum* f. sp *lycopesici*）；当强度为 100 MJ/cm^2 时，99%的番茄花叶病毒（TMV）被杀灭；当强度为 250 MJ/cm^2 时，可以彻底杀灭营养液中的真菌、细菌等病原菌。一般情况下，紫外线在营养液中的穿透值只有 10 mm，并且受其中的有机物和螯合铁（Fe-DTPA）的数量影响很大。紫外线照射可将螯合铁结构破坏，形成沉淀。紫外线灯照射时，100 MJ/cm^2 的强度可使 0～3%的螯合铁破坏；当紫外线的强度为 250 MJ/cm^2 时，20%～40%的螯合铁被破坏。所以，消毒后的营养液必须再添加 Fe 元素后才能重复使用。在荷兰，已经有超过 450 户的农场主使用了该装置。

日本也研究出一种紫外线杀菌装置，见图 3-25。营养液先经过陶瓷过滤器过滤，紫外线杀菌装置用 9 根 UVC 灯（90 W 1 根、60 W 8 根，共 570 W）。研究结果表明：营养液的浓度越低，紫外线的穿透率越高；单位时间内通过杀菌装置的营养液平均流量越少，杀菌率越高。

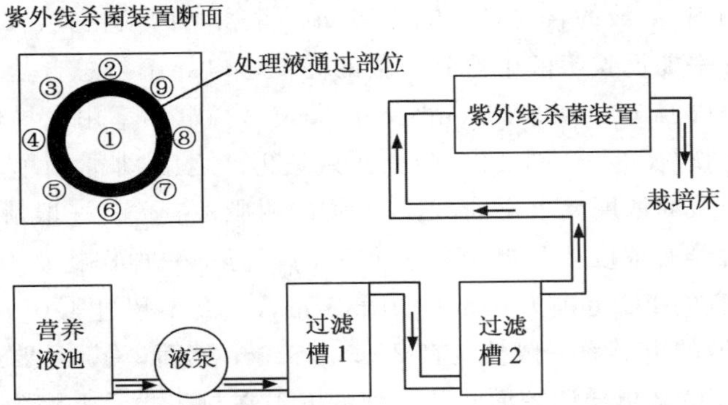

图 3-25　紫外线陶瓷过滤器组合杀菌装置示意图

中国农业大学在消化吸收国外技术的基础上，简化整机结构，优化紫外线消毒器内部结构，研制出了适合我国生产条件的、应用于温室无土栽培循环营养液的紫外线消毒设备，如图 3-25 所示。

该设备由四个主要部分组成：机架、循环管路、紫外线消毒器和自动控制装置。机架起支撑、连接作用；循环管路完成营养液的供给（将营养液泵进紫外线消毒器，灭菌处理后进入无土栽培系统）、流通及回收；紫外线消毒器是本消毒机的核心部件，完成营养液的灭菌；自动控制装置完成对整个循环的实时监控及相关参数的记录、设定和修改。

本机可以实现三种状态的营养液循环路线：①紫外灯预热。营养液从回水池由泵加压后经流量控制阀，直接回流到回水池。②灭菌过程。营养液以一定流量经过流量计和压力表，并由电磁阀控制进入紫外线消毒器，经过灭菌处理过的营养液进入蓄水池以备栽培系统使用。③紫外灯冷却过程。在此过程中营养液没有完全灭菌，经过电磁阀控制回流到回水池中。

经检测，当紫外线于营养液中的穿透率为 20%～30%、紫外线照射剂量为 100 MJ/cm^2 时，可以将营养液中的真菌（黄瓜枯萎病原、番茄萎蔫病原）、细菌（番茄细菌性青枯病病原）全部杀灭，杀菌率为 100%，基本达到了国外同类消毒机的杀菌性能。

四、营养液检测设备

营养液的检测主要是指对在作物栽培过程中循环使用的营养液的检测，非循环使用的营养液只需在配制时检测好就行。在营养液膜系统等水培中，一方面，由于作物的根系大部分生长在营养液中，并吸收其中的水分、养分和氧气，从而使其浓度、成分、酸碱度、溶存氧含量等都不断变化。作物根系的吸收改变了营养液中各种化合物或离子的数量或比例，所以营养液的浓度、酸碱度和溶存氧含量等也随之改变。另一方面，植物在不同的生育阶段对营养液的浓度、液温等要求也不同。因此，为了满足作物最适生长的要求，要对营养液的浓度、酸碱度、溶存氧含量等进行检测。

（一）营养液浓度的检测

营养液浓度是指在一定质量或一定体积的营养液中，所含有的营养元素或其化合物的质量。无土栽培营养液常用一定体积的溶液中含有多少营养元素或其化合物的质量来表示其浓度。在一定浓度范围内，溶液的含盐量与电导率（EC）呈密切的正相关，含盐量越高，溶液的电导率越大，所以，电导率能反映溶液中盐分含量的高低。电导率与总含盐量的关系，可用经验公式营养液的总盐分（g/L）＝1.0×EC（mS/cm）来表达。电导率用电导仪测定，目前已生产出许多便携式电导率仪（图 3-26、图 3-27）供无土栽培生产之用，非常简单。

不同作物对营养液的浓度要求不同，这与作物的耐肥性有关。一般情况下，蔬菜作物的茄果类和瓜类要求的营养液浓度要比叶菜类要求的高。但每一种作物都有一个适宜的浓度范围，绝大多数作物适宜的 EC 范围为 0.5～3.0 mS/cm，最高不超过 4.0 mS/cm。在开放式无土栽培系统中，营养液的电导率一般控制在 2～3 mS/cm，然而，关键是要经常检测基质中 EC 的变化，依据基质中 EC 来指导调控灌溉营养液的 EC；在封闭式无土栽培系统中，绝大多数作物其营养液的电导率不应低于 2 mS/cm。

营养液种植作物以后，由于作物不断地吸收养分和水分，加上营养液本身水分的蒸发，营养液中的水分和养分都会发生变化。因此需要对营养液的养分和水分进行检测和补充。一般应每天早或晚定时对营养液进行补水，在贮液池内画上刻度，使水泵关闭，让营养液全部回到贮液池中，如发现液位降低到一定的程度就必须补充水分至原来的液位水平，然后用电导率仪测定营养液的浓度，即 EC。

对营养液养分的补充，根据营养液浓度降低的程度，确定补充养分的时机。对于少数的高浓度营养液配方，应每间隔 1～2 d 测定 1 次营养液电导率，来进行营养液浓度的判断，并以此为依据进行营养液浓度的调节控制。当总盐分浓度降到 1/3～1/2 剂量时就补充养分，恢复到初始浓度。对于绝大多数的低浓度营养液配方，应每天检测营养液浓度，当营养液浓度下降到配方浓度的 1/3 时，即补充至原来的水平。在封闭式无土栽培系统中，当电导率低于 2 mS/cm 时，营养液中就应补充足够的营养成分使其电导率上升到 3 mS/cm 左右。这些补入的营养成分可以是固体肥料，也可以是预先配制好的浓溶液（即母液）。

（二）营养液酸碱度的检测

营养液的酸碱度通常采用 pH 来表示。营养液的酸碱度直接影响养分的溶解度和根系养分吸收情况，从而影响作物的生长发育，所以，营养液酸碱度的检测是必不可少的。大多数植

图 3-26　离子浓度电导率多参数测试仪

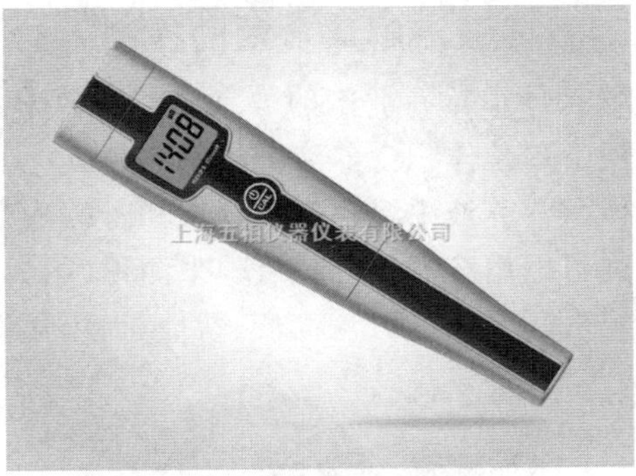

图 3-27　便携式笔式电导率仪

物的根系在 pH 5.5～6.5 的弱酸性范围内生长最好，因此无土栽培营养液的 pH 也应控制在这个范围内。对于循环供液系统，最好每天测定和调整 1 次 pH，营养液的 pH 通常保持在 5.8～6.2，绝不能超出 5.5～6.5 的范围。pH 过高（大于 7.0）会导致铁、锰、铜和锌等微量元素沉淀，使作物不能吸收。pH 过低（小于 5.0），不仅腐蚀循环泵及系统中的金属元件，而且使植株过量吸收某些元素而导致植株中毒。pH 不适宜，植株的反应是根端发黄和坏死，然后叶子失绿。营养液非循环利用时，只是在配制时调整 1 次 pH。常用来调整 pH 的酸为磷酸或硝酸，为了降低成本也可使用硫酸；常用的碱为氢氧化钾。在硬水地区如果用磷酸来调整 pH，则不应该加得太多，因为营养液中磷酸超过 50 mL/L 会使钙开始沉淀，因此常将硝酸和磷酸混合使用。

目前，检测的方法之一是比色法，即用 pH 试纸比色，操作简单，但准确性差。也可通过用溴甲酚紫、溴甲基红、溴甲酚绿、氢氧化钠、酚酞等药品配制指示剂，根据指示剂与营养液反应后的不同颜色判断营养液的 pH，但操作复杂。

其次是电位法，根据电极浸入营养液后，其内外溶液中 H^+ 的活性不同而产生电位差的原理测定营养液的 pH，使用的仪器称为 pH 测定仪（酸度计、pH 计）（图 3-28、图 3-29），用此方法检测 pH，简单、快速、准确。

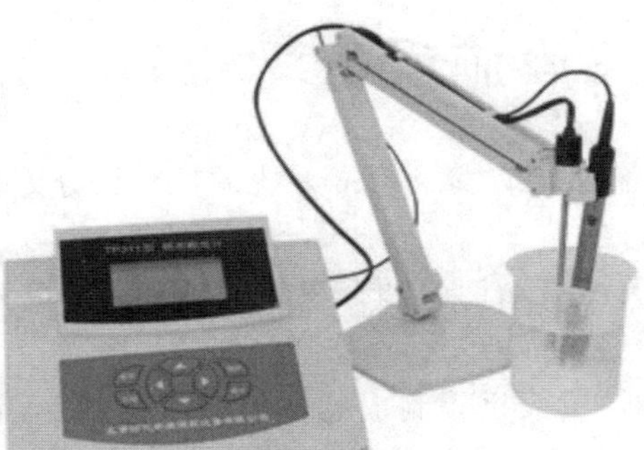

图 3-28　台式酸度计

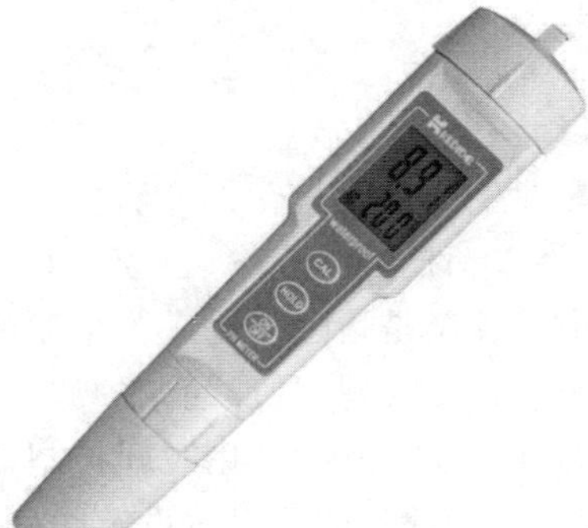

图 3-29　便携式数字酸度计

(三)营养液溶解氧含量的检测

溶解氧是指营养液中的氧气。营养液中溶存氧浓度(dissolved O_2,DO)是指在一定温度和大气压下单位体积营养液中溶解氧气(O_2)的数量,单位为 mg/L。在一定温度和一定压力下单位体积营养液中溶解氧达到饱和时的浓度称为饱和溶解度,即饱和溶氧量。营养液的溶存氧浓度可以用溶氧仪(测氧仪)来测得(图 3-30),也可以用化学滴定的方法来测得。用溶氧仪来测定(图 3-31)的方法简便、快捷,而用化学滴定的方法测定手续很繁琐。

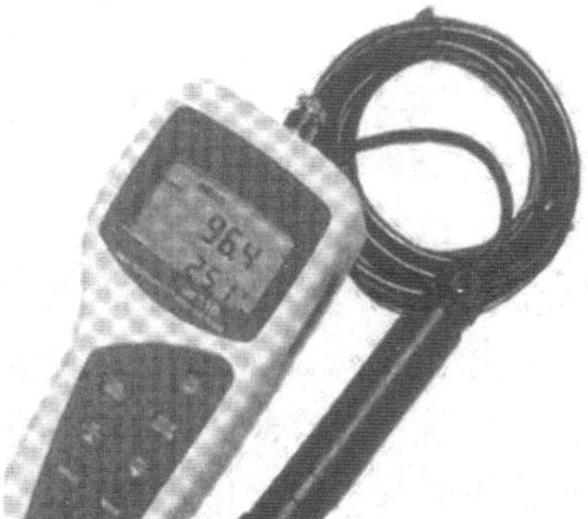

图 3-30　便携式溶氧仪

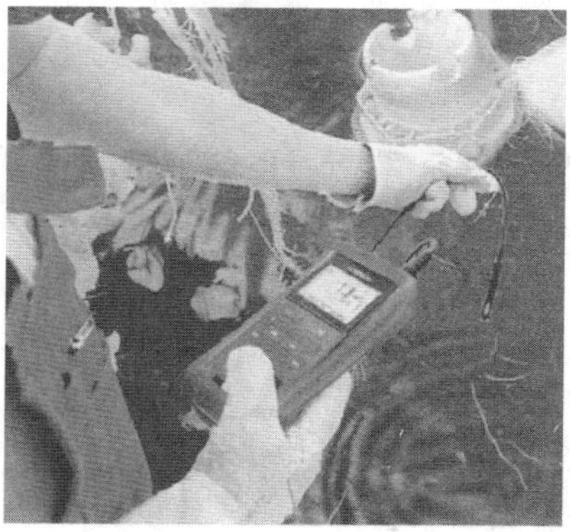

图 3-31　营养液溶解氧含量检测

在营养液循环的水培系统中,根系呼吸作用所需的氧气主要来自营养液的溶解氧。营养液中的溶解氧含量高低取决于作物的根系密度、液温和营养液 EC。高液温、高 EC 和高根系密度是缺氧的主要原因,需要根据栽培作物的根系生长量合理设计栽培设施的根系生长空间,要求栽培设施具有保温隔热性能。

不同天气,植物对营养液中溶解氧的消耗量也不同,晴天时,温度越高,光照越强,植物对溶解氧的消耗越多;反之,在阴天、温度低或光照弱时,植物对溶解氧的消耗少。水培中,营养液中溶解氧的浓度至少应维持在 4～5 mg/L,相当于在 15～17℃时饱和溶解度的 50%左右。

第三节　其他相关设施设备

农业生产的科学化、自动化、工程化已成为现代农业的趋势。微灌系统的控制可分为手动控制、半自动控制(开环)、自动控制(闭环)等几种方式。

手动控制是指按作物灌溉施肥的需要,人工开关灌溉阀门及调节水量和施肥量。常规的手动阀门就可实现,是最简单的调控设备,投资低,但劳动强度较大,控制精度低。

半自动控制是指利用时间控制器、可编程控制器、单板机等制成的小型灌溉控制器,通过简单的程序编制,就可以按设定的程序向控制执行单元发出控制电信号,启闭灌溉设备(水泵、电磁阀等)。这种方式可以实现单方向的自动控制,能够减轻劳动强度,减少管理人员,实现定时定量灌溉。

自动控制能够自动获取农作物种植土壤的需水需肥信息,并自动根据获得的信息对农作物的灌溉施肥适时、适量控制,在自动控制灌水的同时,还自动控制着肥料或农药的增施。这种方式属于智能化控制的范畴，是一种理想的控制方式。但由于现有的技术、制造和投资水平还有一定的局限性，还没有真正能够对温室灌溉和施肥实施全方位自动控制的装置。

一、时间控制器

时间程序控制器是目前温室微灌系统中最常用的自动控制设备。控制器根据灌溉管理人员输入的灌溉程序（灌水或营养液开始时间、延续时间、灌水或营养液周期等）向电磁阀发出电信号，开启及关闭灌溉系统。控制器的容量可大可小，最小的控制器可控制一个电磁阀，最大的可控制数百个电磁阀。常用控制器额定输入电压可为 220 V 或 110 V，为节能和安全，额定输出电压为 24 V。一台控制器可控制若干个轮灌区，一个轮灌区定义为一个站。一般生产厂家提供多种站式控制器供选择，有 6、8、9、12、16、24、32、40 等站式，一个站可控制多个电磁阀及其他执行部件。

时间控制器工作之前，必须输入时间程序。程序输入有多种方式，有的通过面板上的键输入程序，有的通过一个独立的程序编辑器输入，有的则两者皆备。较好的控制器通常可设置数套程序以满足系统内不同作物或不同灌水或营养液方法（喷灌、滴灌等）下的灌水要求。

二、温室自动灌溉施肥控制系统

温室中的微灌自动控制系统通常称为温室自动灌溉施肥控制系统，图 3-32 展示了微灌自动控制系统的工作原理。

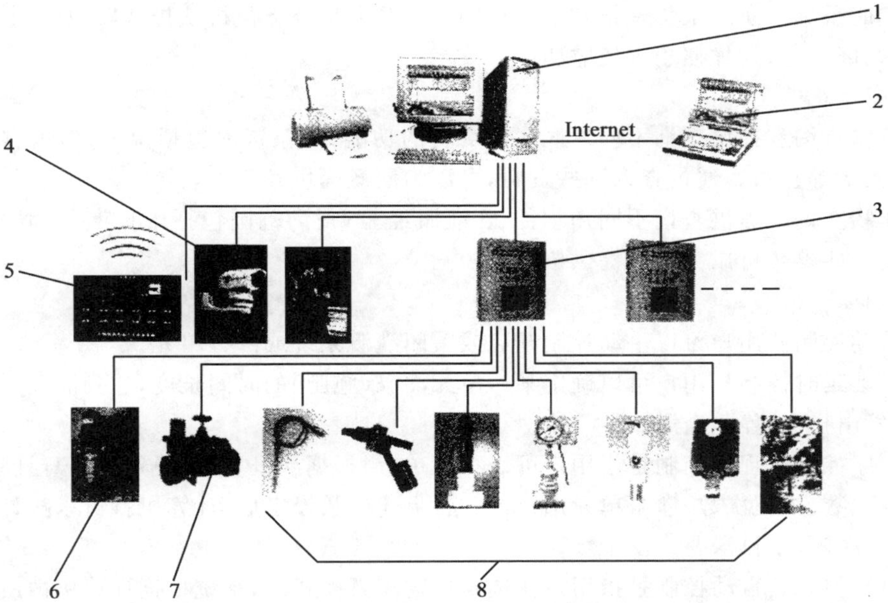

图 3-32　微灌自动控制系统示意图

1. 上位机　2. 远程控制　3. 下位控制机　4. 监视系统　5. 显示报警系统　6. 施肥泵　7. 电磁阀　8. 其他各类传感器

微灌自动控制系统一般是由 PC 计算机（上位机）、控制器（下位机）、数据采集传感器、控制程序和温室灌溉自动控制专家系统软件等构成的两级分布式自控系统。上位机主要完成系统管理、数据采集及分析处理、存取、指令输出等功能。下位机则按上位机的指令或在下位机上直接输入指令实现对现场的控制数据采集和传送。这样的分块结构和模板化设计方案的总体配置方式的优点是灵活性强，功耗低，便于各功能板的性能提高和系统功能的扩展和更新，同时也提高了整机的可靠性和柔性，便于在恶劣的工作环境下应用，方便维护和维修。

微灌自动控制系统中需要选择各种传感器，测量出温度、湿度、酸碱度、电导率、土壤（基质）湿度、风速、风向、日照强度等信息，作为实施自动控制的依据。传感器上有通信接口，与控制器相连进行通信。控制器可根据控制程序发出的指令自动启动或关闭各种外围控制设备（如水泵、微喷和滴灌控制电磁阀、施肥泵等，还可扩展控制温室中的通风扇、开窗、照明控制等）。PC 计算机是系统的控制中心，各个控制器通过电缆连接、无线电系统、电话线或移动电话等方式连接到 PC 计算机上组成一个网络，接收中心机的程序设置和实时监控要求，并反馈相关的控制和作业信息，从而实现对整个微灌系统的全面控制和调节。

一套温室自动灌溉施肥控制系统通常具有以下功能。

1. 数据采集

（1）人工采集。人工采集是指上位机在任意时刻从下位机采集监测数据，这些数据主要包括各个单元的土壤或基质温湿度、空气温湿度、pH、EC 等。

（2）自动采集。自动采集是指按照事先设定的时间间隔，定时从下位机中采集数据，中间不需要人工干预。

（3）实时采集。实时采集是指和下位机同步实时采集到下位机从传感器中得到的数据，并同时显示在屏幕上，这样便于现场监测。

2. 专家系统

（1）气象查询。提供查询不同地区气象资料的功能，气象资料包括温度、湿度、降雨量、风速、风向、光照等参数。通过查询这些资料，可以为灌溉提供参考。

（2）作物查询。提供查询不同作物种植、灌溉经验，查询范围包括生长期、灌溉量、环境状况等，根据这些参数可以为灌溉提供依据。

3. 控制

（1）手动控制。用户可以手动控制开启或关闭灌溉系统或部分单元。

（2）手动延时控制。用户可以确定某一单元灌溉（施肥）的时间长度，达到灌溉时间后下位机将自动发出指令，停止灌溉。

（3）程序控制。程序控制是指用户可以在菜单上，根据灌溉要求，设定灌溉日计划、灌溉周计划、灌溉次数、施肥次数、灌溉单元选择等。将上述参数设定后，计算机就可以按计划自动执行程序进行灌溉，不再需要人工干预。

（4）自动控制。自动控制是指用户在选定作物灌溉模式后，系统根据计算机内所存的数据库资料和田间采集的作物土壤或基质环境数据，自动确定合适的灌溉计划进行灌溉控制。

温室自动灌溉施肥系统不仅适合现代化连栋温室的微灌控制，也适用于连片的日光温室或塑料大棚的灌溉施肥控制。它是一个设计独特、操作简单和模块化的自动灌溉施肥系统，能够按照用户设置的灌溉施肥程序和 EC/pH 实时监控，共享专家控制数据库的丰产优质生产数据，通过自动灌溉施肥控制器实现对灌溉施肥过程的全程控制，保证作物及时、精确的水分和营养供应，使施肥和灌溉一体化进行，大大提高了水肥耦合效应和水肥利用效率。

三、传感器

作物的生理生态监测是实现精确控制作物生长环境的关键技术。通过监测作物根部温度、根部湿度、叶面温度、叶面照度、叶面蒸腾量、作物茎流、生长速度（茎、果实的直径变化），基本上可以反映作物生长基本状况。根部温度的监测可选用具有耐腐蚀和防潮性能结构的电阻式测温传感器，该类传感器价格低廉，性能稳定，市场供应便利，比较适合农业生产应用。土壤或基质湿度监测是实施测水灌溉，保证作物不受干旱和涝渍胁迫，充分发挥作物品种和土地最大生产潜力的主要手段之一。国外广泛应用的有中子仪、时域反射仪、石膏张力计、水势仪等。

1. 土壤负压计　土壤负压计是以测定土壤水分张力为理论依据的一种测水仪器，也叫土壤张力计。众所周知，非饱和土壤的水分主要受土壤孔隙的毛管吸力，处于负压状态。植物根系是从土壤孔隙中吸取水分的，土壤越干，土壤吸力越大，这时根系较难吸到水；反之，土壤孔隙中的水分较多，土壤吸力变小，根系较易吸到水。当土壤处于饱和状态时，土壤吸力为 0 kPa。所以，通过测量土壤负压，能反映出土壤的水分状况，可以通过水分特征曲线进行换算而得到含水量。另外，由于土壤中水分的运动是从吸力小向吸力大的方向进行的，因此，在不同部位埋设的土壤负压计可以反映出土壤水分的动态变化状况。此类传感器适用于土壤栽培系统的土壤湿度监测。

土壤负压计由陶土头、传输管、集气室和压阻传感器四个部件连接组成。陶土头在负压计的最下端，中间是传输管（一般采用塑料管），其长短根据埋设深度需要而定。集气室在上部，使用时里面装满水。压阻传感器安装在集气室的下面。陶土头是仪器的感应部件，具有许多微小的孔隙，陶土头被水浸润后，在孔隙中形成一层水膜，当其充满水且密封地插入水分不饱和的土壤时，水膜就与土壤孔隙中的水相连接，使仪器内部的水产生负压力，这个负压力通过传输管传递给压阻传感器，压阻传感器连接测试仪表后，输出电压信号，土壤负压值与电压信号之间呈良好的线性关系。

2000YZ 型土壤负压计的技术指标如下。

(1)测量范围。土壤负压值－85～0 kPa，压阻传感器输出为 0～50 mV 或 4～20 mA。

(2)陶土头直径。20 mm。

(3)测量深度。地面以下部分根据需要而定，200 mm 至最长 2 000 mm。

(4)传感器供电。恒流 1.5～3 mA，或直流±9 V、±12 V。

(5)总精度。±2%。

(6)使用环境。0～80℃。

使用时，由于负压计是由水传导的，要求里面加入清洁水，无污染、无酸碱；为防止负压计里面的水结冰，冬天不能使用；陶土头易破裂，不要碰撞；集气室的盖子要拧紧，防止漏气，压阻传感器背面不能进水或堵塞，保持通大气。

2. 时域反射湿度计　时域反射湿度计的工作原理是，探头组件发射出一定频率的电磁波，电磁波沿探针传输，到达底部后返回，检测探头输出的电压，依照输出电压和水分的关系则可计算出土壤或基质的含水量。其中探头输出的电压与土壤或基质的介电常数的方根呈线性关系，通常空气和干燥土壤或基质的介电常数基本为一定值，因此土壤或基质介电常数的变化通常取决于土壤或基质的含水量,由此通过采集的电压信号可计算出土壤或基质的含水量。使用时对于浅表层土壤或基质只需将探头插入土壤,将信号输出电缆接到数据采集器(板),仅需数秒钟便可读出土壤或基质含水量;对于深层土壤或基质含水量,将探头埋入预定位置即可进行定位测量。该传感器可以适应多种类型的栽培基质,使用方便、响应快、性能稳定,但价格较高,常常应用在实验室研究或高标准温室农业生产示范中。

技术参数如下。

(1)测量范围。0～100%(m^3/m^3)。

(2)精度。±2%[湿度 0～50%(m^3/m^3)]。

(3)工作电压。5 V 直流电。

(4)工作电流。80 mA。

(5)输出信号。0～2.5 V。

3.中子仪　中子仪通过中子记数测量任意土壤类型中沿土壤剖面不同深度的土壤含水量。数据通过 RS232 接口直接下载到计算机。中子仪具有放射性,设备价格昂贵,常常应用在实验室研究中。

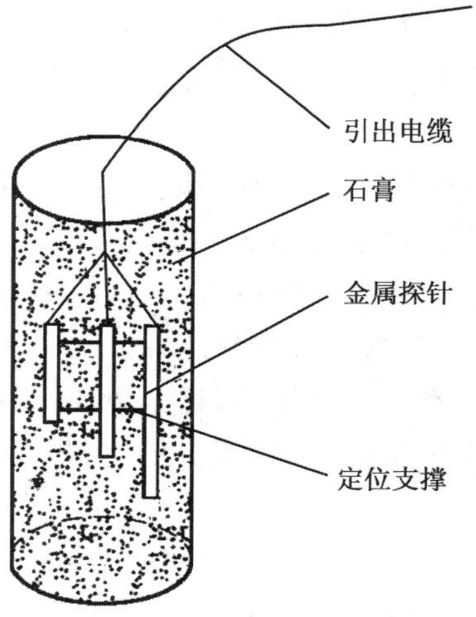

图 3-33　石膏探头示意图

4.石膏探头　石膏探头如图 3-33 所示,其工作原理是将三支长度不同裸露的金属探针按一定间距固定密封在圆柱状石膏块中,当埋设在土壤或基质中的石膏探头吸收周边土壤或基质水分并达到平衡时,通过测量与金属探针相连引出的电缆的电阻变化,与标定数据对比,即可测定出土壤或基质的含水量。石膏探头价格低廉,制造简单,但反应速度慢,精度差(埋设时与土壤或基质的接触压实状况不同对测量数据影响较大),土壤或基质湿度较高时对寿命影响较大。

5.空气湿度传感器　对于温室的高温高湿情况,温室专用空气湿度传感器一般采用把大气的相对湿度通过高分子薄膜电容式湿敏元件和半导体集成湿度传感器,配以 C/V 转换电路,转换成电压(电流)模拟量,一般传感器与变送器设计成一体化结构,适用于远距离传输信号,可直接与仪表或计算机连接,实现现场湿度监测,具有体积小、测量范围宽、重复性好、响应快、寿命长、稳定可靠等优点。

6.茎流计　茎流计是应用茎流热平衡原理,在不损伤植物组织的基础上,测量植物体内的液体流动,一般茎流计探头适合于直径 2～125 mm 的植物茎。

7.酸度计　酸度计也称 pH 计,是测定营养液中氢离子活度指数的一种电子仪器,其工作原理是将一对特定的电极置于溶液中,因氢离子活度的不同产生不同的电位差值,将该电信号整理放大,即可得到溶液中的氢离子活度。

8.电导率仪　电导率仪的测量原理是在溶解有各类化肥的营养液中产生了大量的电解质,带电的离子在电场的影响下,产生移动而传递电子,因此具有导电作用,将两个电极插入溶液中并测量两极间电阻,由电阻的倒数即可求得电导率。

本章思考题

1.常用无土栽培的保护设施主要有哪些类型?

2.反渗透水处理系统的组成主要有哪些部件?

3.简述水质分析测定的方法。

4.营养液循环系统主要由哪些设备构成?

5.简述基质的主要消毒方法。

6.试述营养液的主要消毒原理和方法。

第四章　营　养　液

学习目标：

1. 理解营养液原料的理化性质及其要求。
2. 掌握营养液的组成及配制方法。
3. 了解营养的变化规律、调控措施及其循环利用技术。

营养液顾名思义是无土栽培中为植物提供营养的溶液。它是由植物生长发育所必需的各种营养元素的化合物按一定的数量和比例溶解于水中所配制而成的溶液。某些营养液中还含有使营养元素的有效性更为长久的辅助材料。无论是固体基质培还是无固体基质培的无土栽培形式，都主要靠营养液来为作物生长发育提供所需的养分和水分。无土栽培生产的成功与否，主要取决于营养液的配方、浓度和管理。不同地区的气候条件、水质，作物种类、品种等都将对营养液的使用效果产生影响。所以，营养液的配制与管理是无土栽培技术的核心。

第一节　营养液的原料及其要求

在无土栽培生产中用于配制营养液的原料是水和含有营养元素的各种化合物及辅助物质。

一、水

营养液中99%以上是水。不同地区、不同水源的水质变化很大。水质的变化影响到营养液的组成和营养液中养分的有效性，甚至严重影响到作物的生长。因此，在进行无土栽培生产之前，首先要对当地的水质进行分析检验，以确定所选用的水源是否适宜。

(一)营养液的水质要求

无土栽培的水质要求较高，主要要素和指标如下。

1. 硬度　根据水中含有钙盐和镁盐的数量，将水分为软水和硬水两大类型。硬水中的钙盐主要是重碳酸钙[$Ca(CO_3)_2$]、硫酸钙($CaSO_4$)、氯化钙($CaCl_2$)和碳酸钙($CaCO_3$)，而镁盐主要为氯化镁($MgCl_2$)、硫酸镁($MgSO_4$)、重碳酸镁[$Mg(HCO_3)_2$]和碳酸镁($MgCO_3$)等。而软水的这些盐类含量较低。水的硬度统一用单位体积的CaO含量来表示，即每度相当于含CaO 10 mg/L，硬度划分标准见表4-1。

在石灰岩地区和钙质土地区的水多为硬水，例如我国华北地区许多地方的水为硬水；而南方除了石灰岩地区之外，大多为软水。硬水由于所含钙盐、镁盐较多，一方面导致营养液pH较高，另一方面在配制营养液时如果按营养液配方中的用量来配制时，常会使营养液中的钙、镁的含量过高，甚至总盐分浓度也过高。因此，利用硬水配制营养液时要将硬水中的钙、镁含量计算出来，并从营养液配方中扣除。一般利用硬度在15°以下的水进行无土栽培较好，硬度过高的水不能够作为无土栽培生产的用水，特别是进行水培时更是如此。如果水源硬度过高，应进行处理。

表 4-1 水的硬度划分标准(郭世荣主编:无土栽培学)

水质种类	CaO 含量(mg/L)	硬度
极软水	0～40	0～4°
软水	40～80	4°～8°
中硬水	80～160	8°～16°
硬水	160～300	16°～30°
极硬水	>300	>30°

2. 酸碱度 范围较广,pH 5.5～8.5 的水均可使用。

3. 悬浮物 ≤10 mg/L。若利用河水、水库水等要经过澄清之后才可使用。

4. 氯化钠含量 ≤200 mg/L,但不同作物、不同生育时期要求不同。

5. 溶解氧 无严格要求,最好是在未使用之前接近饱和。

6. 氯(Cl_2) 主要来自自来水中消毒时残存于水中的余氯和进行设施消毒时所用含氯消毒剂,如次氯酸钠(NaClO)或次氯酸钙[$Ca(ClO)_2$]残留的氯。氯对植物根系有害,为此,自来水配制的营养液在进入栽培循环系统之前放置半天,设施消毒后空置半天,以便余氯散逸。

7. 重金属及有毒物质含量 有的地区地下水、水库水、河水等水源可能含有重金属、农药等有毒物质,而无土栽培的水中重金属及有毒物质含量不能超过以下标准(表 4-2)。

表 4-2 无土栽培水中重金属及有毒物质含量标准(郭世荣主编:无土栽培学)

名称	标准	名称	标准
汞(Hg)	≤0.001 mg/L	镉(Cd)	≤0.005 mg/L
砷(As)	≤0.05 mg/L	铅(Pb)	≤0.05 mg/L
硒(Se)	≤0.02 mg/L	铬(Cr)	≤0.05 mg/L
铜(Cu)	≤0.10 mg/L	锌(Zn)	≤0.20 mg/L
氟化物(F^-)	≤3.0 mg/L	大肠菌群	≤1 000 个/L
六六六	≤0.02 mg/L	DDT	≤0.02 mg/L

(二)无土栽培的水源选择

无土栽培生产中常用自来水和井水作为水源,雨水丰富地区可以通过收集温室或大棚屋面的雨水来作为水源。

自来水是经过处理的,符合饮用水标准,可以直接作为无土栽培生产的水源。以井水作为水源时,要对井水进行分析化验。收集雨水因降雨过程会将空气中的尘埃和其他物质带入水中,所以应进行澄清、过滤,必要时可用消毒剂进行处理。在空气污染严重地区,则不能够利用雨水作为水源。清洁的水库水或河水也可作为水源应用,但要注意不能够利用流经农田的水作为水源。究竟采用何种水源,可视当地的情况而定,但在使用前都必须经过水质的分析化验,以确定其适用性如何。

(三)无土栽培的水量

不管采用何种水源,无土栽培要求有足够的水量供配制营养液用,尤其在夏天不能缺水。

例如，番茄在生长旺盛期，据测定每株每天耗水 1～1.5 L，因此无土栽培的用水量是相当大的。一般而言，如果当地的年降雨量超过 1 000 mm 以上，则通过收集雨水可以完全满足无土栽培生产的需要。在实际无土栽培生产中，如果单一水源水量不足时，可以把自来水和井水、雨水、河水等混合使用，又可降低生产成本。

二、各种化合物

在无土栽培中用于配制营养液的化合物种类很多，一般按化合物的纯度等级可分为四类：第一，化学试剂，又细分为三级，即保证试剂[GR(guaranteed reagent)，又称一级试剂]、分析纯试剂[AR(analytic reagent)，又称二级试剂]、化学纯试剂[CP(chemical pure)，又称三级试剂]；第二，医药用；第三，工业用；第四，农业用。化学试剂类的纯度高，其中 GR 级最高，价格也昂贵；农业用的化合物纯度最低，价格也最便宜。在无土栽培中，要研究营养液新配方及探索营养元素缺乏症等试验时，需用到化学试剂。要求特别精细的试验，用分析纯试剂，一般用到化学纯级已可。在生产中，除了微量元素用化学纯试剂或医药用品外，大量元素的供给多采用农业用品，以降低成本。

营养液配方中标出的用量是以纯品表示的。在配制营养液时，要按各种化合物原料标明的百分纯度来折算出原料的用量。商品标识不明、技术参数不清的原料严禁使用。如采购到的大批原料缺少技术参数，应取样送化验部门化验，确认无害时才允许使用。

原料中本物以外的营养元素都作杂质处理。例如，磷酸二氢钾中含有少量铁和锰，虽然铁和锰是营养元素，但它是本物磷酸二氢钾的杂质，使用时要注意这类杂质的量是否达到干扰营养液平衡的程度。有时原料的本物虽然符合纯度要求，但因混杂的少数有害元素超过了标准，也不能使用。例如，某硝酸钾产品纯度达到 98%是符合纯度要求的，但其混杂有 0.008%的铅(Pb)，这就要考虑铅是否会超过标准的问题。假设 1 L 营养液用 1 g KNO_3，则会同时带入 0.08 mg 的铅，按上述水质规定含铅不准超过 0.05 mg/L，所以这种硝酸钾的产品就不能用了。所以大量元素化合物中的有害物质的量，都要经过计算，以确定其可用性。下面介绍无土栽培中常用化合物原料的理化性质及其要求。

(一)含氮化合物

1. *硝酸钙*[$Ca(NO_3)_2 \cdot 4H_2O$]　相对分子质量为 236.15，含有氮和钙两种营养元素，其中氮(N)含量为 11.9%，钙(Ca)含量为 17.0%。硝酸钙外观为白色结晶，极易溶解于水中，20℃时 100 g 水可溶解 129.3 g，吸湿性极强，暴露于空气中极易吸水潮解，高温高湿条件下更易发生，因此，储存时应注意密闭并放置于阴凉处。

硝酸钙是一种生理碱性盐，但由于钙离子也被作物吸收，其生理碱性表现得不太强烈，随着钙离子被作物吸收之后，其生理碱性会逐渐减弱。硝酸钙是目前无土栽培中用得最广泛的氮源和钙源。特别是钙源，绝大多数营养液配方都是由硝酸钙来提供。

2. *硝酸铵*[NH_4NO_3]　相对分子质量为 80.05，氮含量为 34%～35%，其中铵态氮(NH_4^+-N)和硝态氮(NO_3^--N)含量各占一半。硝酸铵外观为白色结晶，20℃时 100 g 水中可溶解 214.0 g。硝酸铵的吸湿性很强，易板结，纯品硝酸铵暴露于空气中极易吸湿潮解，因此，在贮存时应密闭并置于阴凉处。另外，硝酸铵有助燃性和爆炸性，在贮运时不可与易燃易爆物品共同存放。受潮结块的硝酸铵，不能用铁锤等金属物品猛烈敲击，应用木槌或橡胶锤等非金属性材料来轻敲打碎。

因硝酸铵中含有50%的铵态氮和50%的硝态氮，由于多数作物在加入硝酸铵初始的一段时间内对铵离子的吸收速率大于硝酸根离子，因此，易产生较强的生理酸性，但当硝态氮和铵态氮都被作物吸收之后，其生理酸性逐渐消失。同时，在用量较高时，对于铵态氮较敏感的作物会影响到其他养分的吸收和植株的生长，因此，在使用硝酸铵作为营养液的氮源时要特别注意其用量。

3.硝酸钾[KNO_3] 相对分子质量为101.10，氮(N)含量为13.9%，钾(K)含量为38.7%，它能够提供氮源和钾源，外观为白色结晶，吸湿性较小，但长期贮存于较潮湿的环境下也会结块。20℃时100 g水中可溶解31.6 g。硝酸钾具有助燃性和爆炸性，贮运时要注意不要猛烈撞击，不要与易燃易爆物混存一处。硝酸钾是一种生理碱性肥料。

4.硫酸铵[$(NH_4)_2SO_4$] 相对分子质量为132.15，含氮(N)量为20%～21%，外观为白色结晶，易溶于水，在20℃时100 g水中可溶解75.4 g硫酸铵。硫酸铵物理性状良好，不易吸湿。但当硫酸铵中含有较多的游离酸或空气湿度较大时，长期存放也会吸湿结块。硫酸铵是一种生理酸性肥料，在作为营养液氮源时要注意其生理酸性的变化。因效果不如硝态氮，无土栽培中用得较少。

5.尿素[$(NH_2)_2CO$] 相对分子质量为60.03，含氮量46%。纯品尿素为白色针状结晶，吸湿性很强。为了降低其吸湿性，作为肥料用的尿素常制成颗粒状，外包被一层石蜡等疏水物质。所以，肥料尿素的吸湿性一般不大。尿素易溶于水，在20℃时100 g水中可溶解105.0 g。尿素为生理酸性肥，无土栽培的水培中除了少数的配方是使用尿素作为氮源的以外，很少使用。在基质栽培中可以混入基质中使用。

(二)含磷化合物

1.磷酸二氢钾[KH_2PO_4] 外观为白色结晶或粉末，相对分子质量为136.09，含磷(P_2O_5)22.8%，含钾(K_2O)28.6%，易溶于水，20℃时100 mL水中可溶解22.6 g。磷酸二氢钾性质稳定，吸水性很小，不易潮解，但贮藏在湿度大的地方也会吸湿结块。由于磷酸二氢钾溶解于水中时，磷酸根解离有不同的价态，因此对溶液pH的变化有一定的缓冲作用，它可同时提供钾和磷两种营养元素，被称为磷钾复合肥，是无土栽培中重要的磷源。

2.磷酸二氢铵[$NH_4H_2PO_4$] 也称磷酸一铵或磷一铵，相对分子质量为115.05。含磷(P_2O_5)61.7%，含氮(N)11%～13%。纯品的磷酸二氢铵外观为白色结晶，作为肥料用的磷酸二氢铵外观多为灰色结晶。纯品易溶于水，溶解度大，20℃时100 mL水中可溶解36.8 g。它可同时提供氮和磷两种营养元素。对溶液pH变化有一定的缓冲能力。

3.磷酸一氢铵[$(NH_4)_2HPO_4$] 也称磷酸二铵或磷二铵，相对分子质量为132.07，含磷(P_2O_5)53.7%，含氮(N)21%。纯品的磷酸一氢铵外观为白色结晶，作为肥料用的磷酸一氢铵常含有一定量的磷酸二氢铵，为白色结晶体，呈粉状，有一定的吸湿性，易结块，易溶于水，水溶液呈中性，一般含磷量(P_2O_5)为20%，氮(N)18%。20℃时100 mL水中可溶解68.6 g。它对营养液或基质pH的变化有一定的缓冲能力。

(三)含钾化合物

1.硫酸钾[K_2SO_4] 相对分子质量为174.26，纯品的外观为白色粉末或结晶，作为农用肥料的硫酸钾多为白色或浅黄色粉末。纯品硫酸钾含钾(K_2O)54.1%。肥料硫酸钾含钾

(K_2O)50%～52%，含硫(S)18%，较易溶解于水，但溶解度较低，20℃时 100 mL 水中可溶解 11.1 g，吸湿性小，不结块，物理性状良好，水溶液呈中性，属生理酸性肥料。硫酸钾是无土栽培中良好的钾素肥源。

2. 氯化钾[KCl]　相对分子质量为 74.55，氯化钾含钾(K_2O)50%～60%，含氯(Cl)47%，纯品的外观为白色结晶，作为肥料用的氯化钾常为紫红色或淡黄色或白色粉末，这与生产时不同来源的矿物颜色有关。易溶于水，20℃时 100 mL 水中可溶解 34.0 g，吸湿性小，通常不吸潮结块，水溶液呈中性，属生理酸性肥料。在无土栽培中也可作为钾源来使用，但由于氯化钾含有较多的氯离子(Cl^-)，对忌氯作物不宜使用；此外氯化钾含有氯化钠杂质，含杂质多时应慎重使用。

3. 磷酸二氢钾　见上述"含磷化合物"部分。

(四)含镁、钙化合物

1. 硫酸镁[$MgSO_4 \cdot 7H_2O$]　通称泻盐，相对分子质量为 246.48，含镁(Mg)9.86%，含硫(S)13.01%，外观为白色结晶，呈粉状或颗粒状，易溶于水，20℃时 100 mL 水中可溶解 35.5 g 硫酸镁。稍有吸湿性，吸湿后会结块。水溶液为中性，属生理酸性肥料，它是无土栽培中最常用的良好镁源。

2. 硝酸钙[$Ca(NO_3)_2 \cdot 4H_2O$]　见上述"含氮化合物"部分。

3. 硫酸钙[$CaSO_4 \cdot 2H_2O$]　通称石膏，相对分子质量为 172.17，外观为白色粉末状，含钙(Ca)23.28%，含硫(S)18,62%。它由石膏矿粉碎或加热制成。溶解度很低，20℃时 100 mL 水中只能溶解 0.26 g。水溶液呈中性，属生理酸性肥料，在营养液配制中很少使用，一般在基质培中可混入基质作为钙源的补充。

(五)含铁化合物

1. 硫酸亚铁[$FeSO_4 \cdot 7H_2O$]　相对分子质量为 278.02，含铁(Fe)20.1%，含硫(S)11.5%，硫酸亚铁又称黑矾、绿矾，外观为浅绿色或蓝绿色结晶，易溶于水，20℃时 100 mL 水中能溶解 26.5 g，有一定的吸湿性。硫酸亚铁的性质不稳定，常因失去结晶水而被空气中的氧氧化为棕红色的硫酸铁，特别是在高温和光照强烈的条件下极易被氧化，因此须将硫酸亚铁放置于不透光的密闭容器中，并置于阴凉处存放。硫酸亚铁是工业的副产品，来源广泛，价格便宜，是无土栽培中良好的铁源。但由于硫酸亚铁在营养液中易被氧化和与其他化合物(特别是磷酸盐)形成难溶性磷酸铁沉淀，因此，现在的大多数营养液配方中不直接使用硫酸亚铁作为铁源，而是采用螯合铁或硫酸亚铁与螯合剂(如 EDTA 或 DTPA 等)先行螯合之后才使用，以保证其在营养液中维持较长时间的有效性。同时，还要注意营养液的 pH 应保持在 7.0 以下，否则也会因高 pH 而产生沉淀。如果发现硫酸亚铁被严重氧化、外观颜色变为棕红色时则不宜使用。但在基质栽培中可混入基质中作为铁源使用。

2. 螯合铁　螯合铁是铁离子与螯合剂螯合而成的螯合物。螯合铁作为营养液的铁源不易被其他阳离子所代替，不易产生沉淀，即使营养液的 pH 较高，仍可保持较高的有效性，而且易被作物吸收，从而解决了营养液中铁源的沉淀或氧化失效的问题；螯合铁也可用于叶面喷施及混入固体基质中使用。铁螯合物一般为浅棕色粉末状物质，易溶于水，常用的有：乙二胺四乙酸-钠铁(NaFe-EDTA)和乙二胺四乙酸二钠铁(Na_2Fe-EDTA)等。这些螯合铁性状稳定，易溶于水，使用方便。

(六)微量元素化合物

1. 硼酸[H_3BO_3] 相对分子质量为61.83,含硼(B)17.5%,外观为白色结晶,易溶于水,但冷水中的溶解度较低,20℃时100 mL水中溶解5.0 g硼酸,热水中较易溶解,水溶液呈微酸性,是无土栽培营养液中良好的硼源。硼素在营养液中的有效性与营养液的pH有关,一般在酸性或弱酸性条件下,硼的有效性较高,在碱性条件下,降低其有效性,有效成分被固定而发生缺硼症。

2. 硼沙[$Na_2B_4O_7 \cdot 10H_2O$] 相对分子质量为381.37,含硼11.34%。外观为白色或无色粒状结晶,在干燥的条件下硼沙失去结晶水而呈白色粉末状,易溶于水,20℃时100 mL水中溶解2.7 g,是营养液中硼素的良好来源。

3. 硫酸锰[$MnSO_4 \cdot 4H_2O$或$MnSO_4 \cdot H_2O$] 四水硫酸锰相对分子质量为223.06,含锰24.63%,一水硫酸锰相对分子质量为169.01,含锰32.51%。外观上为粉红色结晶体,它们都易溶解于水中,20℃时100 mL水中溶解62.9 g,硫酸锰为无土栽培中的主要锰源。

4. 硫酸锌[$ZnSO_4 \cdot 7H_2O$] 俗称皓矾,相对分子质量为287.55,易溶于水,为无色斜方晶体,20℃时每100 mL水中可溶解54.4 g。在干燥的环境下会失去结晶水而变成白色粉末。含锌(Zn)22.74%、硫(S)11.15%,它是无土栽培重要的锌素来源。

5. 硫酸铜[$CuSO_4 \cdot 5H_2O$] 相对分子质量为249.69,含铜(Cu)25.45%,含硫(S)12.84%,外观为蓝色或浅蓝色结晶体,呈块状或粒状,在干燥条件下会因风化而呈白色粉末状,易溶于水,20℃时100 mL水中可溶解20.7 g。它是无土栽培良好的铜素来源。

6. 氯化铜[$CuCl_2 \cdot 2H_2O$] 外观为蓝绿色结晶,相对分子质量为170.48,含铜(Cu)37.28%,易溶于水,20℃时100 g水中可溶解72.7 g。

7. 钼酸铵[$(NH_4)_6MO_{24} \cdot 4H_2O$] 含钼54.34%。为白色结晶体或蛋黄结晶体,易溶于水,为无土栽培中配制营养液的钼源,由于作物对钼的需要量极微,在基质或水中可以满足,有时不再另外加入。

三、辅助物质——络合剂

凡是两个或两个以上含有孤对电子的分子或离子(即配位体)与具有空的价电子层轨道的中心离子相结合的单元结构的物质,同时具有一个成盐基团和一个成络基团与金属阳离子作用,除了有成盐作用之外还有成络作用的环状化合物称为螯合剂,又叫络合剂。多价阳离子都能与螯合剂形成螯合物,但不同的阳离子螯合能力不一样,其稳定性也不同。不同金属阳离子形成的螯合物的稳定性以下列顺序递减:$Fe^{3+}>Cu^{2+}>Zn^{2+}>Fe^{2+}>Mn^{2+}>Ca^{2+}>Mg^{2+}$。常见的络合剂主要有以下几种。

1. 乙二胺四乙酸(EDTA) 分子式为$(CH_2N)_2(CH_2COOH)_4$,相对分子质量为292.25,外观为白色粉末,在水中的溶解度很小。常用的是乙二胺四乙酸二钠盐[Na_2-EDTA,$(NaOOCCH_2)_2NCH_2N(CH_2COOH)_2 \cdot 2H_2O$],相对分子质量为372.42,外观为白色粉末状。它与硫酸亚铁作用可形成乙二胺四乙酸二钠铁[Na_2Fe-EDTA],由于其价格相对较便宜,因此它是目前无土栽培中最常用的铁络合剂。

2. 二乙酸三胺五乙酸(DTPA) 分子式为$HOOCCH_2N[CH_2CH_2N(CH_2COOH)_2]_2$,相对分子质量为393.20,外观为白色结晶,微溶于冷水,易溶于热水和碱性溶液中。

3. 1，2-环己二胺四乙酸（CDTA） 分子式为（$HOOCCH_2$）$_2NCH$（CH_2）$_4HCN$（CH_2COOH）$_2$，相对分子质量为346.34，外观为白色粉末状，难溶于水，易溶于碱性溶液中。

4. 乙二胺 N，N′双（邻羟苯基乙酸 EDDHA） 分子式为（CH_2N）$_2$（$OHC_6H_4CH_2COOH$）$_2$，相对分子质量为360，外观为白色粉末状，溶解度小。

5. 羟乙基乙二胺三乙酸（HEEDTA） 分子式为（$HOOCCH_2$）$_2NCH_2CH_2N$（CH_2CH_2OH）CH_2COOH，相对分子质量为278.26，外观为白色粉末状，冷水中的溶解度小，易溶于热水及碱性溶液中。

在配制营养液中最常用的是铁与络合剂形成螯合物，而其他的金属离子如Mn^{2+}、Zn^{2+}、Cu^{2+}等在营养液中的有效性一般较高，很少使用这些金属离子与络合剂形成的螯合物。上述的几种络合剂都可以与铁盐形成螯合铁，但无土栽培中较常用的是乙二胺四乙酸二钠铁[Na_2Fe-EDTA]，有时也用乙二胺四乙酸一钠铁[NaFe-EDTA]。

第二节 营养液的组成

营养液的组成直接影响到作物对养分的吸收和生育状况，关系到肥料中养分经济有效利用的问题，营养液的配方组成和使用中的浓度调节是无土栽培的重要技术环节。营养液组成包括各种营养元素的离子浓度、各离子间的比例、总盐量、pH和渗透压等理化性质。根据当地的种植作物种类、水源、肥源和气候条件等具体情况，有针对性地确定和调整营养液的组成成分，将是无土栽培技术中十分重要的内容。

一、营养液浓度的表示方法

营养液浓度是指在一定重量或一定体积的营养液中，所含有的营养元素或其化合物的量。常用的浓度表示方法有直接表示法和间接表示法。

(一)直接表示法

用一定体积的溶液中含有多少营养元素或其化合物的量来表示其浓度的方法。

1. 化合物质量/升(g/L，mg/L) 即每升(L)营养液中含有某种化合物的质量，质量单位可以用克(g)或毫克(mg)来表示。例如，一个营养液配方中$Ca(NO_3)_2$、KNO_3、KH_2PO_4和$MgSO_4 \cdot 7H_2O$的浓度分别为590 mg/L(0.590 g/L)、404 mg/L(0.404 g/L)、136 mg/L(0.136 g/L)和246 mg/L(0.246 g/L)，即表示按这个配方所配制的营养液，每升营养液中含有$Ca(NO_3)_2$、KNO_3、KH_2PO_4和$MgSO_4 \cdot 7H_2O$分别为590 mg(0.590 g)、404 mg(0.404 g)、136 mg(0.136 g)和246 mg(0.246 g)。按这种表示法可以称量化合物，具体进行营养液的配制，故这种表示法通常称为工作浓度或操作浓度。

2. 元素重量/升(mg/L) 即每升营养液中含有某种营养元素的质量，质量单位通常用毫克(mg)表示。例如，某营养液配方中含N为210 mg/L，指该营养液每升中含有氮元素210 mg。这种营养液浓度的表示方法不能够直接应用于营养液的配制，但它可以作为不同营养液配方之间同种营养元素浓度的比较。例如，有两种营养液配方，一个配方的氮源是以$Ca(NO_3)_2 \cdot 4H_2O$ 1.0 g/L来提供的，而另一配方的氮源是以NH_4NO_3 0.4 g/L来提供的。单纯从化合物含量来看，前一配方的含量比后一配方的多了1.5倍，不能够比较这两种配方氮的含量的高低。经过换算后可知，1.0 g/L $Ca(NO_3)_2 \cdot 4H_2O$ 提供的 N 为 118.7 mg/L，而 0.4 g/L NH_4NO_3 提供的 N 为 140 mg/L，这样就可以清楚地看到后一配方的 N 含量要比前一配方的高。此外，该种表示方法还能够获得配方中 N∶P∶K 的比例。

3. 毫摩尔/升(mmol/L) 即每升营养液含有某物质的毫摩尔数。某物质可以是元素、分子或离子。1 摩尔(mol)的值等于某物质的原子质量或分子质量或离子质量，其质量单位为克(g)。以毫摩尔表述的物质的量，也不能直接称量配制营养液，必须进行换算后才能称取。换算时将每升营养液中某种物质的毫摩尔数与该物质的分子质量、离子质量或原子质量相乘，即可得知该物质的用量。例如，2 mmol/L 的 KNO_3 相当于 KNO_3 的重量＝2 mmol/L×101.1 mg/mmol＝202.29 mg/L。

(二)间接表示法

1. 渗透压 渗透是植物通过根系细胞进行吸水的一种生理活动。渗透压是浓度不同的两种溶液以半透性膜(水等分子较小的物质可自由通过而溶质等分子较大的物质不能透过的膜)阻隔时所产生的水压，水从浓度低的溶液中通过半透性膜进到浓度高的溶液中就产生压力，溶液浓度越高，渗透压越大。因此，可利用渗透压来表示溶液的浓度。

植物根系细胞的原生质膜具有半透性，根系处于介质溶液中，如果介质溶液的浓度低于根细胞内的溶液浓度时，介质中的水分就可以透入根细胞中，植物就能吸到水分；如果介质溶液的浓度高于根细胞内的溶液浓度时，介质中的水分不但不能被植物吸收，反而植物根系细胞中的水分还要向外渗出，这称为生理失水，植物就会萎蔫。因此，介质溶液的渗透压是牵涉介质溶液能否使植物正常生长的重要指标。营养液的渗透压可作为反映无土栽培的营养液是否适宜作物生长的重要指标。

渗透压的单位用帕(Pa)表示，与大气压(atm)的关系是 1 atm＝101 325 Pa。溶液的渗透压大小，可用渗透计法、蒸汽压法、冰点下降法等进行测量，但无土栽培的营养液的渗透压值一般用下面的理论公式来计算。

根据范特荷甫(Van'tHoff)关于稀溶液的渗透压定律建立起来的溶液渗透压的计算公式为：

$$p = c \times 0.0224 \times \frac{273+t}{273}$$

式中：p—溶液的渗透压，以标准大气压(atm)为单位；c—溶液的浓度，即每升溶液中正负离子的总浓度，单位以毫摩尔数(mmol/L)表示；t—使用时溶液的温度(℃)；0.022 4—范特荷甫常数；273—绝对温度。

计算营养液的渗透压时，只需用大量元素的正负离子的总浓度来计算。例：某配方溶液每升含 $Ca(NO_3)_2 \cdot 4H_2O$ 4 mmol、KNO_3 6 mmol、$NH_4H_2PO_4$ 1 mmol、$MgSO_4 \cdot 7H_2O$ 2 mmol，所以该溶液含有正负离子的总浓度为 30 mmol/L；该营养液在 20℃使用时，渗透压值为：

$$p = 30 \times 0.0224 \times \frac{273+20}{273} = 0.72(\text{atm})$$

对已知各种溶质物质及浓度的溶液可以采用上述方法来进行溶液渗透压的理论计算。但如果溶液的浓度是未知的，例如种植一段时间之后的营养液，由于营养液中的化合物被植物吸收之后而使其浓度发生变化成为未知数，则不能够用公式计算出其渗透压。在无土栽培的营养液管理上，常用电导仪测定营养液的电导率值，利用电导率值与渗透压之间的经验公式来计算此时营养液的渗透压。

2. 电导率（EC） 通常配制营养液用的无机盐是强电解质，其水溶液具有导电能力。导电能力的强弱可用电导率表示。电导率是指单位距离的溶液其导电能力的大小，国际上通常以毫西门子/厘米（mS/cm）或微西门子/厘米（μS/cm）来表示，日本等国也有用 dS/m 来表示，它们的关系是：

$$1\ \text{mS/cm} = 1\ \text{dS/m} = 1\ 000\ \mu\text{S/cm}$$

在一定浓度范围内，溶液的含盐量与电导率呈正相关，含盐量越高，溶液的电导率越大，渗透压也越大。所以，电导率能反映溶液中盐分含量的高低，也能反映溶液的渗透压。

电导率用电导率仪测定，目前已生产出许多便携式电导率测定仪供无土栽培生产之用，非常简单。应该提醒的是，通过测定营养液的电导率虽然能够反映其总的盐分含量，但不能够反映出营养液中各种无机盐类的盐分含量；要想知道各种无机盐类的盐分含量，只能进行个别营养元素含量的分析测定，这需要一定的仪器设备，且工作量较大。一般在无土栽培生产中，每隔 1～2 d 测一次营养液的电导率，来调节控制营养液的浓度；每隔 0.5 个月或 1 个月左右才测定一次大量元素的含量，而微量元素含量一般不进行测定，进行适当的调节，以确保植物生长良好。

电导率值和营养液浓度（g/L）关系可通过以下方法来求得，在无土栽培生产中为了方便营养液的管理，应根据所选用的营养液配方（这里选用日本园试配方为例），以该配方的 1 个剂量（配方规定的标准用盐量）为基础浓度 S，然后以一定的浓度梯度差（如每相距 0.1 或 0.2 个剂量）来配制一系列浓度梯度差的营养液，并用电导率仪测定每一个级差浓度的电导率值（表 4-3）。

表 4-3 日本园试配方各浓度梯度差的营养液电导率值（山崎，1987）

溶液浓度梯度（S）	其大量元素化合物总含量（g/L）	测得的电导率（mS/cm）
2.0	4.80	4.465
1.8	4.32	4.030
1.6	3.84	3.685
1.4	3.36	3.275
1.2	2.88	2.865
1.0	2.40	2.435
0.8	1.92	2.000
0.6	1.44	1.575
0.4	0.96	1.105
0.2	0.48	0.628

由于营养液浓度（S）与电导率值（EC）之间存在着正相关的关系，这种正相关的关系可用线性回归方程来表示：

$$EC = a + bS \quad (a、b\text{ 为直线回归系数})$$

从表 4-3 中的数据可以计算出电导率与营养液浓度之间的线性回归方程为：

$$EC = 0.279 + 2.12S \cdots (1) \quad (\text{相关系数 } r = 0.999\,4)$$

通过实际测定得到某个营养液配方的电导率值与浓度之间的线性回归方程之后，就可在作物生长过程中，测定出营养液的电导率值，并利用此回归方程来计算出营养液的浓度，依此判断营养液浓度的高低来决定是否需要补充养分。例如，栽培上确定用日本园试配方的 1 个剂量浓度的营养液种植番茄，管理上规定营养液的浓度降至 0.3 个剂量时即要补充养分恢复其浓度至 1 个剂量。当营养液被作物吸收以后，其浓度已成为未知数，今测得其电导率(EC)为 0.72 mS/cm，代入方程(1)得：S=0.21，小于 0.3，表明营养液浓度已低于规定的限度，需要补充养分。

营养液浓度与电导率之间的回归方程，必须根据具体营养液配方和地区自行测定予以配置专用的线性回归关系。因为不同的配方所用的盐类形态不尽相同，各地区的自来水含有的杂质有异，这些都会使溶液的电导率随之变化。因此，各地要根据当地选定配方和水质的情况，实际配制不同浓度梯度水平的营养液来测定其电导率值，以建立能够真实反映情况、较为准确的营养液浓度和电导率值之间的线性回归方程。

电导率与渗透压之间的关系，可用经验公式：P(atm)=0.36×EC(mS/cm)来表达。换算系数 0.36 不是一个严格的理论值，它是由多次测定不同盐类溶液的渗透压与电导率得到许多比值的平均数。因此，它是近似值。但对一般估计溶液的渗透压或电导率还是可用的。

电导率与总含盐量的关系，可用经验公式：营养液的总盐分(g/L)=1.0×EC(mS/cm)来表达。换算系数 1.0 的来源和渗透压与电导率之间的换算系数 0.36 的来源相同。

二、营养液的组成原则和确定方法

(一)营养液的组成原则

1. 营养全面　营养液必须含有植物生长所必需的全部营养元素，现已确定高等植物必需的营养元素有 16 种，其中碳主要由空气供给，氢、氧由水与空气供给，其余 13 种由根部从土壤溶液中吸收，所以营养液均是由含有这 13 种营养元素的各种化合物组成。其中大量元素有 N，P，K，Ca，Mg；微量元素有 Fe，Cu，Mn，Zn，B，Cl，S，Mo。有些微量元素由于植物的需要量很微小，在水源、固体基质或肥料中已含有植物所需的数量，因此配制营养液时不需另外加入。

2. 可用状态　含各种营养元素的化合物必须是根部可以吸收的状态，也就是可以溶于水的呈离子状态的化合物。通常都是无机盐类，也有一些是有机螯合物。某些基质培营养液也选用一些其他的有机化合物，例如用酰胺态氮尿素作为氮源组成。不能被植物直接吸收利用的有机肥不宜作为营养液的肥源。

3. 营养均衡　营养液中各营养元素的数量比例应符合植物生长发育的要求，而且是生理均衡的，可保证各种营养元素有效性的充分发挥和植物吸收的平衡。在进行营养液配制时，一般在保证植物必需营养元素品种齐全的前提下，尽可能减少所用肥料的种类，以防止化合物带入植物不需要和引起过剩的离子或其他有害杂质。

4. 满足需要　营养液中各营养元素的无机盐类构成的总盐分浓度及其酸碱反应，应是适合植物生长要求的，不会出现盐分过高和养分缺乏的问题。

5. 长期有效　组成营养液的各种化合物，在栽培植物的过程中，应在较长时间内保持其有效状态。不会受营养液的温度变化、根系的吸收以及离子间的相互作用等影响使其有效性在短时间内降低。

6. pH 平稳　组成营养液的各种化合物的总体，在被根系的选择吸收过程中而表现出来的营养液的生理酸碱反应，应是比较平衡的，pH 变化平稳。

（二）确定营养液组成的方法

1. 营养液的总盐分浓度的确定　首先，根据不同作物种类、不同品种、不同生育时期在不同气候条件下对营养液浓度的要求，来大体确定营养液的总盐分浓度。一般情况，营养液的总盐分浓度控制在 4‰以下，对大多数作物来说都可以较正常地生长；当营养液的总盐分浓度超过 4‰，很多蔬菜、花卉植物就会表现出不同程度的盐害。不同作物对营养液总盐分浓度的要求差异较大，例如番茄、甘蓝、康乃馨要求营养液 2‰～3‰的总盐分浓度，荠菜、草莓、郁金香要求 1.5‰～2‰的营养液总盐分浓度，显然前者比后者耐盐。因此，在确定营养液的盐分总浓度时要考虑到植物的耐盐程度差异。根据 Hewitt 等对多种植物研究结果，将营养液总盐分浓度范围列表 4-4，以供参考。

表 4-4　营养液总浓度范围（郭世荣主编：无土栽培学）

浓度表示方法	范围		
	最低	适中	最高
渗透压(atm)	0.3	0.9	1.5
正负离子合计数(mmol/L)在 20℃时的理论值	12	37	62
电导率(mS/cm)	0.83	2.5	4.2
总盐分含量(g/L)	0.83	2.5	4.2

2. 营养液中各种营养元素用量和比例的确定　主要根据植物的生理平衡和营养元素的化学平衡来确定营养液中各种营养元素的适宜用量和比例。

(1)生理平衡。能够满足植物按其生长发育要求吸收到一切所需的营养元素，又不会影响到其正常生长发育的营养液，它是生理平衡的营养液。

影响营养液生理平衡的因素主要是营养元素之间的相互作用。营养元素的相互作用分为两种：一是协助作用，即营养液中一种营养元素的存在可以促进植物对另一种营养元素的吸收；二是拮抗作用，即营养液中某种营养元素的存在或浓度过高会抑制植物对另一种营养元素的吸收，从而使植物对某一种营养元素的吸收量减少以致出现生理失调的症状。营养液中含有植物生长所需的所有必需营养元素，这些营养元素以各种离子形态存在于营养液中，而离子之间的相互关系非常复杂。营养液中的营养元素在何种比例或多高的浓度时会表现出相互之间的促进作用或拮抗作用呢？到目前为止，还没有一个明确的结论，实际上也不存在这样的结论。因为不同的植物种类其遗传特性不同，植物的生长环境和生育阶段也不一样，所以就不会有千篇一律的比例数值。例如，营养液中的阴离子如 NO_3^-、$H_2PO_4^-$ 和 SO_4^{2-} 能够促进 K^+、Ca^{2+}、Mg^{2+} 等阳离子的吸收，但同时也存在着 Ca^{2+} 对 Mg^{2+} 的拮抗作用；NH_4^+、H^+、K^+ 会抑制植物对 Ca^{2+}、Fe^{2+}、Mg^{2+} 等的吸收，特别是 NH_4^+ 对 Ca^{2+} 吸收的抑制作用特别明显。日本的池田英男等(1988)、Nukaya 等(1995)试验表明,在番茄无土栽培中,营养液中随着铵态氮比例的增加,脐腐病发生率也增加。其原因在于铵态氮的拮抗作用导致 Ca^{2+} 吸收量减少,而番茄的脐腐病是一种果实缺钙的生理失调症状。另外,阴离子如 NO_3^-、$H_2PO_4^-$ 和 Cl^-之间也存在着不同程度的拮抗作用。

通过分析正常生长的植物体内各种营养元素的含量及其比例可以确定营养液中各营养元素之间的比例和浓度,这就是植物对供应的外界营养元素数量和比例的要求。美国的霍格兰(Hoagland)和阿农(Arnon)在 20 世纪 30 年代时就利用这种方法开展了许多实际的研究,并以此为基础确定了许多营养液配方,这些配方经数十年的应用证明是行之有效的生理平衡配方。在利用分析植物正常生长吸收营养元素的含量和比例来确定营养液配方时要注意以下几个问题。

①根据对生长正常的植株进行化学分析的结果来确定营养液配方是符合生理平衡要求的。这样确定的营养液配方不仅适用于一种作物,而且可以适用于这一大类作物,但不同大类的作物之间的营养液配方可能有所不同,因此要根据作物大类的不同而选择其中有代表性的作物来进行营养元素含量和比例的化学分析,从而确定出适用于该类作物的营养液配方。

②由于种植季节、植物本身特性以及供给作物的营养元素的数量和形态等的不同,可能会影响到植物体的化学分析结果,有时分析的结果可能还会有较大的不同。例如,硝态氮可能会由于外界供给量的增大而出现大量的奢侈吸收,导致植物体内含量大幅度增加,这样测定的结果不能真实地反映植物的实际需要量。

③通过化学分析确定的营养液配方中的各种营养元素的含量和比例可在一定的范围内变动而不至于影响植物的生长,也不会产生生理失调的症状。这是因为植物对营养元素的吸收具有较强的选择性,只要营养液中的各种营养元素的含量和比例不是极端地偏离植物生长所要求的范围,植物基本上能够通过选择吸收其生理所需要的数量和比例。一般而言,大量营养元素的含量变幅在+30%左右仍可保持其生理平衡。在大规模无土栽培生产中,不能够随意变动原有配方中的营养元素含量,新的调整配方必须经过试验证明对植物生长没有不良影响时,方可大规模地使用。

除了确定正常生长的植株体内营养元素的含量之外,还需要了解整个植物生命周期中吸收消耗的水分数量,这样才可以确定出营养液的总盐分浓度。以下介绍霍格兰(Hoagland)和阿农(Arnon)通过化学分析植物体内营养元素含量以及山崎通过分析正常生长的植物从营养液中吸收各种养分和水分的数量,来确定生理平衡营养液配方的两个例子,具体步骤如下。

例一,霍格兰(Hoagland)和阿农(Arnon)以植株化学分析确定番茄营养液配方的方法。

步骤 1:对正常生长的番茄植株进行化学分析,依此确定正常生长的番茄植株一生中吸收各种营养元素的数量。微量元素的吸收量较少,因此,这里只考虑大量营养元素 N、P、K、Ca、Mg、S 的吸收量。分析得到番茄一生中 N、P、K、Ca、Mg、S 的吸收量分别为 14.79 g/株、3.68 g/株、23.06 g/株、7.10 g/株、2.84 g/株、1.80 g/株,共计 53.27 g/株。

步骤 2:将分析所得的植株体内各种营养元素的量(g/株)换算成毫摩尔数(mmol),以便确定配方时进行计算。N、P、K、Ca、Mg、S 的吸收量分别为 1 069.3 mmol、118.7 mmol、591.3 mmol、177.5 mmol、118.3 mmol、56.3 mmol,共计 2 131.4 mmol。

步骤 3:用毫摩尔数计算出每一种营养元素吸收的量占植株吸收的所有营养元素总量的百分比。N、P、K、Ca、Mg、S 分别为 50.17%、5.57%、27.74%、8.33%、5.55%、2.64%。

步骤 4:以表 4-4 为依据来确定出营养液适宜的总盐分浓度为 37 mmol,并根据步骤 3 的百分比计算出每种营养元素在此总盐分浓度下所占的毫摩尔数。N、P、K、Ca、Mg、S 分别为 18.56 mmol、2.06 mmol、10.27 mmol、3.08 mmol、2.05 mmol、0.98 mmol。

步骤 5:选择合适的化合物作为肥源,按照每种营养元素所占的数量来计算出选定的每种化合物的用量,这是营养液配方确定的最后一步,也是最关键的一步。提供某种营养元素的化合物的形态可能有很多种,究竟选用哪些化合物来作为配方中的肥源呢?这要考察到许多方面的问题,首先,为了减少某些盐类伴随离子的影响以及总盐分浓度的控制,要使营养液配方选用的化合物的种类尽可能地少;其次,氮源的生理酸碱性问题、某种营养元素的盐类本身的伴随离子是否为植物生长无用的或吸收量很少的、选用的盐类是否有酸碱缓冲性能等。

根据上述原则,在营养液配方中,选用了 $Ca(NO_3)_2 \cdot 4H_2O$、KNO_3、$NH_4H_2PO_4$、$MgSO_4 \cdot 7H_2O$ 这四种盐类来提供各种大量营养元素。首先,这四种盐类的每一种都能够同时提供两种植物必需的营养元素,没有多余的伴随离子,在保证提供足够营养元素的同时,有利于降低营养液的总盐分浓度。其次,$Ca(NO_3)_2$ 和 KNO_3 虽为生理碱性盐,但它们提供的 K^+、Ca^{2+} 和 NO_3^- 都能够被植物吸收利用,因此营养液的生理碱性表现得不会过于剧烈;第三,$NH_4H_2PO_4$ 是一种化学酸性盐,其含有的 2 个 H^+ 有一定的缓冲营养液酸碱变化的功能,它主要以提供磷源为主,所提供的氮的数量较少,只起到调节供氮量的作用;第四,$MgSO_4 \cdot 7H_2O$ 是一种生理酸性盐,它能够同时提供 Mg 和 S 营养,但作物吸收 S 的数量比 Mg 少,这样会在营养液中累积一定量的 S,但 $MgSO_4 \cdot 7H_2O$ 的用量较少,一般不会对作物生长产生危害。

选定了这四种盐类作为肥源之后,就要确定其各自的用量了。首先考虑的是提供一种营养元素的盐的数量,例如 Ca 只是由 $Ca(NO_3)_2 \cdot 4H_2O$ 来提供的,而需要的 Ca 为 3.08 mmol/L,这时用 3 mmol $Ca(NO_3)_2 \cdot 4H_2O$ 来提供即可,这个用量虽然比植物所需的 3.08 mmol 低了 0.08 mmol,但对植物生长无多大影响,同时带入了 6 mmol 的 NO_3^--N;K 的需要量为 10.27 mmol/L,用 10 mmol/L 的 KNO_3 来提供,同时也带入 10 mmol 的 NO_3^--N;用 $NH_4H_2PO_4$ 来提供 P,植物需要的磷为 2.06 mmol/L,$NH_4H_2PO_4$ 加入量为 2 mmol/L 即可,此时可带入 2 mmol/L 的 NH_4^+-N,这样由 $Ca(NO_3)_2 \cdot 4H_2O$、$NH_4H_2PO_4$ 和 KNO_3 三种盐类带入的氮为 18 mmol 的 NO_3^--N,与植物需要的氮量 18.56 mmol/L 少了 0.56 mmol/L,相差不多,不需另外补充氮。用 2 mmol/L $MgSO_4 \cdot 7H_2O$ 来提供植物所需的 Mg 2 mmol/L,这时也带入了 2 mmol/L 的 S,这要比植物需要 S 的量(0.98 mmol/L)多出一倍多,但不能够降低整个 $MgSO_4 \cdot 7H_2O$ 的用量来将就 S 的用量,因为植物吸收的 Mg 的量要比 S 多,如果降低了硫的用量势必会造成 Mg 的缺乏。而经过种植实践证明,2 mmol/L 的 S 对植物生长并没有太大的危害性。

步骤 6:将确定了的各种盐类的用量从 mmol/L 转换为用 mg/L 来表示,这就是一个标准营养液的组成。即 $Ca(NO_3)_2 \cdot 4H_2O$:3 mmol/L = 708 mg/L;KNO_3:10 mmol/L = 1 011 mg/L;$NH_4H_2PO_4$:2 mmol/L=230 mg/L;$MgSO_4 \cdot 7H_2O$:2 mmol/L = 493 mg/L。

例二，山崎肯哉依据植物吸收营养液中水分和养分的比值来确定黄瓜营养液配方的方法。

日本学者山崎肯哉认为，从植物体的化学分析来确定营养液中各营养元素的吸收数量和比例，其结果往往由于栽培环境的改变而出现较大的差异。他还认为，正常生长的植物其吸水和吸肥的过程是同步的，即吸收一定量水的同时，也将一定数量的营养元素同时吸收到体内。因此，他提出用分析水培植物的营养液，以差减法确定植物对各营养元素的吸收量及它们之间的吸收比例，同时测定植物的吸水量，并将各营养元素的吸收量与吸水量联系起来，以确定营养液的适宜浓度。在日本用此法已设计了多种蔬菜的营养液配方，其中目前用得较多的园试配方就是用这种方法设计出来的，实践证明这种方法是可行的。在此以山崎黄瓜营养液配方为例来说明这种确定营养液配方的步骤。

步骤 1：用一种较好的平衡营养液配方（所谓的通用配方）来种植黄瓜，在正常生长的情况下，每隔一段时间（间隔 1～2 周）用化学分析方法测定营养液中各种大量营养元素的含量，同时测定植株的吸水量，直至种植结束时将植物吸收营养元素和水的数量累加。以此得出每株植物一生中营养元素的吸收量（n 值，mmol 表示）和吸水量（w 值，L 表示）的值。经测定，每株黄瓜一生的吸水量为 173.36 L，吸收的 N、P、K、Ca、Mg 的量分别为 2 253.8 mmol、173.4 mmol、1 040.2 mmol、606.8 mmol、346.8 mmol。

步骤 2：计算各营养元素的 n/w 值。N 的 $n/w=2\ 253.8/173.36=13$(mmol/L)，以此方法可算得 N、P、K、Ca、Mg 的 n/w 值分别为 13 mmol/L、1 mmol/L、6 mmol/L、3.5 mmol/L、2 mmol/L（这些数值只取近似值即可，不必十分准确）。

n/w 值反映的是植物吸水量和吸肥量之间的相互关系，表示吸收 1 L 水时也就同时吸收了一定量的各种营养元素。例如，黄瓜每吸收 1 L 水就吸收 13 mmol 的 N、1 mmol 的 P、6 mmol 的 K、3.5 mmol 的 Ca、2 mmol 的 Mg 等，这是植物吸肥规律的一种反映。它既显示出植物吸收各营养元素的量和比例，也显示出植物生长过程需要的营养液的浓度。所以，有了 n/w 值就可确定营养液配方中各营养元素的用量。这样设计出来的营养液配方，应是生理平衡的。

步骤 3：选择合适的化合物作为肥源，并按 n/w 值来确定其用量。肥料用量的确定与例一类似，先用 $Ca(NO)_3 \cdot 4H_2O$ 配置 Ca 的需量，确定用 3.5 mmol，这样既满足了 Ca 的需要，同时也配入了 7 mmol 的 N；再用 KNO_3 配置 K 的需量，确定用 6 mmol，这样满足了 K 的需要外，又配入了 6 mmol 的 N，到此时 N 已配够所需的 13 mmol；再用 $NH_4H_2PO_4$ 配置 P，确定用 1 mmol，与此同时也配入了 1 mmol 的 NH_4^+-N，据试验结果，多 1 mmol 的 NH_4^+-N 不会对黄瓜产生不良影响；最后用 $MgSO_4 \cdot 7H_2O$ 配置 Mg，确定为 2 mmol，同时也配入了 2 mmol 的 S。在测定中，没有测 S 的吸收量，故无其 n/w 值。一般认为，在确定 Mg 用量时所带入营养液的 S 对植物生长的影响不大。

步骤 4：将确定了的各种盐类的用量从 mmol/L 表示的剂量转换为 mg/L 来表示。即 $Ca(NO_3)_2 \cdot 4H_2O$：3.5 mmol/L = 826 mg/L；KNO_3：6 mmol/L = 607 mg/L；$NH_4H_2PO_4$：1 mmol/L = 115 mg/L；$MgSO_4 \cdot 7H_2O$：2 mmol/L = 493 mg/L。

上述两例确定出来的营养液配方都只是大量营养元素的用量，而微量元素的用量并没有包括进去。由于植物对微量元素需求量都很低，且大多使用浓度范围要求在每升营养液中含

Fe 元素 3～6 mg、B 元素 0.2～0.5 mg、Mn 元素 0.5～1.0 mg、Zn 元素 0.02～0.2 mg、Cu 元素 0.01～0.05 mg、Mo 元素 0.01～0.05 mg；Cl 元素因水源中都含有足够植物生长需要的量，且过多往往造成毒害，所以不用考虑添加。现在除了一些作物对某些微量元素用量有特殊需要外，一般的微量元素用量可采用表 4-5 较为通用的配方来提供。

表 4-5　营养液微量营养元素用量（各配方通用）

化合物名称	每升营养液含化合物毫克数	每升营养液含元素毫克数
NaFe-EDTA（含 Fe 14.0%）	20～40*	2.8～5.6
H_3BO_3	2.86	0.5
$MnSO_4 \cdot 4H_2O$	2.13	0.5
$ZnSO_4 \cdot 7H_2O$	0.22	0.05
$CuSO_4 \cdot 5H_2O$	0.08	0.02
$(NH_4)_6Mo_7O_{24} \cdot 4H_2O$	0.02	0.01

注：* 易缺 Fe 的植物选用高用量。

（2）化学平衡。这里所指的营养液配方的化学平衡主要是指营养液配方中，有些营养元素的化合物，当其离子浓度达到一定的水平时就会相互作用而形成难溶性化合物，从而使营养液中某些营养元素的有效性降低以致影响到营养液中这些营养元素之间的相互平衡。在植物所必需的 16 种营养元素之间，Ca^{2+}、Mg^{2+}、Fe^{3+} 等阳离子和 PO_4^{3-}、SO_4^{2-}、OH^- 等阴离子之间在一定的条件下会形成溶解度很低的难溶性化合物沉淀，例如 $CaSO_4$、$Ca_3(PO_4)_2$、$FePO_4$、$Fe(OH)_3$、$Mg(OH)_2$ 等。

几乎是所有平衡的营养液配方中都存在着产生沉淀的可能性。那么，在溶液中是否会形成这些难溶性化合物是根据溶度积法则来确定的。所谓的溶度积法则是指存在于溶液中的两种能够相互作用形成难溶性化合物的阴阳离子，当其浓度（以 mol 为单位）的乘积大于这种难溶性化合物的溶度积常数 K_{sp} 时，就会产生沉淀。所以，这些沉淀的产生与溶液中阴阳离子的浓度有关，而有些阴离子如 PO_4^{3-}、OH^- 的浓度高低与溶液的酸碱度又有很大的关系。因此要避免在营养液中产生难溶性化合物就要采取适当降低阴阳离子浓度的方法来解决，或者通过适当降低溶液的 pH 使得某些阴离子的浓度降低的方法。难溶性化合物的溶度积常数（K_{sp}）可在有关的化学手册中查得，溶度积常数可表示为：

$$K_{sp\text{-}AxBy}=[A^{m+}]^x \times [B^{n-}]^y$$

式中：K_{sp}—溶度积常数的符号；A—阳离子的摩尔浓度；B—阴离子的摩尔浓度；m、n—阴、阳离子的价数；x、y—组成难溶性化合物分子的阳离子和阴离子的数目；$AxBy$—难溶性化合物分子式。

例如，$CaHPO_4$ 在水中会解离为 Ca^{2+} 和 HPO_4^{2-}，则 $CaHPO_4$ 的溶度积常数为：

$$[Ca^{2+}]\times[HPO_4^{2-}]=K_{sp\text{-}CaHPO_4}=1\times10^{-7}$$

同样，$Mg(OH)_2 \rightleftharpoons Mg^{2+}+2OH^-$　则

$$[Mg^{2+}]\times[OH^-]^2=K_{sp\text{-}Mg(OH)_2}=1.8\times10^{-11}$$

$$Ca_3(PO_4)_2 \rightleftharpoons 3Ca^{2+}+2PO_4^{3-} \text{ 则}$$

$$[Ca^{2+}]^3\times[PO_4^{3-}]^2=K_{sp\text{-}Ca_3(PO_4)_2}=2\times10^{-29}$$

依据营养液配方中各种离子的浓度，利用溶度积法则即可计算出该配方所配制的营养液是否存在着产生难溶性化合物沉淀的可能。现以阿农-霍格兰(Arnon-Hoagland)番茄营养液配方(简称 A-H 配方)为例来说明产生难溶性化合物的可能性。

①产生 $CaSO_4$ 沉淀的可能性。A-H 配方中 SO_4^{2-} 浓度为 2 mmol$=2\times10^{-3}$ mol，Ca^{2+} 的浓度为 3 mmol$=3\times10^{-3}$ mol，利用溶度积法则计算这两种离子的溶度积得：$[Ca^{2+}]\times[SO_4^{2-}]=[3\times10^{-3}]\times[2\times10^{-3}]=6\times10^{-6}$；查 $CaSO_4$ 溶度积常数为：$K_{sp\text{-}CaSO_4}=9.1\times10^{-6}$。

$$[Ca^{2+}]\times[SO_4^{2-}]=6\times10^{-6}<K_{sp\text{-}CaSO_4}=9.1\times10^{-6}$$

故 A-H 配方中不会产生 $CaSO_4$ 沉淀。

②磷酸盐沉淀产生的可能性。这个问题比较复杂。因为要形成难溶性磷酸盐，则必须在营养液中有二价以上的磷酸根存在。而正磷酸盐(KH_2PO_4 是易溶性化合物，营养液常用其为磷源)在水溶液中可以解离成不同价数的磷酸根离子 $H_2PO_4^-$、HPO_4^{2-}、PO_4^{3-}。这三种离子都能与钙形成化合物 $Ca(H_2PO_4)_2$、$CaHPO_4$、$Ca_3(PO_4)_2$，它们的溶解度是极不相同的。$Ca(H_2PO_4)_2$ 溶解度很大(在 25℃时达 15.4%)，属易溶性化合物；$CaHPO_4$ 和 $Ca_3(PO_4)_2$ 都属难溶性化合物，其溶度积常数分别为 $K_{sp\text{-}CaHPO_4}=1\times10^{-7}$、$K_{sp\text{-}Ca_3(PO_4)_2}=2\times10^{-29}$。从溶度积常数看，这两种难溶性的磷酸钙盐在很稀的营养液中都有可能形成沉淀。

要形成 $CaHPO_4$、$Ca_3(PO_4)_2$ 沉淀，必须有足够的二价 HPO_4^{2-} 和三价 PO_4^{3-} 的存在。正磷酸盐在溶液中离解成各级离子的数量受溶液的 H^+ 浓度的制约，其规律如图 4-1 所示。

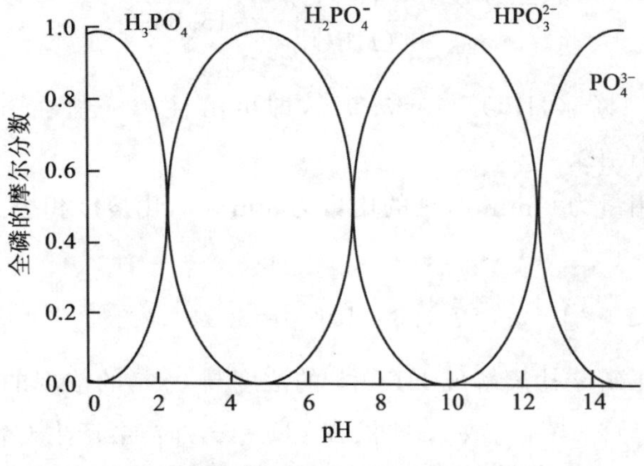

图 4-1　pH 对溶液正磷酸盐离子的分布影响(Lindsay)

图 4-1 的曲线表示的数值可以通过以下公式计算出来：

$$\lg\frac{(H_3PO_4)}{(H_2PO_4^-)}=2.15-pH \tag{1}$$

$$\lg \frac{(H_2PO_4^-)}{(HPO_4^{2-})}=7.20-pH \tag{2}$$

$$\lg \frac{(HPO_4^{2-})}{(PO_4^{3-})}=12.35-pH \tag{3}$$

式中：2.15、7.20、12.35 等为离子生成常数，$(H_3PO_4)/(H_2PO_4^-)$ 等为各离子的百分比。当 pH 等于生成常数时，式中两种离子各占 50%。以(2)式为例，pH=7.20 时，$\log[(H_2PO_4^-)/(HPO_4^{2-})]=0$，则$(H_2PO_4^-)/(HPO_4^{2-})=1=50\%/50\%$。即在溶液 pH=7.20 时，正磷酸盐会有 50%的磷酸根离子以 HPO_4^{2-} 的形态存在。运用这些公式可以计算出在某 pH 时溶液中正磷酸盐离解成各级磷酸根的百分比。这样就可以通过计算得知形成难溶性磷酸盐沉淀的可能性。

例如，A-H 液中含 P 为 2 mmol、Ca 为 3 mmol，试计算在 pH=6.0 时会不会产生 $CaHPO_4$ 沉淀。

首先，计算 pH=6.0 时正磷酸盐有多少离解成 HPO_4^{2-}。用正磷酸盐离解与 pH 关系式(2)

$\lg \frac{(H_2PO_4^-)}{(HPO_4^{2-})}=7.2-pH$　将 pH=6.0 代入得：

$$\lg \frac{(H_2PO_4^-)}{(HPO_4^{2-})}=7.2-6.0=1.2$$

$$\frac{(H_2PO_4^-)}{(HPO_4^{2-})}=15.849$$

$$\text{解联立方程组}\begin{cases}(H_2PO_4^-)+(HOP_4^{2-})=100\% \\ \dfrac{(H_2PO_4^-)}{(HPO_4^{2-})}=15.849\end{cases}$$

得$(H_2PO_4^-)=94.1\%$、$(HPO_4^{2-})=5.9\%$，即可溶性磷酸盐在 pH=6.0 的溶液中有 5.9% 呈 HPO_4^{2-} 形态存在。

在 A-H 液中磷的用量为 2 mmol，钙的用量为 3 mmol，用溶度积公式计算 Ca^{2+} 与 HPO_4^{2-} 两离子浓度的乘积：

$$[2\times10^{-3}]\times0.059\times[3\times10^{-3}]=3.54\times10^{-7}>1\times10^{-7}$$

表明在 A-H 液中正磷酸盐离解成 HPO_4^{2-} 的浓度与 Ca^{2+} 的浓度的乘积大于 $CaHPO_4$ 的溶度积常数：$K_{sp\text{-}CaHPO_4}=1\times10^{-7}$。故 A-H 液在 pH=6.0 时，会产生 $CaHPO_4$ 的沉淀。

要使 A-H 液不产生这种沉淀，一是降低其 pH，二是降低其中的 P 或 Ca 的用量。

降低 pH 使达到不产生 $CaHPO_4$ 沉淀的方法如下：

设 x 为 HPO_4^{2-} 的百分率，则有：

$[2\times10^{-3}]\times X\times[3\times10^{-3}]=1\times10^{-7}$ 的关系，此时 $x=0.0167=1.67\%$，即所用的 2 mmol 磷酸盐只容许有 1.67%离解成 HPO_4^{2-}。那么在 pH 等于几时才能控制到这种百分率呢？通过关系式(2)可得：

$$\lg\frac{[H_2PO_4^-]}{[HPO_4^{2-}]}=7.20-pH \text{ 即 } \lg\frac{98.33}{1.67}=7.2-pH$$

$$pH=7.2-\lg\frac{98.33}{1.67}=7.2-1.77=5.43$$

可知，要使 A-H 液不产生 $CaHPO_4$ 沉淀，则其溶液的 pH 必须控制在<5.43。

降低 P、Ca 浓度使不产生沉淀的方法如下：

设使用 A-H 液原配方的 1/2 剂量配营养液，则 P 的用量为 1 mmol，Ca 的用量为 1.5 mmol，仍维持 pH=6.0，则 HPO_4^{2-} 和 Ca^{2+} 的浓度乘积为：

$$[1\times10^{-3}]\times0.059\times[1.5\times10^{-3}]=8.85\times10^{-8}<1\times10^{-7}$$

故采用 A-H 液的 1/2 剂量配制成的营养液在 pH=6.0 时不会发生 $CaHPO_4$ 的沉淀。实践证明，1/2 剂量的 A-H 液栽培作物时，作物生长良好。

③产生 $FePO_4$ 沉淀的可能性。$FePO_4$ 是一种极难溶的电解质，故其溶度积常数极小，即 $K_{sp\text{-}FePO_4}=1.3\times10^{-22}$。从而可知，只要溶液中有很微量的 PO_4^{3-} 和 Fe^{3+} 存在时，即会产生沉淀。从 $FePO_4$ 分子式看，1 分子 $FePO_4$ 可以离解出 1 个 Fe^{3+} 和 1 个 PO_4^{3-}，因此，溶度积关系式为：$[Fe^{3+}]\times[PO_4^{3-}]=1.3\times10^{-22}$。在饱和溶液中，$[Fe^{3+}]$和$[PO_4^{3-}]$的摩尔浓度是相等的，即$[Fe^{3+}]=[PO_4^{3-}]$，故有$[Fe^{3+}]^2=[PO_4^{3-}]^2=1.3\times10^{-22}$ 的关系，亦即$[Fe^{3+}]=[PO_4^{3-}]=\sqrt{1.3\times10^{-22}}=1.14\times10^{-11}$ mol/L。从而可知，在溶液中只要有 1.14×10^{-11} mol 的 Fe^{3+} 和 1.14×10^{-11} mol 的 PO_4^{3-} 存在，就会产生 $FePO_4$ 的沉淀。按照计算，即使 A-H 液的 pH 为 5.0，也会产生沉淀。

应用正磷酸盐离解与 pH 关系公式(2)，可以算出在 pH=5.0 时，溶液中的磷酸盐有 0.63%离解为 HPO_4^{2-}；应用公式(3)可算出其中 HPO_4^{2-} 又有 4.47×10^{-6} 离解为 PO_4^{3-}。以此比例计算 A-H 液中的磷酸盐有：$(2\times10^{-3})\times(6.3\times10^{-3})\times(4.47\times10^{-8})=5.63\times10^{-13}$ mol/L 呈 PO_4^{3-} 存在。在此 PO_4^{3-} 的浓度下有多少 Fe^{3+} 才能形成 $FePO_4$ 沉淀呢？应用溶度积常数关系式计得：$[Fe^{3+}]\times[5.63\times10^{-13}]=1.3\times10^{-22}$，$Fe^{3+}=2.31\times10^{-10}$ mol/L 即会形成 $FePO_4$ 沉淀。

在 A-H 液中 Fe 的用量为 3 mg/L=5.37×10^{-5} mol/L，远远大于 2.31×10^{-10} mol/L，故肯定会产生 $FePO_4$ 沉淀。在无土栽培的水培条件下，营养液中的铁常被磷酸盐所沉淀，致使作物吸不到铁而出现缺铁症。这是无土栽培中长期以来的一个突出问题。

无土栽培中缺铁问题经长期研究后已得到解决。主要是应用有机络合物将 Fe^{3+} 络合成为铁的络合物而隐蔽了 Fe^{3+} 原有的化学反应特性，Fe^{3+} 便不会与 PO_4^{3-} 起化学反应而沉淀。但仍可溶于水中并能被作物吸收利用。

④Mg、Ca 形成氢氧化物沉淀的可能性。主要是在营养液变成碱性时出现。可通过计算离子浓度乘积与溶度积常数 K_{sp} 比较而确定在多大的 pH 时会产生沉淀。

$Mg(OH)_2$ 的溶度积常数 $K_{sp\text{-}Mg(OH)_2}=1.8\times10^{-11}$ 即：

$$[Mg^{2+}]\times[OH^-]^2=K_{sp\text{-}Mg(OH)_2}=1.8\times10^{-11}$$

$Ca(OH)_2$ 的溶度积常数 $K_{sp\text{-}Ca(OH)_2}=5.5\times10^{-6}$ 即：

$$[Ca^{2+}]\times[OH^-]^2=K_{sp\text{-}Ca(OH)_2}=5.5\times10^{-6}$$

以 A-H 液为例，计算在多大的 pH 下会产生 $Mg(OH)_2$ 沉淀。已知 Mg 的浓度为 2 mmol，代入关系式得：

$$[2\times10^{-3}]\times[OH^-]^2=1.8\times10^{-11}$$

$$[OH^-]^2=1.8\times10^{-11}/[2\times10^{-3}]=9\times10^{-9}=90\times10^{-10}=90\times(10^{-5})^2$$

$$OH^-=9.49\times10^{-5}$$

即溶液中需要有 9.49×10^{-5} mol/L 以上的 OH^- 浓度，才能使 Mg^{2+} 形成 $Mg(OH)_2$ 沉淀。取 OH^- 浓度的负对数得：$-\lg9.49\times10^{-5}=pOH=4.02$，转成以 pH 表示，得：$pH=14-pOH=9.98$。$Mg(OH)_2$ 在 $pH=9.98$ 以上形成沉淀。$Ca(OH)_2$ 沉淀的形成可仿此计算出。

在一般栽培过程中，营养液的 pH 很少会达到 9 以上。但在营养液由于生理酸性的作用变得过酸时，需要用碱液去中和，此时所用的母液如果浓度过大，加进贮液池时会造成局部过碱而出现沉淀，在实际操作中应注意避免此类现象发生。

3. 营养液氮源的选择　氮源的选择是无土栽培以至整个农业生产上长期以来不断研究讨论的问题，其内容主要集中在 NH_4^+-N 与 NO_3^--N 何者为优上。现已公认 NH_4^+-N 和 NO_3^--N 都是很容易被植物吸收和同化的氮源，而且实际生产也证明，无论是 NO_3^--N 还是 NH_4^+-N 都可以作为植物生长和高产的良好氮源。两者本身是没有差异的，在应用上之所以产生差异，是由其盐类的伴随性质所引起的，尤其是在无土栽培条件下，这种影响更明显。

两种氮源的盐类所伴随的性质的主要区别，在于其生理酸碱性及其离子的特性上。例如，铵盐 $(NH_4)_2SO_4$，NH_4Cl，甚至 NH_4NO_3 都是生理酸性盐，尤以 $(NH_4)_2SO_4$，NH_4Cl 为甚，一方面，它们使营养液的 pH 迅速下降，另一方面，NH_4^+ 是一价阳离子，具有对二价离子的拮抗作用，尤其对 Ca^{2+} 的吸收有明显的抑制，而生理酸性所带来的 H^+ 更是 Ca^{2+} 的强拮抗者。所以，使用铵盐作氮源时容易出现缺钙以致作物生长不良，甚至伤害根系的细胞而使作物死亡。硝盐 $NaNO_3$、KNO_3、$Ca(NO_3)_2$ 都是生理碱性盐，它们都能使营养液的 pH 升高，造成一些营养元素因沉淀而失效（Fe，Mg 等）。使用生理碱性强的硝盐，常出现缺铁、缺镁而使作物生长不良。

很多研究结果证明，只要采用适当措施克服了其伴随性质的不良影响，两种氮源就会具有同等效果。例如，中和其生理酸碱性，在 NH_4^+-N 作氮源时增加钙的用量，在 NO_3^--N 作氮源时用螯合铁为铁源等。但相对于铵盐所带来的 pH 的迅速下降，硝盐所带来的 pH 上升比较缓慢，植物本身具有一定的适应能力，因此，水培条件和采用营养液循环供液方式常选用硝盐作为氮源。

营养液的 N 源有效形态还与栽培方式有关，基质栽培由于基质的理化性状，缓冲能力，都与营养液之间存在交互作用，因此两种形态的 N 源都可使用，且生产效果良好。水培营养液因缓冲能力差，一般多以 NO_3^--N 为主，NH_4^+-N 比例不宜过高。

实际上，不同的植物种类对铵态氮和硝态氮的反映不同，即植物之间存在着对这两种氮源的吸收利用程度和喜好的差别，所以有“喜铵植物”和“喜硝植物”之分。但大多数的草本园艺植物是喜硝态氮作物，硝态氮为 100% 的处理时，大多数园艺作物生长良好，但有些作物在以硝态氮为主要氮源时，适量供应铵态氮时生长最好，而且其生长状况不仅受氮源比例的影响，还受光照强度和通气状况等环境条件的影响。表 4-6 表明,不同光照条件下鸭儿芹对两种氮源利用情况不同,适当增加铵态氮可提高产量,但当铵态氮用量过高时,产量就会降低。但大多数作物一般以硝态氮作为氮源时生长较好。

表 4-6 不同氮源比例与光照强度对鸭儿芹产量的影响(位田、永井,1981) g/株

NO_3^--N	NH_4^+-N	光照强度(lx)					
		12 000		6 000		3 000	
浓度(mmol/L)		产量	%	产量	%	产量	%
10	0	9.80	100	8.14	100	6.42	100
6	4	9.99	101	10.02	123	8.93	139
5	5	11.94	121	10.10	124	8.89	138
4	6	12.59	128	10.28	126	9.00	140
2	8	10.14	103	9.79	120	5.73	89

用硝酸盐作为氮源进行无土栽培时,由于植物根系对 NO_3^- 普遍存在着"奢侈吸收"的现象,即吸入植物体内的 NO_3^- 数量往往超过其生理代谢所需的数量,就在转化器官根或叶片中积累,会使得许多植物特别是供食用的绿叶菜和根茎类蔬菜产品中硝酸盐过量积累,从而影响到人体的健康。如何控制无土栽培蔬菜产品中硝酸盐含量的问题,近年来已引起人们的广泛关注。降低产品中硝酸盐含量的基本原则是控制吸收量和提高还原率。在无土栽培生产中可采取以下措施控制产品中硝酸盐的含量。

(1)加强栽培管理,促进 NO_3^--N 的代谢。植物根系吸收 NO_3^- 后,在根系或运转到叶片中通过硝酸盐还原作用,转变为 NH_4^+,然后进入氨基酸、蛋白质的代谢之中。硝酸还原作用的强弱直接关系到植物体内 NO_3^- 的含量,而光照强度、矿质元素钼、植株体的呼吸强度等影响植物体内硝酸还原作用的强弱。因此,增强光照强度、注意营养液的元素平衡、加强根际氧气供应等可促进植物对 NO_3^--N 的转化利用,降低产品中硝酸盐的含量。

(2)利用多种氮源,控制硝酸盐的用量。以氨基酸、天冬酰胺和尿素等有机氮或铵态氮来全部或部分替代原营养液配方中的硝酸盐,并通过控制营养液的 pH 和适当增施 P、K、Ca、Mo、Mn、Zn 等营养元素,使作物生长正常,产品产量不降低,同时降低产品中硝酸盐的含量。用不同比例的铵态氮和硝态氮作为氮源栽培几种绿叶蔬菜的实验表明,随着 NO_3^--N/NH_4^+-N 的下降,即硝酸盐用量减少时,这几种蔬菜产品中硝酸盐含量呈下降的趋势;在完全用铵态氮替代硝态氮时,几种蔬菜中硝酸盐含量低至痕量(表 4-7)。

刘士哲等(1998)的芥菜和生菜不同氮源营养液配方实验结果表明,通过加入适当数量的铵态氮来替代硝态氮可大大降低蔬菜产品的硝酸盐含量,而全部采用酰胺态氮作为氮源,虽然产品中硝酸盐含量大大降低,但作物的产量也较大幅度地降低。中国农业科学院蔬菜花卉研究所等单位在基质培中,用固体有机肥浇灌清水部分或全部替代化学肥料配制的营养液,可有效地降低蔬菜产品中和排出液中的硝酸盐含量。

河南农业大学(2007)进行了有机态氮源对生菜水培效应的试验,在生菜采收前 12 d 开始进行处理,实验结果表明,用不同组合有机态氮(占营养液总氮 20%)作为氮源明显促进生菜的生长,增加了植株鲜、干重,肥效作用明显,而且甘氨酸单一替代和尿素单一替代对于促进作

物生长、增加植株干、鲜重的效果好于混合氨基酸的替代。在水培条件下，有机态氮替代 20% 的硝态氮以后，可以明显降低生菜的硝酸盐含量，尤其是混合氨基酸替代处理与对照相比，收获时硝酸盐含量降低了 24.14%。

表 4-7 营养液中 NO_3^--N/NH_4^+-N 的浓度及其比例对蔬菜产品中 NO_3^--N 含量的影响（池田、大泽，1983）

NO_3^--N	NH_4^+-N	叶片中 NO_3^--N 含量（%，干物重）			
浓度（mmol/L）		莴苣	白菜	菠菜	小芜菁
3.0	0	1.62	1.77	0.96	1.08
2.5	0.5	1.42	1.88	0.77	1.07
2.0	1.0	1.01	1.95	0.68	0.69
1.5	1.5	0.72	1.37	0.37	0.79
1.0	2.0	0.59	1.02	0.21	0.56
0.5	2.5	0.26	0.51	0.10	0.20
0	3.0	痕量	痕量	痕量	痕量

（3）采收前断氮，降低产品中硝酸盐的含量。对于大多数的喜硝蔬菜作物，因其铵态氮极易中毒受害，即使在 pH 控制正常的情况下也难以很好地利用铵态氮使作物正常生长，为降低产品中硝酸盐含量，可在收获之前中断或减少硝态氮的供应量。日本及国内研究人员近年来的试验表明，通过在收获前 1 周停止氮素供应，可使生菜等绿叶菜类蔬菜产品的硝酸盐含量大幅度降低，且产品产量没有明显的降低。

4. 营养液的 pH　pH 是营养液非常重要的一个化学性质，了解营养液的 pH，并对其进行调控对无土栽培生产有着十分重要的意义。pH 通常用 mol/L 来表示，当溶液呈中性时，则溶液中 H^+ 和 OH^- 相等，此时的 H^+ 浓度为 100 nmol/L（pH＝7.0）；当 OH^- 占优势时，H^+ 浓度小于 100 nmol/L（pH＞7.0），溶液呈碱性；反之，H^+ 占优势时，H^+ 浓度＞100 nmol/L（pH＜7.0），溶液呈酸性。

pH 的测定，最简单的方法可以用石蕊试纸进行比色，但这只能测出大概的范围，准确的测定要用 pH 仪，测试方法简单、快速、准确，是无土栽培必备的仪器。

（1）营养液 pH 的变化。营养液的 pH 在栽培作物过程中会发生一系列的变化，主要由以下三方面的原因引起。

①营养液中生理酸性盐和生理碱性盐用量及其比例。使用碱或碱土金属的硝酸盐为氮源均会显出生理碱性而使 pH 升高，其中 $NaNO_3$ 表现最强，$Ca(NO_3)_2$ 和 KNO_3 较弱。如果在配制营养液时该盐类使用量较大，则会表现出生理碱性的趋势。例如，日本园试配方营养液主要用 $Ca(NO_3)_2$ 和 KNO_3 作氮源，在软水地区用自来水配制的营养液种植莴苣，在每株占液 2 L 时，在 3 周内其 pH 的变幅为 6.4～7.8，对作物生长无不良影响，但对铁较敏感的作物（如蕹菜和芥菜等），则会造成缺铁的失绿症状；以铵盐为氮源，都会显示出生理酸性而使营养液 pH 迅速下降，尤以 $(NH_4)_2SO_4$ 和 NH_4Cl 为甚，完全以 $(NH_4)_2SO_4$ 作为氮源的营养液使用过程中可使 pH 降低至 3.0 以下，NH_4NO_3 也可使 pH 降低至 4.0 以下。NH_4Cl 和 $(NH_4)_2SO_4$ 类似，而且由于其中含有较多的 Cl^-，对“忌氯作物”的生长和品质有不良的影响。若营养液配方中全部采用铵态氮作为氮源，则由此而产生的生理酸性已达到对一般植物的根系伤害

的程度。因此，除了专门针对喜酸性根际环境的作物如茶树、凤梨科作物等的特殊营养液配方之外，大多数营养液配方很少完全采用铵态氮为氮源。尿素作为氮源在营养液中使用时，由于根系分泌脲酶对尿素的水解作用而形成碳酸铵[$(NH_4)_2CO_3$]，可使营养液的pH降低至3.0～4.0。

钾源盐类在营养液的使用中对溶液pH也有一定的影响，由于作物一般吸收较多的钾，一般配方中钾的用量大于氮(以元素mg/L计)，且作物吸收快，往往造成奢侈吸收。常用KNO_3、K_2SO_4、KH_2PO_4作为钾源，由于KCl含有较多的Cl^-，故一般不用或很少用KCl作为钾源。KNO_3为生理碱性，KH_2PO_4的生理酸碱性不明显，K_2SO_4为强生理酸性。如果完全采用K_2SO_4作为钾源，则可使营养液的pH下降到3.0以下。

②每株植物占有营养液量的大小。盐类化合物的生理酸碱性是由于植物根系对营养液中不同离子间的选择性吸收所引起的，由此而产生的pH的变化需要一定的过程。另外作物根系的分泌物(如H^+、CO_3^{2-}等)和根系脱落物的腐败也会引起营养液pH的变化，同样随时间推移而加深。如果每株植物占有营养液的体积越大，则其营养液pH的变化速率就会减缓，变化幅度就会变小。因此，营养液总量较多的深液流水培系统(DFT)中营养液的pH等性质在栽培作物的过程中变化较小、相对稳定，而营养液总量较少的营养液膜系统(NFT)在栽培作物的过程中pH等稳定性较差。

③营养液的更换速率。营养液pH变化的强度随着营养液使用时间的延长而加大，通过营养液的更换可以减轻pH变化的强度和延缓其变化的速度。

(2)营养液pH对植物生长的影响。营养液的pH对栽培植物生长的影响有直接和间接两个方面。

直接影响是每种植物对其生长的根际环境pH都有一定的要求和适应范围，一般为4～9，当营养液的pH过高(大于9)或过低(小于4)时，大多数植物的根系生长都会受到影响，严重时会对根系造成伤害。但是，有些耐酸或耐碱的植物可以在pH 4～9的范围之外正常生长，例如凤梨和蕹菜在pH=3时仍可生长良好。

间接的影响在于当营养液的pH过高或过低时会使其中某些营养元素的有效性降低至失效。pH>7的碱性条件下，P、Ca、Mg、Fe、Mn、B、Zn等的有效性会降低，尤其是Fe最突出。pH<5的酸性条件下，由于H^+浓度过高而对Ca^{2+}产生显著的拮抗作用，而使植株吸收Ca^{2+}不足而出现缺钙症状。所以，除了一些特殊的嗜酸或嗜碱的植物外，一般将营养液的pH控制在5.5～6.5范围内。

(3)营养液pH的控制。在配制营养液时所使用水的水质与营养液的pH有一定的关系，配制的营养液pH与水源pH相近，如果用硬水来配制营养液，由于其中含有较多Ca^{2+}、Mg^{2+}、CO_3^{2-}、HCO_3^-等，会使营养液pH偏高；而用软水或自来水配制的营养液，则pH多为中性。用硬水配制营养液时可通过适当调整配方中Ca^{2+}、Mg^{2+}用量以及稀释中和的方法来控制。

在栽培植物的过程中对营养液pH的控制主要从两方面着手。一是治标，即在栽培过程中营养液的pH偏离了植物根系生长所要求的适宜pH范围时，采用酸碱中和的办法来进行调节，使其pH恢复到合适的水平。这将在营养液的管理一节中介绍。二是治本，即在营养液配方的组成上进行适当的调整，如选择使用生理酸性盐和生理碱性盐的种类、调整用量和相互之间的比例，使营养液在种植过程中内部酸碱变化稳定在适宜作物生长的范围之内。

营养液 pH 的变化是以盐类的种类(氮源和钾源影响,前面已经论述)、用量和比例以及水的性质(硬度)等为物质基础,以植物根系的选择性吸收为主导而产生的结果。它不是一个简单的物理化学过程,很难从理论计算上设计出一个稳定的配方。只能运用已有的理论知识来把握发展的趋势,在前人已有的配方基础上,进行一系列的探索性试验(主要是植物吸收试验)去调整出一个有稳定的 pH 范围的配方。

5.营养液铁源的选择 营养液的铁源选择,也是长期以来困扰人们的问题之一。

最初使用无机盐,如 $FeCl_3$,$FeSO_4$ 等,这些铁盐在 pH 升高时很容易变成 $FePO_4$,$Fe(OH)_3$ 沉淀而失效。以后改用有机酸铁,如柠檬酸铁和酒石酸铁。这些化合物虽比无机盐好些,但本身很不稳定,效果也不理想。近代化学科学的进展,明确了应用能形成螯合环的有机化合物(氨基多元羟酸类)与铁作用形成螯合铁。这类螯合铁用于无土栽培营养液中作铁源效果很好,逐渐推广应用的螯合剂有如下。

(1)EDTA 乙二胺四乙酸分子式为 $(CH_2N)_2(CH_2COOH)_4$,相对分子质量为 292.25。

(2)DTPA 二乙三胺五乙酸分子式为 $HOOC\text{-}CH_2N[CH_2CH_2N(CH_2COOH)_2]_2$,相对分子质量为 393.20。

(3)CDTA 环己烷-1,2 二胺四乙酸分子式为 $NCH(CH_2)_4HCN(CH_2COOH)_4$,相对分子质量为 346.34。

(4)EDDHA 乙二胺双(邻羟苯基乙酸) 分子式为 $(CH_2N)_2(OHC_6H_4CH_2COOH)_2$,相对分子质量为 360。

金属螯合物的稳定性受溶液的 pH 影响,主要是在多种金属离子共同存在时,它们之间会互相竞争成为螯合物。在一定的 pH 下,某种金属离子会占优势成为螯合物,而将已成为螯合物的另一金属离子置换出来成为原来的离子状态。例如,用 EDTA 为螯合剂,在低的 pH 时,螯合铁占优势;pH 6～7 时锌占优势;再高的 pH 时,钙、镁占优势。因此,要因螯合目的而选用不同的螯合剂与控制 pH。

据研究,以螯合铁为对象,Fe-EDTA 在 pH 6.5 以上不稳定,易被 Ca^{2+} 所置换;Fe-DTPA,Fe-CDTA 在 pH 7.2 以上不稳定;而 Fe-EDDHA 在整个 pH 范围都是稳定的。但其价格昂贵,我国尚未见生产用的产品。当今无土栽培生产中最常用的是 EDTA,因其价格比较低而易得,已有制成乙二胺四乙酸一钠铁和二钠铁的成品出售(NaFe-EDTA,Na_2Fe-EDTA)。螯合铁的用量一般按铁元素重量计,每升营养液用 3～5 mg 就能够满足作物生长的需要。

第三节 营养液配方选集

在一定体积的营养液中,规定含有各种必需营养元素盐类的数量称为营养液配方。在 100 多年无土栽培的发展过程中,很多专家和学者根据植物种类、生育阶段、栽培方式、水质和气候条件以及营养元素化合物来源的不同,研制出许许多多的营养液配方。表 4-8 选列的多为国内外经实践证明为均衡良好的营养液配方,供参考使用。但在使用过程中要明确:均衡良好的营养液配方既具有专一性,同时又具有一定程度上的通用性。实际应用中,要结合栽培作物种类、当地的具体条件和栽培实践经验灵活运用营养液配方(表 4-9)。

表 4-8 营养液配方选集(郭世荣主编:无土栽培学)

营养液配方名称及适用对象	盐类化合物用量(mg/L)													元素含量 (mmol/L)							备注
	四水硝酸钙	硝酸钾	硝酸铵	磷酸二氢钾	磷酸氢二钾	磷酸二氢铵	硫酸铵	硫酸钾	七水硫酸镁	二水硫酸钙	磷酸二氢钠	氯化钠	盐类总计	N NH_4^+-N	N NO_3^--N	P	K	Ca	Mg	S	
Knop(1865)古典通用水培配方	1 150	200		200					200				1 750		11.7	1.47	3.43	4.88	0.82	0.82	当代仍有用
Hoagland 和 Snyde(1938)通用	1 180	506		136					693				2 315		15.0	1.0	6.0	5.0	2.0	2.0	世界著名配方,1/2 剂量较妥
Hoagland 和 Arnon(1938)通用	945	607				115			493				2 160	1.0	14.0	1.0	6.0	4.0	2.0	2.0	
Arnon 和 Hoagland(1940)番茄	708	1 011				230			493				2 442	2.0	16.0	2.0	10.0	3.0	2.0	2.0	世界著名配方,用 1/2 剂量较妥,亦可通用
Rothamsted 配方 A 通用(pH4.5)		1 000		450	67.5				500	500			2 518		9.89	3.70	14.0	2.9	2.03	2.03	英国洛桑试验站配方(1952),用 1/2 剂量较妥
Rothamsted 配方 B 通用(pH5.5)		1 000		400	135				500	500			2 535		9.89	3.72	14.4	2.9	2.03	2.03	
Rothamsted 配方 C 通用(pH6.2)		1 000		300	270				500	500			2 570		9.89	3.75	15.2	2.9	2.03	2.03	
Hewitt(1952)通用	1 181	505							369		160		2 215		15.0	1.33	5.0	5.0	1.5	1.5	英国著名配方,用 1/2 剂量较妥
Cooper(1975)推荐 NFT 通用	1 062	505		140					738				2 445		14.0	1.03	6.03	4.5	3.0	3.0	用 1/2 剂量较妥

续表 4-8

营养液配方名称及适用对象	盐类化合物用量(mg/L)													元素含量(mmol/L)							备注
	四水硝酸钙	硝酸钾	硝酸铵	磷酸二氢钾	磷酸氢二钾	磷酸二氢铵	硫酸铵	硫酸钾	七水硫酸镁	二水硫酸钙	磷酸二氢钠	氯化钠	盐类总计	N: NH_4^+-N	N: NO_3^--N	P	K	Ca	Mg	S	
法国国家农业研究所普及 NET 之用(1977),通用于好酸性作物	614	283	240	136	17			22	154			12	1 478	3.0	11.0	1.1	4.25	2.6	0.63	0.75	法国代表配方
法国国家农业研究所普及 NFT 之用(1977),通用于好中性植物	732	384	160	109	52				185			12	1 634	2.0	12.0	1.1	5.2	3.1	0.75	0.75	
荷兰温室作物研究所,岩棉滴灌用	886	303		204			33	218	247				1 891	0.5	10.5	1.5	7.0	3.75	1.0	2.5	以番茄为主,也可通用
荷兰花卉研究所,岩棉滴灌用	600	378	64	204					148				1 394	0.8	8.94	1.5	5.24	2.2	0.6	0.6	以非洲菊为主,也可通用
荷兰花卉研究所,岩棉滴灌用	786	341	20	204					185				1 536	0.25	10.3	1.5	4.87	3.33	0.75	0.75	以玫瑰为主,也可通用
Sideris 和 Young(1949),铵型,凤梨、茶、杜鹃等水培、沙培				68.5			132	174	246	172			793	2.0		0.5	2.5	1.0	1.0	4.0	强生理酸性
日本园试配方(堀 1966)通用	945	809				153			493				2 400	1.33	16.0	1.33	8.0	4.0	2.0	2.0	日本著名配方,用 1/2 剂量较妥

续表 4-8

营养液配方名称及适用对象	盐类化合物用量(mg/L)													元素含量 (mmol/L)							备注
	四水硝酸钙	硝酸钾	硝酸铵	磷酸二氢钾	磷酸氢二钾	磷酸二氢铵	硫酸铵	硫酸钾	七水硫酸镁	二水硫酸钙	磷酸二氢钠	氯化钠	盐类总计	N		P	K	Ca	Mg	S	
														NH_4^+-N	NO_3^--N						
日本山崎配方(1978)甜瓜	826	607				153			370				1 956	1.33	13.0	1.33	6.0	3.5	1.5	1.5	按作物吸肥水规律 n/w 制定的配方，稳定性较好
日本山崎配方(1978)黄瓜	826	607				115			483				2 041	1.0	13.0	1.0	6.0	3.5	2.0	2.0	
日本山崎配方(1978)番茄	354	404				77			246				1 081	0.67	7.00	0.67	4.0	1.5	1.0	1.0	
日本山崎配方(1978)甜椒	354	607				96			185				1 242	0.83	9.0	0.83	6.0	1.5	0.75	0.75	
日本山崎配方(1978)莴苣	236	404				57			123				820	0.5	6.0	0.5	4.0	1.0	0.5	0.5	
日本山崎配方(1978)茼蒿	472	809				153			493				1 927	1.33	12.0	1.33	8.0	2.0	2.0	2.0	
日本山崎配方(1978)草莓	236	303				57			123				719	0.5	7.0	0.5	3.0	1.0	0.5	0.5	
日本山崎配方(1978)茄子	354	708				115			246				1 423	1.00	10.0	1.00	7.0	1.5	1.0	1.0	
日本山崎配方(1978)小芜菁	236	506				57			123				922	0.5	7.0	0.5	5.0	1.0	0.5	0.5	
日本山崎配方(1978)鸭儿芹	236	708				192			246				1 380	1.67	9.0	1.67	7.0	1.0	1.0	1.0	

续表 4-8

营养液配方名称及适用对象	盐类化合物用量(mg/L)													元素含量 (mmol/L)							备注
	四水硝酸钙	硝酸钾	硝酸铵	磷酸二氢钾	磷酸氢二钾	磷酸二氢铵	硫酸铵	硫酸钾	七水硫酸镁	二水硫酸钙	磷酸二氢钠	氯化钠	盐类总计	N		P	K	Ca	Mg	S	
														NH_4^+-N	NO_3^--N						
山东农业大学(1978)西瓜	1 000	300		250				120	250				1 920		11.5	1.84	6.19	4.24	1.02	1.71	在山东大面积使用可行
山东农业大学(1986)番茄、辣椒	910	238		185					500				1 833		10.11	1.75	4.11	3.85	2.03	2.03	
华南农业大学(1990)番茄，pH 6.2～7.8	590	404		136					246				1 376		9.0	1.0	5.0	2.5	1.0	1.0	广东大面积使用，可行，也可通用
华南农业大学(1990)果菜，pH 6.4～7.2	472	404		100					246				1 222		8.0	0.74	4.74	2.0	1.0	1.0	
华南农业大学农化室(1990)叶菜 A，pH 6.4～7.2	472	267	53	100				116	264				1 254	0.67	7.33	0.74	4.74	2.0	1.0	1.67	
华南农业大学(1990)叶菜 B，pH 6.1～6.3	472	202	80	100				174	246				1 274	1.0	7.0	0.74	4.74	2.0	1.0	2.0	适宜用于易缺铁的作物
华南农业大学(1990)豆科，pH 6.0～6.5		322		150					150	750			1 372	3.19	1.11	4.3	4.32	0.61	4.97		含 N 低，非豆科不宜

注：* 本表所列为大量营养元素用量部分，微量营养元素用量各配方通用，见表 4-9。

表 4-9 各配方通用的营养液微量营养元素用量(郭世荣主编:无土栽培学)

化合物名称	化合物用量(mg/L)	微量元素含量(mg/L)
Na_2Fe-EDTA(含 Fe 14.0%)*	20~40	2.8~5.6**
H_3BO_3	2.86	0.5
$MnSO_6 \cdot 7H_2O$	2.13	0.5
$ZnSO_4 \cdot 7H_2O$	0.22	0.05
$CuSO_4 \cdot 5H_2O$	0.08	0.02
$(NH_4)_6Mo_7O_{24} \cdot 4H_2O$	0.02	0.01

注:* 如购不到螯合铁——Na_2Fe-EDTA,可用 $FeSO_4 \cdot 7H_2O$ 和 Na_2EDTA 两种物质自制以代之,自制方法见本书附录。

** 易出现缺铁症的作物选用高用量。

第四节 营养液的配制

一、营养液配方的调整

对初次进行无土栽培的管理者而言,营养液配方选用通用配方如 Hoagland 和 Arnon(1938)通用配方或日本园试配方是通常做法;但从理论上讲,拿来现成的营养液配方不经调整直接配制使用是不妥当的做法。因为,不同地区间水质和盐类原料纯度的差异会直接影响营养液的组成;其次栽培作物的品种不同,要求营养元素比例也不同;还有栽培方式,特别是基质栽培时,基质的吸附性和本身的营养成分,都会改变营养液的组成。所以,根据栽培地区水质及作物特性灵活地调整营养液的配方,配制成的营养液才能够真正满足作物生长的需要,取得高产优质。

(一)水和原料的纯度

由于在不同的地区水的硬度不同,含有的各种元素的数量不一样,因此要根据实际的测定结果来进行营养液配方的调整。水在选用符合无土栽培要求的前提下,需要测定其中某些营养元素的含量,如钙、镁、钾、硝态氮及各种微量营养元素,以便按营养液配方计算用量时扣除这部分含量。例如,在硬水中含 Ca^{2+} 70 mg/L、Mg^{2+} 13 mg/L,且主要以硫酸盐形态存在。若配方中的 Ca^{2+}、Mg^{2+} 分别由 $Ca(NO_3)_2 \cdot 4H_2O$ 和 $MgSO_4 \cdot 7H_2O$ 来提供,这时计算实际的 $Ca(NO_3)_2 \cdot 4H_2O$ 和 $MgSO_4 \cdot 7H_2O$ 的用量时要把水中所含的 Ca^{2+}、Mg^{2+} 扣除,但这会使硝态氮和硫酸根的用量减少。那么,减去钙后所缺的硝态氮可用硝酸来补充,加入的硝酸不仅起到补充氮源的作用,而且可以中和硬水的碱性;减去镁后所缺的硫酸根,不必用硫酸来补充,因硬水中含有多余的硫酸根。在中和硬水的碱性时,如果由于加入补充氮源的硝酸后仍未能够使水的 pH 降低至栽培要求时,可适当减少磷酸盐的用量,而改用部分磷酸以中和硬水的碱性,改用多少看中和的需要而定。硬水地区配制营养液是一难点,不可能有一成不变的修改比例。因各地硬水的硬度及元素比例不同,这就要求操作者掌握必要的基础知识,在实践中自行制定调整配方的分量。至于微量元素,只要测出水中有那几种存在并且又能满足需要,配营养液时不加即可。

配制营养液的大量元素化合物大多使用工业原料或农用肥料，常含有其他杂质。虽然杂质含量在允许范围内，但配制时必须按实际含量来进行营养液配方的调整计算。例如，营养液配方中硝酸钾用量为 0.5 g/L，而原料中硝酸钾的含量为 95%，又含有少量铁。通过计算得到实际原料硝酸钾的用量应为 0.53 g/L(0.5/0.95)，其中铁是微量元素，在配制营养液时要适当扣除这部分含量。微量元素化合物常用纯度较高的化学试剂，且实际用量较少，不必考虑和计算杂质量，可按纯品直接称取。营养元素的化合物，很多都具有很强的吸湿性，如原料吸湿明显，必须测定其湿度进行折算使用。

(二)作物种类和生育时期

植物营养学研究表明，不同作物对各种营养元素及其比例要求不同，即使同一作物不同的生长发育时期对各种营养元素的比例和浓度也要求各异(表 4-10)，因而在实际栽培生产中，应根据作物各个生育时期的要求来适当调整营养液的配方和浓度。蔡象元等对长季节栽培番茄的营养液管理过程中，将番茄的栽培过程分为 7 个生长发育时期，各个时期的营养液配方调整如表 4-11 所示。在高温期间栽培番茄很容易发生脐腐病，无土栽培中营养液组成与番茄脐腐病的发生关系密切，日本学者在这方面研究较多，结果发现营养液中 Ca^{2+} 浓度的下降，K^+/Ca^{2+} 当量浓度比例的增加及铵态氮比例的增加，均会导致番茄脐腐病发生率的增加。所以，在番茄结果期间和高温期间为了防止番茄脐腐病的发生，日本通常做法是将配方中的 $NH_4H_2PO_4$ 改用 KH_2PO_4。

表 4-10 蔬菜作物不同生长发育时期对营养液 EC 的要求(蔡象元，2000) mS/cm

作物	育苗时期	定植前后	营养生长期	开花后	坐果后
黄瓜	0.8～1.0	1.5	2.0～2.2	2.5～3.0	2.2～2.8
番茄	0.8～1.0	2.0	2.0～2.5	2.5～2.8	2.5～3.5
甜椒	0.8～1.0	2.0	2.2	2.2～2.4	2.4～2.8
茄子	0.8～1.0	2.0	2.2	2.2～2.4	2.4～2.8

表 4-11 番茄不同生长发育阶段营养成分的增减(蔡象元，2000)

营养成分	生育阶段						
	移栽前	移栽后	第一花序开花后	第三花序开花后	第五花序开花后	第十花序开花后	第十二花序开花后
NO_3^-(mmol/L)	同*	+1.0	同	同	同	同	同
NH_4^+(mmol/L)	−0.5	同	同	同	同	同	同
K^+(mmol/L)	−3.5	−1.0	同	+0.5	+1.75	+0.5	同
Ca^{2+}(mmol/L)	+1.0	+0.5	同	−0.125	−0.62	−0.125	同
Mg^{2+}(mmol/L)	+1.0	+0.5	同	−0.125	−0.25	−0.125	同
HBO_3^-(μmol/L)	+10.0	同	同	同	同	同	同

注：同* 表示与标准配方相同。

(三)栽培方式

无土栽培主要分为水培和基质培,对营养液组成的稳定性影响较大的是基质培。因基质种类较多,如有机基质、无机基质和混合基质,其理化性质差异较大,所以根据不同的基质类型,按其理化性质不同对营养液配方进行不同的调节,并进一步试种确定,具体将在固体基质一章中进行讲述。

二、营养液配制的原则

营养液配制总的原则是确保在配制后存放和使用营养液时都不会产生难溶性化合物的沉淀。但是,每一种营养液配方都潜伏着产生难溶性物质沉淀的可能性,因为每种配方中都含有相互之间会产生难溶性物质的盐类,例如,任何的均衡营养液配方中都必然含有钙、镁、铁、锰等阳离子和磷酸根、硫酸根等阴离子,当这些离子在浓度较高时会互相作用而产生化学沉淀形成难溶性物质。但如果在营养液配制时,运用前面所讲的难溶性物质溶度积法则作指导,就不会产生沉淀。

三、营养液的配制技术

(一)营养液的配制方法

配制营养液一般配制浓缩贮备液(也叫母液)和工作营养液(或叫栽培营养液,即直接用来种植作物用的)两种。生产上一般用浓缩贮备液稀释成工作营养液,所以前者是为了方便后者而配制的,如果有大容量的容器或用量较少时也可以直接配制工作营养液。

1. 母液的配制　为了防止在配制母液时产生沉淀,不能将配方中的所有化合物放置在一起溶解,因为浓缩后有些离子的浓度的乘积超过其溶度积常数而会形成沉淀。所以应将配方中的各种化合物进行分类,把相互之间不会产生沉淀的化合物放在一起溶解。为此配方中的各种化合物一般分为三类,配制成的浓缩液分别称为 A 母液、B 母液、C 母液。

A. 母液以钙盐为中心,凡不与钙作用而产生沉淀的化合物均可放置在一起溶解,一般包括 $Ca(NO_3)_2$、KNO_3,浓缩 100～200 倍。

B. 母液以磷酸盐为中心,凡不与磷酸根产生沉淀的化合物都可溶在一起,一般包括 $NH_4H_2PO_4$、$MgSO_4$,浓缩 100～200 倍。

C. 母液是由铁和微量元素合在一起配制而成的,由于微量元素的用量少,因此其浓缩倍数可以较高,可配制成 1 000 倍液。

在配制各种母液时,母液的浓缩倍数,一方面要根据配方中各种化合物的用量和在水中的溶解度来确定,另一方面以方便操作的整数倍为宜。浓缩倍数不能太高,否则可能会使化合物过饱和而析出,而且在浓缩倍数太高时,溶解也较慢。

配制浓缩贮备液的步骤:按照要配制的浓缩贮备液的体积和浓缩倍数计算出配方中各种化合物的用量,依次正确称取 A 母液、B 母液和 C 母液中的各种化合物的重量,分别放在各自的储液容器中,肥料一种一种加入,必须充分搅拌,且要等前一种肥料充分溶解后才能加入第二种肥料,待全部溶解后加水至所需配制的体积,搅拌均匀即可。

2. 工作营养液的配制　利用母液稀释为工作营养液时,在加入各种母液的过程中,也要防止沉淀的出现。配制步骤为:应在储液池中放入需要配制体积的 1/2～2/3 的清水,量取所需 A 母液的用量倒入，开启水泵循环流动或搅拌器使其扩散均匀，然后再量取 B 母液的用量，缓慢地将其倒入贮液池中的清水入口处，让水源冲稀 B 母液后带入贮液池中，开启水泵将其循环或搅拌均匀，此过程所加的水量以达到总液量的 80% 为度。最后量取 C 母液，按照 B 母液的加入方法加入贮液池中，经水泵循环流动或搅拌均匀即完成工作营养液的配制。

在生产中，如果一次需要的工作营养液量很大，则大量营养元素可以采用直接称量配制法，而微量营养元素可采用先配制成 C 母液再稀释为工作营养液的方法。具体的配制步骤为：在种植系统的储液池中放入所要配制营养液总体积 1/2～2/3 的清水，称取相当于 A 母液的各种化合物，放在容器中溶解后倒入储液池中，开启水泵循环流动；然后称取相当于 B 母液的各种化合物，放入容器中溶解后，用大量清水稀释后缓慢地加入贮液池的水源入口处，开动水泵循环流动；再量取 C 母液，用大量清水稀释，在贮液池的水源入口处缓慢倒入，开启水泵循环流动至营养液均匀为止。

实际生产中，由于 C 母液用量很少，一般采用 A、B 两个母液罐，A 罐中主要含硝酸钙、硝酸钾、硝酸铵和螯合铁，B 罐中主要含硫酸钾、硝酸钾、磷酸二氢钾、硫酸镁、硫酸锰、硫酸铜、硫酸锌、硼沙和钼酸钠，通常制成 100 倍的母液。为了防止母液罐出现沉淀，有时还配备酸液罐以调节母液酸度。规模较大的无土栽培营养液供应系统均由计算机控制调节，稀释、混合形成灌溉营养液。

(二)营养液配制的操作规程

为了避免在配制营养液的过程中出差错而影响到作物的种植，需要建立一套严格的操作规程，内容应包括：

(1)营养液原料的计算过程和最后结果要多次核对，确保准确无误。

(2)称取各种原料时，要反复核对称取数量的准确性，并保证所称取的原料名称相符，切勿张冠李戴。特别是在称取外观上相似的化合物时更应注意。

(3)各种原料在分别称好之后，一起放到配制场地规定的位置上，最后核查无遗漏，才可动手配制。切勿在用料未到齐的情况下匆忙动手操作。

(4)建立严格的记录档案，将配制的各种原料用量、配制日期和配制人员详细记录下来，以备查验。

(三)注意事项

为了防止母液产生沉淀，在长时间贮存时，一般可加硝酸或硫酸控制母液 pH 3～4，同时应将配制好的浓缩母液置于阴凉避光处保存，C 母液最好用深色容器贮存。

直接称量化合物配制工作营养液时，在贮液池中加入钙盐及不与钙盐产生沉淀的盐类之后，应在水泵循环大约 30 min 或更长时间之后再加入磷酸盐及不与磷酸盐产生沉淀的其他化合物，微量元素化合物的加入也要在前面加入的大量元素充分循环混匀后加入。

在配制工作营养液时，如果发现有少量的沉淀产生，应延长水泵循环流动的时间以使沉淀溶解。如果由于配制过程操作不规范而出现大量沉淀，并且通过较长时间循环之后仍不能使这些沉淀溶解时，应重新配制营养液，避免在栽培过程中出现某些营养元素的缺乏或不平衡而表现出生理失调症状。例如微量元素铁被沉淀之后出现的作物缺铁失绿症状。

第五节　营养液的管理

营养液管理是无土栽培与土壤栽培根本不同的管理技术，技术性强，是无土栽培、尤其是水培成败的技术关键。营养液配成后到给予作物的流程大体如图 4-2 所示，全过程每一步都要精心管理。

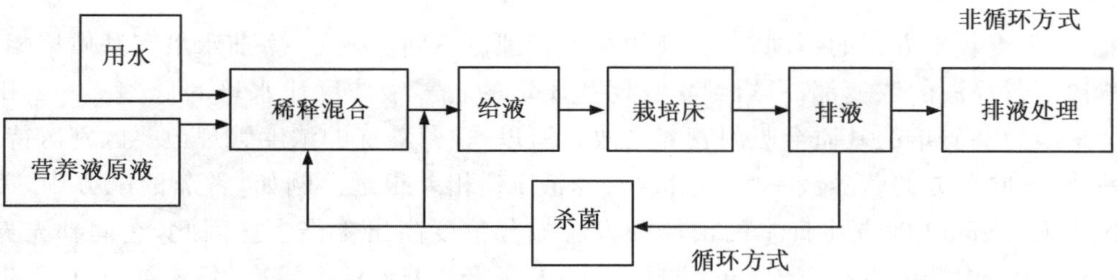

图 4-2　营养液供应流程示意图

一、营养液的配方

作物对营养元素的吸收量因作物种类、生育阶段、栽培季节不同而存在差异，因此精准的养分调控应根据作物的种类、品种、生育阶段、栽培季节进行营养液配方的调整，以满足作物对养分的需求。详见番茄无土栽培章节配方管理部分。

二、营养液的浓度

首先，不同作物对营养液的浓度要求不同，这与作物的耐肥性有关。一般情况下，茄果类和瓜类蔬菜要求的营养液浓度要比叶菜类的高。但每一种作物都有一个适宜的浓度范围，绝大多数作物适宜的 EC 范围为 0.5～3.0 mS/cm，最高不超过 4.0 mS/cm。

其次，同一种作物营养液的浓度管理，要求根据生育阶段和气候条件不同而改变，这对果菜类的高产、优质非常重要。一般而言，苗期、生育初期植株较小，浓度可低一些，开花结果盛期植株较大，吸收量多，浓度应较高（表 4-12）。夏季浓度低，冬季浓度高（表 4-13），这是因为夏季水分消耗大，冬季小之故。日本的北条等（1996）报道，无土栽培的番茄在生育期中，变化浓度管理的营养液比维持恒定浓度不变的管理，有利于果实品质的提高。

表 4-12　几种 NFT 栽培的蔬菜在不同生育阶段对营养液浓度（EC）的要求（青木宏史，1996）

mS/cm

番茄	黄瓜	草莓
0.5～0.8 第一花序开花为止 ↓	1.5～2.0 定植后 ↓	0.6 第一朵花开花为止 ↓
1.0～1.2 第三花序开花为止 ↓	2.0～2.5 成活后 ↓	1.3 果实膨大期 ↓
1.5～2.0 果实膨大期 ↓		
2.0～2.5 果实采收期	2.5～3.0 采收期	1.6 果实采收期

表 4-13 几种岩棉培的蔬菜在不同月份对营养液浓度(EC)的要求(田中和夫,1996) mS/cm

蔬菜品种	月份											
	1	2	3	4	5	6	7	8	9	10	11	12
番茄	1.85	1.84	1.65	1.57	1.46	1.49	1.43	1.46	1.36	1.53	1.81	1.82
黄瓜	2.02	2.02	1.82	1.76	1.61	1.54	1.57	1.61	1.50	1.68	1.99	2.00
甜瓜	1.99	1.99	1.78	1.73	1.58	1.61	1.54	1.58	1.47	1.65	1.95	1.97

最后,无土栽培方式的不同,营养液的浓度管理也不同。例如,番茄水培和基质培相比,一般定植初期营养液的浓度都一样,到采收期基质培的营养液浓度比水培的低(表 4-12 和表 4-13),这是因为基质培的基质会吸附营养之故。所以,在营养液的浓度管理上要区别对待。

另外,不同配方的营养液一个剂量的营养液 EC 相差很远。例如,番茄的配方中,美国的 Arnon 和 Hoagland 配方比日本的山崎配方总盐分浓度高出 1 倍多。因此,它们补充养分的方法差别较大,山崎配方补充养分的方法是:每天测定营养液的电导率,每天补充,使营养液常处于 1 个剂量的浓度水平。而用高浓度的配方,如美国的 Arnon 和 Hoagland 配方种植时,补充养分的方法是以总浓度不低于 1/3～1/2 个剂量为补充界限,即定期监测营养液的浓度,如发现其浓度已下降到 1/3～1/2 个剂量的水平时,即行补充养分,补回到原来的浓度。隔多少天会下降到此限,视生育阶段和每株占液量多少而定。一般要求每天测定营养液的电导率,以便充分了解变化情况。

据华南农业大学无土栽培技术研究室的经验,在深液流水培中,每株番茄占液量为 18 L,使用美国 A-H 配方的 1/2 剂量,控制补充养分的界限为 1/2 剂量的 60% (约维持 N 76 mg/L、P 19 mg/L、K 117 mg/L,相当于山崎配方的 75%),当营养液的浓度下降到 A-H 配方 1/2 剂量的 60%时,即补回到 1/2 剂量的水平。这样控制营养液的浓度,能使番茄生长结果正常,在广州地区秋季种植生育期 5 个月(9 月份至翌年 1 月份),每 667 m^2 产量可达 7 500 kg。

三、营养液酸碱度的调节

营养液的酸碱度直接影响养分的溶解度和根系养分吸收情况,从而影响作物的生长发育。所以,营养液酸碱度的调节是营养液管理中必不可少的。如前所说:无土栽培中,营养液的 pH 变化主要受营养液配方中生理酸性盐和生理碱性盐的用量和比例、栽种植物种类(植物根系的选择性吸收)、每株植物所占有营养液体积的多少、营养液的更换频率等多种因素影响。

如果选用平衡营养液配方,使用时一般不会过于偏离作物生长所要求的 pH 范围。如一个营养液配方中的硝酸盐如 $Ca(NO_3)_2$ 和 KNO_3 的用量较多,则这个配方的营养液大多呈生理碱性;反之,如果配方中 NH_4NO_3,$(NH_4)_2SO_4$ 等铵态氮和尿素[$(NH_2)_2CO$]以及 K_2SO_4 为氮源和钾源的用量较多,则这个配方的营养液大多呈生理酸性。一般地生理碱性来得慢且变化幅度来得小,没有那么剧烈,也较易控制。在实际生产过程中最好是选用一些生理酸碱性变化较平稳的营养液配方,以减少调节 pH 的次数。

每株植物所占有营养液体积的大小也影响到营养液的 pH 变化。因为,植物根系对营养液中离子的选择吸收而表现出的生理酸碱性的变化需要一定的过程,如果每株占有营养液的体积越大,则其 pH 的变化速率也就越慢,变化幅度也就越小;反之亦然。

营养液的更换频率也影响其 pH 的变化。通过营养液的更换可以延缓其变化的速度,更换的频率越高，则营养液可经常保持在一个较小的 pH 变化幅度内，但在生产中通过更换营养液来控制其 pH 的变化是很不经济的，而且费时费力，很不实际。只有在进行严格的科学试验时才会用到这种方法。在种植植物的过程中主要是采用酸碱中和的方法，使其 pH 恢复到合适的水平。

当 pH 上升时，可用稀硫酸（H_2SO_4）、稀磷酸（H_3PO_4）或稀硝酸（HNO_3）溶液来中和。用稀 HNO_3 中和时，HNO_3 中的 NO_3^- 会被植物吸收利用，因此当中和营养液 pH 的 HNO_3 用量太多则可能会造成植物硝酸盐含量过多的现象；用 H_2SO_4 或 H_3PO_4 中和时，尽管 SO_4^{2-} 和 PO_4^{3-} 也可作为植物的养分被吸收，但吸收量较少，如果中和营养液 pH 的酸用量太大时可能会造成营养液中 SO_4^{2-} 或 PO_4^{3-} 的累积。应根据实际情况如作物种类等来考虑用何种酸为好。进行营养液 pH 的调节时，不能用 pH 理论计算值来确定中和的用酸量。因营养液中有高价弱酸与强碱形成的盐类存在，例如 K_2HPO_4，$NH_4H_2PO_4$ 和 $Ca(HCO_3)_2$ 等，其离解是逐步的，会对营养液的 pH 起缓冲作用。因此，必须用实际滴定曲线的办法来确定用酸量。具体做法是，量取一定体积的营养液，用已知浓度的稀酸逐滴加入，用酸度计监测其 pH 的变化，达到要求值后记下其用酸量，然后推算出整个栽培系统的总用酸量。

当营养液的 pH 下降时，可用稀碱溶液如氢氧化钠（NaOH）或氢氧化钾（KOH）来中和。用 KOH 时带入营养液中的 K^+ 可被作物吸收利用，而且作物对 K^+ 有着大量的奢侈吸收现象，一般不会对作物生长有不良影响，也不会在溶液中产生大量累积的问题；而用 NaOH 来中和时，由于 Na^+ 不是必需的营养元素，因此会在营养液中累积，如果量大的话，还可能对作物产生盐害。由于 KOH 的价格较 NaOH 昂贵，在生产中仍常用 NaOH 来中和营养液酸性。具体方法同上。

进行营养液酸碱度调节所用的酸或碱的浓度不能太高，一般可用 1～3 mmol/L 的浓度，加入时要用水稀释后再加入种植系统的贮液池中，并且要边加边搅拌或开启水泵进行循环。要防止酸或碱溶液加入过快、过浓，否则可能会使局部营养液过酸或过碱，而产生 $CaSO_4$、$Fe(OH)_3$、$Mn(OH)_2$ 等沉淀，从而产生养分的失效。

四、营养液的溶存氧

植物根系生长发育过程中，需要有足够的氧气。而无土栽培植物根系大部分生长在营养液中，尤其 DFT 栽培方式液层深厚很容易造成根系缺氧。生长在营养液中的根系，氧的来源主要有两种：一是通过吸收溶解于营养液中的溶解氧来获得；二是通过存在于植物体内的氧气输导组织由地上部向根系的输送来获得。第二种氧气供应途径并非所有植物都具备。一般根据植物根系对淹水的耐受程度不同将其分为三类：①沼泽性植物，这些植物长期生长在淹水的沼泽地，体内存在着氧气的输导组织，甚至可以向根际环境中分泌氧气，例如水稻、豆瓣菜、水芹、茭白、蕹菜等。②耐淹的旱地植物，这些植物主要是生长在旱地，但当它们根系受水淹时根的结构会产生一些适应性的变化而形成氧气的输导组织或增大根系的吸收面积以增加对水中溶解氧的吸收。例如豆科绿肥的田菁、合萌、芹菜等。③不耐淹的旱生植物，这类植物体内不具有氧气的输导组织，在淹水的条件下也难以发生根系结构向着有利于氧气吸收的方向改变，也不会由于淹水而诱导出输送氧的组织。例如很多的园艺作物，如瓜类、十字花科作物对营养液栽培中低氧环境较为敏感，解决好营养液中溶存氧的供应就显得非常重要，甚至是无土栽培能否取得成功的关键因素之一。

(一)溶存氧浓度

营养液中的溶存氧浓度(dissolved O_2,简称 DO)是指在一定温度、一定大气压条件下单位体积营养液中溶解的氧气(O_2)的数量,以 mg/L 来表示。而在一定温度和一定压力条件下单位营养液中能够溶解的氧气达到饱和时的溶存氧含量称为氧的饱和溶解度。由于在一定温度和压力条件下,溶解于溶液中的空气,其氧气占空气的比例是一定的,因此也可以用空气饱和百分数(%)来表示此时溶液中的氧气含量相当于饱和溶解度的百分比。

营养液的溶存氧可以用溶氧仪(测氧仪)来测得,用溶氧仪测定溶液的溶存氧时,一般测定溶液的空气饱和百分数(air saturated,%),然后通过溶液的液温与氧气含量的关系表(表 4-14)中查出该溶液液温下的氧含量,并用下列公式计算出此时营养液中实际的氧含量。

$$M_0 = M \times A$$

式中:M_0—在一定温度和大气压力下营养液的实际溶解氧含量(mg/L);M—在一定温度和大气压力下营养液中的饱和溶解氧含量(mg/L);A—在一定温度和大气压力下营养液中的空气饱和百分数(%)。

表 4-14 在一个标准大气压和不同温度条件下溶液中饱和溶解氧含量(郭世荣主编:无土栽培学)

温度(℃)	溶存氧(mg/L)	温度(℃)	溶存氧(mg/L)	温度(℃)	溶存氧(mg/L)	温度(℃)	溶存氧(mg/L)
1	14.23	11	11.08	21	8.99	31	7.50
2	13.84	12	10.83	22	8.83	32	7.40
3	13.48	13	10.60	23	8.68	33	7.30
4	13.13	14	10.37	24	8.53	34	7.20
5	12.80	15	10.15	25	8.38	35	7.10
6	12.48	16	9.95	26	8.22	36	7.00
7	12.17	17	9.74	27	8.07	37	6.90
8	11.87	18	9.54	28	7.92	38	6.80
9	11.59	19	9.35	29	7.77	39	6.70
10	11.33	20	9.17	30	7.63	40	6.60

(二)影响营养液溶存氧浓度的因素

营养液中溶存氧的多少,一方面是与温度和大气压力有关,温度越高、大气压力越小,营养液的溶存氧含量就越低;反之,温度越低、大气压力越大,其溶存氧的含量就越高。另一方面是与植物根和微生物的呼吸有关,温度越高,呼吸消耗营养液中的溶存氧越多,这就是为什么在夏季高温季节水培植物根系容易产生缺氧的原因。例如,30℃下溶液中饱和溶解氧含量为 7.63 mg/L,植物每克根的呼吸耗氧量是 0.2～0.3 mg/h,如每升营养液中长有 10 g 根,则在不补给氧的情况下,营养液中的氧 2～3 h 就消耗完了。

(三)植物对溶存氧浓度的要求

不同的作物种类对营养液中溶存氧浓度的要求不同,耐淹水或沼泽性的植物,对营养液中的溶存氧含量要求较低;而不耐淹水的旱地作物,对于营养液中的溶存氧含量的要求较高。而且同一植物的一天中，在白天和夜间对营养液中溶存氧的消耗量也不尽相同，晴天时，温度越高日照强度越大，植物对营养液中溶存氧的消耗越多；反之，在阴天、温度低或日照强度小时，植物对营养液中的溶存氧的消耗就少。一般地，在营养液栽培中维持溶存氧的浓度在 4 mg/L 水平以上(相当于在 15～27℃时营养液中溶存氧的浓度维持在饱和溶解度的 50%左右)，大多数的植物都能够正常生长。

(四)植物对氧的消耗量和消耗速率

植物根系对营养液中溶存氧的消耗量及消耗速率的大小取决于植物种类、生育时期以及每株植物平均占有的营养液量的多少。生长过程耗氧量大的植物、处于生长旺盛时期以及每株植物平均占有的营养液液量少时，则营养液中的溶存氧的消耗速率就大；反之，就小。一般地，甜瓜、辣椒、黄瓜、番茄、茄子等瓜菜或茄果类蔬菜作物的耗氧量较大，而蕹菜、生菜、菜心、白菜等叶菜类的耗氧量较小。据山崎测定，网纹甜瓜在夏季种植营养液液温 23℃时，始花期单株白天的耗氧量为 12.6 mg/h，而在果实膨大、网纹形成期为 40 mg/h。如果在种植系统中每株甜瓜平均占有的营养液量为 15 L，即此时每株甜瓜占有的营养液饱和溶存氧总量＝8.68 mg/L×15 L＝130.20 mg，如果这时营养液中的氧含量只达空气饱和百分数的 80%，此时每株甜瓜实际占有的营养液溶存氧的量＝130.20 mg×80%＝104.16 mg，如果不考虑甜瓜在吸收氧过程中空气中的氧向营养液中扩散补充的量，这时始花期消耗到溶存氧含量低于饱和溶存氧含量的 50%所用的时间＝(104.16 mg/株×50%)÷12.6 mg/(株·h)＝4 h，即经过大约 4 h 之后，就可将原来营养液中相当于饱和溶存氧含量 80%的溶存氧降低至饱和溶存氧含量 50%以下。而在果实膨大、网纹形成期大约 1 h 即可降低至饱和溶存氧含量的 50%以下。

华南农业大学的研究表明，秋栽番茄白天每株每小时的耗氧量，在始花期为 3.4 mg，在盛果期则为 15.8 mg。如果在深液流水培中，每株番茄占有的营养液量为 15 L，则在 20℃时营养液的饱和溶存氧含量为 9.17 mg/L，此时每株番茄占有营养液饱和溶存氧的总量＝9.17 mg/L×15 L＝137.6 mg，如果这时营养液中的溶存氧含量只达饱和溶存氧的 80%，也即此时每株番茄实际占有的溶存氧的总量＝137.6 mg×80%＝110.0 mg。类似上例计算可知，在始花期和盛果期分别经过 12 h 和 2.6 h 之后，营养液中相当于饱和溶存氧含量的 80%就会降低至饱和溶存氧含量的 50%以下。

河南农业大学的研究表明(图 4-3)，生菜水培中每天的 08:45～14:45 是溶存氧下降较快的时间，17:45～20:45 溶存氧几乎不消耗，20:45 至次日 08:45 营养液的溶存氧浓度下降缓慢。

进一步研究发现，在生菜生育前期(9 月 21 日)，从 8:00～18:00，5 cm、10 cm、15 cm 深营养液中氧的浓度分别降低了 3.0 mg/L、2.7 mg/L、2.5 mg/L，但 18:00 营养液中氧含量均在饱和溶氧量的 50%以上；在植株生育中期(10 月 4 日)，三种深度氧的浓度降低幅度高于前期，但 18:00 营养液中氧含量仍在饱和溶氧量的 50%以上；在植株生育后期(10 月 14 日)，三种深度营养液中氧浓度分别降低 6.32 mg/L、6.72 mg/L、6.88 mg/L，其中 5 cm 深的在 16:00 测定时已降低到饱和溶氧量的 50%以上，为饱和溶氧的 39.7%。

从以上三个例子可以看到，不同作物和同一作物的不同生育时期的耗氧量和耗氧速率是不同的，要根据具体的情况来确定补充营养液溶存氧含量。

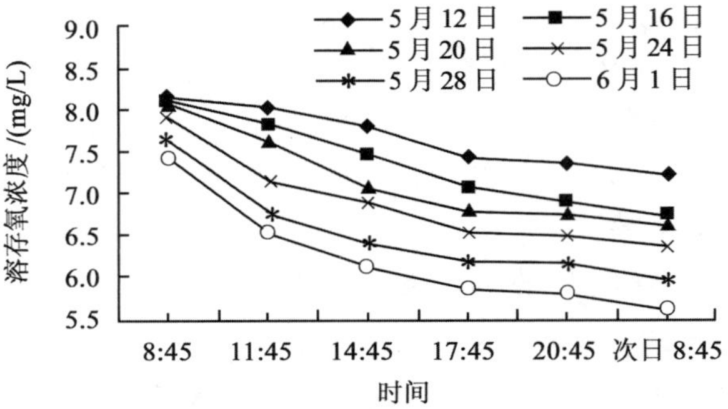

图 4-3　不同时期营养液溶存氧含量变化

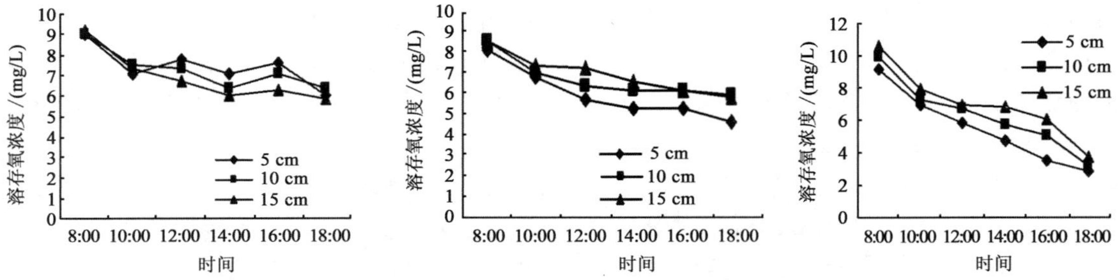

图 4-4　不同深度营养液溶存氧含量变化

(五)补充营养液溶存氧的途径

营养液溶存氧补充的途径主要是空气向营养液的自然扩散和通过人工的方法增氧两种。通过自然扩散而进入营养液的溶存氧速度很低,数量极少。在 20℃左右,液深在 5～15 cm 范围,靠自然扩散每小时进入营养液中的氧只相当于饱和溶存氧含量的 2%左右。从网纹甜瓜和番茄消耗营养液溶存氧的速率来看,除了在作物较小的苗期之外,靠自然扩散进入营养液的溶存氧远远达不到作物生长的要求。因此,要用人工增氧的方法来补充作物根系对氧的消耗,这是水培技术种植成功与否的一个重要环节。

人工增氧的方法主要有以下几种:

1. 搅拌　通过机械的方法来搅动营养液而打破营养液的气-液界面,让空气溶解于营养液之中,效果较好,但很难具体实施,因为种植了植物的营养液中有大量的根系存在,操作困难,一经搅拌极易伤根,会对植物的正常生长产生不良的影响。

2. 压缩空气　用压缩空气泵通过起泡器将空气直接以微细气泡的形式在营养液中扩散以提高营养液溶存氧含量,这种增氧方法效果很好,主要用于小盆、钵、箱水培上,但在大规模生产上要在种植槽的许多地方安装遍布大量通气管道及起泡器,施工难度较大,成本较高,一般很少采用。这种方法主要用在进行科学研究的小规模水培上。

3. 反应氧　用化学试剂(化学增氧剂)加入营养液中产生氧气的方法。在日本,有一种可控制双氧水(H_2O_2)缓慢释放氧气的装置,将这种装置装上双氧水之后放在营养液中即可通过氧气的释放来提高营养液的溶存氧。这种方法虽然增氧的效果尚好,但价格昂贵,在生产上难以采用,现主要用于家用的小型装置中。

4. *循环流动* 通过水泵将贮液池中的营养液抽到种植槽中，然后让其在种植槽内流动，最后流回贮液池中形成不断的循环。在营养液循环流动过程中通过增加水和空气的接触面等来提高溶存氧含量（表 4-15）。这种方法效果很好，在生产上被普遍采用，但不同的无土栽培设施的设计稍有不同，因此，营养液循环的增氧效果也不同。

5. *落差* 营养液循环流动进入贮液池时，人为造成一定的落差，使溅泼面分散，效果较好，普遍采用。

6. *喷射（雾）* 适当增加压力使营养液喷出时尽可能地分散形成射流或雾化，效果较好，经常采用。

7. *增氧器* 在进水口安装增氧器或空气混入器，提高营养液中溶存氧，已在较先进的水培设施中普遍采用。

8. *间歇供液* 利用停液时，营养液从种植槽流回贮液池，根系裸露于空气中吸收氧气，效果较好。如夏季每小时供液 15 min，停液 45 min，可使番茄等作物根系得到充足的氧气供应。

9. *滴灌法* 采用基质袋培等无土栽培方式时，通过控制滴灌流量及时间，也可保证根系得到充足的氧气。

10. *间混作* 旱生作物与根系泌氧的水生作物间混作。

人工增氧的多种方法往往结合起来配合使用，努力提高溶存氧浓度，如营养液循环流动的同时，在入水口上安装增氧器、营养液喷射入槽、回流液形成落差泼溅入池等。

表 4-15 营养液循环流动增氧效果（板木利隆，1986）

液中含氧量（饱和溶解度的%）	70	61	54	45	37	25	20	11	6	6	5	4	2	58	73
经过的时间（h）	0	4	8	12	16	25	24	28	32	36	40	44	48	52	56
循环流动的起止	开始停止流动													恢复流动	
液温	21℃					22℃									
槽内总液量内及流速	总液量 1 400 L，深 12 cm，每分钟出进 23 L，每小时 1 400 L														
种植作物日期与长相	黄瓜 9 月 1 日播种，10 月 20 日进入收瓜期，已在种植槽内长满根系														
测定日期	10 月 20 日 15:00 起停止流动，22 日 11:00 起恢复流动														

为了满足水培植物根系需氧，现在许多研究者都在尝试新的栽培体系，如浮根法栽培、毛根法栽培等。

五、营养液的更换

循环流动使用的营养液在作物种植一段时间后，要将它全部排掉，重新更换新配制的营养液。因为长时间种植作物后，会造成某些物质积累过多而出现生理障害，严重时可能会影响到营养液中养分的平衡、病菌的繁衍和累积等根圈环境，甚至导致植株的死亡。而且这些物质在营养液中的累积也会影响到用电导率仪测定营养液浓度的准确性，因此，在种植一定时间之后需要更换。

营养液更换的时间首先决定于有碍作物正常生长的物质在营养液中累积的程度。这些物质主要来源于营养液配方所带的非营养成分，中和生理酸碱性所产生的盐分，使用硬水作水源时所带的盐分，植物根系的分泌物和脱落物以及微生物分解产物等。积累过多，造成总盐浓度过高而抑制作物生长，也干扰了对营养液养分浓度的准确测量。在生产中营养液的养分浓度高低，都用电导率来反映，而多余的非营养成分的盐类必然也反映到电导率上，从而出现电导率虽高，但实际的营养成分很低的状况，此时电导率就不能再用来反映营养成分的高低。这种状况可以根据以下方法来推测：营养液的电导率在作物生长中对其吸收后必然是降低的，在连续测定营养液一段时间之后，如果发现在补充几次营养之后，虽然植物仍可正常生长，但营养液的电导率值一直处于一个较高的水平而不降低，这说明此时营养液中非营养成分的物质可能积累得较多。当然，要更准确地掌握营养液的营养状况，应同时测定营养液中主要营养元素（N、P、K）的含量，如它们的含量较低，而电导率却很高，这说明此时营养液中含有非营养成分的盐类较多，营养液需要更换。

营养液更换的时间也可用作物种植时间长短来决定，有时根据经验来确定。一般地，若选用平衡配方营养液，在软水地区，生长期较长的作物（每茬 3～6 个月，如黄瓜、甜瓜、番茄、辣椒等）在整个生长期中可以不更换营养液，只要补充消耗的水分和养分即可；但如果病菌大量繁殖、累积而引起作物发病且难以用农药控制的情况除外。而生长期较短的作物（每茬 1～2 个月，如许多的叶菜类），一般不需要每茬都更换，可连续种植 3～4 茬才更换一次营养液，在前茬作物收获后将种植系统中的残根及其他杂物清理掉之后再补充养分和水分即可种植下一茬作物。在硬水地区，因常需 pH 调节，则每个月要更换一次。如水质的硬度偏高，更换的时间可能更要缩短，这要根据实际情况来决定。

如果在营养液中积累了大量的病菌而致使种植的作物已经开始发病，而此时的病害已难以用农药来进行控制时，就需要马上更换营养液，更换时要对整个种植系统进行彻底的清洗和消毒。

虽然更换营养液次数越多，根圈环境就越好，但排出的营养液对环境的污染就越严重，而且也浪费养分、水分和人力，所以应尽量减少营养液更换次数。

六、营养液的液温

营养液的液温直接影响到植物根系的养分吸收、呼吸和微生物活动情况，从而影响到发育、产量和品质。在冬季设施内虽有加温设备，但营养液的液温会比气温低而需加温；而夏季设施内营养液的液温上升很快且高，如设施内最高气温达到 40℃时，营养液的液温会超过 30℃以上，此时番茄等很多园艺植物都会出现生理障碍。不同的栽培方式营养液的液温变化不同，循环利用的比不循环利用的营养液液温变化快、变幅大，水培比基质培的营养液液温变化快、变幅大。一般，植物生长要求营养液的液温范围在 13～25℃，最适液温 18～20℃（表 4-16）。所以，液温的调节和控制显得非常重要。

我国目前进行的无土栽培生产大多采用一些较为简易的设施来进行，一般没有液温的调控设备，难以人为地控制营养液的温度。但生产上利用设施的结构和材料以及增设一些辅助的设备，可在一定程度上来控制营养液的温度。冬季温度较低时，利用泡沫塑料板等保温性能较好的材料来建造种植槽，可起到营养液的保温作用；而在夏季高温时，利用反光膜等隔热性能较好的材料，可以隔绝太阳光的直射而使营养液温度不至于过高。同时设地下贮液池和提高每株植物平均占有的营养液液量，利用水这种热容量较大的物质来阻止液温的急剧变化。在有条件的地方也可以设置增温或降温装置，即在地下贮液池中安装热水管或冷水管道，来进行循环加温或降温；或利用锅炉、厂矿的余热等来加温；也可以通过电器装置来增温或降温，但成本较高，除了现代化的温室外，一般很少用。

表 4-16　各种蔬菜作物生育最高温度、最低温度和最适温度(郭世荣主编:无土栽培学)　℃

植物名称	白天温度		晚上温度		营养液的液温		
	最高	适温	适温	最低	最高	适温	最低
番茄	35	27～20	13～8	5	25	23～15	13
茄子	35	28～23	18～13	10	25	23～18	13
甜椒	35	30～25	20～15	12	25	23～18	13
黄瓜	35	28～23	15～10	8	25	22～18	13
西瓜	35	28～23	18～13	10	25	22～18	13
甜瓜	35	30～25	23～18	15	25	23～18	13
草莓	30	25～18	10～5	5	25	20～15	13
菠菜	30	25～15	10～8	5	25	20～16	13
水芹	30	25～15	10～8	5	25	22～18	13
葱	35	30～15	10～7	5	25	22～16	13
生菜	30	25～5	12～8	5	25	22～18	13

七、营养液的消毒

无土栽培过程中地上部一些病菌也会通过空气、水以及使用的装置、器具等传染，尤其是营养液循环使用的情况下，如果栽培床上有一棵病株，就会有通过营养液传染整个栽培床的危险，所以需要对循环供液的营养液进行消毒。

在国外，营养液消毒最常用的方法是高温热处理，也有用紫外线照射消毒、臭氧消毒和过滤消毒。

(一)高温消毒

高温消毒是广泛使用的营养液消毒方法，其原理是利用高温使病原微生物机体蛋白质变性，从而杀死营养液里的致病微生物。已有研究表明，不同病原菌所需处理温度与时间不同，如番茄青枯病菌在60℃、10 min就可杀死，而根腐病要80～95℃、10 min才能杀死，但大量废液加热杀菌处理费用较高。

(二)氧化剂消毒

其原理是强氧化剂在营养液中发生氧化还原反应，迅速分解溶液中的病原微生物。用于营养液消毒的氧化剂主要是臭氧(O_3)，其杀菌效果与暴露时间及臭氧浓度有关。

臭氧消毒的成本较高，营养液需要一些预处理及防护措施，虽然研究结果表明臭氧消毒效果较好，但在生产中的应用并不普遍。

(三)紫外线消毒

紫外线是电磁辐射，其杀菌原理是通过紫外线对微生物的照射，以破坏其机体内核蛋白或DNA的结构，使其立即死亡或丧失繁殖能力。具有杀菌效果的紫外线是UV-C，波长在200～280 nm，254 nm的杀菌效果最好，因为DNA对254 nm的紫外线吸收最强。紫外线消毒的使用剂量因杀灭对象的不同而不同，还受紫外线在溶液中透射因子的影响。

(四)过滤消毒

用于消毒的过滤分为膜过滤和慢沙过滤两种。膜过滤根据所用膜的不同,又分为反渗透、高、极细、超和微滤等。反渗透过滤可以滤除溶液中的所有离子,因此主要用作消毒水源,包括消毒收集的雨水。高滤或微滤虽然从原理上可以滤除病菌,但生产上使用成本较高,而且由于堵塞或破漏造成性能不稳定,也会滤掉部分盐分积累的营养液。所以,膜过滤在生产上很少使用。

慢沙过滤,是被认为最有应用前景的营养液消毒方法。最早的慢沙过滤设备出现于1804年的苏格兰,由JohnGibb开发,用于生产纯净水。慢沙过滤器的设计很灵活,可以是金属罐或塑料容器,也可以是室外的人工池塘,过滤器的大小由无土栽培温室面积及过滤速度决定。

慢沙过滤的除菌机理包括机械作用、物理作用和生物作用三方面。前两种作用指的是过滤介质对病原菌的阻挡与吸附等;生物作用是慢沙过滤与众不同的特点。在过滤介质的表面会自然形成一层生物膜,这层生物膜由细菌、真菌、藻类和原生动物等组成。营养液流过时,其中的病原菌附着在生物膜上,被膜中的微生物分解,最终被矿化。

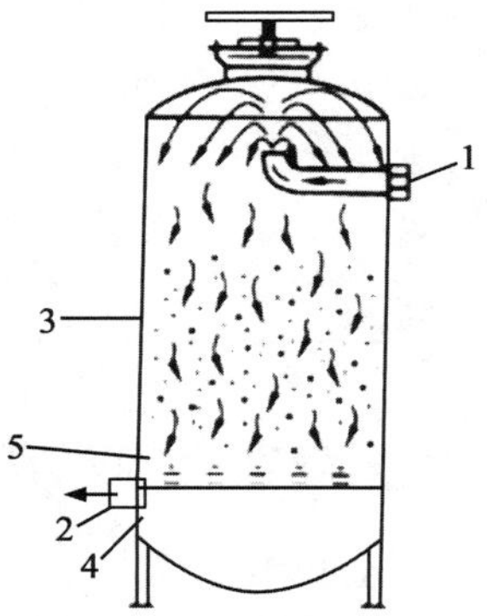

图 4-5　沙石过滤器构造

1. 进液口　2. 出液口　3. 过滤器壳体　4. 过滤器单元　5. 过滤介质

慢沙过滤可以消灭所有疫霉属和腐霉属的真菌,但镰刀菌、病毒和线虫只能去除90%～99.9%。慢沙过滤使用的过滤介质不仅有沙,还可以用珍珠岩、粒状岩棉、玻璃丝、砾石等。慢沙过滤的除菌效果与过滤材料的种类、粒径以及过滤速度有关。在欧洲生产上使用沙石过滤器除去废液中的悬浮物,用1 m以上的沙层让营养液慢慢渗透通过,如图4-5所示,再结合紫外线照射,可杀死废液中的细菌。不同营养液消毒方法的成本及效果存在较大差异,表4-17给出了不同营养液消毒方法的成本及消毒效果,可供使用者参考。

表 4-17　1 hm^2 无土栽培温室营养液消毒成本及效果

消毒方法	设备投资(欧元)	运行成本(欧元/m^3)	消毒效果
高温	19 100	0.89	好
紫外线(完全)	10 300	0.54	好
紫外线(部分)	8 000	0.40	好
臭氧	27 500	1.19	好
H_2O_2+催化剂	9 300	0.42	中等
膜过滤	22 700～31 800	—	不稳定
慢沙过滤	4 700	0.27	好

对应开发供液系统,为了防止多余营养液随意排放对环境的污染及造成水肥浪费,一般对排放的营养液进行回收,作为土壤栽培的肥料加以利用。

本章思考题

1. 如何理解营养液的含义及其在无土栽培中的地位和作用?

2. 何谓营养液配方? 什么是配方的 1 个剂量、1/2 剂量、3/4 剂量? 营养液配方有几种类型?

3. 营养液经多次补充养分后,作物虽然正常生长,但电导率却居高不降,这种现象说明什么?

4. 在配制营养液时,如何解决硬水地区的水源中含较多的钙盐、镁盐问题?

5. 如何利用电导率进行营养液浓度的管理

已知园试标准配方主要化合物的浓度分别为:$Ca(NO_3)_2 \cdot 4H_2O$ 945 mg/L、KNO_3 809 mg/L、$NH_4H_2PO_4$ 153 mg/L、$MgSO_4 \cdot 7H_2O$ 493 mg/L,进行生菜的营养液栽培,栽培池的容积为 1 000 L。在生产中把需要补充的浓度下限定为标准配方的 0.4 个剂量,而且每次补充营养时都将营养液浓度补充到标准剂量。栽培 1 周后测定营养液的电导率为 0.65 mS/cm,营养液体积下降到 600 L。请问是否需要进行大量元素的补充? 如果要使营养液恢复到原来的水平,如果使用母液进行补充,应该如何进行添加? 如果直接补充化合物,每种养分应该添加多少?

6. 水培生菜营养液配方的设计

经化验分析测定,正常生长的生菜每株一生吸收元素的数量(g/株)分别为:N 11.2,P 3.0,K 18.5,Ca 8.0,Mg 2.4,S 3.1,请利用元素分析法设计一个生菜水培的营养液配方。

7. 溶解氧消耗速率的计算

水培番茄在液温 25℃时,白天每株每小时的平均耗氧量在始花期为 3.4 mg,在盛果期则为 15.8 mg,每株番茄占有的营养液量为 15 L。在不考虑自然扩散的情况下,营养液保持 25℃恒定,如果营养液溶解氧初始值为饱和溶解氧的 80%,请计算,在始花期和盛果期分别经过多久溶解氧降低至饱和溶解氧含量的 50%以下?

第五章　水培和雾培设施与管理技术

学习目标：

1. 了解水培和雾培设施在现代农业生产中的应用情况。
2. 掌握水培和雾培设施的主要类型、基本特征及组成结构。
3. 了解水培和雾培的栽培管理技术要点。

水培或雾培的主要特征是植物的根系不是生活在固体基质中，而是生活在营养液中。要使水培或雾培能够成功，其设施必须具备四项基本功能：①能盛住营养液而不致漏掉；②能锚定植物并使根系浸润到营养液；③使营养液和根系处于黑暗之中；④使根系获得足够的氧。

水培根据其营养液层的深度、设施结构和供氧、供液等管理措施的不同，可划分为两大类型：一是营养液液层较深、植物由定植板悬挂在营养液叶面上方，而根系从定植板深入到营养液中生长的深液流水培技术（deep flow technique，DFT），也称深水培技术；二是营养液液层较浅，植株置放于盛液槽底面，根系平展于槽底，营养液以很薄的一层在槽底流动的营养液膜技术（nutrient film technique，NFT）。此外还有由深液流栽培演化而来的浮板毛管水培（floating capillary hydroponics，FCH）：利用浮板和无纺布使部分根系生长在湿气中，有效解决了DFT根系缺氧的矛盾。

雾培又称为喷雾培或气培，它是将营养液用喷雾的方法，直接喷到作物根系上。为了降低对喷雾装置的要求，开发了半雾培系统，即有部分根系生长在浅层的营养液中，另一部分根系生长在雾状营养液空间，既解决了根系对氧气和水分的需求，又降低了停电对作物生长造成的潜在风险。

第一节　深液流技术

深液流技术（deep flow technique，DFT）是在深水培（deep water culture，DWC）的基础上发展而来的，是目前最主要的无土栽培类型之一。深液流技术是指营养液液层较深，植株悬挂于营养液的液面上，其重量由定植板块承载，而其根系悬垂于流动的营养液中的一类无土栽培方法。1929年，美国加利福尼亚大学的威廉·格里克（William F. Gericke）教授首先采用深水培商业化生产番茄获得成功。1964年，日本园艺研究所久留米分部（Kurume Branch of the Horticultural Research Station）采用营养液循环流动无基质水培技术栽培番茄、黄瓜和甜椒等作物获得成功，并将该水培类型命名为驱动循环式（forced circulating system）。1976年，美国亚利桑那大学的延森（Jensen）采用改进的营养液循环流动的深水培技术栽培叶用莴苣（生菜）和其他叶类蔬菜获得巨大成功，并将该技术命名为深液流水培（deep flow hydroponics，DFH）。经过几十年的发展，世界各国的研究人员对其作了各种适应本国国情的改进。深液流技术已在美国、日本和加拿大普遍使用。我国上海市农业科学院园艺研究所的王化和叶明华于1986年应用该技术栽培番茄，获得了较高的产量。目前，深液流技术在我国的广东、福建、海南、上海、北京和四川等地有一定的推广面积。

一、深液流技术的特点

(一)深液流技术的基本特征

1. 深　是指相较于其他水培技术,深液流技术所用的营养液液层较深,一般 5～15 cm,相应的盛载营养液的种植槽也较深,使单株作物根系所占有的营养液体积量较大,营养液的浓度、温度、pH 等相对稳定,根际环境的缓冲能力大,受外界环境的影响小。

2. 悬　是指植株悬挂于营养液的液面上,使植株的根颈离开液面,伸出的根系又能触到营养液。

3. 流　是指深液流技术中的营养液是循环流动的,通过营养液的流动增加营养液中的溶存氧,消除根表与根外营养液的浓度差及根表有害代谢产物积累,促进因沉淀而失效的物质重新溶解等。

(二)深液流技术的优缺点

1. 优点

(1)根际环境相对稳定。深液流技术下单株作物根系所占有的营养液体积量较大,但作物仅吸收小部分的水和养分。因此,作物根际的养分浓度、酸碱度(pH)、温度和水分随时间的变化幅度较小,作物根际环境的缓冲能力强,其受外界环境的影响也较小,从而使得作物根际环境相对稳定。

(2)根系的水气矛盾小。由于深夜流技术下作物悬挂面与营养液液面有一定距离,因此植物根系部分裸露在空气中,部分浸没在营养液中。这两部分根系分别较好地进行了呼吸和吸收作用,从而降低了根系的水气矛盾。此外,营养液的循环流动增加了营养液中的溶存氧含量,使得根系的水气矛盾进一步减小。

(3)养分利用率高、不污染环境。作物根系的吸收利用可使营养液中部分溶解的营养物质发生沉淀并失效,而营养液的流动可减小或消除作物根表与根外营养液的养分浓度差,使养分及时送到根表,并促使沉淀的营养物质重新溶解,从而提高养分利用率。此外,营养液循环利用也可提高养分利用率,且不污染环境。深液流技术下养分利用率可高达 90%以上。

(4)作物自毒作用小。一些作物根系的代谢产物和分泌物对其自身具有毒害作用。深液流技术下营养液循环流动可降低或消除根系代谢产物和分泌物的局部积累,从而降低或消除植物的自毒作用。

(5)适宜多种作物栽培。大部分园艺作物均可采用深液流技术栽培,例如,黄瓜、番茄、甜瓜、叶用莴苣、韭菜、空心菜、南瓜、草莓等。

2. 缺点

(1)设施投资费用大、耗电多、生产成本高。在所有无土栽培方式中,深液流技术的投资和生产成本均较高。例如,我国上海市农业科学院园艺研究所研究表明,深液流水培设施的投资成本约为营养液膜技术的 5 倍,基质栽培的 20 倍。此外,深液流水培过程中的电能消耗也较大,从而增加了生产成本。

(2)栽培和管理技术要求高。在悬挂定植时,应使作物根颈离开液面而不被浸没于营养液,否则可引起根颈腐烂而导致植株死亡;同时,亦不能使根颈离液面太远而使得根系无法触到营养液,否则可引起根系难以吸收水分和养分而导致植物萎蔫和死亡。此外,在作物栽培过程中,需根据作物生长发育对营养液液面高度、酸碱度和养分浓度等进行科学管理。

(3)病害极易蔓延扩散。一方面,深液流水培是在一个相对封闭的环境中进行的,病害容易发生;另一方面,营养液循环流动,一旦有部分根系发生病害,可使病原菌迅速蔓延扩散至其他根系,造成病害大面积发生。

二、深液流水培设施的类型与结构

自 1964 年深液流水培设施在日本问世以来,经过几十年的革新与发展,已有十多种深液流水培设施类型问世。根据设计差异(主要是种植槽深浅),可将深液流水培设施分为两大类型:一种是深水培类型(deep solution type),该类型通常不配备贮液池,种植槽较深,营养液直接从种植槽底部抽出后循环,如驱动循环式(the forced circulating system)、M 式(the M system)和久保田式(the kubota system);另一种是半深水培类型(the semi-deep solution type),该类型通常配备贮液池,种植槽较浅,液面位置可随植物生长发育调节,如协和式(the kyowa system)、神园式(the kamizono system)、新和等量交换式(the shinwa equivalent exchange system)。此外,也可根据设施建筑材料差异和建造方式的不同,将深液流水培设施分为直接安装和自制两大类型:直接安装类主要由塑料制品组成,一般是工厂化生产出成型的设施主体和配件,生产者可直接安装使用(如 M 式、久保田式、协和式、新和式);自制类则主要由水泥构件组成,生产者可根据实际情况自行设计、制造与安装(如驱动循环式和神园式)。

(一)深液流水培设施的主要类型

1. 驱动循环式水培设施　驱动循环式(the forced circulating system)水培设施(图 5-1)是日本园艺研究所久留米分部于 1964 年设计出的水培系统,也是世界上最早的营养液循环流动的深水培系统。驱动循环式水培设施主要包括种植槽、定植板(网框)和营养液循环流动系统 3 部分。其主要特点是营养液液面由溢流口控制,营养液从溢流口进入回流管道,并通过水泵驱动营养液进入供液管道,从而循环利用。营养液的循环利用不仅增加了营养液中的溶存氧,而且通过营养液液面的升降增强了对根系氧气的供应。此外,营养液循环还可增加营养液的稳定性和均一性。

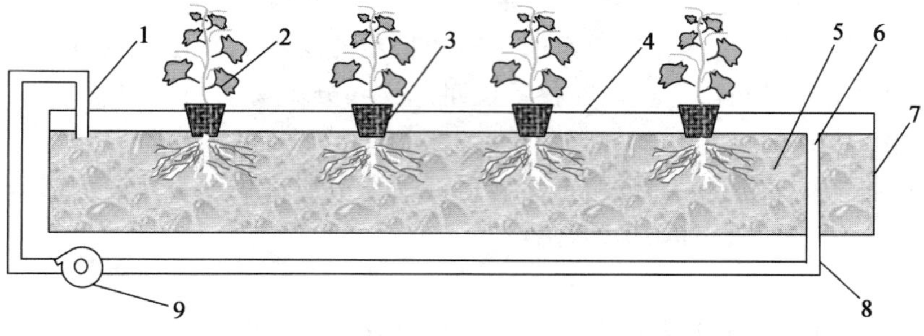

图 5-1　驱动循环式水培设施组成示意图

1. 供液管道　2. 植株　3. 定植杯　4. 定植板　5. 营养液　6. 液面控制口(溢流口)　7. 种植槽　8. 回流管道　9. 水泵

驱动循环式水培系统克服了传统砾培中存在的难以获得优质砾石和作物收获后根系难以处理等问题,对日本水培设施的革新与发展发挥了先驱作用。但是,该系统存在作物根系水气矛盾大、营养液管理难等问题。尽管该系统开拓性地利用外力驱动营养液循环，但营养液中的溶存氧仍不足以解决根系吸收作用和呼吸作用之间的矛盾。在该系统下，营养液的加入、酸碱度和浓度的调节须在种植槽中进行，通常使得植物因局部浓度高而生长不一致，且植物容易因局部过酸或过碱而受到胁迫伤害。

2.M式水培设施　M式(the M system)水培设施(图5-2)是20世纪60年代后半期由日本商业公司在驱动循环式水培系统的基础上发展而来的，主要应用于叶类蔬菜生产，也可用于栽培果类蔬菜。与驱动循环式水培系统相似，M式水培设施主要包括种植槽、定植板和营养液循环流动系统3部分。该系统在水泵出水口附近安装一个空气混入器(air mixer)，从而增加了营养液中溶存氧的含量。其种植槽由预先定型生产的长1.2 m的泡沫聚苯乙烯板拼装而成。槽宽有0.6 m、0.9 m和1.2 m 3种规格，前两种用于果类蔬菜而最后一种用于叶类蔬菜的种植。为了防止营养液渗漏和保护聚苯乙烯板，通常在槽内覆盖一层聚乙烯薄膜。定植板也由预先定型生产的泡沫聚苯乙烯板组成。种植槽底部铺设一条带有许多小孔的供液管道，营养液由喷射小孔进入种植槽。营养液回流管道铺设在种植槽底部与水泵相连。此外，该系统也可配有调节营养液温度的加温和冷却装置。

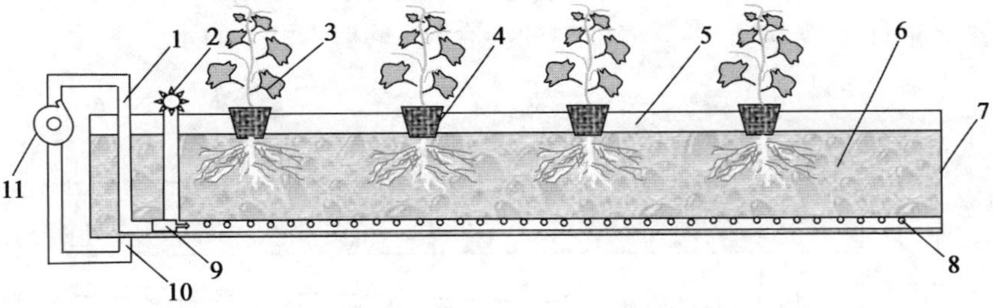

图5-2　M式水培设施组成示意图

1.供液管道　2.空气入口　3.植株　4.定植孔　5.定植板　6.营养液　7.成型泡沫聚苯乙烯板种植槽　8.喷液小孔　9.空气混合器　10.回流和入液口　11.水泵

与驱动循环式水培系统相比，M式水培系统增加了营养液中溶存氧的含量，作物根系水气矛盾相对较小。但是，由于该系统不设贮液池，营养液的缓冲能力小，作物根际环境并不稳定。此外，该系统营养液管理不便、存在植物易因局部过酸或过碱而受到胁迫伤害等问题。

3.久保田式水培设施　久保田式(the kubota system)水培设施(图5-3)的种植槽由预先定型生产浅黄色或乳白色ABS(丙烯腈-丁二烯-苯乙烯三元共聚物)塑料拼装而成。ABS塑料具有易加工、抗冲击性、耐热抗冻性、耐化学药品性等特点。每块种植槽成型品外宽70 cm，内宽60 cm，长3.25 m，并被隔离成6个区域。其特点是种植槽不易变形，对定植板和植物的支撑力强，可根据植物类型和生长状况调整株行距，并控制营养液液量。

4.协和式水培设施　协和式(the kyowa system)水培设施(图5-4)属于半深水培类型，是日本协和株式会社于1970年设计并用于生产的水培系统。其为果类蔬菜和叶类蔬菜兼用型，特别适用于果类蔬菜生产。该系统由贮液池(storage tank)、种植槽、定植板(网框)和营养液循环流动系统4部分构成。当该系统运行时，水泵驱使贮液池中的营养液流经空气混入器进入种植槽，并经液面控制口(溢流口)从种植槽底部回流至贮液池。与久保田式水培设施相似，协和式水培设施的种植槽由预先定型生产ABS塑料拼装而成。每块种植槽成型品外宽

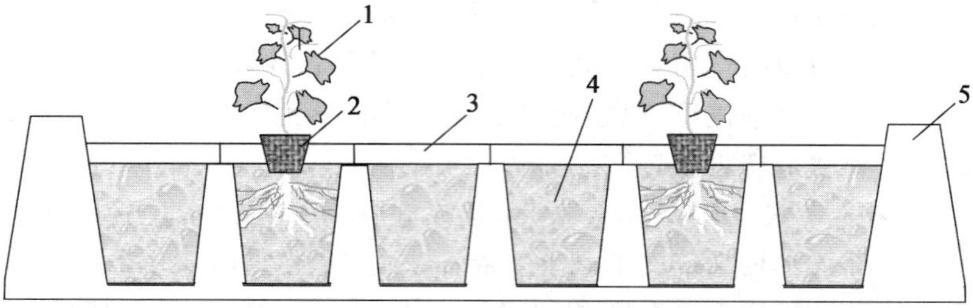

图 5-3 久保田式水培设施组成示意图

1. 植株 2. 定植孔 3. 定植板 4. 营养液 5. 成型 ABS 塑料种植槽

1.0 m，内宽 0.6 m，长 3.15 m。如果用于生产果菜，每 1 000 m^2 种植面积中栽培槽可由 130 块种植槽成型品组成。植物定植在底部和四周开有许多孔的塑料杯中，由定制板支撑。由于协和式水培设施配备贮液池，大大增强了营养液的缓冲能力，为根系创造了相对稳定的根际环境；同时，贮液池增大了单株营养液占有量，但保证了相对较浅（与驱动循环式、M 式和久保田式水培设施相比）的种植槽深度，从而缓解了根系的水气矛盾。此外，该系统下营养液需经空气混入器流至种植槽，增加了营养液中的溶存氧，减小了根系的水气矛盾。

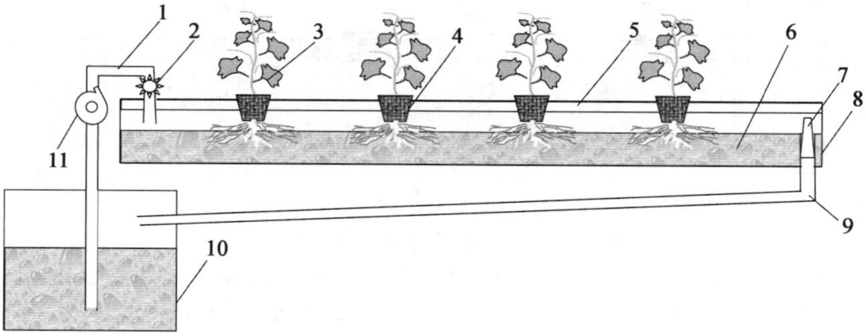

图 5-4 协和式水培设施组成示意图

1 供液管道 2. 空气混入器 3. 植株 4. 带孔塑料定植杯 5. 定制板 6. 营养液
7. 液位调节器 8. 成型 ABS 塑料种植槽 9. 回流管道 10. 贮液池 11. 水泵

5. 神园式水培设施 神园式（the kamizono system）水培设施（图 5-5）是日本神奈川县园艺试验场于 1974 年设计出的水培系统。该装置为果类蔬菜专用型。该系统由贮液池、种植槽、定植板和营养液循环流动系统 4 部分构成。其种植槽四周由水泥预制板拼接而成，内径 0.8 m，深 0.1 m。种植槽底部由一层可使用 5～6 年的较厚的黑色聚乙烯板构成。种植时，在种植槽底部铺设一层较薄（0.1 mm）的聚乙烯薄膜，换茬时将其更换掉，从而省去了后茬种植时的消毒工作。供液管道在定植板下面，其上每隔 22.5 cm 开 1 个排除孔进行供液。神园式水培设施的特点是在供液管道上安装了喷头，营养液通过供液管道进入喷头，最终以喷雾的形式提供给植株，从而增加了营养液中的溶存氧，有效缓解了水气矛盾。

6. 新和等量交换式水培设施 新和等量交换式（the shinwa equivalent exchange system）水培设施又称营养液交换式（solution exchange system）水培设施（图 5-6），由日本新和塑料公司于 1970 年开发。该系统的主要特征是种植槽由完全相同 A、B 两部分组成（分别称为 A 种

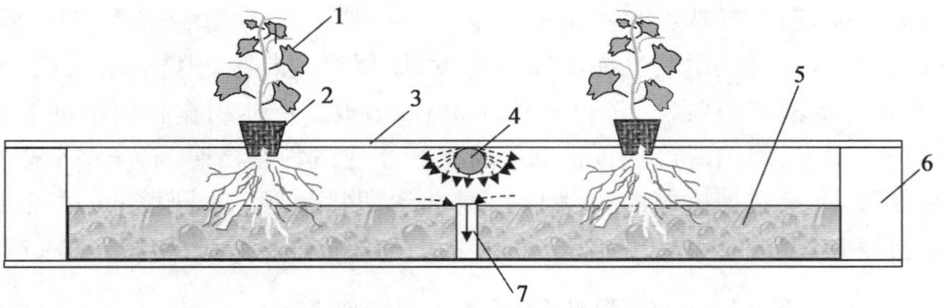

图 5-5　神园式水培设施组成示意图

1.植株　2.带孔塑料定植杯　3.定制板　4.带喷头的供液管道　5.营养液　6.种植槽　7.回流管道

植槽和 B 种植槽)，营养液可通过水泵的作用在两部分之间进行交换。其种植槽由成型“U”形聚苯乙烯泡沫板拼接而成，里面铺设黑色聚乙烯膜以盛放营养液；定植板为成型聚苯乙烯泡沫板，上面具有安装定植杯的圆孔。该系统不设贮液池，但设有一个连接两个种植槽的营养液交换槽。营养液可通过回流管道进入营养液交换槽。此外，营养液和水分也可被直接补给至营养液交换槽。营养液交换槽连接种植槽的两边各配备一个浮球开关，受两个种植槽水位控制。当营养液在水泵作用下由 B 种植槽交换至 A 种植时，A 种植槽水位升高，并将其浮球开关顶高。当水位达到至某一设定水平时，浮球开关将 A 种植槽水泵开启而将 B 种植槽水泵关闭。此时，B 种植槽水位逐渐升高，达到某一设定水平时其浮球开关将 B 种植槽水泵开启而将 A 种植槽水泵关闭。上述过程实现了营养液的等量交换和循环流动。营养液的等量交换过程不仅增加了营养液中的溶存氧，同时使根系间歇地暴露在空气中，从而促进了根系对空气中氧气的吸收。此外，该系统两个种植槽的水位可根据作物的生长发育情况进行调整。

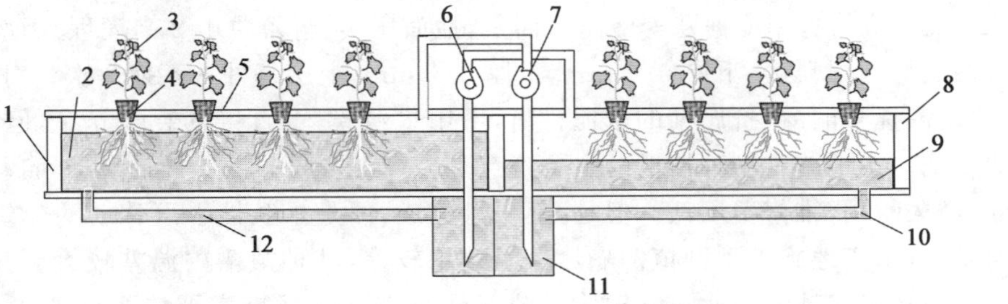

图 5-6　新和式水培设施组成示意图

1.A 种植槽　2.A 种植槽营养液　3.植株　4.带孔塑料定植杯　5.定植板　6.A 种植槽水泵　7.B 种植槽水泵　8.B 种植槽　9.B 种植槽营养液　10.B 种植槽回流管道　11.营养液交换槽　12.A 种植槽回流管道

(二)常用深液流水培设施的结构

实践证明，良好的深液流水培设施需由 4 大部分构成：种植槽、定植板、贮液池和营养液循环流动系统。种植槽的作用是盛装营养液和支撑定植板，为栽培作物创造良好的根际环境；定植板用于直接定植植物或支撑带有植物的定植杯，隔离根部与外界的联系；贮液池的作用是增强营养液的缓冲能力，为根系创造相对稳定根际环境；营养液循环流动系统用于提高营养液利用率，增加营养液中的溶存氧含量和减小植物根表与根外养分浓度差。

1. 种植槽　种植槽又称栽培床，包括实地施工型和规格化成型品两种类型。栽培槽是深液流水培设施的主体，因此其选材和构型十分重要。一般而言，建造种植槽的原料须具有良好抗拉强度、抗压强度、耐水性、耐热抗冻性和耐久性，如硬质塑料板、钢板、水泥板、木板和砖块等。近年来，聚苯乙烯泡沫塑料(expanded polystyrene)被广泛应用作种植槽的制造材料。其具有质轻、易成型、耐水、保温、抗震、价格低等特点。在建造种植槽时，需先整平夯实地面。为了防止营养液渗漏，一般在种植槽内铺设1～2层防渗塑料薄膜。不同类型的深液流水培设施种植槽外径、内径和长度的参考规格如表5-1所示。种植槽深度一般为12～15 cm。

表5-1　常见类型的深液流水培设施种植槽的参考规格 cm

种植槽	驱动循环式	M式	久保田式	协和式	神园式	新和等量交换式
外径	70	66,96,126	70	100	100	90
内径	60	60,90,120	60	90	80	80
长度	3 000～4 000	120	325	315	2 000	120

注：M式、久保田式、协和式和新和等量交换式种植槽采用成型制品。表中数据表示单块成型品的长度。生产中可根据实际所需的长度进行拼接。M式内径有60 cm、90 cm和120 cm 3种规格，前两种用于果类蔬菜而最后一种用于叶类蔬菜的种植。

除表5-1所述参考规格外，采用漂浮定植板(见后文悬杯定植杯和图5-8)的种植槽内径也可大于120 cm，其内径可达500 cm甚至更高。其特点是不易发生定植板弯曲变形、折断等现象，且充气和排液效果好。该类型的种植槽主要用于栽培叶类蔬菜。

(1)实地施工型种植槽。实地施工型种植槽来源于沙培，后用于驱动循环式和神园式水培设施。该类型种植槽主要利用水泥板、木板或发泡聚苯乙烯树脂板等制成支持框。目前我国常见的有水泥预制板加塑料薄膜型和水泥砖结构型。对于水泥预制板加塑料薄膜型，水泥预制板块，高25～30 cm，厚度据营养液压力而定，地面压实，将板块1/2高度埋入地中，筑槽框，槽内再垫两层聚乙烯薄膜，下厚0.4 mm，上厚0.1 mm，上层每种一茬换一次。对于水泥砖结构型，要选用高标号耐酸、抗腐蚀的水泥材料，不用垫薄膜，可直接盛装营养液，但栽前槽需先用稀硫酸浸洗。实地施工型种植槽的主要特点是生产者可根据需要设计规格，自行建造，且建造成本低，经久耐用，维修费用低。但是，其一旦建成，便是永久性不可移动的建筑，无法拆卸搬迁。同时，由于实地施工型种植槽隔热保温效果较差，其种植槽内温差较大。此外，实地施工型种植槽的建造需精细作业。其槽体比较沉重，建造前必须夯实平整地面，防止地基下陷而引起槽体断裂和营养液渗漏。

(2)规格化成型品种植槽。规格化成型品种植槽槽体由ABS塑料或聚苯乙烯泡沫塑料制成，主要用于M式、久保田式、协和式和新和等量交换式，目前我国推广应用的深液流栽培也多采用规格化成型品种植槽。其特点是便于加工和搬运，安装方便，施工费用低，精细作业程度低(与实地施工型相比)。对于聚苯乙烯泡沫塑料成型品而言，其不仅加工费低廉，而且隔热保温效果好，种植槽内温差小。该类型种植槽内侧应铺设有1～2层防渗塑料薄膜用于盛放营养液，既可以防止成型块拼接处漏水，也可通过更换薄膜减免清扫和消毒作业。

2.悬杯定植板　悬杯(即定植杯)定植板一般用密度较高、质轻、易成型、耐水、保温、抗震白色聚苯乙烯泡沫塑料制成。常见定植板厚2～3 cm，宽度与种植槽外径大小一致，使其恰好能架在种植槽的槽壁上。定植板板面上钻有定植孔(图5-7A)，孔径一般为5～6 cm，对于果类蔬菜和叶类蔬菜通用，而定植孔密度视作物种类和种植槽规格而定。一般来说，种植大株型果类蔬菜需要的定植孔密度较小，而种植小株型叶类蔬菜的定植孔密度较大。定植孔需与带孔定植杯（图 5-7B）配套使用。定植杯用于支撑植物，其高度适宜控制在 7.5～8.0 cm。杯口直径与定植孔直径相同，其外沿有宽约 5 mm 的边，以使定植杯进入定植孔后卡在定植板上面而不掉进种植槽内。杯壁和杯底开有不同尺寸的方孔，以利于根系穿越定植杯在种植槽内生长。对于宽度较大的（90～120 cm）定植板，为了防止定植板弯曲变形或折断，还应在种植槽中央铺设用于支撑定植板的支撑墙或支撑柱，以确保定植板水平。否则，若局部区域定植板下陷，则可能出现淹苗情况。

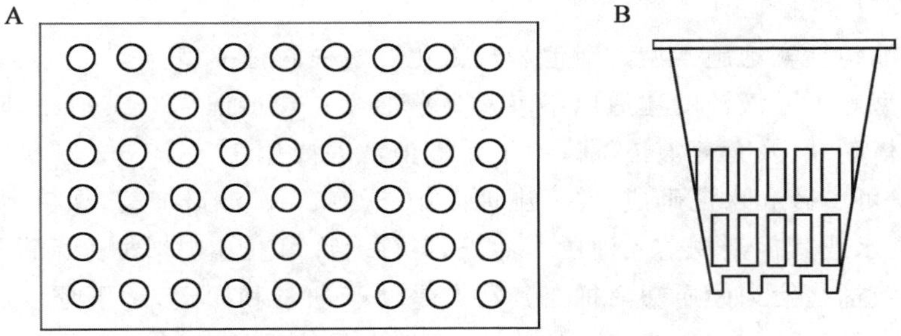

图 5-7　常见定植板

A. 及其定植杯　B. 示意图　（注：定植孔直径与定植杯口直径相同）

除上述架在种植槽槽壁上的定植板外，还有一种类型称为漂浮定植板（图 5-8A）。其宽度和长度均小于种植槽内径和长度。与常见定植板不同，其不架在种植槽两边，而是漂浮在种植槽内的营养液液面上。这种类型定植板专门用于叶类蔬菜生产。漂浮定植杯上的定植孔为方形（图 5-8A）。定植孔上部形状及大小尺寸与定植杯底部相同，而定植孔下部四周内沿有宽约 5 mm 的边（图 5-8B），使定植杯（图 5-8C）杯底进入定植孔而卡在定植板中央附近，其杯身则位于定植板上面（图 5-8D）。虽然漂浮定植板漂浮在种植槽内的营养液液面上，氧气在营养液中扩散相对较难（和常见定植板相比），但其特殊的悬杯设计使得作物部分根系暴露空气中，部位浸没在营养液中，有效解决了水气矛盾。

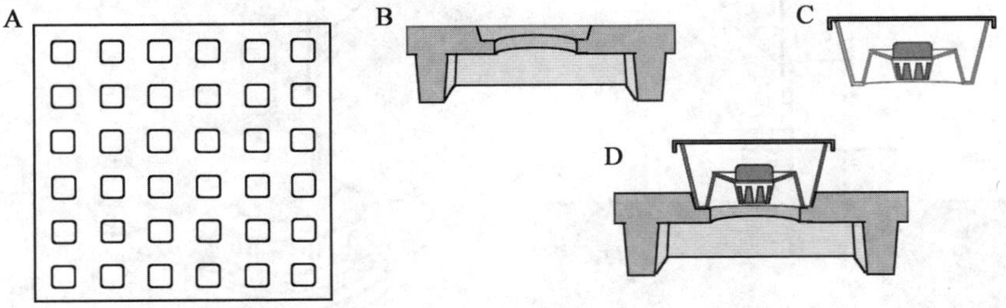

图 5-8　漂浮定植板横截面

A. 漂浮定植板纵截面　B. 定植杯纵截面　C. 及带有定植杯的定植板　D. 示意图

（注：定植孔直径与定植杯杯底直径相同）

上述两种定植板均可称为悬杯定植板。悬杯定植板的优点是保证液面与定植板之间有一部分空间，可增加营养液的溶氧量。由于悬挂作用，植株和根系的绝大部分重量不会积压于种植槽底部，避免了形成厚实根垫而造成的根系缺氧坏死现象。

3. 地下贮液池　地下贮液池的主要作用是增大营养液的缓冲能力，为根系创造一个较稳定的生存环境，其主要功能包括：①增大每株占有营养液量而又不致使种植槽的深度建得太深，使营养液的浓度、pH、溶存氧、温度等长期保持稳定；②便于调节营养液温度，尤其是冬季的加温、营养液 pH 调整等，既方便、省力，又避免了高投资及局部过酸、过碱现象。

地下贮液池的容积可按单个植株对营养液的占有量(简称单株占液量)来推算。一般而言，果类和叶类蔬菜单株占液量分别为 15～20 L 和 3～4 L。某一水培设施的营养液总需求量＝单株占液量×种植密度×种植面积。营养液总需求量的 1/2 需存贮于种植槽内，而另外 1/2 需存贮于地下贮液池中。

地下贮液池包括实地施工型贮液池和规格化贮液桶两种类型。

实地施工型地下贮液池的建造以不渗漏为总原则。建造前需夯实地面，防止贮液池下陷引起坍塌或槽体断裂，及营养液渗漏。地下贮液池池底要用 10～15 cm 厚水泥混凝土和钢筋骨架制成，池壁可由砖和水泥砌成，并高出地面 10～20 cm。池口加盖，保持池内黑暗，防止藻类滋生，杜绝雨水或其他杂物落入池中。此外，条件允许可在池中增加灭菌设施。

规格化贮液桶一般为硬质塑料桶。其特点是便于加工和搬运，地下挖坑后直接安装即可使用，精细作业程度低(与实地施工型相比)。但缺点是使用年限短(与实地施工型相比)，不适用于大面积生产。

4. 营养液循环系统　营养液循环系统包括供液管道、回流管道、水泵和定时控制器。

(1)供液管道。营养液循环系统启动时，水泵将营养液抽起后，进入两个支管，由阀门控制进入两个支管的流量。一条支管将营养液转回贮液池上方，喷回池中以增氧，并作为营养液更新时排液管。另一条支管接总供液管，总供液管道分出许多分支，每个分支与种植槽内供液管相连，槽内供液管隔一定距离有喷液小孔，喷射营养液增氧。供液管架于液面之上避免放于槽底根系堵塞流液孔。

(2)回流管道。回流管道设在槽底，管口与槽底面持平，管埋于地下外接总回流管。为使营养液在槽内保持一定深度而不至全部回流，回流管道接槽内液面控制管(图 5-9)。根据进液量确定，回流管道直径应大到足以及时排走需回流的液量，以避免槽内进液大于回液而泛滥。

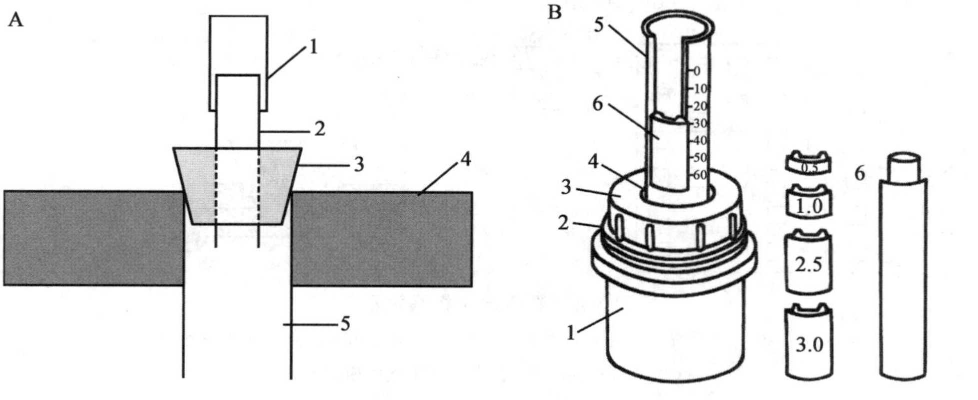

图 5-9　液位调节装置示意图

A. 普通液位调节装置　B. 协和式水培种植槽液位调节装置(郭世荣，2011)

A：1. 调节液位高低的可升降橡皮管　2. 硬塑料管　3. 橡胶塞　4. 种植槽底　5. 回流管

B：1. 连接种植槽底的回流管　2. 密封圈　3. 紧固螺母　4. 衬垫　5. 套筒　6. 调节液位高低的活芯

(3)水泵和定时控制器。水泵应选用抗腐蚀性能的型号,其功能大小根据温室大小而定。一般来说,面积为 320 m^2 的温室中,建议选用功率为 550 W 的水泵;面积介于 1 000~2 000 m^2 的温室中,建议选用功率为 1 500 W 的水泵。根据作物不同生长时期对氧的需求和管理上的方便,可确定水泵的工作时间,并安装定时器进行自动化控制。

三、深液流水培技术要点

(一)定植前的准备工作

1. 定植前对种植系统的检查　种植前需检查种植槽底是否平顺,这对营养液的循环流动、作物的生长以及种植槽的稳定性等都有十分重要的作用。由于目前生产中常用的深液流水培设施种植槽在种植前基本都铺设 1~2 层防渗塑料薄膜,因此还需检查塑料薄膜有无破损或渗漏。

对于新建水泥结构种植槽和贮液池,其建成初期时常会有碱性物质析出。为了不影响营养液质量和作物生长,使用前需先用清水对其进行浸泡。2~3 d 后,大部分碱性物质渗入浸泡液,此时在浸泡液中加入稀硫酸或稀磷酸(忌用盐酸,因为盐酸和硅酸钙反应后会破坏水泥结构;无论加入哪一种酸均需穿好防护工作服,并小心添加,谨防受伤)进行中和,添加后小心搅拌,待浸泡液 pH 介于 6~7 后,排出浸渍液,并用清水冲洗 2~3 次即可。对于新建水泥贮液池而言,即使经过上述前处理,仍会有碱性物质不断渗出(一般持续 3~6 个月,也可能更长)而影响营养液 pH 和 EC 发生变化,需在使用过程中对营养液进行密切追踪检测,及时进行调控(详见第四章营养液的管理相关部分)。对于新建水泥种植槽而言,则可铺设 1~2 层防渗塑料薄膜消除或减小建成初期渗出的碱性物质的影响。

除种植槽外,应对整个种植系统进行检查,防止出现种植槽、贮液池或循环管道破损漏液及管道或供液小孔堵塞等现象。总之,应对整个系统各个部位进行检查并确认无误后,方可进行种植。

2. 换茬时的清洗和消毒　生长周期较长的作物,如黄瓜、甜瓜、西瓜、番茄和甜椒等,每种植一茬便需对整个种植系统,包括种植槽、贮液池等进行一次清洗和消毒;生长周期较短的作物,如叶用莴苣、小白菜和芹菜等,每种植 3~5 茬则需对整个种植系统进行清洗和消毒。具体方法如下。

(1)定植杯的清洗和消毒。将定植杯从定植板上拔出后,去除定植杯中的根系和固持物(如岩棉、海绵、小石砾),集中到清洗池中,用刷子洗刷去掉粘贴在定植杯上的根系和植物固持物残留,用清水冲洗后将其浸泡在装有消毒液(含 0.3%~0.5%有效氯的次氯酸钠或次氯酸钙溶液)的容器或池中进行消毒,1 d 后捞起定植杯并用清水冲洗掉消毒液待用。

(2)定植板的清洗与消毒。将定植板从种植槽上取出后,用刷子洗刷去掉粘贴在定植板上根系和植物固持物残留,用清水冲洗后将其浸泡在装有消毒液的容器或池中,湿透后捞出,将定植板叠放在一起,再用塑料薄膜盖住进行消毒,30 min 后用清水冲洗掉消毒液待用。

(3)种植槽、贮液池及循环管道的消毒。用消毒液喷洒种植槽及贮液池内外所有部位使湿透(消毒液喷洒量按 250 mL/m^2 计算),用塑料薄膜盖进行消毒,30 min 后用清水冲洗掉消毒液待用。全部循环管道内部用消毒液循环流过 30 min,循环时不必在槽内留液层,让溶液喷出后即全部回流,可分组进行,以节省用液量。

(二)栽培管理技术要点

1.作物种类和品种的选定　如前所述,深液流水培设施不仅可以种植生长周期较长的作物,如黄瓜、甜瓜、西瓜、番茄和甜椒等,也可种植生长周期较短的作物叶用莴苣、小白菜和芹菜等。但是,无论种植哪种作物,都应结合当地的气候特点、温室特点(如不加温日光温室、可调控温光的连栋温室等)、市场需要、种植技术和管理水平等进行慎重考虑,切不可盲目生产。一般而言,根据当地的栽培历史、种植习惯和气候特点,选择适宜的栽培季节和适合的栽培品种,比较容易获得成功,如种植喜温蔬菜选择春提前栽培茬口、种植喜凉蔬菜选择秋延迟或越冬生产等。

2.育苗和定植

(1)育苗。深液流水培过程中最好选用水培育苗,如选用基质育苗,建议采用岩棉、聚氨酯泡沫基质育苗,不鼓励采用草炭蛭石复合基质进行水培蔬菜的育苗,具体育苗技术与方法详见第八章。

(2)定植。若采用水培育苗(详见第八章第一节)技术,则可将幼苗装入定植杯后直接进行定植;若采用基质育苗(详见第八章第二节),定植前则需用清水对根系进行清洗,然后装入定植杯定植。定植时一般在定植杯中放入石砾、岩棉块、海绵块等保水透气性较好的材料,将幼苗固定其中。定植时选用的幼苗根系不可太小,一般需能使大部分根系伸出定植杯杯底,并可伸入种植槽内营养液液面下1～2 cm处。如果幼苗尚小,根系不能伸出杯底或仅有几条伸出,但因其他条件所限必须定植,则需将种植槽内液面调高至能浸没定植杯杯脚1～2 cm处,满足大部分幼苗对养分和水分的需求。对于采用常见定植板(图5-7)的深液流水培设施而言,液面不能调得太高,并防止因液面贴住定植板底而造成的氧气匮乏和植株缺氧死亡现象。若采用漂浮定植板,因其特殊的悬杯设计(图5-8)则不用担心上述问题的存在。当植株发出大量根群深入营养液后,液面则随之调低,逐渐离开杯底并最终达到正常液位。

3.营养液的配制与管理

(1)营养液配方的选用。营养液的配方种类繁多,有多种作物通用型,也有单一作物专用型(详见第四章)。虽然不同作物的养分吸收特点和规律各不相同,但并非每一种作物都需一个专用的营养液配方。生产中常用的通用型营养液配方包括霍格兰配方、日本园试配方等。但是,通用型营养液配方并不是适用于所有作物。从各种作物大量和微量营养元素的组成和比例来看,其养分吸收规律有共性,也有个性。即便是同一种作物,其不同生育期、不同栽培季节的养分吸收规律也存在差异。因此,即便是存在某种作物专用型配方,也需根据作物不同生育期对营养液进行调整。一般而言,若待种植作物已有专用营养液配方,则可直接使用。如果没有,则应在选用通用型营养液配方的基础上进行调整。一般原则是,首先选用一个通用型营养液配方,种植少量作物,在种植过程中根据作物的养分吸收规律、当地的水质和气候特点进行适度调整,待调整后的营养液配方切实可行之后方可进行大面积应用。

(2)营养液的管理。为了满足作物最适生长的要求,要对营养液的浓度、酸碱度、溶存氧含量、液温等进行合理调节管理。换茬时还需对营养液进行更换(详见第四章第四节营养液管理)。

在深液流水培过程中,营养液液面位置的高低调控是营养液管理中非常重要的一部分,因为液位的高低直接影响根系的呼吸和吸收作用,及最终的生长状况。如前所述,对于适龄幼苗,一般需能使大部分根系伸出定植杯杯底,并可伸入种植槽内营养液液面下1～2 cm处。如果根系不能伸出杯底或仅有几条伸出，则需将种植槽内液面调高至能浸没定植杯杯脚 1～2 cm 处，以满足大部分幼苗对养分和水分的需求。当植株发出大量根群深入营养液后，液面则随之调低，逐渐离开杯底并最终控制在液层高度 3～4 cm 液位处即可。需要注意的是，液位需要根据根系的生长逐渐降低。液位降低后，一旦暴露在空气中的根系产生了大量的根毛，则不可再回升，否则根毛容易因溺水死亡并伤及根系，最终有可能造成根系及植株的死亡。为了防止断电或水泵不能正常运行等突发情况下植株仍能正常生长，种植槽内的营养液量需能满足作物正常生长 1～2 d。

第二节　营养液膜技术

营养液膜技术(nutrient film technique，NFT)是指植物根系生长在连续循环流动的浅层营养液中的水培技术。由于营养液的连续循环流动性，营养液膜技术又被称为营养液流技术(nutrient flow technique)。该技术是由英国利特尔汉普顿温室作物研究学会(Glasshouse Crops Research Institute in Littlehampton，England)的艾伦・库珀(Allen Cooper)于 1965 年发明的，最初强调作物根系应当生长在浅层营养液中以保证根系氧气充足。经过多年的改进发展，该技术在 1979 年以后以其造价低廉、自动化控制、管理方便等特点在世界上许多国家得到推广应用。1984 年，我国在南京开始应用此项技术进行无土栽培，效果良好。但是，由于营养液膜技术存在作物根际环境缓冲能力差、根传病害的传播风险大等缺点，其并没有在生产中得到大面积推广应用，目前仅用于一些特殊作物的栽培。

一、营养液膜技术的特点

(一)营养液膜技术的基本特征

1. 浅　“浅”是指相较于其他水培技术，营养液膜技术所用的营养液液层较浅，一般仅为数毫米，相应的盛载营养液的种植槽也较浅，因而单株作物根系所占有的营养液体积量也较小。同时，根系生长在种植槽底部平面上，似二维平面，呈薄层状。

2. 斜　“斜”是指营养液膜种植槽放置在有一定坡度(1%～2%)的斜面上，营养液持续从地势高的一段流入种植槽，回流液则从地势低的一段的回流管流出。

3. 流　“流”是指营养液膜技术中的营养液是连续循环流动的。

(二)营养液膜技术的优缺点

1. 优点

(1)种植槽一般用轻质塑料薄膜、硬质塑料板等制成，设备轻便，前期投资少，施工方便。

(2)种植槽内的营养液浅层循环流动，一部分根系浸在浅层营养液中有效吸收水分和养分，另一部分根系暴露于种植槽内的湿气中可以很好地吸收氧气。

(3)可借助供液定时器及电导率、pH 和营养液温度自控装置等实现整个系统的自动化控制，管理方便。

(4)封闭循环系统减小了水分蒸发损失，连续循环供液方式降低了作物根系水分亏缺。

2. 缺点

(1)种植槽的耐用性差，维护工作繁琐，后续投资多。

(2)由于营养液液层浅使得单株作物根系所占有的营养液体积量也较小,因此根环境相对不稳定,要求精细化管理。

(3)作物越靠近回流管道,越容易引起养分亏缺(注意不是水分亏缺),特别是钾元素亏缺。

(4)整个种植系统封闭循环,加之根际环境缓冲能力弱,根传病害传播的风险大,一旦发生则容易蔓延失控。

二、营养液膜水培设施的结构

营养液膜栽培设施由种植槽、贮液池和营养液循环流动系统三大部分构成(图 5-10),其中营养液循环流动系统包括水泵、供液管道、回流管道和营养液 pH、EC 和水量调控装置。此外,还可以根据条件和需要配备营养液浓缩液贮备罐及自动投放装置、营养液加温及冷却装置等。

(一)种植槽

营养液膜设施的种植槽的原料须具有良好抗拉强度、抗压强度、耐水性、耐热抗冻性和耐久性。目前常见的营养液膜种植槽主要由软质塑料薄膜、硬质塑料板、聚苯乙烯泡沫塑料等建成。营养液膜种植槽根据栽培作物株型大小分为两类:一类适用于大株型作物(如黄瓜、番茄、甜椒等果类蔬菜)的种植,另一类适用于小株型作物(如叶用莴苣、小白菜、芹菜等叶类蔬菜)的种植。

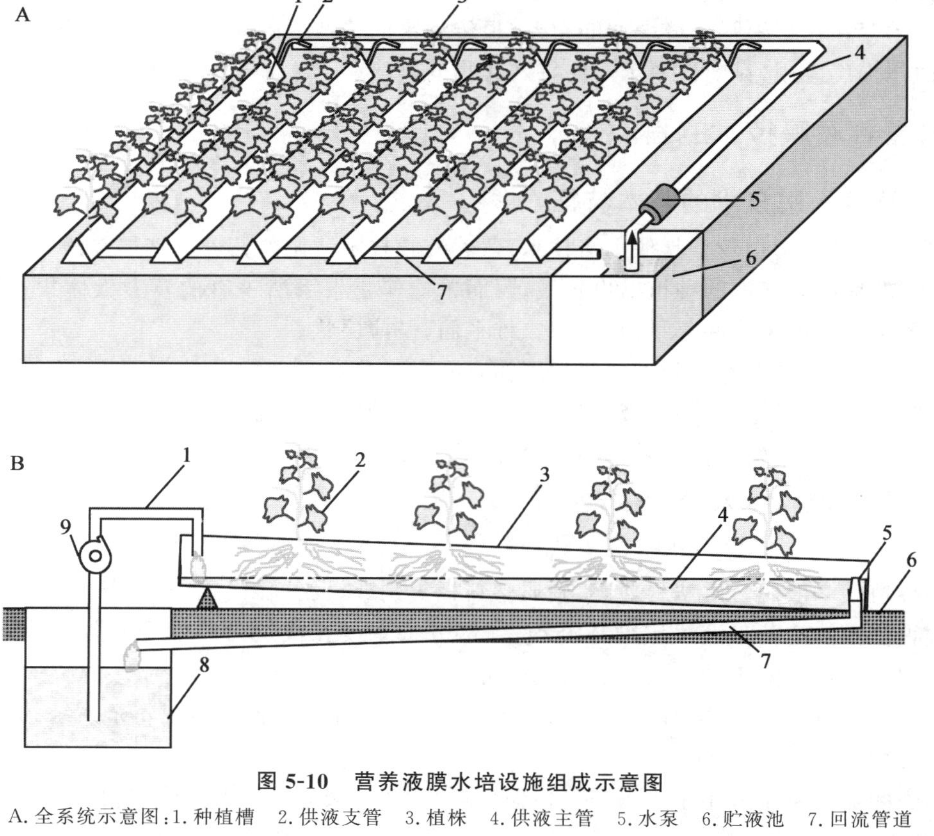

图 5-10 营养液膜水培设施组成示意图

A. 全系统示意图:1. 种植槽 2. 供液支管 3. 植株 4. 供液主管 5. 水泵 6. 贮液池 7. 回流管道

B. 剖面示意图:1. 供液管道 2. 植株 3. 种植槽 4. 营养液 5. 液位控制器 6. 水平面 7. 回流管道 8. 贮液池 9. 水泵

无论哪种类型的种植槽，其槽底需倾斜具有一定坡度，既要保证营养液正常循环流动，又能较好地满足作物对水分和养分的吸收。种植槽槽底的坡降应介于1∶100(或1%)和1∶50(2%)之间，推荐坡降为1∶75(或1.33%)。坡降过大，容易造成营养液流速过大，不利于营养液入口端作物的生长；坡降过小，则营养液流动更新缓慢，不利于营养液回流口端作物的生长。不同类型种植槽参考宽度和长度如表5-2所示。

表5-2　营养液膜水培设施种植槽的参考规格

种植槽	小株型作物(叶用莴苣、菊花、小白菜)	大株型作物(番茄、黄瓜、甜椒)
宽度(cm)	10～15	25～30
长度(m)	20～30	10～25
槽底坡降	1∶75	1∶75

1. 大株型作物种植槽　大株型作物种植槽一般为等腰三角形状(图5-11)，由聚乙烯塑料薄膜(厚0.1～0.2 mm，面白底黑)围合起来制成。建槽时，先将温室地面整平，做成坡降为1∶75(或1.33%)的斜坡后压实，将塑料薄膜沿斜面平铺于(黑色面向上)地面，将幼苗按一定株距(因作物而异，黄瓜、番茄等推荐株距为30～40 cm)放在薄膜的中部排成一行，然后将薄膜两边向上拉起合拢成三角形状(下底25～30 cm，高20～25 cm)，并用夹子夹住(图5-11)。

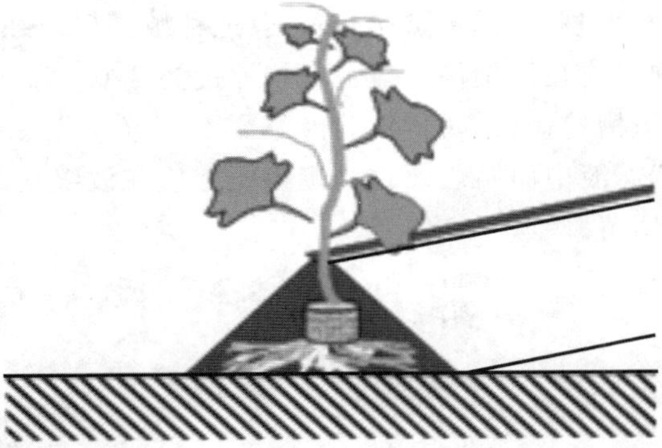

图5-11　大株型作物种植槽示意图

根据已有的研究和实践经验，种植槽中的营养液液层的推荐深度为3～5 cm。营养液液层过深容易造成营养液中的氧气不足。但是，液层过浅则不能满足作物对水肥(特别是肥)吸收的需求，特别是流量小、间歇供液时间长和种植槽长度较长时。除营养液深度外，营养液流速也需严格控制，大部分大株型作物适宜的流速为5～10 L/(m^2·h)。为了满足绝大部分作物对水肥的需求，种植槽长度一般控制在10～15 m。如果种植槽过长，一方面因其坡降不容易控制，另一方面容易造成营养液流动更新缓慢，近营养液回流口端作物水肥供应不足。经过多年的发展，目前生产中用于大株型作物栽培的营养液膜种植槽长度已经可达25 m。这主要是因为无纺布的引入克服了种植槽过长带来的上述缺点。

对于根系发达的大株型作物而言，利用营养液膜技术栽培会在种植槽中形成一层厚厚的“不透气”根垫。一方面，厚厚的根垫很容易阻碍种植槽内营养液的循环流动；另一方面，营养液难以流入厚实的根垫内部，容易造成根系氧气和养分供应不足，进而容易引起烂根现象。为了克服上述不足，可在定植前在种植槽底部铺垫一层无纺布。无纺布是一种多孔的吸水材料，其作物主要包括：①防止营养液乱流，使其均匀地扩散到整个槽底，保证植株水分的供应；②防止根系穿插，根系只能在无纺布上生长，难以形成"不透气"根垫；③缓解因管理不当（如供液间歇时间过长）或意外情况发生时（如突然停电）造成的植株缺水萎蔫现象的发生。

2. 小株型作物种植槽　小株型作物用的种植槽包括两种类型，一种是规格化波纹状种植槽，一种是自建水泥砖种植槽。前者较为常见，后者在生产中应用较少。规格化波纹状种植槽又可分为波纹瓦种植槽和泡沫塑料波纹底种植槽。

波纹瓦种植槽（图 5-12A）是指用水泥或玻璃钢制成的波纹瓦作种植槽。每块波纹瓦的宽度为 100～120 cm，长度 1.0～2.0 m。波纹瓦一般有 6～8 道谷峰，谷深 2.5～5.0 cm，峰距 10～15 cm。整个种植槽可由波纹瓦一块块拼接而成。接处的叠口长度不少于 10 cm，以便使两片波纹瓦很好地嵌合，防止营养液流出，必要时也可以在波纹瓦的接合处用水泥沙浆或沥青稍加黏合。

泡沫塑料波纹底种植槽（图 5-12B）是指用聚苯乙烯泡沫塑料制成的底部波纹状的种植槽。其特点是加工费低廉、隔热保温效果好、种植槽内温差小。同时，其可随意拼接，但无须重叠。该类型种植槽内侧应铺设有 1～2 层防渗塑料薄膜用于盛放营养液，既可以防止成型块拼接处漏水，也可通过更换薄膜减免清扫和消毒作业。

上述两种种植槽的坡降应设为 1∶75（或 1.33%），营养液流速应控制在为 3～8 L/(m^2·h)。为了减轻劳动强度，避免管理过程中的弯腰作业，一般把种植槽架设在高度为 80～100 cm 的铁架或木架上。在定植作物时要在种植槽上盖上一块厚度为 2.0～2.5 cm 的聚苯乙烯塑料板作为定植板，一方面作为种植槽的盖板，防止营养液暴露在阳光下而滋生绿藻；另一方面可防止植株幼苗根茎直接浸入营养液中而腐烂死亡。定植板上应在波纹瓦的谷间按一定株距开出小孔作为定植孔，以便插入幼苗。

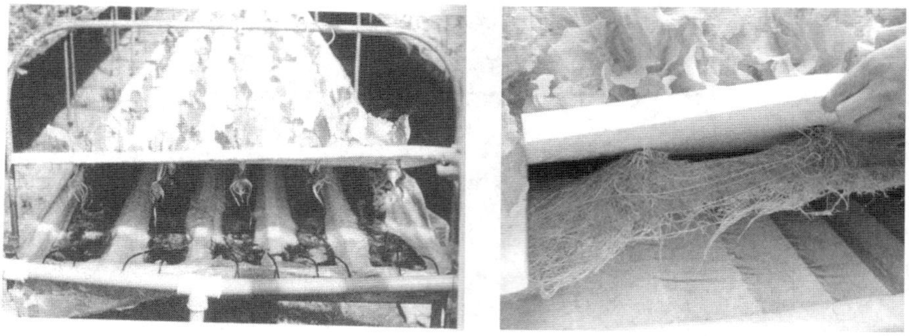

A　　　　B

图 5-12　波纹状种植槽示意图

A. 波纹瓦种植槽　B. 泡沫塑料波纹底种植槽

除上述常见波纹状种植槽外，还有一种种植槽称为自建水泥砖种植槽。该类型种植槽直接建造在温室地面上，其种植槽由水泥砖砌成一条宽度为 10～15 cm 的小沟组成。沟与沟之间的分隔带约为 12 cm，每隔 6～8 条小沟要建一条宽度为 30～35 cm 的工作通道，便于操作。种植槽表面用水泥密封，为防止营养液渗漏、便于消毒和清洗，可在种植槽上铺一层防渗塑料薄膜。沟的坡降为 1∶75，低端建造一条与种植槽长度方向垂直的排水沟，以使种植槽中的营养液回流至贮液池中。在定植作物时要在种植槽上盖上一块厚度为2.0～2.5 cm的聚苯乙烯塑料板作为定植板。

(二)贮液池

对大株型作物而言,其营养液膜栽培设施的贮液池一般设在地面以下。对于小株型作物而言,若种植槽直接建在地面上,则贮液池设在地面以下;若种植槽架在离地面有一定高度的架子上,则可把贮液池设在地面上,但需保证营养液可顺利回流至贮液池中。贮液池大小根据单株占液量计算,果类和叶类蔬菜单株占液量分别为5～8 L和1～2 L。贮液池包括实地施工型贮液池和规格化贮液桶两种类型(参见本章第一节)。

(三)营养液循环流动系统

主要由水泵、管道及流量调节阀门组成(图5-13)。

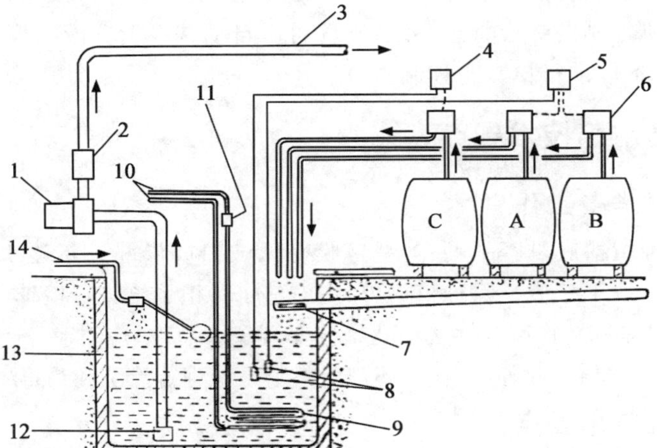

图5-13　NFT营养液自动控制装置示意图

A、B.浓缩营养液贮罐　C.浓酸(碱)贮罐

1.泵　2.定时器　3.供液管　4.pH控制仪　5.EC控制仪　6.注入泵　7.营养液回流　8.EC及pH感应器　9.加温或冷却管　10.暖气(冷水)来回管　11.暖气(冷水)控制阀　12.水泵滤网　13.贮液池　14.水源及浮球

水泵应选用耐腐蚀的自吸泵或潜水泵。水泵的功率大小,应与整个种植面积营养液循环流量匹配。功率太小则流量不足,供液量达不到要求;功率太大则造成浪费,也可能因压力太大损坏管道。一般每667 m^2需选用功率为1 000 W,流量为6～8 L/h的水泵。

管道采用塑料管道,以防止腐蚀,安装时要严格密封。供液管为水泵接出主管,在主管上接出支管,其中一条支管引回贮液池,以增加溶氧。回流管是集液回流主管,要有足够大的口径(不小于25 mm),以免滞溢。

(四)其他辅助设施

与深液流水培设施相比,营养液膜水培设施种植槽的营养液液层较浅,且整个系统营养液总量较少,所以营养液的缓冲能力弱,管理相对比较麻烦,特别是植株较大、气温较高时,营养液的物理化学性状变化较快,采用人工方法很难调控。目前生产中可采用一些自动化控制装备辅助人工,可大大降低管理难度。自动化控制装置包括间歇供液定时器、电导率自控装置、

pH 自控装置、营养液加温冷却装置和安全报警装置等。其中，间歇供液定时器可准确地控制水泵的间歇时间（主要由作物生长实际需要来定），如控制白天每小时内供液 15 min，停止 45 min，夜间每 2 h 供液 15 min，停止 105 min 等；电导率自控装置由电导率传感器、检测及控制仪表、浓缩营养液罐及注入泵及与水源连接的电磁阀组成，可根据设定的营养液管理浓度范围自行对营养液进行管理。如当传感器检测的 EC 达到管理设定的营养液浓度下限时，就会由控制系统发出指令而开启浓缩营养液注入泵，把浓缩营养液注入贮液池中，使工作营养液浓度达到原设定值；而当传感器检测到营养液浓度高于管理设定的营养液浓度上限时，控制系统发出指令将连接水源的电磁阀打开，注入清水到贮液池中，将营养液稀释到原设定的浓度水平。pH 自控装置主要由 pH 传感器、检测及控制仪表等组成，可根据检测到的贮液池营养液 pH 控制浓酸或浓碱的加入；营养液加温冷却装置则可以调节营养液温度；安全报警装置用于在突发情况（如水泵失灵、突然断电等）发生时发出警报，以便及时补救。目前国内外开发成功的、成套的、由计算机控制的综合管理系统，不仅可以自动调控营养液浓度，还可以对 pH 及温室温度、湿度和光照条件进行检测与控制。

三、营养液膜水培技术要点

（一）定植前的准备工作

种植前需检查种植槽底是否平顺、塑料薄膜有无破损或渗漏。新建水泥结构种植槽和贮液池处理措施参见本章第一节。除种植槽外，应对整个种植系统进行检查，防止出现种植槽、贮液池或循环管道破损漏液及管道或供液小孔堵塞等现象。总之，应对整个系统各个部位进行检查并无误后，方可进行种植。此外，换茬时还需对整个系统进行清洗和消毒（见本章第一节）。

（二）栽培管理技术要点

1. 作物种类和品种的选定　营养液膜水培设施不仅可以种植大株型作物（如果类蔬菜），也可种植小株型作物（如叶类蔬菜）。应结合当地的气候特点、温室特征、市场需要、种植技术和管理水平等进行综合考虑。初次种植尽量选择温光环境好的季节和易于水培成功的作物，黄瓜、番茄、生菜、蕹菜等均容易获得成功。

2. 育苗和定植

（1）育苗。营养液膜水培过程中既可选用水培育苗，也可选用基质育苗（详见第八章），具体育苗方式选择要依据栽培作物及栽培床类型而定，如种植小株型作物可直接用聚氨酯泡沫、2.5 cm 见方的岩棉育苗块、无纺布等育苗；种植大株型作物可采用 7.5 cm 见方的岩棉育苗块育苗。

（2）定植。若采用水培育苗（详见第八章第一节）技术，则可将幼苗装入定植杯后直接进行定植；若采用基质育苗（详见第八章第二节），定植前则需用清水对根系进行清洗，然后装入定植杯定植。定植时一般在定植杯中放入石砾、岩棉块、海绵块等保水透气性较好的材料，将幼苗固定其中。大株型种植槽定植的苗需要带有固体基质或多孔塑料钵以锚定植株，秧苗必须达到一定高度，使其茎叶能伸出三角形槽顶的缝以上。

3. 营养液的配制与管理

（1）营养液配方的选用。由于营养液膜水培系统的营养液总量少、种植槽内营养液液层浅，因此作物生长过程中营养的物理和化学性状变化快，根际缓冲能力差。为此，生产中应选择稳定性好的营养液配方。同时，在种植过程中根据作物的养分吸收规律、当地的水质和气候特点进行适度调整，待切实可行之后方可进行大面积应用。

(2)营养液的管理。为了满足作物最适生长的要求，要对营养液的浓度、酸碱度、溶存氧含量、液温等进行合理调节管理。换茬时还需对营养液进行更换(详见第四章第四节营养液管理)。

营养液膜水培系统的供液方法是比较讲究的。浅液层(小于 5 cm)的特点容易使营养液中含有的养分和氧很容易被消耗到很低的程度。当营养液从入口处流入，流经一段较长的路程(如 20 m)后，靠近入口端的植株吸收了较多的养分和氧气。而随着植株与入口处的距离增大，其可吸收养分和氧气的量逐渐减少，特别是靠近出口处的植株，其可吸收的养分和氧气与靠近入口处的植株差距甚大。如果营养液供液量小于一定限度是，入口处与回流口处的营养液中的含氧量差距拉大。例如，对于番茄、草莓和黄瓜而言，如果供液量分别小于 1 L/min、2 L/min 和 4 L/min，则出口处的营养液含氧量(小于 6 mg/L)明显低于入口处的营养液含氧量(介于 6～8 mg/L)(图 5-14)。如果营养液中的溶存氧大于 4 mg/L，则可以满足大多数作物的生长需要。

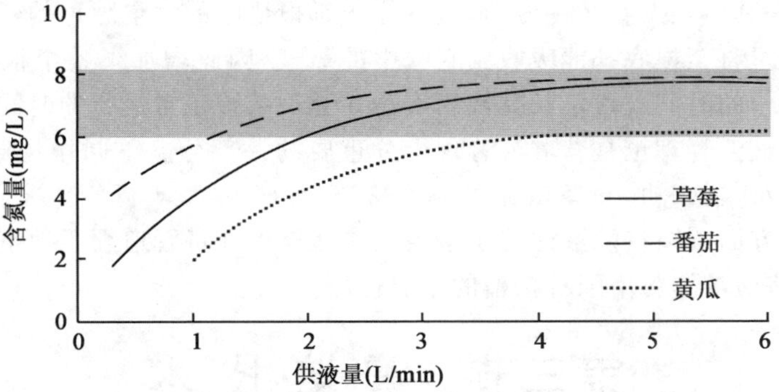

图 5-14 不同供液量与营养液含氧量的关系

注：灰色区域表示入口处营养液中的含氧量；不同线段表示不同作物出口处营养液中的含氧量(种植槽长度 21.5 m；日本千叶农试)

此外，供液量小于一定限度会最终造成产量的减少。例如，当连续少量供液时，回液口处的番茄产量明显低于供液口处的番茄产量(图 5-15)。除供液量外，种植密度也是影响种植槽营养液养分和氧气均匀度以及最终产量的重要因素。在相同供液量下，种植密度小时供液口处和回液口处的差距则缩小，反之则拉大。但是对于生产而言，由于对产量的要求，每种作物的种植密度都控制在一定范围内，变化幅度较小，因此还需在营养液管理上多下工夫。

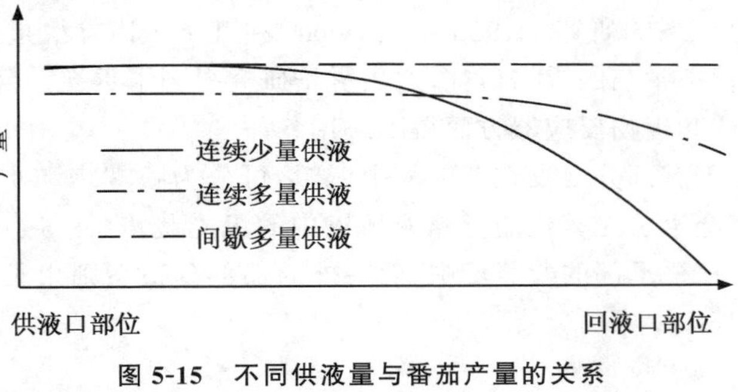

图 5-15 不同供液量与番茄产量的关系

(日本千叶农试)

为了解决种植槽较长和种植密度较大带来的养分和氧气不足的问题，生产中通常采用连续和间歇供液相结合的方式。一般来说，从定植后到根垫开始形成之前采用连续供液方式，而当根垫形成后则采用间歇供液方式。这是因为作物定植后到根垫开始形成，根系浸渍于营养液中，主要靠吸收营养中的溶存氧进行呼吸，因此根垫形成前适宜连续供液。随着根量的增加，作物对氧气的需求增大，部分根系暴露在湿气中，此时暴露在湿气中的根系靠吸收空气中的氧气进行呼吸，而营养中的根系则依靠溶存氧进行呼吸。由于间歇供液比连续供液更能促进作物生长发育，因此根垫形成后适宜间歇供液。

连续供液指营养液一天 24 h 内不间断地在种植系统内循环流动。流速大小需根据作物种类、作物长势和天气情况进行调整。作物水肥需求大、长势旺盛、气温高和湿度小等条件下需适当加大流量，反之则适当较小。但不管哪种条件，流速均需控制在一定范围内。大株型作物流速适宜控制在 5～10 L/(m^2·h)，而小株型作物则适宜控制在 3～8 L/(m^2·h)。

间歇供液指由间歇地启动和关闭营养液循环流动系统。当作物根垫形成后，间歇供液比连续供液更能促进其生长发育。一方面，供液停止时根垫中的大空隙里的营养液随之流出，空气趁机而入，根垫里直至根底都能吸收到空气中的氧气，因此增加了整个根系的吸氧量；另一方面，减少水泵工作的时间既可延长其使用寿命并延长系统正常运行的时间，也可节约能源。

除供液方式，液温管理也是营养液管理十分重要的一部分。不同作物对营养液温度的要求不同。对大多数作物来讲，夏季液温控制在 28～30℃，冬季不低于 12～15℃ 均是适宜的。为了稳定液温，一方面可以将贮液池建于室内或深埋地下并将管道埋于地下，另一方面可以在种植槽上使用一些泡沫塑料增强种植槽的稳温性能。

第三节　雾培技术

雾培(aeroponics)，又称气雾培或喷雾栽培，它是利用喷雾装置将营养液雾化为小雾滴状，直接喷射到植物根系以提供植物生长所需的水分和养分的一种无土栽培技术。aeroponics 一词来源于希腊语“aero”(air)和“ponos”(labour)，由 Went 于 1957 年提出。不同于传统的液培和基质培分别以液体和固体基质为栽培介质，雾培以空气为介质，作物悬挂在一个密闭的栽培装置(槽、箱或床)中，而根系裸露在栽培装置内的空气中，雾化的营养液直接喷射到根系表面。因此，雾培是目前所有无土栽培技术中根系的水气矛盾解决得最好的一种形式。

雾培存在于自然界，例如生长在瀑布悬崖上裸露根系的植物和热带丛林中裸露根系的兰花等。早在 1922 年 Barker 采用气雾方式研究植物根系生理。1942 年 Carter 首次进行了雾化的营养液培养菠萝根系的研究。1953 年 Vyvyan 和 Trowell 首次报道了苹果树的雾培研究，1957 年 Went 进行了番茄的雾培研究，之后雾培研究得到了重视。目前雾培不仅是科研工具，而且也在食物生产和生物反应器方面得到应用。

根据植物根系是否有部分浸没在营养液中，雾培可分为喷雾培和半喷雾培两种类型。所谓的雾培是指根系完全生长在雾化的营养液环境中的无土栽培(图 5-16A、B)；而半喷雾培是指部分根系浸没在种植槽下部的营养液中，而另外的那部分根系则生长在雾化的营养液环境中的无土栽培(图 5-16C)。

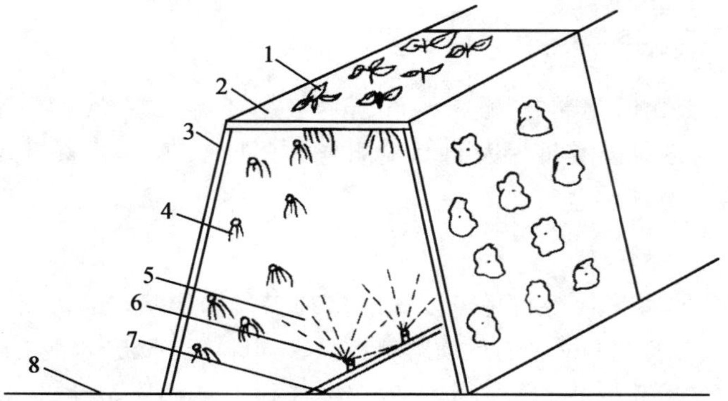

1. 植株　2,3. 泡沫板　4. 根系　5. 雾状营养液　6. 喷头　7. 供液管　8. 地面

A. 梯形雾培种植槽示意图

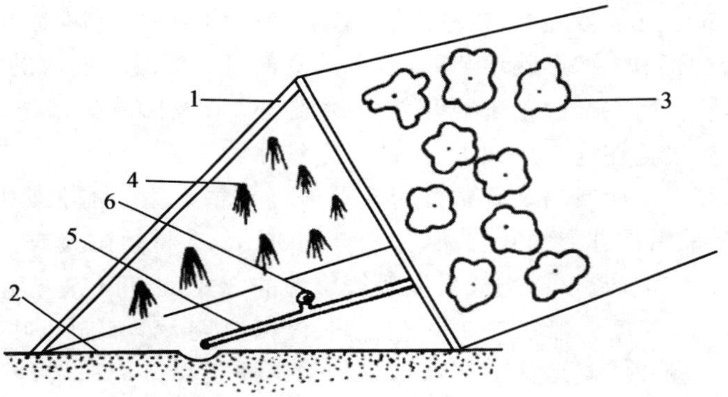

1. 泡沫板　2. 塑料薄膜　3. 植株　4. 根系　5. 供液管　6. 喷头

B. "A"形雾培种植槽示意图

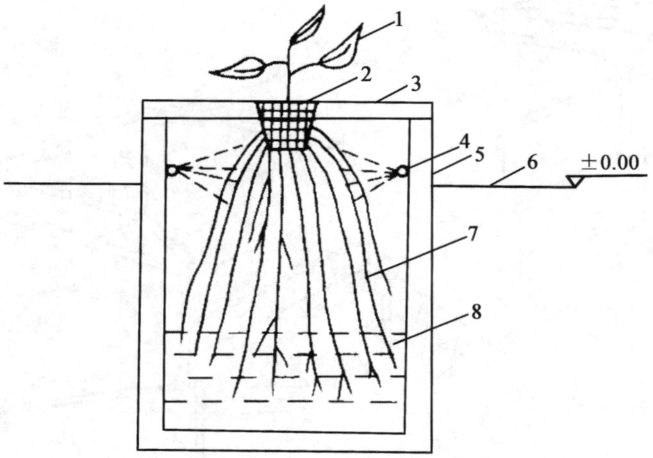

1. 植株　2. 定植杯　3. 定植板　4. 喷头　5. 种植槽　6. 地面　7. 根系　8. 营养液层

C. 半雾培种植槽示意图

图 5-16　雾培栽培装置的结构

一、雾培设施的结构

雾培生产设施主要由栽培装置、贮液池和营养液循环流动系统三部分组成，此外，在自动化控制方面，可以配置浓缩营养液罐及自动检测与补充装置、酸罐或碱罐及其自动检测与补充装置、营养液的加温和冷却装置等。

(一)栽培装置

由于以空气为介质，雾培栽培装置可以做成多种多样的形状，如“A”形、梯形、长方形、圆形的栽培床(箱、槽)等。制作材料主要有硬质塑料板、泡沫塑料板、木板、水泥混凝土以及塑料膜等。

栽培装置的制作中，其形状和大小主要考虑植株根系能够充分生长和雾化的营养液能够充分地喷射到植株的根系两个方面，因此，栽培床不能做得太狭小而使雾状的营养液喷洒不开，但也不能做得太宽大，否则喷头也不能将营养液喷射到所有的根系上。

常见的雾培装置主要分为立体栽培装置和平面栽培装置两种：

1. 立体栽培装置　立体栽培装置主要有“A”形和梯形两种，可以提高温室的空间利用效率。图 5-16A、B 为梯形和“A”形栽培装置，装置的底部可用混凝土制成的深约 10 cm 的槽，用于盛接多余的营养液。而在槽的上部可用铁条做成“A”形或梯形的框架，然后将已开了定植孔的泡沫塑料定植杯放置在这个框架上方，即可定植作物了。

2. 平面栽培装置　平面栽培装置常称为栽培床(箱、槽)，主要有长方形、正方形和圆形等形式。在生产上，常采用长方形的栽培床，如图 5-17 所示，在科学试验或小型栽培中可见正方形和圆形。在果菜栽培中，栽培床一般采取双行定植的方式，中间布置雾化装置。栽培床的宽度一般在 0.6～0.8 m，深度一般在 0.5 m 左右，长度以温室大小而定。叶菜由于根系浅，一般跨度比较大和深度比较浅。栽培槽的制作可以是采用铁条焊接成框架，然后在两边和底部铺上泡沫板，形成栽培槽，然后铺上塑料膜，以防水和将多余的营养液回流到营养液池，上面铺上已经开了定植孔的泡沫板。也可以直接用聚苯乙烯泡沫制作成 3～4 m 长的成型栽培床。

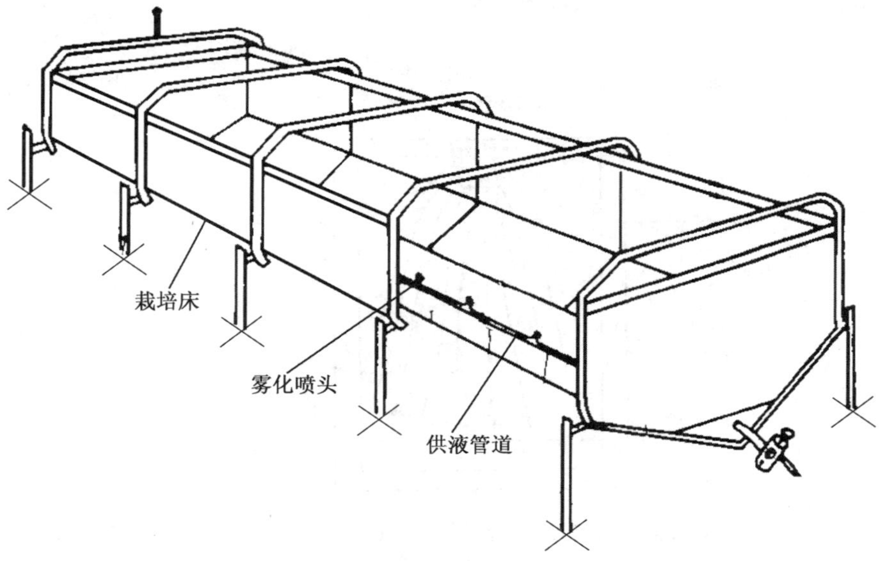

图 5-17　雾培栽培床

图 5-16C 是一种与深液流水培类似的雾培装置，但槽的深度要比深液流水培的深，可达 25～40 cm，在槽的上部放置泡沫定植板，栽培作物时营养液从槽的近上部安装的管道上的喷头中喷出，而槽底可盛装 2～3 cm 深的营养液层（即半雾培），也可以不保留此营养液层，让多余的营养液随时流回贮液池中。

（二）营养液池

一般设在地面以下，以便种植槽中流出的营养液回流到营养液池中。营养液池的体积依据生产规模而定，原则是要保证水泵有一定的供液时间而不至于很快就将池中的营养液抽干，一般应至少保证作物 2 d 左右的需要。如果条件容许，营养液池的容积可做得大一些。规模较大的雾培可用水泥砖砌成较大体积的营养液池，而规模较小的可用大的塑料桶或箱来代替。

（三）营养液循环流动系统

营养液循环流动系统主要由供液系统、定时控制系统和回流系统三部分组成。

1. 供液系统

（1）水泵。水泵的功率应根据生产规模、管道的布置、选用的喷头及其所要求的工作压力综合考虑而确定。选用的水泵需为耐酸、耐碱、耐腐蚀的，一般 667 m^2 的温室需用 1 000～1 500 W 的水泵。

（2）过滤器。由于雾化喷头的孔径比较微小，因此，必须保证雾培营养液中没有杂质，否则，雾化喷头堵塞后，植株根系因缺少雾化营养液供应而很快萎蔫。同时，在水中、配制营养液的原料中以及回流营养液中常含有一些杂质，也会堵塞喷头，因此，雾培最好设置双过滤器，第一个过滤网孔径可以大一些，第二个过滤网的孔径要小一些，以保证万无一失。

（3）供液管道。供液管道不能采用镀锌管或其他金属管道，而应选用耐腐蚀的塑料管。各级管道的大小应根据选用的喷雾装置所安装的喷头要求的工作压力的大小而定。为生产操作上的方便和防止管道的日晒老化，一般将供液管道埋设于地下。

（4）雾化装置。雾化装置是雾培的核心设备。目前常用的雾化装置主要有雾化喷头、高压雾化器、旋转盘和超声波雾化器等。雾化装置的选择以营养液能够喷洒到雾培箱内所有的根系、并且雾滴细小为原则。

①雾化喷头。目前常用的雾化喷头多为低压，大多由聚合物制造，由水泵提供低压动力。有喷射式、折射式和旋转式三种。喷射式和折射式喷头雾化效果较好，但喷射范围较小；旋转式喷头的雾化效果较差，但喷射范围比较大。

②高压雾化器。是一种通过对供液管道中的营养液增加气压，利用高压产生很好的雾化效果。美国 NASA 的雾培研究一直采用高压雾化器，他们研究表明，5～50 μm 的营养液雾化效果对植物长期雾培是比较适宜的。

③旋转盘。主要由马达、旋转轴和旋转盘三部分组成（图 5-18）。旋转盘的下部尖端伸入到营养液中，当马达启动后，利用离心力的作用将营养液吸收到旋转盘中，最后向 360°喷洒出去，形成雾化的营养液。该雾化器不需要供液系统、适宜较小范围的雾培应用。

④超声气雾机。利用超声波发生装置产生的超声波把营养液雾化为细小雾滴的雾流而布满根系生长范围之内（栽培床内），取代了上述的供液系统。通过超声波雾化营养液有助于杀灭营养液中可能存在的病原菌，对作物生长有利。营养液池或罐的出水口应设在高于超声气

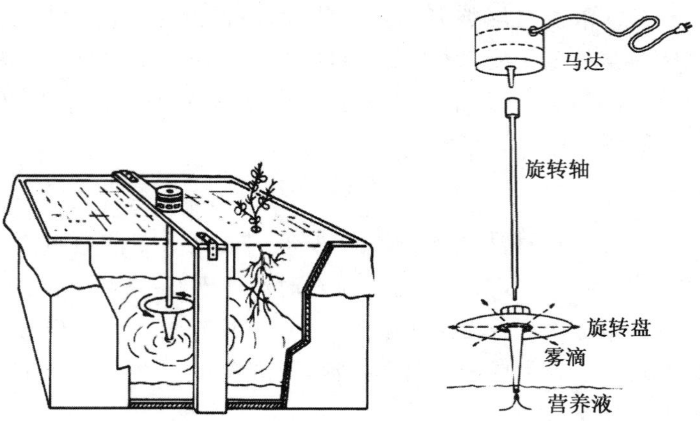

图 5-18　旋转盘及其雾培装置

雾机的入水口的位置，通过管件把营养液池或罐与超声气雾机的入水口相连，使营养液在重力的作用下流入超声气雾机内。由于超声气雾机中内置的鼓风设备的功率有限，因此，种植床不能过长，一般不超过 8 m。

2. 定时控制系统　目前在雾培中，并非每天 24 h 开启水泵进行营养液供应，而是根据作物的生长状况采用间歇式供液的方式。定时器可以准确地控制水泵的运行和供液。一般是每 10 min 供液 30 s 左右。在苗期，因根系较小。应缩短供液间隔、延长雾化供液时间。此外，定时器和电磁阀配合使用，可以实现管道和供液的自动化控制。

3. 回流系统

(1)回液管道。应采用塑料管道。在种植槽的最低一端设一排液口，然后用管道统一连接到回流主管道上，再流向营养液池。

(2)沉淀池。雾培植株的根系发达，通过雾化营养液清洗的根系分泌物也比较多，因此，在回流营养液进入营养液池之前，应先经过沉淀池，将回流液中的根系分泌物、根系等杂质沉淀、过滤和消毒，最后再进入营养液池、进行循环利用。

二、雾培的特点

根区温度、营养、湿度和气体等是影响根系生长的四大基本要素。与水培比较，雾培可以实现这四大要素的人为精准控制，而水培只能对前两者进行人为调控。因此，雾培不仅改善了植株根区的气体环境条件，而且可以实现根区环境的精确控制，满足作物最佳的生长要求，所以，雾培是目前植株生长最好、最具潜力的无土栽培方式。

(一)雾培根区环境特点

1. 根区湿度(水分)　根区湿度是关乎植物生存的主要因素。植株根系的重要功能是将水分从土壤快速输送到茎叶。雾培可以通过对喷雾时间长短和雾化效果的调控，实现根区湿度的精准控制，同时，雾化的水分在根系表面形成了一层水膜，保证了根系水分的充分供应和吸收效率，而水培和基质培是无法实现精确控制的，NASA 通过水培和雾培的比较表明，雾培的水分消耗只有水培的 65%。此外，研究表明，不同作物、不同生育阶段和不同的生长环境，雾化时间是不同的。

2.根区温度　土壤温度对植物根系以及地上茎叶的生长发育具有重要的影响。Zobel(1989)研究表明，独立于大气温度，根区温度的有效控制可以促进植株生长发育的速度和一致性。而只有雾培和水培可以实现根区温度的人为调控。

3.根区矿质营养　研究表明，在水培植株根系周围形成的养分边界层和养分亏缺区不利于气体和矿质养分扩散到根系。Weathers 和 Zobel(1992)研究表明，采用低于 12.5%的 Hoglangd 营养液连续喷雾栽培，植株会出现养分不足的症状，而水培没有出现这个现象。这主要是由于营养液以喷雾的形式来供应时，附着在根系表面的营养液只是一层薄薄的水膜，养分含量有限，而根系对养分的吸收效率高、消耗较快。因此，为了防止在停止供液的时候植株吸收不到足够的养分，就要把营养液的浓度稍微提高。此外，间歇式喷雾有利于消除根尖部位盐分的积累。NASA 研究表明雾培植株的养分消耗只有水培的 1/4。

4.根区气体　植物的根系需要充足的氧气供给才能维持其正常生长和生理功能。水中氧气的供给速度只有空气中的十万分之一，容易造成根际缺氧，影响植株的正常生长。因此，解决营养液中水气矛盾，提高植物根际供氧水平，是无土栽培系统的关键技术之一。与水培和基质栽培比较，雾培显著改善了植株根区的气体环境条件，降低了根区 CO_2 浓度、提高了 O_2 浓度。NASA 研究表明，雾培由于植株的根茎叶均可以接受有效的 O_2 和 CO_2，因此，与水培比较，雾培植株生长发育旺盛，其干物质生物量积累提高了 80%。

(二)雾培的优缺点

1.优点

(1)可很好地解决根系氧气的供应问题，几乎不会出现由于根系缺氧而生长不良的现象。

(2)养分及水分的利用率高，养分供应快速而有效。

(3)可充分利用温室内的空间，提高单位面积的种植数量和产量，温室空间的利用要比传统的平面式栽培提高 2～3 倍。

(4)根区温度、湿度、养分和气体四大要素可实现精准控制。

(5)易实现栽培管理的自动化。

2.缺点

(1)生产设备投资较大，设备的可靠性要求高，否则易造成喷头堵塞、喷雾不均匀、雾滴过大等问题。

(2)在种植的过程中营养液的浓度和组成易产生较大幅度的变化，因此管理技术要求较高。

(3)在短时间停电的情况下，喷雾装置就不能运转，很容易造成对植物的伤害。

(4)作为一个封闭的系统，如控制不当，根系的病害易于传播、蔓延。

三、雾培的栽培管理

(一)育苗

雾培育苗主要有三种方式：一是直接水培育苗。二是对于叶菜和根系再生能力比较强的作物，直接用基质育苗，然后小心清洗幼苗的根系、定植。三是对于根系再生能力比较差的作物，如瓜类等，可以先用基质育苗到两片子叶展开后，再接着进行水培育苗，3 片真叶展开时就可以定植了，否则直接清洗定植，对根系伤害大，植株缓苗慢，长势不均匀。

（二）定植

雾培的定植方法与深液流水培类似。但如果定植板是倾斜的，则不能够用小石砾来固定植株，应用少量的岩棉纤维或聚氨酯纤维或海绵块裹住幼苗的根颈部，然后放入定植杯中，再将定植杯放入定植板中的定植孔中。也可以不用定植杯，直接把用岩棉、聚氨酯纤维或海绵裹住的幼苗塞入定植孔中，此时，裹住幼苗的岩棉、聚氨酯或海绵的量以塞入定植孔后幼苗不会从定植孔中脱落为宜，但也不要塞得过紧，以防影响作物生长。

（三）营养液管理

雾培的营养液浓度要比水培的高一些，一般要高 20%～30%。而如果是半雾培，则不需要提高营养液的浓度，可与深液流水培的一样。

雾培的营养液一般采取间歇的形式来供给。供液及间歇时间应视植株的大小以及气候条件的不同而定。植株较大、阳光充沛、空气湿度较小时，供液时间应较长，而间歇时间可较短一些。而如果是半雾培，供液的间歇时间可延长一点。如果将供液时间和间歇时间设定的都比较短，虽解决了营养液供液不及时的问题，但水泵要频繁启动，影响其使用寿命。

雾培营养液的 pH 变化幅度应该比较小为好。这首先是要求所选用的营养液配方要稳定，其次是要密切注意营养液 pH 在种植作物过程中的变化幅度，如变动得稍大一些，则应立即进行调整，特别是在供液间歇较长的雾培系统中，这一问题更应注意。

在雾培中，由于营养液充氧的效果往往大大超过作物最适生长的要求，营养液中溶解氧含量常常很高，这时会对营养液中的铁营养的有效性产生影响。因为充氧过高，往往会对 Fe^{2+} 产生较强的氧化作用，降低了铁的有效性。

四、雾培的应用

（一）科研应用

目前雾培作为科研工具已经被大量地应用，例如在植物生理研究方面，包括植物根系的生长发育、根区干旱胁迫、根系对养分的吸收等；在植物病理方面主要是根系病害的研究；在块根块茎类作物研究方面主要是马铃薯、甘薯等根际低氧胁迫研究；还有根瘤菌研究等。此外，在植物组织培养和生物反应器方面也有应用。雾培也是美国 NASA 进行太空生命支持系统的首选栽培模式。

（二）生产应用

雾培随着研究的深入逐渐进入商业化生产领域。早在 1966 年，Briggs 首先进行了果树茎段的雾培诱导生根研究与应用。1973 年 Massantitl 的 A 型结构是首次实现作物商业化生产的雾培设施。1983 年 Stoner 首次实现了密闭式雾培设施的商业化开发与应用。到目前，雾培已经成功进行了蔬菜、花卉和果树的栽培，以及植物组织培养与生物反应器的生物制药等应用。目前，在世界范围内，雾培生产应用最大的是叶菜类作物的观赏栽培和脱毒马铃薯微型小薯的繁育，其中马铃薯脱毒微型小薯已经在中国、韩国、越南、西班牙等进入规模化开发与生产阶段。

第四节 其他水培技术

一、浮板毛管水培技术

浮板毛管水培技术(floating capillary hydroponics,FCH)是浙江省农科院和南京农业大学共同参考日本浮根法改良研究开发。

(一)特点

1. 比较好地改善了根系供氧 浮板毛管水培系统在栽培床内设置浮板湿毡,浮板上铺盖的湿毡(无纺布)通过毛细管作用从营养液中吸收水分而始终保持湿润状态。生长在湿毡上的根群可吸收空气中的氧气,起着改善整个根系供氧状况的作用。

2. 营养液量大、不怕短期停电 栽培槽营养液一般可保持 3～6 cm,相当于番茄、黄瓜等蔬菜作物最大日耗液量的 3～6 倍。所以,在栽培过程中发生临时停水、停电或水泵、定时器故障,造成不能正常供液的情况下,对植株的正常生长没有大的影响。

3. 根际环境稳定 FCH 系统是采用全封闭营养液循环和隔垫性能好的聚苯乙烯泡沫板制作的栽培槽,槽内空间受外界环境变化的影响较小;槽内液温稳定,即使在夏季高温季节,液温不超过 33℃,比最高气温低 6～9℃。因此,在南方最炎热的夏季,采用 FCH 系统设施栽培甜瓜、黄瓜等耐热作物,仍能获得好的收成。

4. 设备投资少,运行能耗省 FCH 系统设备,比国产的改良型 NFT 系统设备投资降低 50%以上,采用间歇供液循环方式,但间歇的时间更长,水泵运转时间为 NFT 系统的 1/4,从而节省了能源消耗。

(二)主要设施

FCH 系统由营养液池、栽培槽、营养液循环系统和控制系统四大部分组成。其横截面示意图如 5-19 所示。

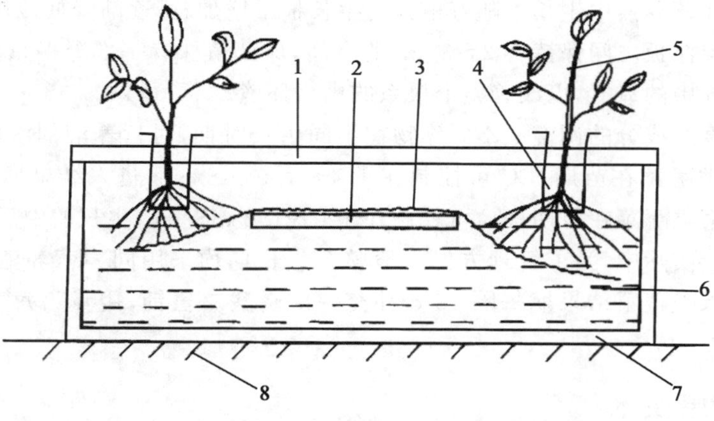

图 5-19 浮板毛管水培装置横截面示意图

1. 定植板 2. 浮板 3. 无纺布 4. 定植杯 5. 植株 6. 营养液 7. 栽培槽 8. 地面

1. 栽培槽 栽培槽由成型聚苯乙烯泡沫槽连接而成,每个槽长 1 m,宽 0.4 m,高 0.1 m。栽培槽长度为 15～30 m 为宜。栽培槽的槽内铺一层 0.3～0.4 mm 厚的专用聚乙烯黑白双色复合薄膜或两层0.15 mm厚的黑色薄膜。栽培槽内放置1.25 cm厚、14 cm宽的聚苯乙烯泡沫板作为浮板，漂浮在营养液的表面。浮板上覆盖一层25 cm宽的无纺布(规格为50 g/m^2)作为湿毡。植物一部分根系在湿毡上生长，吸收空气中的氧气；一部分根系浸在营养液中吸收水分和养分。定植板选用2.5 cm厚40 cm宽的聚苯乙烯泡沫塑料板，覆盖在聚苯乙烯泡沫槽上。定植板上有两排定植孔，栽培果类蔬菜间距大多数为40 cm×20 cm，叶类蔬菜多为20 cm×20 cm，孔径为2.3 cm，与育苗杯外径一致。

2. 营养液池　营养液池可用水泥砖砌而成，水泥要选用高标号的，池口高出地平面10 cm左右。营养液池体积参照DFT，大株型作物按照每株占液量15 L，小株型作物每株占液量3 L，一半放于营养液池中推算营养液池的体积，一般1 000 m^2栽培面积需要建造25 m^3左右的营养液池。建造营养液池时要注意严防渗漏，同时池口要加盖。营养液池加盖主要起遮光隔热，防止营养液见光滋长绿藻，稳定营养液的温度，减少营养液的蒸发，降低棚内湿度，防止土粒、灰尘及植物残体掉入池中，引起病害发生。

3. 营养液循环系统　营养液循环系统与DFT相同，主要由水泵、阀门、主管道、支管道、空气混合器、集液管道等组成。

4. 控制系统　控制系统由定时、控温、自动加水和营养液的EC、pH的检测和调控设备等组成。营养液供给由定时器控制水泵的开停时间，实现营养液间歇供给和循环。在生产实际中可根据投资情况只采用定时器，其他管理则通过人工控制。

(三)栽培管理

浮板毛管水培的栽培管理主要是营养液管理，主要有以下几点。

1. 营养液的循环，苗期植株养分和水分的消耗很少，一般可不必循环。定植约10 d后，当植株根系进入旺盛生长时期，开始营养液循环，用定时器控制，一般水泵工作10～20 min，停止1～2 h。

2. 栽培槽内营养液位的调节。小苗定植后，由于植株根系短，营养液的液位要高一些，以确保植株的根系在营养液中生长。随着植株的生长根量增加，可逐渐降低栽培槽内的液位，使栽培槽内定植板与浮板之间保持有2～3 cm的空间，保证植株有一部分根系生长在湿润的浮板湿毡上吸收空气中的氧气，以改善整个根系的供氧环境。

3. 营养液浓度及成分的调整。不同作物在不同生长时期，对营养液的浓度和成分的要求有所不同。果菜类蔬菜在苗期，EC可控制在1.4～1.6 mS/cm，进入结果期后可升至2.0～2.4 mS/cm。叶菜类蔬菜在苗期，EC可控制在1.0～1.2 mS/cm，生长的中后期可升至1.4～1.5 mS/cm。生产实际中，为了管理方便一般整个生长期均采用同一营养液配方，通常在番茄、黄瓜、葫芦等果类蔬菜结果期每隔15 d补充一次磷酸二氢钾，用量为每立方米营养液用100 g磷酸二氢钾。

二、漂浮栽培技术

深水漂浮栽培，又称浮板栽培或深池栽培，也可以看作是DFT的一种形式。该栽培系统最初由美国亚利桑那大学于20世纪70年代末研究开发，后经加拿大HydroNov公司发展推广应用于商业化生产。在加拿大、美国以及我国的北京、深圳、沈阳等地建立了深水漂浮栽培温室，用于水培蔬菜的商业化生产。

(一)特点

该栽培系统的优点:营养液量大,缓冲性能好,植物根系所处环境的营养成分、pH 和温度相对稳定性好;作物漂浮在营养液面,操作时移动方便;换茬方便迅速,土地利用率较高;营养液循环使用,省水省肥;可实现自动化控制和周年工厂化生产,产品质量稳定、均一。

该系统的缺点:设施投资大、成本高;首次使用营养液用量大,运行费用高;消毒和无病菌操作要求严格,否则一旦感染病害,将难以控制,有可能造成严重损失;仅适合种植小株型的作物,种植大株型作物管理不便。仅适宜建设在消费水平高和规模大的大城市周边地区。

(二)主要设施

深水漂浮栽培系统的主要设施包括栽培床、定植板、营养液循环系统、自动控制系统和营养液消毒装置(图 5-20)。

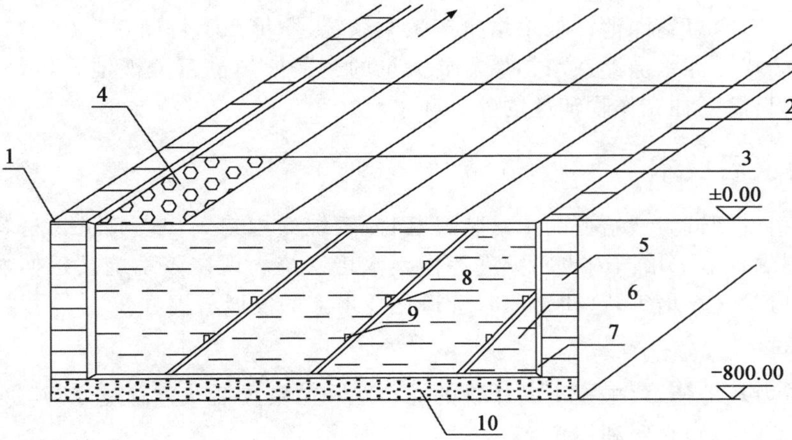

图 5-20　深水漂浮栽培设施示意图

1.地面　2.工作通道　3.泡沫塑料定植板　4.植株　5.槽框
6.营养液　7.塑料薄膜　8.供液管道　9.喷头　10.槽底

1.栽培床　一般为砖和水泥砌成的水池,整个温室内部除两端留出少量的空间作为工作与传送装置通道外,全部建成一个或数个深 80～100 cm 的水池,营养液的深度 80～90 cm。在水池的底部分别安装有连接压缩空气泵和连接浓缩营养液分配泵的管道。

2.定植板　常为白色聚苯烯泡沫塑料板,依靠浮力漂浮在营养液上,用于固定植株。定植板上的定植孔的孔径和孔距大小依据作物种类和生长阶段的不同而异。

3.营养液循环系统　包括贮液池、水泵、加液系统、回液系统以及补氧装置。池中的营养液通过回流管道与另一个水泵连接,进行整个营养液池中营养液的自体循环,保证养分分布均匀。

4.自动控制系统　包括与计算机相连的电导率仪、pH 计、温湿度计、照度计以及报警装置,实现对营养液的浓度、酸碱度和温度,以及温室温湿度和光照的实时监测,并按照预定程序自动调节营养液的 EC、pH 等。

5.消毒装置　深水漂浮栽培采用紫外线消毒方式,消毒机安装在营养液循环系统中。

(三)栽培管理

漂浮栽培适宜种植各种叶菜。主要环节有以下5点：

1. 育苗　采用岩棉块或聚氨酯纤维育苗。

2. 定植　育好的小苗直接定植到定植板的定植孔中，然后将栽有小苗的定植板放置在营养液中漂浮培养。

3. 移植　当植株生长大一点时需要将苗从定植板中取出，另行种植在具有较大定植孔和株行距的定植板中。以生菜为例，整个生长期需要进行3～4次的移栽更换定植板，密度依次为5 cm×5 cm，10 cm×10 cm，20 cm×20 cm，这样可以充分利用温室，提高温室利用效率。

4. 连续收获　在大型温室中营养液池（栽培槽）较多，可以根据苗龄大小而分为小苗、中苗、大苗和成熟苗等多个不同的栽培区域。在每个区域中控制定植板漂浮移动的速度，使得从营养液池一端到另一端的时间一致。这样就可保证每天都有播种、育苗、定植、移栽和收获。如北京顺义的一套全温室深池浮板水培生产生菜系统，一年四季每周5 d不断定植和收获。

5. 营养液管理　深水漂浮栽培初始需要大量的营养液填满营养液池，以后每次换茬不需要更换营养液，只需要补充作物消耗的养分和水分。

三、管道水培技术

管道水培指以管道为栽培槽的水培装置，因该系统的构建大多以管道为材料所以也叫管道化栽培，小型的管道水培国内也叫家庭迷你型水培系统。现在该系统又延伸发展为如超声波空气培或喷射状气雾培等，这些是原有管道化技术上的发展与提升。

(一)特点

(1)以管道为栽培槽，可根据不同作物的株行距和苗龄灵活布置管道间距，进行立体栽培，大大提高了温室空间和光照利用率。

(2)管道化栽培可将深液流栽培和陶粒栽培结合在一起，较好地解决了水培中作物根系固定、营养液循环、氧气供给和栽培装置清洗更换的难题，简化了水培的管理难度。

(3)便于自动化控制与管理。

(4)更适宜家庭等小规模的观赏栽培。

(二)主要设施

管道栽培主要由栽培管道、定植钵、支撑架、营养液池、营养液循环控制系统等部分组成，有平面、斜面和立面三种不同形式。常见的有平面管道栽培装置和报架式立体栽培装置。

1. 平面管道水培装置　如图5-21所示，一般采用250 mm的U形PVC管道作为水培栽培槽，在栽培槽的管道上，钻孔制作定植孔，然后放置定植杯（盆）固定植株。定植钵中可以装填陶粒、岩棉等固体基质。根据温室的大小将栽培管道首尾连接成封闭式循环管道，进水口可以用水泵连续性或间歇性泵入营养液，出水口连接于贮液池。营养液循环过程为：贮液池→水泵→流量调节阀→增氧装置→栽培管道→贮液池。

2. 报架式立体水培装置　因这类小型水培装置类似报架的形状，故得名（图5-22）。植物种植在不同高度水平放置且相互错开的塑料管中，营养液通过小水泵从处于地面的营养液罐中抽到最高的一层种植塑料管中，而每一层的塑料管中装有一个可控制管中液层高度的挡板或立管，在一层塑料管中营养液到达一定高度之后就随重力的作用流到下一层塑料管中，直至最后流到营养液罐中，如此往复循环，就可起到供应植物水肥和通气的作用。

图 5-21　平面管道水培装置

该装置的栽培用塑料管的直径可用 ϕ10～15 cm，每一层塑料管之间用塑料弯头相连接。把这些栽培用塑料管安放在∧形铁架的两边，然后在地面上用一个塑料桶或箱作为营养液罐，并安装一个流量为 5～7 L/min 的小水泵将营养液从罐中抽至最高一层的种植管的入水口处。

类似报架式水培装置的另一种台阶式栽培装置，它是把种植槽放置在台阶状的铁架上(图 5-23)，利用管道把每一层种植槽连通起来，通过水泵把营养液抽到最高的一层种植槽中，当这一层种植槽的营养液达到一定的深度之后就流到下一层种植槽中，直至流回营养液池中。

这两种小型水培装置可充分利用有限的空间来种植较多的植物，但一般多用于种植株型较小的植物，如草莓、生菜、白菜、小葱、西芹等。

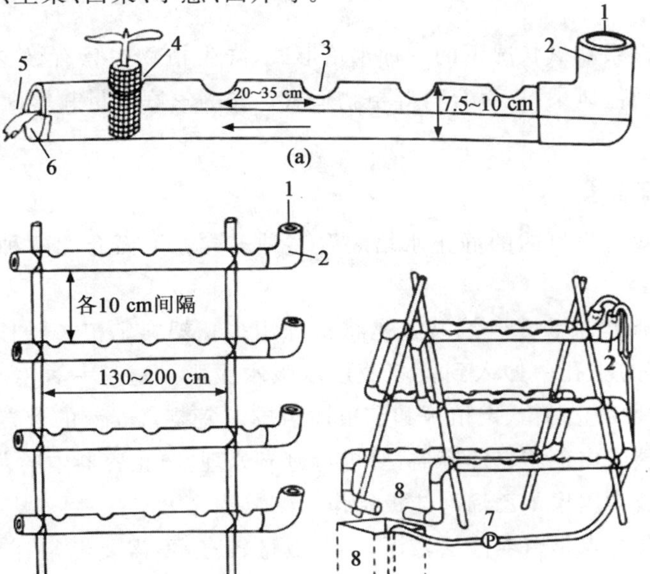

图 5-22　报架式小型水培装置

1. 营养液入口　2. 弯头　3. 定植孔　4. 育苗钵　5. 营养液出口　6. 挡水板　7. 水泵　8. 营养液池

图 5-23 台阶式小型水培装置

四、静止水培技术

静止水培是一种不用基质固定根系，而是把作物根系悬于具较深液层的静止营养液中的一种无土栽培方式。

(一)特点

静止水培是在根系缺氧状况下的一种水培形式，陆生植物中只有极少数保留有水生植物遗传基因，如天南星科、凤梨科、百合科等植物适宜。作为家庭少量栽培尚可，如果进行规模生产，则不可取。

(二)主要设施类型

以家庭小规模栽培为目的的静止水培装置多种多样。下面介绍两种代表性的静止水培装置。

1. 小型简易静止水培装置　该装置是将植株用多孔塑料定植杯悬挂在较深营养液层上方，让根系从定植杯的小孔中伸入到营养液层以吸水吸肥。这是一种对 Knop-Sachs 装置的改进(图 5-24)。主要由塑料箱、定植板和定植钵组成。盛装营养液的容器可以是塑料、陶瓷、玻璃等。如果用玻璃或白色塑料的容器，要进行遮光处理，防止容器中的营养液过热以及营养液中长水藻。定植板常用聚苯乙烯泡沫板制作。

这种装置的主要特点是营养液层较深，营养液量较多，不需要经常补充营养液，可维持一周至 10 多天植物生长的需要(有些容器较大、液层较深的可维持的时间更长)。由于静止水培水中的溶解氧有限，因此，只适宜近水性的植物。例如用一个 68 cm×42 cm×15 cm 的塑料箱作为容器，种植 12 株结球生菜，经过 50 d 的生长之后，其产量达 3.2 kg。

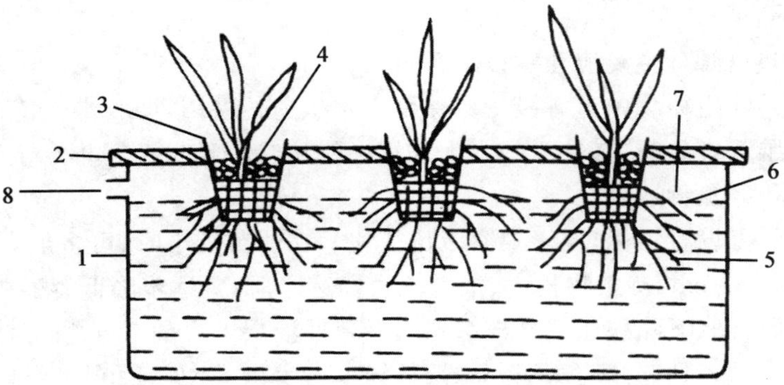

图 5-24　简易静止水培种植装置示意图

1.塑料箱　2.泡沫塑料定植板　3.塑料定植杯　4.小石砾
5.营养液　6.液面　7.空隙　8.溢水口

2.自动补充营养液的静止水培装置　为了能够自动补充种植箱中的营养液并控制箱中的液位，台湾肥料公司设计了一种在上述简易静止水培装置的基础上稍加改进的装置，见图5-25。它在定植板上钻出一个直径大约为 4 cm 的孔，在此孔中倒放入一个容积约为 2 L 的塑料瓶，瓶口与一段塑料管或橡胶管紧密相连接，而此塑料管的长度可通过推入瓶中而稍微缩短，拉出瓶中则可伸长。使用时先确定塑料管或橡胶管的长度，然后在塑料瓶中装入满瓶的营养液，迅速地将瓶倒置于定植板的孔中，插入种植箱内，使塑料管口与种植箱内的液位相当。一旦作物吸收消耗了营养液而箱中的液位降低之后，瓶中的营养液则会在重力的作用下自动流入箱中，直至箱中液位上升至瓶子的塑料管或橡胶管的管口位置，此时瓶中的气压与液压之和正好与大气压力相等，瓶中的营养液就不会再流出来。而作物再消耗了水分之后，瓶中的营养液又会再流下，周而复始，直至瓶中的营养液全部流完为止。这时，只需再另外装上一瓶新的营养液即可。

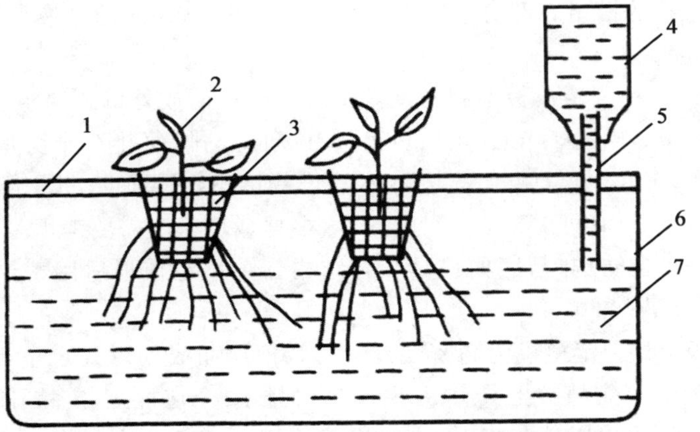

图 5-25　自动补充营养液的静止水培装置

1.定植板　2.植株　3.定植杯　4.塑料瓶　5.可伸缩的塑料管　6.种植箱　7.营养液

(三)栽培管理

静止水培的栽培管理主要应注意以下几点。

1.植株选择　陆生植物中只有极少数保留有水生遗传基因,即和水生植物有近亲缘关系,叶、茎、根有水生维管束特征,在缺氧的水生环境中能从叶面吸收氧气并传导至根系,如天南星科、凤梨科、百合科等植物适宜。

2.液位控制　可设置浮标,便于观察液位变化。在幼苗较小时,可多加入一些营养液使之浸没定植杯杯底 1～2 cm,待植物稍大、根系较为发达之后,要逐步降低容器中的营养液(靠植株吸收消耗后液面自然下降),让部分根系裸露在营养液层上方的空气中。

3.营养液管理　一是选择均衡配方的低电导度营养液,要保证植物得到全面合理营养的同时,能最大限度地提高溶解氧;营养液的电导率一般低于 0.6 mS/cm 为好;二是营养液中切勿添加铵态氮(如硫酸铵、磷酸铵、硝酸铵等);三是采用螯合态的铁、锰、锌、铜。

陆生植物静止水培时,根系不腐烂或极少腐烂,并继续生长水中根,这是静止水培成功的标志。若植株洗根后进行静止水培,根系腐烂或大部分腐烂,其上部叶片必然衰败或脱落,此时意味着栽培失败。

五、多功能无土栽培系统

(一)设施构成

多功能无土栽培设施由通用底槽、配套槽堵、四种不同栽培用途的盖板和方形定植钵、水培定植杯、无纺布基质袋、防渗膜等组成。根据不同栽培用途还配套钢结构床、槽支架和营养液供回液管路系统等。

1.通用底槽及槽堵　通用底槽及槽堵为高密度聚苯材料模压而成,槽的外径宽 60 cm,长 1 m,槽深 5 cm,厚度为 2 cm,槽底具有两条凸起 1 cm 的纵向分界线。槽侧立面具有曲线形可叠加的嵌合结构,槽的两端具有互相连接的嵌合结构,侧立面上部与定植盖板之间具有咬合结构。槽堵为簸箕形,外径、槽深、厚度、槽底分界线及上下、左右咬合结构与槽底完全一致,长度为 50 cm,其中一端的槽堵底部有一个内径 5 cm、外径 7.5 cm 的排液口。

2.定植装置

(1)A 型定植板。A 型定植板为高密度聚苯材料模压而成外罩式定植板,厚度为 2 cm,外径宽 60 cm,长 100 cm,内高 1 cm。定植板上具有纵向 3 排、每排 5 个隐形定植孔,定植孔的周围正面凸起板面 5 mm(可以阻挡灰尘、滴水流进栽培槽),反面向下凹 5 mm,定植孔内径上部 2.8 cm,下部 2.5 cm,中间具 2 mm 封闭薄片,根据栽培密度需要考虑是否打开。定植板两端具有互相搭接的嵌合结构,与底槽口具咬合结构。A 型定植板适用于果菜、鲜切花、草莓、中大株型叶菜的无土栽培。

(2)B 型定植板。B 型定植板为高密度聚苯材料模压而成外罩式定植板,厚度为 2 cm,外径宽 60 cm,长 100 cm。定植板上具有纵向 6 排、每排 10 个定植孔,定植孔的周围正面具有凸起板面 5 mm 的结构(可以阻挡灰尘、滴水流进栽培槽),定植孔内径为 2.5 cm。定植板两端具有互相搭接的嵌合结构,与底槽具咬合结构。B 型定植板适用于小棵型叶菜水培及各种作物的水培育苗。

(3)C 型托植板。C 型托植板为高密度聚苯材料模压而成内嵌式托板,厚度为 2 cm,外径宽 60 cm，内径宽 52 cm，长度 50 cm。托植板与底槽具有嵌合结构，托植板本身具有隔挡结构，互相连接处不设搭接结构。托植板上具有纵向 8 排、每排 7 个扎根透水孔，托植板上放置 5 cm 左右厚度的基质用于固定植株，根系深入板下可以吸收水分和养分，基质中的根系可以解决营养液中氧气供应不足问题。C 型托植板适用于格里克式复合栽培果菜、叶菜，也广泛用于细叶菜、芽苗菜的栽培。

(4)D 型定植板。D 型定植板为高密度聚苯材料模压而成外罩式定植板，厚度为 2 cm，外径宽 60 cm，长 80 cm，内高 5 cm，板内侧顶部具 2 根加强筋。定植板上具有纵向 2 排、每排 2 个方形定植孔，定植孔的周围正面具有凸出板面 5 mm 的凸起结构（可以阻挡灰尘、滴水流进栽培槽）。定植孔内径上口为 9.7 cm 见方，下口为 9.0 cm 见方。定植板两端具有互相搭接的嵌合结构，与底槽口具嵌合结构。D 型盖板主要用于果菜的基质＋水培复合栽培。

(5)定植钵。采用聚苯乙烯塑料模压而成，方形，上口边长 12 cm，底部边长 8 cm，高 9 cm，底部为格栅状，果菜复合栽培专用。

(6)定植杯。采用聚苯乙烯塑料模压而成，圆形，上口具有平行向外延伸的“翻边”构造，杯体外径 2.4 cm，底部外径 1.9 cm，高 4.5 cm，杯体上部 2 cm 为封闭式，下部 2.5 cm 为格栅状，叶菜水培专用。

(二)设施特点及用途

栽培槽的宽度适宜于各种温室结构，不同的盖板满足了各种作物株距调控的栽培需要。设施的整体结构不仅满足各种无土栽培模式的变化需要及多种作物生产需要，而且外形美观、衔接封闭性好，是目前理想的多功能栽培设施。多功能无土栽培设施（图 5-26）可广泛用于规模化的叶菜 DFT 栽培；果菜 DFT/NFT 水培；规模化的果菜基质＋水培的复合栽培；草莓基质＋水培复合栽培；小规模生产及观光采摘的叶菜多层立体栽培及芽苗类蔬菜栽培。

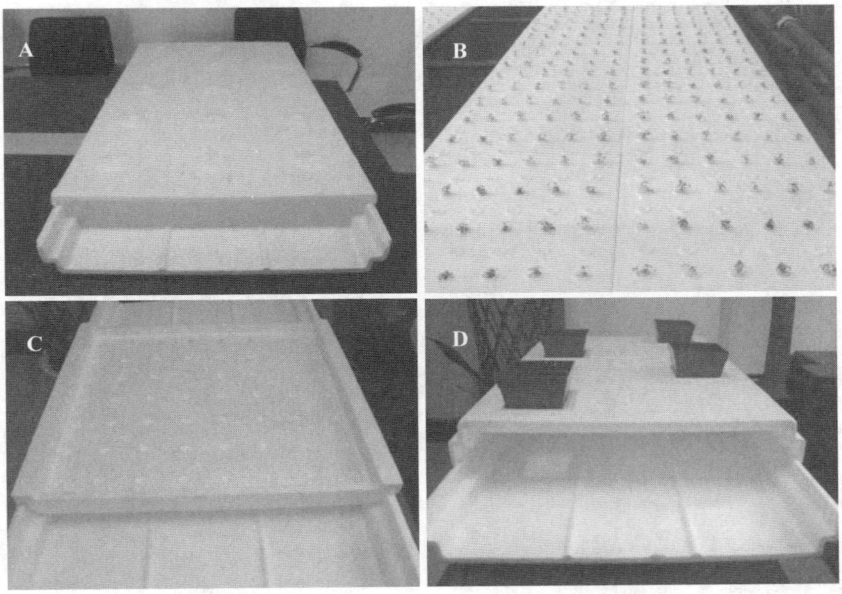

图 5-26　多功能水培的通用底槽及 4 种定植装置

A. 隐形　B. 水平　C. 凹形　D. 凸形

本章思考题

1.深液流水培设施的基本特征和优缺点是什么？其在生产中有哪些应用？

2.营养液膜水培设施的基本特征和优缺点是什么？其在生产中有哪些应用？

3.深液流和营养液膜水培技术在我国的发展前景如何？

4.如果利用深液流技术种植 300 m^2 的番茄，其种植密度为 7 株/m^2，那么贮液池的容积是多少？种植槽内和地下贮液池内的营养液量分别是多少？

5.雾培设施结构主要包括哪几部分？有何优缺点？

6.雾培与水培根际环境特点的区别主要有哪几个方面？

第六章　固体基质

学习目标：

1. 理解固体基质的作用、选用原则以及固体基质的分类。
2. 掌握固体基质的消毒与再利用方法。
3. 能够根据固体基质的性质正确选择固体基质。
4. 熟练无土栽培中对固体基质的要求以及固体混合基质的配制方法。

第一节　固体基质的作用与选用原则

固体基质是指一类用于固定作物，保持一定的空气、水分和养分供作物吸收，可部分或全部代替土壤，由非土壤成分组成的固体物质。在无土栽培中，固体基质的使用非常普遍，从用营养液浇灌的作物基质栽培，到营养液栽培中的育苗阶段和定植时利用少量的基质来固定和支持作物，都需要应用各种不同的固体基质。无土栽培常见的固体基质有沙、砾石、锯末、草炭、蛭石、珍珠岩、岩棉、椰壳纤维等，随着具有良好性能新型基质的不断开发并投入应用，使得作物固体基质栽培具有性能稳定、设备简单、投资较少、管理较易的优点得到充分发挥，并有较好的实用价值和经济效益，因而被越来越多的栽培者采用。

一、固体基质的作用

用于无土栽培的固体基质要能为作物生长提供稳定协调的水、气、肥等根际环境条件，具有支持和固定植物、保持水分和透气的作用，有机基质还具有养分供应和缓冲作用。固体基质由固相、液相和气相三部分组成，固相具支持植物的功能，液相具有为植物提供水分和水溶性养分功能，气相具有为植物根系提供氧气的功能。

（一）支持和固定植物

这是无土栽培中所有的固体基质最主要的作用。固体基质可以支持并固定植物，使其扎根于固体基质中保持直立而不至于倾倒，同时，给植物根系提供良好的生长环境，有利于植物根系的伸展和附着。

（二）保持水分

能够作为无土栽培使用的固体基质一般都可以保持一定的水分，但不同基质保持水分的能力存在较大差异。例如，珍珠岩可以吸收相当于本身重量 3～4 倍的水分，草炭则可以吸收保持相当于本身重量 10 倍以上的水分，而颗粒粗大的石砾其持水能力较差，只能吸持相当于其体积 10%～15%的水分。一般要求固体基质所吸持的水分要能够维持在 2 次灌溉间歇期间使作物不致失水而受害，同时间隔的时间又不会太短，以减少管理上的不便。

(三)透气

作物的根系进行呼吸作用需要氧气,固体基质的孔隙存有空气,可以供给作物根系呼吸所需的氧。固体基质的孔隙同时也是吸持水分的地方。因此,在固体基质中,透气和持水两者之间存在着对立统一的关系,即固体基质中空气含量高时,水分含量就低,反之亦然。这样,就要求固体基质能够很好地协调水分和空气的关系,以满足作物对空气和水分两者的需要。

(四)缓冲作用

缓冲作用是指固体基质能够给根系生长提供一个相对稳定的生长环境的能力。即当外来物质或根系本身新陈代谢过程中产生一些有害物质为害作物根系时,缓冲作用会将这些危害降低或化解为无。具有物理化学吸附功能的固体基质都具有缓冲作用,例如蛭石、草炭等就有这种功能。具有这种功能的固体基质,通常称为活性基质。无土栽培生产中所用的无机固体基质缓冲作用较弱,其根系环境的物理化学稳定性较差,需要生产者对其进行处理,使其能够保持良好的稳定性。

(五)提供营养

有机固体基质如草炭、椰壳纤维、熏炭、苇末基质等,可为作物苗期或生长期间提供一定的矿质营养元素。

二、对固体基质的要求

固体基质所具备的各种能够满足无土栽培要求的性能,是由其本身的物理、化学和生物学性质所决定的。因此,无土栽培中对固体基质的要求,即是对基质本身的物理、化学和生物学性质的要求。

(一)对基质物理性质的要求

在无土栽培中,对栽培作物生长有较大影响的固体基质物理性质主要有容重、总孔隙度、持水量、大小孔隙比(气水比)、粒径等。

1. 容重　容重指单位体积内干燥基质的重量,用 g/L 或 g/cm^3 表示。可以取一个一定体积的容器,装满干基质,称其重量,然后用其重量除以容器的体积即得到容重值。由于计算容重时的体积包括了颗粒之间的空隙,因此容重大小主要受基质的质地和颗粒大小的影响。基质的容重反映基质的疏松、紧实程度。容重过大,则基质过紧实,总孔隙度小,通气透水性差,基质内易造成积水而影响作物根系生长;容重过小,则基质过于疏松,基质过轻,总孔隙度大,虽具有良好通透性,但浇水时易漂浮,不利于固定根系。为了克服单一基质容重过重或过轻所带来的弊端,生产中常将 2 种或 2 种以上容重不同的基质混合,使其符合栽培对容重的要求。

不同基质的容重差异很大(表 6-1),同一种基质由于受到压实程度、颗粒大小影响,其容重也存在着很大差异。例如,新鲜蔗渣的容重为 0.13 g/cm^3,经过 9 个月堆沤分解之后容重为 0.28 g/cm^3。一般认为,小于 0.25 g/cm^3 属于低容重基质,0.25～0.75 g/cm^3 属于中容重基质,大于 0.75 g/cm^3 的属于高容重基质,而基质容重在 0.1～0.8 g/cm^3 范围内作物栽培效果较好。

表 6-1　几种常用基质的容重和比重

基质种类	容重(g/cm^3 近似值)	比重(g/cm^3)	基质种类	容重(g/cm^3 近似值)	比重(g/cm^3)
土壤	1.10～1.70	2.54	草炭	0.05～0.20	1.55
沙	1.30～1.50	2.62	蔗渣	0.12～0.28	—
蛭石	0.08～0.13	2.61	树皮	0.10～0.30	2.00
珍珠岩	0.03～0.16	2.37	松树针叶	0.10～0.25	1.90
岩棉	0.04～0.11	—			

容重对于植物的生产上还有一层经济意义。一个直径和高度均为 30 cm 的容器，若装填土壤，干重在 28～33 kg，湿重在 40 kg 左右，会增加搬运强度，费工费力。然而，容重过轻，盆栽植物又容易被风吹倒。所以，用小盆栽种低矮植物或在室内栽培时，基质容重宜在 0.1～0.5 g/cm^3；用大盆栽种高大植物或在室外栽培时，则宜在 0.5～0.8 g/cm^3，否则，应采取辅助措施将盆器予以固定。

值得指出的是，基质容重可分别从干容重和湿容重两个角度去衡量。假设珍珠岩和蛭石的干容重都是 0.1 g/cm^3，前者吸水后为自身重量的 2 倍，后者吸水后为自身重量的 3 倍，则湿容重分别为 0.2 g/cm^3 和 0.3 g/cm^3。在实际使用中，有时湿容重可能较干容重更为现实些。例如，化学合成基质的干容重为 0.01 g/cm^3，极容易令人直感地认为太轻，不能将植物根系固定住，但从其湿容重能达到 0.2～0.3 g/cm^3 来看，与珍珠岩、蛭石相近，就不易产生错觉了。

此外，基质的比重(密度)不同于容重，是指单位体积固体基质的质量，体积中不包括基质的孔隙，而容重则包括基质的孔隙。

2.总孔隙度　总孔隙度是指基质中持水孔隙和通气孔隙的总和，以相当于基质体积的百分数(%)来表示。总孔隙度大的基质，其空气和水的容纳空间就大，反之就小。总孔隙度可以按下列公式计算：

$$\text{总孔隙度}(\%)=(1-\text{容重}/\text{比重})\times 100\%$$

如果一种基质的容重为 0.2 g/cm^3，比重为 1.0 g/cm^3，则总孔隙度为：

$$(1-0.2/1.0)\times 100\%=80\%$$

总孔隙度大的基质较轻，基质疏松，容纳空气与水的量就大，有利于作物根系生长，但对于作物根系的支撑固定作用效果较差，易倒伏。例如蔗渣、蛭石、岩棉等的总孔隙度在 90%～95%及以上。总孔隙度小的基质较重，水、气的容纳量较少，如沙的总孔隙度约为 30.5%，不利于植物根系的伸展，必须频繁供液以弥补此缺陷。一般来说，基质的总孔隙度在 54%～96%均可。为了克服单一基质总孔隙度过大或过小所产生的弊病，在实际应用时常将二、三种总孔隙度不同的基质混合使用，以改善基质的持水透气性能。

3.基质气水比(大小孔隙比) 基质的总孔隙度只能反映在一种基质中空气和水分能够容纳的空间总和,它不能反映基质中空气和水分各自能够容纳的空间。而在植物生长的根系周围,能提供多少空气和容易被利用的水分,这是基质最重要的物理性质。最适宜的基质的总孔隙度状况是同时能提供20%的空气和20%～30%容易被利用的水分。

气水比是指在一定时间内,基质中容纳气、水的相对比值,通常以基质的大孔隙和小孔隙之比来表示。大孔隙是指基质中空气能够占据的空间,即通气孔隙;小孔隙是指基质中水分所能够占据的空间,即持水孔隙。通气孔隙与持水孔隙的比值称为大小孔隙比。用下式表示:

$$大小孔隙比=通气孔隙(\%)/持水孔隙(\%)$$

通气孔隙一般指孔隙直径在1 mm以上,灌溉后的溶液不会吸持在这些孔隙中而随重力作用流出的那部分空间,因此这种孔隙的作用是贮气。一般来说,大孔隙占5%～30%的基质属于中等孔隙度,小于5%的属低孔隙度,而大于30%的属高孔隙度(这时基质持水量低,容易干燥)。持水孔隙是指孔隙直径在0.001～0.1 mm范围内的孔隙,由于毛细管作用水分会被吸持在这些孔隙中,也称为毛管孔隙,这种孔隙的主要作用是贮水。

大小孔隙比与总孔隙度合在一起可全面地表明基质中气和水的状态。在总孔隙度一定的情况下,如果大小孔隙比大,则说明空气容量大而持水容量较小,即贮水力弱而通透性强;反之,如果大小孔隙比小,则空气容量小而持水量大。一般而言,大小孔隙比在1∶(2～4)范围内的基质,对大多数植物根系的生长都是适宜的。

表6-2列出了几种常用基质的孔隙度的参数值。

表6-2　几种常见基质的孔隙度的参数值

基质种类	总孔隙度(%)	大孔隙(%)(通气容积)	小孔隙(%)(通气容积)	大小孔隙比[大孔隙(%)/小孔隙(%)]
菜园土	66.0	21.0	45.0	0.47
沙子	30.5	29.5	1.0	29.50
煤渣	54.7	21.7	33.0	0.64
蛭石	95.0	30.0	65.0	0.46
珍珠岩	93.2	53.0	40.0	1.33
岩棉	96.0	2.0	94.0	0.02
泥炭	84.4	7.1	77.3	0.09
锯木屑	78.3	34.5	43.8	0.79
炭化稻壳	82.5	57.5	25.0	2.30
蔗渣(堆沤6个月)	90.8	44.5	46.3	0.96

4.粒径(颗粒大小) 是指基质颗粒的直径大小,用mm表示。基质的颗粒大小直接影响着容重、总孔隙度和大小孔隙比。同一种基质颗粒越细,容重越大,总孔隙度越小,大小孔隙比越大;反之,颗粒越粗,容重越小,总孔隙度越大,大小孔隙比越小。因此,为了使基质既能满足根系吸水的要求,又能满足根系吸收氧气的要求,基质的颗粒不能太粗。颗粒太粗,虽然通气

性较好,但持水性就较差,种植管理上要增加浇水次数;颗粒太细,虽然能有较高的持水性,但其表面吸附的和小孔隙内容留的水分便不易流动、排除,导致颗粒间通气不良,易产生基质内水分过多,通气不良而影响根系生长。因此,颗粒大小应适中,但不同种类的基质,各自有适宜的粒径。就沙粒来说,粒径以 0.5～2.0 mm 为宜;就陶粒来说,粒径在 1 cm 以内为好;就岩棉(块状)等基质来说,粒径大小并不重要。

(二)对基质化学性质的要求

对作物栽培生长有较大影响的基质化学性质,主要有基质的化学组成及由此而引起的化学稳定性、酸碱性、盐基交换量(阳离子代换量)、缓冲能力和电导度。了解基质的化学性质及其作用,可使生产者在选择基质和配制、管理营养液的过程中做到有的放矢,提高栽培管理效果。

1.基质的化学组成及其稳定性 基质的化学组成通常指其本身所含有的化学物质种类及其含量,既包括了作物可以吸收利用的矿质营养和有机营养,又包括了对作物生长有害的有毒物质等。基质的化学稳定性是指基质发生化学变化的难易程度,与化学组成密切相关,影响着营养液的组成、浓度以及栽培作物的生长。在无土栽培中要求基质的化学稳定性强,不含有毒的物质,以减少基质对营养液的干扰,保持营养液的平衡,便于管理和保证作物正常生长。

基质的种类不同,化学成分不同,其所含有的植物可利用的营养元素也不同,常见基质的营养元素含量见表 6-3。

表 6-3 常见基质的营养元素含量(郭世荣主编:无土栽培学)

基质种类	全氮(%)	全磷(%)	速效磷(mg/L)	速效钾(mg/L)	代换钙(mg/L)	代换镁(mg/L)	速效铜(mg/L)	速效锌(mg/L)	速效铁(mg/L)	速效硼(mg/L)
菜园土	0.106	0.077	50.0	120.5	324.70	330.0	5.78	11.23	28.22	0.425
煤渣	0.183	0.033	23.0	203.9	9 247.5	200.0	4.00	66.42	14.44	20.3
蛭石	0.011	0.063	3.0	501.6	2 560.5	474.0	1.95	4.0	9.65	1.063
珍珠岩	0.005	0.082	2.5	162.2	694.5	65.0	3.50	18.19	5.68	—
岩棉	0.084	0.228	—	1.338*	—	—	—	—	—	—
棉子壳	2.20	0.210	—	0.17*	—	—	—	—	—	—
炭化稻壳	0.54	0.049	66.0	6 625.5	884.5	175.0	1.36	31.30	4.58	1.290

注:* 为全钾百分数(%)。

基质的化学稳定性因化学组成不同而差别很大。由无机矿物构成的基质(沙、石砾等),如其成分是由石英、长石、云母等矿物组成,则其化学稳定性最强;由角闪石、辉石等组成的次之;而以石灰石、白云石等碳酸盐矿物组成的最不稳定。前二者在无土栽培生产中,对营养液平衡不会产生影响;后者由于其含有钙、镁离子而严重影响营养液的化学平衡,这是无土栽培中需要特别注意的问题。

由植物残体构成的基质,如草炭、木屑、稻壳、甘蔗渣等,均属于有机基质,其化学组成比较复杂,对营养液的影响较大。这类基质的化学成分大致可分为 3 类:第一类是易被微生物分解的物质,如碳水化合物中的糖、淀粉、半纤维素、纤维素、有机酸等;第二类是有毒物质,如某些有机酸、酚类、丹宁等;第三类是难被微生物分解的物质,如木质素、腐殖质等。含第一类物质多的基质(新鲜稻草、甘蔗渣等),由于其较高的C/N,在使用初期会产生植物与微生物争氮,影响了营养液的平衡,造成植物生长严重缺乏氮素的现象。含有第二类物质比较多的基质会直接毒害植物根系。所以第一、二类物质较多的基质不经处理是不能直接使用的。含第三类物质为主的基质最稳定,使用时也最安全,如草炭、经过堆沤处理后腐熟了的木屑、树皮、甘蔗渣等。堆沤是为了消除基质中易分解物质(第一类物质)和有毒物质(第二类物质),使其转变成以难分解的物质为主体的基质。

2. 基质的酸碱性(pH) pH表示基质的酸碱度。pH=7为中性,pH<7为酸性,pH>7为碱性。pH变化一个单位,酸碱度就增加或减少10倍。例如pH 5较pH 6酸度增加10倍,较pH7酸度增加100倍。

不同基质,其酸碱性各不相同,既有酸性基质,也有碱性的和中性的基质。无土栽培基质的酸、碱性应保持相对稳定,且最好呈中性或微酸性状态,过酸、过碱都会影响营养液的平衡和稳定。如石灰质(石灰岩)的砾和沙含有非常多的碳酸钙($CaCO_3$),用这种砾或沙作基质时,在使用过程中碳酸钙会逐渐释放到营养液中,而提高营养液的pH,高pH会导致铁的沉淀,降低了铁的有效性,最终造成植物缺铁。对于这种砾和沙,虽然可以通过水洗、酸洗或在磷酸盐溶液中浸泡等方法减缓其碳酸根离子的释放,但这只能在短期内有效,造成后期营养液管理的困难,植物出现由于营养不均衡导致的生理障碍,这一问题使得碳酸岩地区难以进行砾培和沙培。生产中对使用的基质必须事先了解其酸碱性,以便采取相应措施予以调节。常用的比较简便的测定方法是:取1份基质,按体积比加5份蒸馏水混合,充分搅拌后进行测定。在初期使用时,基质的pH会发生变动,但变动幅度不宜过大,否则将影响营养液成分的有效性和作物的生长发育。

多数园艺植物比较适应的pH范围为5.5~6.5,但基质的pH以6.5(微酸性)~7.0(中性)为宜,最好容易人为调节,供液后又不会影响营养液某些成分的有效性,导致植物出现生理障碍。

石灰质的砾石富含碳酸钙,供液后使pH升高,导致铁发生沉淀,造成植物缺铁,故不适于用作基质。糠醛属于强酸性,必须用碱性物质调整其pH至微酸性,否则也不宜用作基质。

一般来说,由于营养液大多偏酸性,基质经多次供液后pH会略有下降或保持与营养液的pH相近;如果用碱性物质调整基质的酸性,则有引起微量元素缺乏之虞。

3. 盐基交换量 盐基交换量(cation exchange capacity,CEC)是指基质的阳离子代换量,即在一定酸碱条件下,基质含有可代换性阳离子的数量。以每千克基质代换吸收阳离子的厘摩尔数(cmol/kg)来表示。基质的颗粒一般带负电荷,肥料养分水解后形成阴离子和阳离子,阳离子如铵、钾、钙、镁和钠,可被带负电荷的基质颗粒所吸附,以抵抗淋洗,直至被其他阳离子(一般为氢离子)所代换。阴离子如硝酸根、硫酸根和氯离子,因不能被带负电荷的颗粒所吸附,易遭受淋洗。盐基交换量可表示基质对养分的吸附保存能力,并能反映保持养分离子免遭水分淋洗且能缓慢释放供植物吸收利用的能力,对营养液的酸碱反应也有缓冲作用。

不同的基质其阳离子代换量有很大的差异,有的基质几乎没有盐基交换量(如大部分的无机基质),有些却很高(如有机基质)。盐基代换量大的基质由于会对阳离子产生较强烈的吸附,所以对所加入的营养物质的组成和比例会产生很大的影响,影响到营养液的平衡,这样所加入的营养物质的组成和浓度会在基质中未被作物吸收前就产生了较大变化,使得人们难以了解基质中易被植物吸收的那部分养分的实际数量,也就较难对所需养分浓度和组成进行有效的控制，这是其不利的一面，即影响营养液的平衡，使人们难以按需控制营养液的组分；但也有有利的一面，即保存养分、减少损失和对营养液的酸碱反应有缓冲作用。因此，在使用某种基质之前必须对该基质的盐基交换能力有所了解，以便权衡利弊而做出使用的选择。几种常用基质的盐基交换量见表 6-4。

表 6-4　几种基质的盐基交换量（郭世荣主编：无土栽培学）

基质种类	盐基交换量(cmol/kg)
高位草炭	140～160
中位草炭	70～80
蛭石	100～150
树皮	70～80
沙、砾、岩棉等惰性基质	0.1～1

4.基质的电导率　基质的电导率也叫电导度，是指基质未加入营养液之前，本身具有的电导率，用以表示各种离子的总量（含盐量），一般用毫西门子/厘米（mS/cm）表示。电导率是基质分析的一项指标，它反映基质中原来带有的可溶盐分的多少，将直接影响到营养液的平衡。基质中可溶性盐含量不宜超过 1 000 mg/kg，最好≤500 mg/kg。例如海沙因含有较多的氯化钠成分，电导率较高；煤渣含代换钙高达 9 247.5 mg/kg；某些植物性基质如树皮、炭化稻壳等也含有较高的盐分。使用基质前应对其电导率了解清楚，以便用淡水淋洗或作其他适当处理。

基质的电导率和硝态氮之间存在相关性，故可由电导率值推断基质中氮素含量，判断是否需要施用氮肥。一般在花卉栽培时，当电导率值小于 0.5 mS/cm 时（相当于自来水的电导率值），必须施肥；电导率值达 1.3 mS/cm 时，一般不再施肥，并且最好淋洗盐分；栽培蔬菜作物时的溶液电导率值应大 1 mS/cm。

电导率的测定方法可用专门仪器（电导仪）测量，但样品溶液制备则方法多样，除基质与水之比为 1∶2 外，尚有 1∶5、饱和法等，必须事先确定，才能正确解释所得结果。

5.基质的缓冲能力　基质的缓冲能力是指基质在加入肥料后，基质本身所具有的缓和酸碱性（pH）变化的能力。缓冲能力的大小，主要由盐基交换量以及存在于基质中的弱酸及盐类的多少而决定。一般盐基交换量高的，其缓冲能力就强。含有较多的碳酸钙、镁盐的基质对酸的缓冲能力大，但其缓冲作用是偏性的（只缓冲酸性）；含有较多的腐殖质的基质对酸碱两性都有缓冲能力。依基质缓冲能力的大小排序，则为：有机基质＞无机基质＞惰性基质＞营养液。在常用基质中，有些矿物性基质有很强的缓冲能力，如蛭石，但大多数矿物性基质缓冲能力都很弱。因此，应了解清楚基质的缓冲能力，以便利用其优点，避免其缺点。

6.碳氮比　指基质中碳和氮的相对比值。碳氮比高（高碳低氮）的基质，由于微生物生命活动对氮的争夺，会导致植物缺氮。碳氮比达到 1 000∶1 的基质，必须加入超过植物生长所需的氮，以补偿微生物对氮的需求。碳氮比很高的基质，即使采用了良好的栽培技术，也不易使植物正常生长发育。因此，木屑和蔗渣等有机基质，在配制混合基质时，用量不要超过 20%，或者每立方米加 8 kg 氮肥，堆积 2～3 个月，然后再使用。另外，大颗粒的有机基质由于其表面积小于其体积，分解速度较慢，而且其有效碳氮比小于细颗粒的有机基质（细锯末的碳氮比为 1 000∶1，而直径 0.5 cm 的粗锯末的碳氮比则为 500∶1）。所以，要尽可能使用粗颗粒的尤其是碳氮比低的基质。一般规定,碳氮比(200～500):1 属中等,小于 200:1 属低,大于 500:1 属高。通常,碳氮比宜中宜低而不宜高。C/N=30 左右较适合于作物生长。

(三)对基质生物学性状的要求

基质的生物学性状是指基质中微生物的活动状况、有机物的降解与重组以及在作物上表现出的毒性、发芽、生长等的性状。基质在微生物的作用下,有机质的腐蚀和降解会改变基质的物理、化学、生物特性,这是一个不断变化的生物过程,微生物的数量、种类和活性直接影响基质的腐蚀和降解进程,因此,基质中有益微生物的数量、种类和活性是衡量基质生物学性状的重要参数;此外,基质本身也在不断进行着生物化学反应,一些酶在这一过程中发挥着重要作用,如脲酶催化尿素水解成氨,可以用来表征基质中有机态氮的转化状态;多酚氧化酶参与基质有机组分中芳香族化合物的转化过程,对酚类物质进行氧化作用使之生成醌,再通过一系列的生物化学过程形成胡敏酸分子,成为腐殖化的一种媒介;过氧化物酶能氧化基质有机质,是基质微生物生命活动的结果,在腐殖质的形成过程中具有重要作用;过氧化氢酶在生物氧化过程中起分解过氧化氢的作用,其活性与基质的微生物数量和活性有关,也与植物根系有关,可以用来表征基质生物氧化过程的强弱。用水堇种子进行种子发芽试验,发芽率>90%、发芽系数>50%表明有机基质达到腐熟状态,也可选用对毒性物质敏感的番茄、生菜进行植物毒性试验。

三、固体基质的选用原则

基质是无土栽培中重要的栽培组成材料,因此,基质的选择是影响基质栽培成功与否的关键因素之一。通常要求无土栽培基质不但具有像土壤那样能为植物根系提供良好的营养条件和水气环境条件的功能,而且还可以为改善和提高管理措施提供更方便的条件。因此,对基质应根据具体情况予以精心选择,总体要求是:基质不能含有不利于植物生长发育的有害、有毒物质,能为植物根系提供良好的水、气、肥、热、pH 等条件,充分发挥其不是土壤胜似土壤的作用;还要能适应现代化的生产条件,易于操作及标准化管理。基质的选用原则可以从植物根系的适应性、基质的适用性和基质的经济性 3 个方面考虑。

(一)根系的适应性

固体基质的优点之一是可以创造植物根系生长所需要的最佳根区环境条件,即最佳的水气比例。比较理想的基质应该为作物根系提供如下条件:较大的总孔隙度,达到饱和吸水量后,尚能保持大量空气孔隙,有利于植物根系的贯通和扩展;吸水率大,持水力强,有利于减少浇水次数,同时,使过多的水分容易疏泄,不致发生涝害;具有一定的弹性和伸长性,既能支持植物地上部分不发生倾倒,又能不妨碍植物地下部分伸长;浇水过多或过少不会产生开裂或黏团现象,以免拉伤根系或妨碍根系呼吸;绝热性较好,不会因夏季过热、冬季过冷而损伤植物根系;本身不携带土传性病虫草害,外来病虫害也不易在其中滋生;本身有一定肥力,但又不会与化肥、农药发生化学作用,不会对营养液的配制和 pH 有干扰,也不会改变自身固有理化特性;基质不含有不利于植物根系生长发育的有害、有毒物质。

气生根、肉质根需要很好的通气性,同时需要保持根系周围的湿度达 80%以上,甚至 100%的水气。粗壮根系要求湿度达 80%以上,通气较好。纤细根系如杜鹃花根系要求根系环境湿度达 80%以上,甚至 100%,同时要求通气良好。在空气湿度大的地区,一些透气性良好的基质如松针、锯末非常合适，而在大气干燥的北方地区，这种基质的透气性过大，根系容易风干。北方水质碱性，要求基质具有一定的 H^+ 浓度调节能力，选用草炭混合基质的效果就比较好。

(二)基质的适用性

选用的基质不仅适合所要种植的作物，而且还要适于种植众多种类植物，以及植物各个生长阶段，甚至包括组织培养试管苗出瓶种植。一般来说，基质的容重在 0.5 g/cm^3 左右，总孔隙度在 60%左右，大小孔隙比在 1∶(2～4)，化学稳定性强(不易分解)，酸碱度接近中性，没有有毒物质存在时，都是适用的。当有些基质的某些性状有碍作物栽培时，通过采取经济有效的措施能够消除或者改良该性状，则这些基质也是适用的。例如，新鲜甘蔗渣、锯末的 C/N 很高，在种植作物过程中，早期会发生微生物对氮的强烈固定而妨碍作物的生长，但经过采用比较简易而有效的堆沤方法，就可使其 C/N 降低而成为很好的基质。

有时基质的某种性状在一种情况下是适用的，而在另一种情况下就变成不适用了。例如，颗粒较细的草炭，作为育苗基质是适用的，但作为栽培(袋培或槽培)基质时则因其太细而视为不适用。

决定基质是否适用，还应该有针对性地进行栽培试验，这样可提高判断的准确性。

(三)基质的经济性

除了考虑基质的适用性以外，选用基质时还要考虑其经济性，所选用的基质不受地区性资源限制，便于工厂化批量生产。有些基质虽对植物生长有良好的作用，但来源不易或价格太高，因而不宜使用。现已证明，岩棉、草炭、椰糠是较好的基质，但我国的农用岩棉目前仍需靠进口，这无疑会增加生产成本。草炭在我国南方的贮量远较北方少，而且价格也比较高，但南方作物的茎秆、稻壳、椰糠等植物性材料很丰富，如用这些材料作基质，则不愁来源，而且价格便宜。因此，选用基质既要考虑对促进作物生长有良好效果，又要考虑基质来源容易，价格低廉，经济效益高。

此外，选用基质还须注意以下几个问题：不会污染土壤、使用方便(包括混合难易和消毒难易等)、可利用时间长以及外观洁美；不会因施加高温、熏蒸、冷冻而发生变形变质，便于重复使用时进行灭菌灭害；没有令人难闻的气味和难看的色彩，不会招诱昆虫和鸟兽；pH 容易调节；沾在手上、衣服上、地面上极容易清洗；日常管理简便。

第二节　固体基质的种类与特性

一、固体基质的分类

无土栽培用的固体基质有许多种，包括蛭石、珍珠岩、沙、砾石、炉渣、草炭、稻壳、椰糠、锯末、沼渣、棉子壳、油粕、豆渣、甘蔗渣、锯末屑、树皮、作物秸秆、菇渣、泡沫塑料、水晶泥、岩棉、陶粒等，这些固体基质能支持和固定植物，并能为植物根际提供 O_2 和 H_2O，同时能够弥补水培中存在的根部通气不良、缓冲性差、易造成土传病害蔓延等不足，有些基质本身还可以为植物提供养分，保证植物对根际环境的基本要求。根据不同的分类方法，可将固体基质归为不同类型。

1.按基质的来源可分为天然基质和人工合成基质　如沙、石砾、草炭等为天然基质；岩棉、泡沫塑料、陶粒、水晶泥等为人工合成基质。由于蛭石、珍珠岩、稻壳、椰糠、锯末、沼渣、棉子壳、油粕、豆渣、甘蔗渣、锯末屑、树皮、作物秸秆、菇渣等需要经过加工或发酵处理才可以作为基质使用，因而也属于人工合成基质。

2.按基质的组成可分为无机基质和有机基质　沙、石砾、岩棉、蛭石和珍珠岩等是以硅酸盐等无机物为主要成分，属于无机基质；树皮、草炭、蔗渣、稻壳、椰糠、作物秸秆、菇渣、锯末、棉子壳、油粕、豆渣、锯末屑等以有机物为主要成分，属于有机基质。

3.按基质的性质可以分为活性基质和惰性基质　活性基质是指具有盐基交换量或本身能供给植物养分的基质；惰性基质是指基质本身不起供应养分作用或不具有盐基交换量的基质。草炭、稻壳、椰糠、锯末、沼渣、棉子壳等有机基质和蛭石(无机基质)含有植物可吸收利用的养分，并且具有较高的盐基交换量，属于活性基质；沙、石砾、岩棉、泡沫塑料、珍珠岩、炉渣等本身养分含量或盐基交换量极低，不能为植物提供有效养分，属于惰性基质。

4.按基质的组分可分为单一基质和复合基质　单一基质是指以一种基质作为植物生长介质的，如沙培、砾培使用的沙、石砾和岩棉培的岩棉等，都属于单一基质；复合基质是指由两种或两种以上的基质按一定的比例混合制成的基质。由于单一基质存在容重过轻、过重、通气不良或通气过盛等弊病，因而在生产中常将几种基质混合形成复合基质来使用。一般在配制复合基质时，以2～3种基质混合为宜。

5.根据基质的用途可分为育苗基质和栽培基质　根据作物苗期对养分、水分、气体等的特殊要求，开发出的一类专门用于育苗的基质，称为育苗基质，一般育苗基质粒径较小、持水量较大、EC较低。栽培基质是专门针对栽培目的而开发的一类基质，一般栽培基质粒径较大，含有较高的养分浓度，具有较强的化学稳定性。由于作物苗期各项生理机能尚不完善，对环境条件的适应能力较差，因而育苗基质对各项物理、化学和生物学性状的要求更加严格。

6.根据基质适用的范围可分为专用基质和通用基质　针对某一种作物或某一类作物对基质物理、化学和生物学性状的特殊要求而开发的一类基质，称为专用基质，如花卉专用基质、蔬菜专用基质等，又如黄瓜专用基质、西瓜专用基质、兰花专用基质、君子兰专用基质等，这类基质为特定作物提供了最佳的根际环境条件，因而栽培效果较好。通用基质是指适用于绝大多数作物育苗或栽培的一类基质，这类基质的物理、化学和生物学性状基本能够保证作物正常生长并获得一定的产量和效益，但不能为特定作物提供最佳的根际环境条件，因而不能获得理想的栽培效果。因此，专用基质的研究和开发是今后固体基质的重点方向。

值得注意的是，同一基质由于不同的分类方法，可能归属于不同的分类，如生产中应用较多的草炭，根据来源可归属于天然基质，根据化学成分可归属于有机基质，根据性质可归属于活性基质，根据组分可归属于单一基质。

二、常用基质的特性

(一)无机基质

无机基质主要是指一些天然矿物或其经高温等处理后的产物作为无土栽培的基质，如沙、砾石、陶粒、蛭石、岩棉、珍珠岩等。它们的化学性质较为稳定，通常具有较低的盐基交换量，其蓄肥能力较差，化学稳定性较强，多数不会产生影响营养液平衡的物质。

1.沙　沙在河流、海、湖的岸边以及沙漠地等均有分布，来源广泛，价格便宜，栽培应用效果较好，是无土栽培应用最早的一种基质材料。但由于容重大，给搬运、消毒和更换等管理带来不便。沙的来源不同，其组成成分差别很大，一般含二氧化硅在50%以上，不具有阳离子交换量，容重为1.5～1.8 g/cm^3，pH为6.5～7.8，总孔隙度30%左右，通气性好而持水性较差。用于无土栽培的沙应不含有毒物质，海沙通常会有较多的氯化钠，必须进行清水冲洗后才能使用；石灰岩质沙因含有较多的石灰质，会影响营养液的酸碱性，使一些养分失效，应特别注意，一般碳酸钙的含量不应超过20%。如果碳酸钙含量超过50%而又没有其他基质进行替代时，可对沙进行以下处理。将含有45%～50% P_2O_5 的重过磷酸钙8 kg溶于4 500 L水中，用此溶液浸泡要处理的沙，如果溶液中磷含量快速下降，继续加入重过磷酸钙，直到浸泡液中磷含量稳定在不低于10 mg/L，将液体排掉，用清水清洗以后就可以作为栽培基质使用了。在中东地区、美国的亚利桑亚州、我国新疆、海南等地都采用大面积的沙培技术。

不同粒径的沙粒对作物生育有不同的影响，太粗易产生基质持水不良，基质易缺水但通气条件较好；太细则保水力较强，但易在沙中滞水，通气性稍差。使用时以选用0.5～3 mm粒径的沙为宜，且不同粒径大小配合应适当，如较为理想的沙培基质。其粒径大小的组成应为：大于4.7 mm的占1%，2.4～4.7 mm的占10%，1.2～2.4 mm的占26%，0.6～1.2 mm的占25%，0.3～0.6 mm的占25%，0.1～0.3 mm的占15%，0.07～0.12 mm的占2%，小于0.1 mm的占1%。

2. *石砾*　石砾来源于河边石子或石矿场岩石碎屑。由于其来源不同，化学组成差异很大，以非石灰性的花岗岩等发育形成的石砾为好，粒径应为1.6～20 mm，且应有一半石砾直径为13 mm左右，并且质地坚硬、不易破碎、棱角钝。石灰质石砾和新石砾对营养液的pH及其组成浓度有一定的影响，使营养液pH和Ca、Na、Mg浓度升高，对K、P、NH_4^+、Fe等具有吸附作用，因此在使用前可以用磷酸钙处理，或通过频繁更换营养液达到稳定营养液pH和协调离子平衡的目的。由于石砾的容重大(1.5～1.8 g/cm^3)，给搬运、清理和消毒等日常管理带来诸多不便，因此单独将石砾作为栽培基质的应用越来越少，目前主要用作深液流水培定植杯中的填充物使用。

3. *岩棉*　岩棉是由60%辉绿石、20%石灰石和20%焦炭混合，在1 500～2 000℃高温下熔化，喷成直径为0.005 mm的细丝，压成容重为80～100 mg/cm^{3}的板块状，再冷却至200℃左右时，加入酚醛树脂以减少表面张力所制成的。岩棉在高温条件下制成，因此不含病菌和其他有机物，经压制成型的岩棉块在种植作物的过程中不会产生形态上的变化。

岩棉的外观是白色或浅绿色的丝状体，疏松多孔，作物根系很容易穿插进去，孔隙度高达96%，吸水力很强，具有良好的透气和持水性能。岩棉吸水后，依其厚度不同，含水量从上至下依次升高，而空气含量则依次减少(表6-5)；同时岩棉的盐基交换量很低，其所含的成分多数是植物不能吸收利用的，因此对营养液平衡不会产生影响。新制岩棉pH在7.0以上，使用前灌水时加入少量酸进行调整，1～2 d后即可使pH降低。岩棉在中性或微酸微碱条件下稳定，它不像石棉那样对人体健康有害。

岩棉是目前为止被认为是最好的单一栽培基质，其水气协调，不含有毒有害及影响营养液平衡的物质，因此岩棉培是目前世界范围最普遍的固体基质栽培方式之一。目前生产上使用的岩棉主要由丹麦格罗丹(Groden)公司生产，应用面积最大的是荷兰，其蔬菜栽培80%均采用岩棉作为栽培基质。

除了大面积用于岩棉袋培，岩棉还广泛应用于无土栽培中的育苗和循环营养液栽培(如NFT、DFT)中的植株固定等。

表 6-5　岩棉块中水分与空气的垂直分布状况

高度(cm)自下而上	总孔隙度(%)	持水孔隙(%)	通气孔隙(%)
1.0	96	92	4
5.0	96	85	11
7.5	96	78	18
10.0	96	74	22
15.0	96	54	42

岩棉作为无土栽培基质虽然有很多优点，但废弃的岩棉在土壤中极难分解，堆制不用会对环境造成污染，因此研究岩棉替代基质是近些年基质研究热点之一，目前开发成功的椰壳纤维成型基质有取代岩棉的潜力，已经在荷兰等国家使用。

4. *珍珠岩*　珍珠岩是由一种灰色火山岩加热至 1 000℃时，岩石颗粒膨胀而形成的。它是一种封闭的轻质团聚体，容重为 0.03～0.16 g/cm^3，pH 为 7.0～7.5；总孔隙度约为 60.3%，其中大孔隙约为 29.5%，小孔隙约为 30.8%，气水比为 1∶1.04；持水量为 60%，电导率为 0.31 mS/cm，碳氮比低；含全氮 0.005%，全磷 0.082%，速效钾 1 055.3 mg/kg，代换钙 694.5 mg/kg。园艺上较常用的珍珠岩颗粒大小以 3～4 mm 的产品为最佳。

珍珠岩的吸水量可达本身重量的 2～3 倍；稳定性好，不易分解，所含矿物成分不会对营养液产生干扰，但其受压后容易破碎，使原有的良好的通气性变差。其在使用时主要有两个问题：一是珍珠岩粉尘污染较大，并对呼吸道有刺激作用，因此使用前最好先用水喷湿，以免粉尘纷飞，并戴好口罩进行防护。二是珍珠岩在种植槽或复合基质中，在淋水较多时会由于质轻而浮在水面上，不易与植物根系密贴，故一般多见用于扦插或与其他基质如草炭、蛭石等配制成混合基质。

5. *蛭石*　蛭石为云母类硅质矿物，在 1 000℃下高温煅烧，使颗粒片层暴裂，形成小的、多孔的海绵状的核。蛭石的容重为 0.07～0.25 g/cm^3，总孔隙度为 133.5%，大孔隙为 25.0%，小孔隙为 108.5%，气水比为 1∶4.34，持水量为 55%；阳离子代换量高达 100 me/100 g，含有丰富的 K、Ca、Mg 等营养元素；电导率为 0.36 mS/cm，pH 6.5～9.0，碳氮比低；含全氮 0.011%，全磷 0.063，速效钾 501.6 mg/kg，代换钙 2 560.5 mg/kg。

蛭石的吸水能力很强，每立方米的蛭石可以吸收 100～650 kg 的水。蛭石按直径大小分为四个等级：3～8 mm 为 1 号，2～3 mm 为 2 号，1～2 mm 为 3 号，0.75～1 mm 为 4 号。无土栽培用的蛭石的粒径应在 3 mm 以上，用作育苗的蛭石粒径在 0.75～1.0 mm。蛭石在使用一段时间后由于坍塌、分解、沉降等原因易破碎而使结构遭到破坏，孔隙度减少，结构变细，影响透气和排水，因此在运输、种植过程中不能受重压；一般使用 1～2 次，其结构就变差了，故一般不宜用作长期盆栽植物的基质，需重新更换，之后可作肥料或育苗的营养土成分施用到土壤中。

蛭石的 pH 因产地不同、组成成分不同而稍有差异，一般均为中性或弱碱性，也有些 pH 会达到 9.0 以上。当其与草炭等酸性基质混合使用时不会出现问题，单独使用时，碱性偏高的，需加入少量酸进行中和后才能使用。

6. *膨胀陶粒*　膨胀陶粒又称多孔陶粒、轻质陶粒或海氏砾石(hycite)，它是用陶土在 800～1 100℃的高温陶窑中煅烧制成的。外壳硬而较致密，色赭红，不易破碎。从切面看，内部为蜂窝状的孔隙构造;质地较疏松,略呈海绵状。其容重为 0.5~1.0 g/cm^3,大孔隙多,碳氮比低。陶粒最早是作为隔热保温材料来使用的,后由于其透气性好而应用于无土栽培中。颗粒大小横径为 0.5~1 cm 者占多数,少数横径小于 0.5 cm 或大于 1 cm。

膨胀陶粒的化学成分和性质受陶土原料成分的影响,其 pH 在 4.9~9.0 变化,有一定的盐基代换量(CEC 为 6~21 cmol/kg),排水、通气性能良好,每个颗粒中间有很多小孔可以持水。可以单独用于无土栽培,单独使用时多用在循环营养液的种植系统中或用来种植需通气较好的花卉;也可以与其他基质混用,用量占总体积的 10%~20%或以上。因为容重较大和透气性良好,适宜于作为有机和无机基质的表面覆盖材料使用。陶粒不适宜用于播种和扦插,如用于移植栽种,仅一两片叶的小苗则操作养护相当费力。

膨胀陶粒连续使用以后,颗粒内部及表面吸收的盐分不容易用水洗净,会造成通气和养分供应上的困难。此外,由于其多孔的特性,长期使用以后有可能造成病菌在颗粒内部积累,而且在清洗和消毒上都很困难。

7. *炉渣* 为煤燃烧后的残渣,工矿企业的锅炉、食堂以及北方地区居民的取暖等都会产生大量炉渣。炉渣容重约为 0.78 g/cm^3,有利于固定作物根系;具有良好的理化性质,总孔隙度为 55.0%,其中大孔隙容积 22.0%,小孔隙容积为 33.0%;持水量低,一般吸水量仅为其本身重的 0.2 倍左右,电导率 1.83 mS/cm,碳氮比低。含全氮 0.183%、全磷 0.033%,速效磷 23 mg/kg、速效钾 203.9 mg/kg,代换钙为 9 247.5 mg/kg,含有较多的微量元素,如 Fe、Mn、Zn、Mo、Cu 等;pH 为 8.3。

炉渣颗粒大小相差悬殊,并常混有石块,使用前最好粉碎并过筛,把粒径小于 1~2 mm 的细末以及大于 5 mm 的块团剔去,适宜的炉渣基质应有 80%的颗粒为 1~5 mm。炉渣不宜单独用作基质,可与其他基质混合使用,既可改进通气性,又可改进吸水性。在基质中的用量一般不宜超过总体积的 60%。

炉渣的优点是价廉易得和透气性好,缺点是碱性大、持水量低、质地不均一、对营养液成分影响大。使用前须进行筛选,并且最好用废酸液中和其碱性,或用清水洗碱,并淋洗去除所含硫、钠等元素。

(二)有机基质

有机基质主要是一些含 C、H 的有机生物残体及其衍生物构成的栽培基质,如草炭、椰糠、树皮、木屑、菇渣等。有机基质的化学性质不太稳定,对营养液的浓度、离子成分和 pH 的影响较大;通常有较高的盐基交换量,蓄肥和缓冲能力较强;有些有机基质如锯末、新鲜稻壳和未经处理的甘蔗渣等,还含有大量易为微生物分解的碳水化合物等物质,使用初期会由于微生物的活动,发生生物化学反应,影响营养液的平衡,引起氮素严重缺乏,有时还会产生有机酸、酚类等有毒物质,因此用有机物作基质时,必须先堆制发酵,使其形成稳定的腐殖质,并降解有害物质,才能用于栽培。

1. *草炭* 草炭是由苔藓、灰藓、苔草和芦苇等水生植物以及松、桦、赤杨、羊胡子草等陆生植物在水淹、缺氧、低温等条件下未能充分分解而堆积形成,它由未完全分解的植物残体、矿物质和腐殖质三者构成,是迄今为止世界各国普遍认为最好的一种无土栽培基质,尤其在工厂化穴盘育苗中,草炭是主要基质之一,配合蛭石、珍珠岩等,应用效果很好。

草炭多为偏酸性的基质,pH 为 3.0~6.5,容重为 0.2~0.6 g/cm^3,总孔隙度为 77%~84%,大孔隙 5%~30%;含全氮 0.49%~3.27%,全磷为 0.01%~0.34%,全钾为 0.01%~

0.59%;盐基交换量70～160 cmol/kg,电导率为1.10 mS/cm;干物质中有机质含量多数在40.2%～68.5%范围,有机质中腐植酸含量为20%～40%;风干草炭的吸水量可达自身重量的0.5～4倍,但水分不易迅速充分渗入,充分吸水后水分又不易渗出而影响通气性。由于草炭容重较轻,在使用时,大多配合蛭石、沙、珍珠岩等基质制成复合基质,以增大容重,改善结构。

草炭在分类上,根据矿层深浅可分为现代草炭和埋藏草炭两类,前者多裸露地面,尚在形成之中;后者被埋藏于地面1～10 m之下,碳层厚1～5 m,个别达到20 m。草炭在世界各国都有分布,我国北方地区较多,且质量较好;南方仅在一些山谷的低洼地表土下有零星分布。我国草炭蕴藏量小,属不可再生资源,限量开采。

根据草炭形成的地理条件、植物种类和分解程度,可将其分为低位草炭、高位草炭和中位草炭,也称过渡性草炭三大类。

(1)低位草炭。以苔草、芦苇等植物为主,分布在低洼积水的沼泽地带,分解度高,氮和灰分含量高,肥分有效性高,容重大,吸水、通气性差,不宜作无土栽培基质,可直接作肥料使用。

(2)高位草炭。以水藓植物为主,分布在高寒地区,分解程度低,氮和灰分含量较低,pH为4～5;容重较小,持水力、盐基交换量、吸水、通气性较好,一般可吸持其干物质量10倍以上的水分。与低位草炭相反,高位草炭不宜直接作为肥料使用,可作为无土栽培合成基质原料。

(3)过渡性草炭。性质介于低位草炭和高位草炭之间,可作为无土栽培基质使用。

不同类型草炭物理性质见表6-6。

表6-6　不同类型草炭物理性质(郭世荣主编:无土栽培学)

草炭种类	容重(g/cm^3)	总孔隙度(%)	空气容积(%)	持水容积(%)	吸水力(g/kg)
高位草炭	0.042	97.1	72.9	7.5	99.2
	0.058	95.9	37.2	26.8	115.9
	0.062	95.6	25.5	34.6	138.3
	0.073	94.9	22.2	35.1	100.1
中位草炭	0.071	95.1	57.3	18.3	86.9
	0.092	93.6	44.7	22.2	72.2
	0.093	93.6	31.5	27.3	75.4
	0.096	93.4	44.2	21.0	69.4
低位草炭	0.165	88.2	9.9	37.7	51.9
	0.199	88.5	7.2	40.1	58.2
	0.214	84.7	7.1	35.9	48.7
	0.265	79.9	4.5	41.2	46.7

2.芦苇末　芦苇末基质是利用造纸厂废弃的芦苇末短纤维下脚料作原料,加入一定量配方的辅料和发酵微生物,堆制合成的一种环保型无土栽培有机基质。芦苇末基质容重0.2～0.4 g/cm^3,总孔隙度80%～90%,大小孔隙比0.5～1.0,EC 1.2～1.7 mS/cm,pH 7.0～8.0,阳离子交换量(CEC)60～80 cmol/kg,含有足够作物生育所需的微量元素和丰富的大量元素,基本上可以与天然草炭相比拟。芦苇末基质可用于育苗,在槽培、袋培和立体栽培中广泛被用作

栽培基质，宜添加一定比例的蛭石、沙、炉渣、草炭等形成复合基质使用。

3.椰糠　椰糠是椰子外壳纤维粉末，是从椰子外壳纤维加工过程中脱落下的一种纯天然的有机质介质，椰糠在许多热带和亚热带国家都有生产，如印度、斯里兰卡、马来西亚、菲律宾等国。我国海南省也有少量椰糠生产。

椰糠纤维为长纤维，松泡多孔，保水和通气性能良好。椰壳纤维基质容重介于 0.10～0.25 g/cm^3，总孔隙度高达 80%～94%，偏酸，pH 介于 4.40～5.90。阳离子交换量(CEC)在 32～95 cmol/kg，EC 0.4～0.6 mS/cm，C/N 约为 117，含有较多的木质素和纤维素，具有丰富的有机质和营养元素，作物栽培应用效果不亚于草炭，也是公认的无土栽培良好基质。经加工处理后的椰糠非常适合于培植植物，是目前比较流行的园艺栽培基质。

椰糠的质量与椰糠的类型、分解度直接相关。不同地域生产的椰糠颜色、结构比例、分解度及灰分含量存在明显差异，即使在同一地域不同生产厂家生产的椰糠也存在很大差异，如我国海南不同地区、不同厂家生产的椰糠，在颜色、结构比例、分解度和灰分含量都存在不同(表 6-7)；而且种植过作物的椰糠灰分含量高于其他样品含量，如在乐东县采集的椰糠乐东莺歌海 1 及椰糠乐东莺歌海 2。新鲜椰糠的颜色比较浅，一般为棕色至褐色，如果水分过多或沤制过的椰糠，颜色就比较深；结构比例(≤0.5 cm 和>0.5 cm)大小是反映椰糠成色的一种间接途径，椰糠的比例较好的为(5～6)∶1。

表 6-7　不同椰糠感官特性

样品	颜色(干)	结构及比例			分解度(湿)	灰分含量(%)	类型
		≤0.5 cm	>0.5 cm	比例			
文昌东郊镇 1	褐黄	2 000	150	13.0∶1	大，混浊	29.87	老果
文昌东郊镇 2	暗黄	3 200	800	4.0∶1	中，混浊	8.15	青老果混
文昌东郊镇 3	褐黄	2 200	600	3.7∶1	小，透明	10.03	老果
文昌迈号镇 1	棕黄	2 100	800	2.6∶1	中，透明	7.02	青老果混
文昌迈号镇 2	暗黄	2 750	800	3.4∶1	小，透明	9.92	青老果混
文昌文城镇 1	暗黄	600	190	3.2∶1	中，混浊	10.21	老果
文昌文城镇 2	棕黄	520	200	2.6∶1	中，混浊	5.98	老果
三亚崖城镇 1	棕黄	2 000	500	4.0∶1	中，混浊	11.31	青老果混
三亚崖城镇 2	褐黄	700	200	3.5∶1	小，透明	17.78	老果
乐东莺歌海 1	暗黄	1 500	750	2.0∶1	大，混浊	37.54	风干样
乐东莺歌海 2	黑色	1 200	350	3.4∶1	大，混浊	50.96	风干样

4.菇渣　菇渣是种植草菇、平菇等食用菌后废弃的培养基质，将废弃的菇渣加水至含水量约 70%，堆沤 3～4 个月，然后风干、打碎，过 5 mm 筛去除粗大植物残体、石块和棉子，即可作为栽培基质。其容重为 0.24～0.41 g/cm^3，持水量为 60.8%，pH 为 6.4～6.9。菇渣含氮 1.83%、磷 0.84%、钾 1.77%，由于其氮、磷含量较高，不宜直接作为基质使用，应与草炭、蔗渣、沙等基质按一定比例混合使用。混合时菇渣所含比例不应超过总体积的 40%。

5.甘蔗渣　来源于甘蔗制糖业的副产品，在我国南方有大量来源。新鲜蔗渣的 C/N 很高，达 169，不能直接作为基质使用，必须经过堆沤后才能够使用。堆沤时将蔗渣淋水至含水量 70%～80%，然后堆成一堆即可；为了加快腐熟速度，可以按照蔗渣干重的 0.5%～1.0%的比例加入尿素。具体操作是将尿素溶于水后均匀地洒入蔗渣中，再将蔗渣含水量调至 70%～80%，然后堆成一堆进行发酵即可。蔗渣堆沤时间超过 6 个月以上时，蔗渣会由于分解过度而产生通气不良，一般堆沤时间以 3～6 个月为好。经堆沤和增施氮肥处理，蔗渣可以变成与草炭种植效果相当的良好基质。这为盛产甘蔗的南方发展有固体基质的无土栽培创造了一个物质条件。用蔗渣作为育苗基质时，蔗渣应较细，最大粒径不超过 5 mm；用作袋培滴灌或槽培，粒径可稍粗大，但最大也不宜超过 15 mm。

6. 炭化稻壳　无土栽培上使用的稻壳通常是进行过炭化（不可用明火）的，称为炭化稻壳或炭化砻糠。炭化稻壳色黑，容重为 0.15～0.24 g/cm^3，总孔隙度约为 82.5%，其中大孔隙容积为 57.5%，小孔隙容积为 25.0%，气水比为 1∶0.43，持水量为 55%左右。含氮 0.54%，全磷为 0.049%，速效磷 66 mg/kg，速效钾 6 625.5 mg/kg，代换钙为 884.5 mg/kg，电导率为 0.36 mS/cm，pH 为 6.9～7.7。

炭化稻壳价格低廉，通透性良好，但持水孔隙度小，持水能力差，使用时需经常浇水。炭化稻壳质疏松，通气和吸水性均比较适宜，不易出现过干或过湿现象；自身含有较丰富的钾、磷、钙等养分，可以满足幼苗需要，故适用于扦插和播种。由于 pH 偏碱性以及所含养分会干扰营养液的配制，存在质轻而浇水后易浮起及资源不十分容易取得等原因，除扦插、播种外，一般不单独作为基质使用，而通常多见用于与土壤混合以改进通气性和肥力。

7. 腐叶　腐叶来源广泛，并容易制作。在深秋时，选择合适之地挖一个大坑，然后把大量的阔叶树落叶集中在坑里，将其压实后灌水，然后在上面覆盖塑料薄膜，周围压土固定薄膜。经过一个冬季，在土地解冻后将已经腐败的落叶从土中挖出置于空气中，经常喷水、翻动，以利其风化，然后再将其捣碎、过筛即可使用。

腐叶具有很好的持水性和透气性，同时具有较高的盐基交换量，能够给植株提供一个类似有土栽培的理想环境，缓冲性能好，对营养液管理要求相对较低，能够满足多数园艺作物生长的需求，近年在盆栽花卉中的应用越来越广泛。

（三）化学合成基质

化学合成基质是以有机化学物质作原材料，人工合成的新型固体基质。由于化学合成基质成本相对较高，在切花生产、大众化蔬菜生产等方面，不及草炭、蛭石、木屑、煤渣、珍珠岩等实用，但在家庭绿化、作物育苗、培育草坪、组织培养和课堂教学等方面，具有明显的优势。

1. 泡沫塑料　目前在生产上应用较多的人工合成基质是脲醛泡沫塑料，它是将工业脲醛泡沫经特殊处理后得到的一种新型无土栽培基质，具多孔结构，直径≤2 cm，表面粗糙的泡沫小块，具有与土壤相近的理化性质，pH 为 6～7，并容易调整。容重小，干容重为 0.01～0.02 g/cm^3，总孔隙度为 82.78%，大孔隙为 10.18%，小孔隙为 72.60%，气水比 1∶7.13，饱和吸水量可达自身重量的 10～60 倍或更多，有 20%～30%的闭孔结构，故即使吸饱水时仍有大量空气孔隙，适合植物根系生长，解决了营养液水培中的缺氧问题。基质颜色洁白，容易按需要染成各种颜色，观赏效果好。生产过程中，经酸、碱和高温处理，不存在土传病害，适宜出口及内销的不同场合、不同层次的消费需要。

目前采用泡沫塑料栽培成功的植物已经超过 200 种，包括耐旱的仙人掌类和喜湿的热带雨林花卉，日常管理简单，对于供家庭观赏的生长速度较慢的盆花，以其作为栽培基质可以终年只浇清水也能保证作物的基本需求，可100%单独替代土壤用于长期栽培植物，也可以与珍珠岩、蛭石、颗粒状岩棉等混合使用，价格适中，与椰糠接近，远远低于水晶泥或精品草炭。可广泛应用于播种、扦插育苗，固体基质培、水培，各类盆栽等，是一种长处极多而短处很少的无土栽培基质材料。

由于泡沫塑料容重轻，用作栽培基质是通常与容重较大的沙、石砾等混合使用来增加重量，以便更好地固定植株；其排水性能好，可作为基质栽培栽培床下层的排水材料；用于家庭盆栽花卉，外观美观，植株生长良好。日本开发了一种"盆装泡沫塑料"，其外观和质地与海绵或软质聚氨酯非常相似，添加了水质防腐剂和长效缓释肥料，使管理更加简便，但仅适合于栽种小型花卉，且成本昂贵，是人工土壤的30～40倍，在我国有小规模应用。

2.吸水性聚氨酯泡沫　亲水吸水性聚氨醋泡沫，是在传统的聚氨酯泡沫中，引入亲水基团，以提高泡沫的吸水、保水功能。由于在聚氨酯泡沫的合成中，可以通过调整配方比例来控制泡沫的吸水量，控制泡沫在使用中的固、气、水的组成比例，以满足不同作物根系生长的要求，因此，亲水吸水性聚氨酯泡沫作为无土栽培的基材，有其重量轻、基材组成可根据不同作物要求进行调整及可制成各种形状等独特的优点。

3.水晶泥　水晶泥作为新型栽培基质，目前在市场上较为流行，受到大众的喜爱。其是以辐射聚合方法生产的超强吸水材料为主要原料研制而成的，呈凝胶状，是较为理想的基质。水晶泥质量轻，总孔隙度大，吸水率大，持水力强，具有一定的弹性和伸长性，热容量大，绝热性能好，对温度反应稳定，适用于种植各种类型的花卉、蔬菜和粮棉等作物。水晶泥清洁卫生，无公害，降解后分解为水和CO_2，能完全被植物吸收，没有残余，本身也不携带任何土传性病虫草害，外来病虫害也不易在其中滋生。并且无毒、无味、不沾手、易清洗、干净卫生，可配成不同的颜色，其本身具有较好的观赏性，主要用于家庭园艺，尤以盆栽花卉为主。

(四)复合基质

复合基质又称混合基质，是指由两种以上的基质按一定的比例混合制成的基质。这类基质是为了克服生产上单一基质可能造成的容重过轻、过重，通气不良或通气过盛等弊病，而将几种基质混合使用配制而成。混合基质将不同的基质组合起来，使各自组分互相补充，从而使基质的各个性能指标达到要求标准，因而在生产上得到越来越广泛的应用。从理论上讲，混合的基质种类越多，效果越好，但由于混合基质时所需劳动力费用较高，因此从实际考虑应尽量减少混合基质的种类，生产上一般以2～3种基质混合为宜。

(五)模制基质

是把基质模制成固定形状，在上面预留栽培穴，种子或幼苗直接种在穴内，省去了栽培容器，便于消毒，已开发出海绵育苗块、椰绒栽培块、岩棉种植垫、有机育苗基质块等。模制基质在育苗和花卉栽培上应用较多，方便、实用，浇水后基质的形状随容器的形状而改变，是今后高档栽培基质和部分育苗基质发展方向。

第三节　固体基质的配制

单一基质可能存在容重过轻或过重、通气不良或过盛、颗粒过大或过小、营养亏缺或过剩、持水过多或过少等弊病，采用不同性状的基质按照合理的配比制成性状优良的混合基质，可有效克服单一基质的不足，在生产中取得较好的效果。根据作物种类和基质材料，配制复合基质时一般用 2～3 种单一基质，制成的基质应是：容重适宜，增加孔隙度，提高水分和空气含量。合理配比的复合基质具有优良的理化特性，有利于提高栽培效果，但对不同作物而言，复合基质应具有不同的组成和配比。

一、固体基质配制的原则

（一）适用

混合基质总的要求是：容重适宜，增加孔隙度，提高水分和空气的含量。同时在栽培上要注意根据混合基质的特性，与作物营养液配方相结合，才有可能充分发挥其丰产、优质的潜能。要能使作物正常生长，配制的混合基质的理化性状要达到一定的要求，容重在 0.1～0.8 g/cm^3，pH 在 6.5 左右，且具有一定的缓冲能力，EC 在 2.5 mS/cm 以下，阳离子交换量(CEC)要大，保肥性良好，具有一定的 C/N 以维持栽培过程中基质的生物稳定性。

（二）异质

一般不同作物其复合基质组成不同，如草炭、蛭石、炉渣、珍珠岩按 2∶2∶5∶1 混合，适于番茄、辣椒育苗；按照 4∶3∶1∶2 混合，适于西瓜育苗；草炭和炉渣按 1∶1 混合适宜黄瓜育苗。因此，混合基质时应根据不同作物对根际环境的要求不同，选择不同性状的基质，按照合理的配方进行配制，才能配制出理想的混合基质。如杜鹃、兰花、秋海棠、栀子、大岩桐、观叶植物等要求基质通气性好，大孔隙度要高，配制时可使用粒径较大的基质；山茶、菊花、唐菖蒲、一品红、百合等需求大孔隙中度，配制时可使用粒径适中的基质；康乃馨、天竺葵、棕榈、草坪草、松柏等要求大孔隙可少些，配制时可使用粒径较小的基质。

（三）互补

配制混合基质时，颗粒大小不同的基质混合后，可弥补彼此的不足。例如，1 m^3 沙子和 1 m^3 的树皮相混后，因为沙粒充填在树皮的孔隙中，总体积变为 1.75 m^3，而非 2 m^3，这样就克服了树皮通气空隙过大易造成持水过小的不足，同时可弥补沙子通气空隙过小易造成根部通气不足的缺陷；醋糟基质与麦糠基质混合制成混合基质，可克服醋糟基质 pH 过低的不足，又可克服麦糠基质 pH 过高的缺陷；草炭与蛭石按一定比例混合，可克服草炭 EC 过高的弊病，同时也可克服蛭石 EC 过低的弊病；树皮、木屑等有机基质，随着时间的推移会因分解而使颗粒变细变实，会造成大孔隙减少，通气性降低，配制混合基质时可加入一些难分解的基质如沙砾、炉渣等，可保持混合基质的透气性。

二、固体基质的配制方法

（一）充分了解单一基质的理化性状

在混合基质配制之前，了解单一基质的理化性状显得相当重要。按照适用、异质、互补的原则，有针对性地配制混合基质，是保证取得良好栽培效果的前提。

（二）确定合适的基质配比

基质种类和配比因栽培植物种类和用途不同而不同。植物对基质的要求主要表现在理化性状上，不同栽培植物和不同栽培模式都对基质的理化性状要求不同，因此要针对不同栽培模式下的不同植物对基质理化性状的要求来选择和配制所需的栽培基质，如盆花的基质要求比普通苗木基质通气、排水性好，pH、EC和容重的要求也各有差异；传统的露地栽培环境和设施栽培环境，所要求的土壤和基质的理化性状也完全不同。配制专用混合基质时，应了解特定作物对根际环境条件的要求，然后选择合适的配方。育苗专用基质要求保水性、通气性好，并且由于每个穴盘内基质用量很少，易干燥或缺肥，因此，国内一些育苗基质生产厂家在基质生产过程中通常通过混以堆肥、缓效性肥料或培养土等，以保证秧苗生长所需营养。陈振德等试验表明：草炭、蛭石、炉渣、珍珠岩按照 20∶20∶50∶10 混合，适于番茄、甜椒育苗；按照 40∶30∶10∶20 混合，适于西瓜育苗，黄瓜育苗用 50%草炭和 50%炉渣混合效果较好；配制通用基质时，可选择一些适合于大部分作物的配方，如 1∶1 的草炭∶蛭石，1∶1 的草炭∶锯末，1∶1∶1 的草炭∶蛭石∶锯末，或 1∶1∶1 的草炭∶蛭石∶珍珠岩等混合基质，均在我国无土栽培生产上获得了较好的应用效果。

此外，在配制混合基质时，可预先混入一定的肥料，肥料用量可用三元复合肥(15-15-15)以 0.25%比例加水混入，或按硫酸钾 0.5 g/L、硝酸铵 0.25 g/L、过磷酸钙 1.5 g/L、硫酸镁 0.25 g/L 的量加入，也可按其他营养配方加入。

(三)混合

首先要对拌料场地进行整理和消毒，若不是水泥场地应铺塑料膜；在混合基质时，如量大时应使用混凝土搅拌器或专用基质混合机械；干的草炭一般不易湿润，可加入非离子湿润剂(每 40 L 水中加 50 g 次氯酸钠配成溶液，可湿润 1 m^3 的混合物)；混合基质时还要混合适量的杀菌剂(苗菌敌、多菌灵、甲基托布津等广谱杀菌剂)。

(四)检测

基质配制之后，在大量使用前有必要对其各理化性状和生物学性状进行测定。既要检测已配制的基质是否符合操作要求，又要对其性质有一定的了解，以便更好地应用于管理实践。检测的主要项目有：物理性状，包括容重、通气孔隙、持水孔隙、大小空隙比等；化学性状，包括化学组成、EC、pH、CEC、C/N 等；还要进行发芽试验和毒性试验，只有发芽率>90%、发芽系数>50%、无土传病害并且没有表现出明显毒害症状的基质才可以认为是安全、可用的混合基质。

三、常用固体基质的配方

以下是国内外常用的一些复合基质配方(均是体积比)：

1. 配方 1：1 份草炭、1 份珍珠岩、1 份沙。
2. 配方 2：1 份草炭、1 份珍珠岩。
3. 配方 3：1 份草炭、1 份沙。
4. 配方 4：1 份草炭、3 份沙，或 3 份草炭、1 份沙。
5. 配方 5：1 份草炭、1 份蛭石。
6. 配方 6：4 份草炭、3 份蛭石、3 份珍珠岩。
7. 配方 7：2 份草炭、2 份火山岩、1 份沙。
8. 配方 8：2 份草炭、1 份蛭石、1 份珍珠岩，或 3 份草炭、1 份珍珠岩。
9. 配方 9：1 份草炭、1 份珍珠岩、1 份树皮。
10. 配方 10：1 份刨花、1 份炉渣。

11. 配方 11:2 份草炭、1 份树皮、1 份刨花。

12. 配方 12:1 份草炭、1 份树皮。

13. 配方 13:3 份玉米秸、2 份炉渣灰,或 3 份向日葵秆、2 份炉渣灰,或 3 份玉米芯、2 份炉渣灰。

14. 配方 14:1 份玉米秸、1 份草炭、3 份炉渣灰。

15. 配方 15:1 份草炭、1 份锯末。

16. 配方 16:1 份草炭、1 份蛭石、1 份锯末,或 4 份草炭、1 份蛭石、1 份珍珠岩。

17. 配方 17:2 份草炭、3 份炉渣。

18. 配方 18:1 份椰壳、1 份沙。

19. 配方 19:5 份葵花秆、2 份炉渣、3 份锯末。

20. 配方 20:7 份草炭、3 份珍珠岩。

21. 配方 21:13 份椰糠,4 份沙,2 份珍珠岩和 1 份污泥。

22. 配方 22:1 份椰糠,1 份草炭,2 份珍珠岩和 2 份蛭石。

23. 配方 23:3 份草炭,1 份椰糠和 2 份蛭石。

第四节　固体基质的消毒与再利用

随着基质用量的激增,依据环境保护的要求,基质的重复利用和无害化处理是发展的必然趋势。由于基质的结构在灌溉和植物根系作用下会有所改变,同时基质中积聚了根系分泌物和盐分,以及可能存在的病虫等。因此,基质在重复利用前应进行适当的处理,如结构重组、水分淋洗、消毒等。基质的消毒、灭菌处理是基质重复利用的重要措施,有蒸汽消毒、热水消毒、化学药品消毒和太阳能消毒等;基质的洗盐处理、离子导入、氧化处理是基质重复利用的重要方法。

一、基质的消毒

基质经多茬作物栽培后,其中会残留许多烂根、病菌、盐分、甚至线虫等,加之基质本身理化性状发生变化,会影响栽培效果,换茬时需进行基质消毒处理、添加或更换新基质。基质的消毒方法很多,常见的有蒸汽消毒、热水消毒、化学药剂消毒和太阳能消毒 4 种方法。

(一)蒸汽消毒

将用过的基质装入消毒箱等容器内,进行蒸汽消毒;也可将基质块或种植垫等堆叠一定的高度,全部用防水防高温布盖严,通入蒸汽,在 70～100℃下,消毒 1～5 h,杀死病菌。具体消毒温度和时间要灵活掌握,如黄瓜病毒等需 100℃才能将其杀死,裸露岩棉蒸汽消毒需 2 h,包裹的则需 5 h。蒸汽消毒简便易行,经济实惠,效果良好,安全可靠,但成本高。凡在温室栽培条件下以蒸汽进行加温的,其锅炉可兼做蒸汽消毒设施,故可以对基质采用蒸汽消毒方法。

(二)热水消毒法

给基质灌注 90℃以上的热水并持续相应时间,使基质温度达到足以杀死根结线虫等虫害和病菌,从而达到基质消毒的目的。为保证热水能渗透基质,在消毒前保持基质疏松。消毒时,可在基质槽中铺设耐热滴灌管,并在基质和滴灌管上面覆盖一层薄膜保温,将燃油锅炉水加热到 90℃以上后,通过直径 5 cm 的耐热塑料软管灌注到基质中进行消毒处理,每平方米每次用水量 50 L，一般利用容量 0.5 t 的锅炉每班工作 8 h 可消毒 665 m^2；也可以将基质集中在消毒池，保证基质的厚度不超过 50 cm，然后将热水灌注到基质中进行消毒，并在基质之上覆盖一层薄膜达到保温目的，每平方米每次用水量 50 L 左右，最后将经过消毒的基质进行晾晒，重新进行利用。

(三)化学药剂消毒

以消除包括线虫在内的土传病虫害为主。常用的药剂和消毒方法为：

1%福尔马林溶液及 0.3%～1%次氯酸钙或次氯酸钠溶液消毒。将配制好的药剂在栽培槽基质内滞留 24 h 后，用水清洗 3～4 次，直至完全将药剂洗去为止，或用喷壶将基质均匀喷湿，覆盖塑料薄膜，24～36 h 后揭膜，再风干 2 周后使用，避免残留药物危害。

氯化苦熏蒸消毒。将基质堆成高 30 cm，长若干米的条状堆，在基质上每隔 30 cm 打一个深为 10～15 cm 的孔，每孔注入氯化苦 5 mL，随即将孔堵住，第一层打孔放药后，再在其上堆同样的基质一层，打孔放药，总共 2～3 层，随后盖上塑料薄膜，熏蒸 7～10 d 后，揭去薄膜，翻晾 7～8 d 后即可使用。氯化苦对活的植物组织和人体有毒害作用，使用时必须注意安全。

溴甲烷蒸熏消毒。将基质堆起，将溴甲烷注入基质中，每立方米基质用药 100～150 g，基质施药后，随即用薄膜盖严，3～7 d 后揭去薄膜，晒 7 d 以上即可使用，消毒效果很好，使用中要严格遵守操作规程，防止人畜受伤害，可向溴甲烷中加入 2%的氯化苦以检测是否对周围环境有泄露。

药剂消毒成本较低，消毒效果较好，但安全性较差，并且会污染周围环境。

(四)太阳能消毒

太阳能消毒是一种廉价、安全、简单实用的基质消毒方法。具体方法为：夏季高温季节，在温室内喷湿基质，使其含水量达到 60%以上，然后把基质堆成 20～25 cm 高，长度若干米的条状堆，并用塑料薄膜盖严，密闭温室，暴晒 15～20 d，使基质内温度达到 60℃以上，消毒效果很好。

二、固体基质再利用的方法

(一)洗盐处理

基质除了需要做消毒处理外，如果基质中积累有大量的盐，还应该用水冲洗或浸泡，以消除积盐。为了去掉基质内所含的盐分，可以把它们用清水反复冲洗，以除去多余的盐分。在处理过程中，可以靠分析处理液的电导率来进行监控。洗盐处理的效果如何与无土栽培基质的性质有着很大的关系，总体来看，离子交换量较高的基质进行洗盐操作相对来说较为困难，而离子交换量较低的基质进行洗盐处理效果相对来说比较令人满意。洗盐处理适合于无机基质或惰性基质，利用 EC 较低的自来水、河水、井水等，经过反复、多次的冲洗，将基质表面吸附的高盐离子冲洗干净，这样就不会造成再利用时对营养液或基质的离子平衡造成影响。

(二)离子导入

对于传统无土栽培来说，离子导入这个名词似乎有些陌生，实际上，定期给基质浇灌浓度较高的营养液，就是一个离子导入的过程。除了真正的溶液栽培之外，很多作物无土栽培基质实际上都面临着离子导入的问题。由于植物根系对于矿质营养的吸收在很大程度上是通过离子交换进行的，因此有固体基质存在的环境中，植物的根系都会与其发生离子交换作用而吸收其表面所吸附的阳离子或阴离子。这个过程是一个可逆反应，当它进行到一定程度后，则必须通过含有较高水平的阳离子或阴离子溶液来置换出基质中未被植物根系所释放的相应离子，这就是所谓的离子导入。它与离子交换的不同之处，在于此项操作在人工控制下进行。

（三）氧化处理

一些栽培基质，特别是沙、砾石在使用一段时间后，其表面就会变黑，这种现象是由于环境中缺氧而生成了硫化物的结果。在重新使用时，应该将这些硫化物除去，通常采用的方法主要有通风法，即将被处理的基质置于空气中，这时空气中的游离氧就会与硫化物反应，从而使基质恢复原来的面貌。除此而外，还可以使用药剂进行处理，例如在某些情况下，可以采用不会造成环境污染的过氧化氢来进行处理。

（四）复配处理

通过复配处理，在使用过的基质中添加新基质，达到稀释、补充、改良的作用，使混合后的基质符合生产的需要。一般有机基质使用一段时间后，物理、化学和生物学性状就要发生变化，通过测定基质性状，有针对性地在使用过的基质中添加一些新基质，重新复配成一种混合基质，也可以继续进行使用，但前提是使用过的基质不能有病虫害或在复配之前要杀灭病虫害。椰糠基质在浇灌营养液栽培作物一段时间后，基质颗粒变细、EC 升高，经过杀灭病虫害，与新椰糠基质混合，也可以继续作为栽培基质使用；也可以在使用过的椰糠基质中按照育苗基质的要求，添加新蛭石或其他基质，作为育苗基质使用。

本章思考题

1. 固体基质的作用有哪些？
2. 基质的物理、化学和生物学性状用哪些指标来衡量？
3. 基质配制的原则是什么？配制的方法有哪些？
4. 为什么要进行基质的重复利用？重复利用的方法有哪些？
5. 比较基质消毒不同方法的优缺点。
6. 讨论固体基质今后研究和发展的方向。

第七章　固体基质设施构成与管理技术

学习目标：

1. 理解固体基质栽培与水培的区别。
2. 掌握固体基质设施的主要类型、特征及其结构。
3. 了解固体基质栽培管理技术要点。
4. 掌握开放式和封闭式岩棉培栽培床结构及供液和排液方式。

在基质无土栽培系统中，固体基质的主要作用是支持作物根系，协调水气热及提供作物一定的营养元素。基质栽培按照使用基质不同可以分为沙培、砾培和岩棉培等，按照栽培容器不同可分为袋培、槽培和盆钵栽培等。其营养液的灌溉方法以滴灌应用最为普遍。基质栽培系统营养液的供应方式可以是开放式的，也可以是封闭式的，这取决于所选用的基质性质、是否回收和重新利用多余的营养液。在开放系统中，营养液不进行循环利用，而在封闭系统中营养液则进行循环利用。由于封闭式系统的设施投资较高，而且营养液管理较为复杂，因而在我国目前的条件下，多数基质栽培以采用开放式系统为适宜。下面介绍几种主要基质栽培方式。

第一节　袋　培

袋培是将基质装在塑料袋中，袋子通常由抗紫外线的聚乙烯薄膜制成，这样可以使袋子至少使用 2 年。在光照较强的地区，塑料袋表面应以白色为好，以便反射光并防止基质升温。相反，在光照较少的地区，则袋表面应以黑色为好，以利于冬季吸收热量，保持袋中的基质温度。

一、袋培方式

袋培通常应用于栽培果菜类蔬菜，其栽培方式有三种：①开口筒式袋培，每袋装基质 10～15 L，种植 1 株番茄或黄瓜等果菜，如图 7-1 所示；②叫作枕头式袋培，每袋装基质 20～30 L，种植两株番茄或黄瓜，如图 7-2 所示；③目前荷兰等设施园艺发达国家大规模应用的椰糠或岩棉基质栽培袋，具体规格及栽培技术见岩棉培。本节主要介绍筒式袋培和枕头式袋培两种方式。

通常用作袋培的塑料薄膜为直径 30～35 cm 的筒膜。筒式袋培是将筒膜剪成 35 cm 长，用塑料薄膜封口机或电烫斗将筒膜一端封严后，将基质装入袋中，直立放置，即成为一个桶式袋。枕头式袋培是将筒膜剪成 70 cm 长，用塑料薄膜封口机或电烫斗封严筒膜的一端，装入 20～30 L 基质，再封严另一端，依次摆放到栽培温室中。定植前，如图 7-2 所示，先在袋上开两个直径为 10 cm 的定植孔，两孔中心距离为 40 cm。

图 7-1 筒式栽培

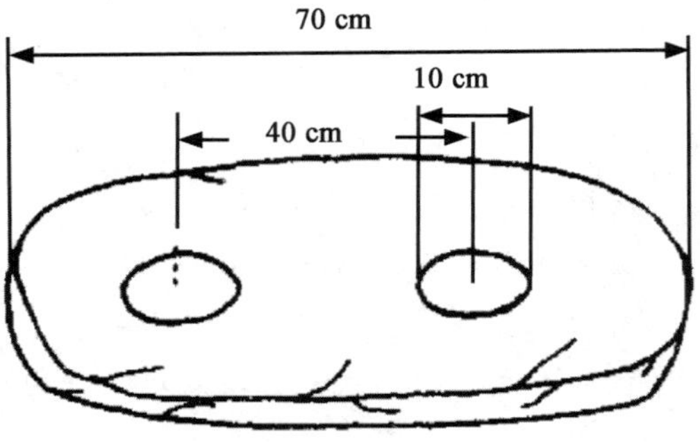

图 7-2 枕头式栽培定植穴

在温室中排放栽培袋以前，温室的整个地面应铺上乳白色或白色朝外的黑白双色塑料薄膜，以便将栽培袋与土壤隔开，同时有助于冬季生产增加室内的光照强度。

无论是开口桶式袋培还是枕头式袋培，都应在袋的靠底部两侧开 2～3 个直径为 0.5～1 cm 的小孔，以便多余的营养液能从孔中渗透出来，防止沤根。

二、袋培基质

袋培基质可以是单一基质如椰糠、珍珠岩、岩棉等，也可以是有机无机混合基质。生产实践中，为了克服单一基质理化特性的缺陷，多采用复合基质，但作为袋培基质，多以轻型基质为主，一般不选用沙、石砾等容重较大的基质。对基质性质的要求，可参阅固体基质相关内容。

三、供液系统

袋培都采用滴灌方式供液，供液系统由供液主管（直径 32～50 mm）、支管（直径 20～25 mm）、毛管（直径 13 mm）、滴管和滴头组成。滴管和滴头接在毛管上，每一植株有一滴头，为了确保每株滴液量相同，毛管在水平床面长度在 20 m 内，过长会造成末端植株的供液量小于进液口一端的供液量，导致作物生长不一致。栽培规模较小时可采用重力滴灌方式，如图 7-3 所示。规模较大采用水肥一体化供液设施，配备浓缩营养液和定比吸肥器，为了确保滴灌的均匀性，可进行分区供液。

四、袋培技术要点

袋培关键技术是根据栽培作物确定合适的栽培袋体积、合理的基质配比和营养液的管理；其他环境管理及日常管理同土壤栽培。这里以黄瓜为例介绍袋培的管理技术要点。

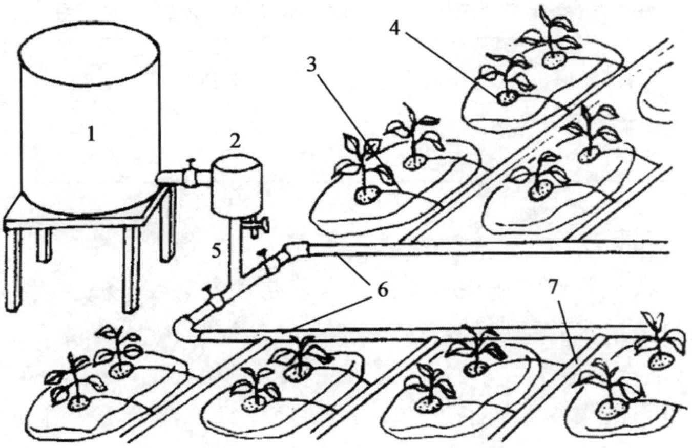

图 7-3　番茄袋培滴灌系统示意图

1. 营养液罐　2. 过滤器　3. 水阻管　4. 滴头　5. 主管　6. 支管　7. 毛管

(一)栽培袋大小及栽培基质

黄瓜袋培可以用筒式或枕头袋，每株需基质 8～10 L，枕头袋每袋装 20 L 基质(70 cm×30 cm×12 cm)，可以栽两株黄瓜。基质可以用商业基质或根据当地资源自行混配，常用基质有草炭和蛭石各一半混合，或者锯末和草炭各一半混合，近几年也有用椰糠作为袋培基质的。定植前 3～4 d 装好基质袋，按照种植距离排好。安装好滴灌系统，将基质全部灌上饱和水，让基质吸足水分，多余的水靠重力从塑料袋下部的孔中排出，种植密度为 4～4.5 株/m^2。

(二)营养液配方及 pH 管理

适于黄瓜无土栽培的营养液配方如表 7-1 所示。

表 7-1　黄瓜栽培营养液配方大量元素

肥料	硝酸钙		硝酸钾		磷酸二氢钾	硫酸镁
g/1 000 L	680		525		200	250
微量元素						
试剂	螯合铁(10%Fe)	硫酸锰(28%Mn)	硼(20.5%B)	硫酸锌(36%Zn)	硫酸铜(25%Cu)	钼酸钠(39%Mo)
g/1 000 L	15	1.78	2.43	0.28	0.12	0.128

黄瓜生长发育适宜的 pH 为 5.5～6.5，如降到 pH 3.0 则磷酸铁盐开始沉淀，从而使滴灌系统堵塞，作物也会因为缺乏这些元素而产生营养缺乏症。

在营养液循环系统中每天都要测定和调整 pH，在非循环系统中，每次配制营养液时应调整 pH。常用来调整 pH 的酸为磷酸或硝酸，为了降低成本也可使用硫酸；常用的碱为氢氧化钾。表 7-2 列出了每吨营养液从 pH 7.0 降到 pH 6.0 所需酸的用量。在硬水地区如果用磷酸来调整 pH，则不应该加得太多，因为营养液中磷酸超过 50 mL/L 会使钙开始沉淀，因此常将硝酸和磷酸混合使用。通常，只要向营养液加酸时小心谨慎，就不会发生营养液 pH 低于 5.5 的现象。

表 7-2 每吨营养液从 pH 7.0 降到 pH 6.0 所需酸的用量 mL

酸	98% H_2SO_4	63% HNO_3	85% H_3PO_4	63% HNO_3 ∶ 85% H_3PO_4（体积比 1∶1）
营养液	100	250	300	245

（三）供液量和供液方法

黄瓜植株定植以后，就可以开始用营养液滴灌。每株安装一个滴头，如果基质中已混合肥料，则定植后第一周只浇清水就可以了，营养液的电导度控制在 2.0～2.5 mS/cm 为宜。可根据作物对水分的要求确定供液次数，开始时每天浇 300～400 mL，每天滴灌 1～2 次，视天气情况而定。植株长大以后，结果多，叶面积大时，最多每株每天浇营养液 1.5 L，滴灌 4～6 次。为了避免基质中盐分浓度升高，每天允许有 10% 左右的营养液排出。每周对排出的营养液的可溶性盐总量用电导率仪测定 1～2 次，如可溶性盐总量超过 3 000 mg/L 时，应改用清水或低浓度营养液滴灌，让其溶盐，以降低基质中盐分浓度；当出现低于滴灌用营养液浓度时，应重新用原浓度营养液滴灌。

（四）基质消毒

在一茬作物栽培结束，进行第二茬作物栽培前，需要对重复使用的基质进行消毒处理，具体方法参照第六章基质消毒相关章节。

第二节 槽 培

一、栽培槽类型

槽培就是将基质装入一定容积的栽培槽中以种植作物，目前生产中推广面积相对较大的有机生态型无土栽培、混合基质培及沙培、砾培等主要采用的是槽培。传统上，混凝土一直被采用来建造永久性的栽培槽设施，也可用木板做成半永久性槽，但目前应用较为广泛的是在温室地面上直接用红砖垒成栽培槽，而不用水泥砌，实际只建设无底的槽的边框，所以不需特别牢固，只要能保持基质不散落到走道上就行。为了降低生产成本，各地也可就地取材，采用木板条、竹竿、铁丝等制成栽培槽。总的要求是在作物栽培过程中能把基质维持在栽培槽内，而不撒到槽外。为了防止渗漏并使基质与土壤隔离，通常在槽的基部铺 1～2 层塑料薄膜，防止土壤病虫传染，同时还有贮水的作用。

通过比较砖、水泥板、塑料泡沫板等材料的栽培框架成本和使用效果，得出用标准砖（24 cm×12 cm×5 cm）堆砌最为理想（表 7-3）。材料丰富，全国各地都有使用不同原料烧制而成的标准砖；成本较低，平均每 667 m^2 用砖成本为 1 000～2 000 元，按 10 年折旧，年均 100～200 元；通气透水性能比塑料材质框架好，有利于为作物根系创造良好的根际环境。而水泥板和塑料板都需要专门设计定制，成本比砖高 2～3 倍；孔隙较少，通气透水性能较差；另外，种植过程中不便于监测根际情况。

表 7-3　几种典型材质的栽培框架比较

材质	一次性投资(元)	折旧成本(元/年)	外观效果	应用效果
砖	1 000～2 000	100～200	一般	最好
水泥板	2 000～4 000	200～400	好	一般
泡沫槽	5 000～6 000	500～600	最好	好
菱苦土槽	4 000～5 000	400～500	较好	好

栽培槽的大小和形状取决于不同作物田间操作的方便程度。如番茄、黄瓜等爬藤作物，通常每槽种植 2 行以便于整枝、绑蔓和收获等田间操作，槽宽一般为 0.48 m(内径宽度)。对某些矮生植物可设置较宽的栽培槽，进行多行种植，只要保证手能方便地伸到槽的中间进行田间管理就行。栽培槽的深度以 15 cm 为好，当然为了降低成本也可采用较浅的栽培槽，但较浅的栽培槽在灌溉时必须特别细心。槽的长度可由灌溉能力(灌溉系统必须能对每株作物提供同等数量的营养液或清水)、温室结构以及田间操作所需走道等因素来决定；槽的坡度至少应为 0.4%，这是为了获得良好的排水性能，如有条件，还可在槽的底部铺设一根多孔的排水管。

二、槽培基质

常用的槽培基质有沙、蛭石、锯末、珍珠岩、草炭与蛭石混合物、草炭与炉渣混合物，以及草炭或蛭石与沙的混合物等。少量的基质可用人工混合，如果基质很多，最好采用机械混合。一般在基质混合之前，应加一定量的肥料作为基肥。例如：草炭 0.4 m^3，炉渣 0.6 m^3，硝酸钾 1.0 kg，蛭石复合肥 1.0 kg，消毒鸡粪 10.0 kg。混合后的基质不宜久放，应立即装槽或装袋使用。因为久放，一些有效营养成分会流失，基质的 pH 和电度也会有所变化。混合后基质的性质应符合基质的适用性和经济性原则。如果采用石砾作为单一基质栽培，所用的石砾以用花岗岩碎石最为理想，粒径 5～15 mm，其中 13 mm 左右的占 1/2 左右，容重为 1.5 g/cm^3，总孔隙为 40%，持水孔隙占 7%左右，这样既能保水，又能保持良好的通透性。

三、供液系统

槽培和袋培一样，主要采用滴灌系统供液。营养液可由水泵供给植株(图 7-4)，也可利用重力把营养液供给植株(图 7-5)。

为了避免由于滴灌管堵塞造成供液不均匀，槽培可以用滴灌软带代替滴灌管。中国农业科学院蔬菜花卉所用滴灌软带进行槽培番茄、黄瓜等作物，取得了良好的效果。这种方法简化了滴灌系统设备，营养液输送效果好，省时、省力、省料，如图 7-5 所示。

四、槽培蔬菜技术要点

相对于其他无土栽培方式而言，槽培是结构比较简单、建造成本较低、操作管理比较容易的无土栽培方式之一。浇灌营养液的槽培蔬菜技术要点基本同袋培，主要是营养液的管理。由中国农业科学院蔬菜花卉研究所在“八五”期间研制成功的有机生态型无土栽培技术(一种不用营养液的无土栽培技术)主要就是采用槽培的方式栽培蔬菜，目前全国无土栽培总面积的 70%是采用有机生态型无土栽培技术。本节以有机生态型无土栽培番茄为例，介绍槽培蔬菜的管理技术。

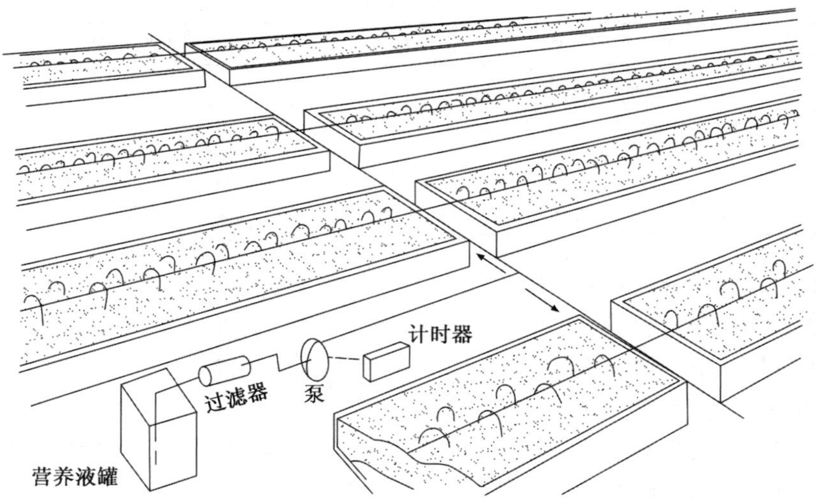

图 7-4　槽培系统和滴灌装置图

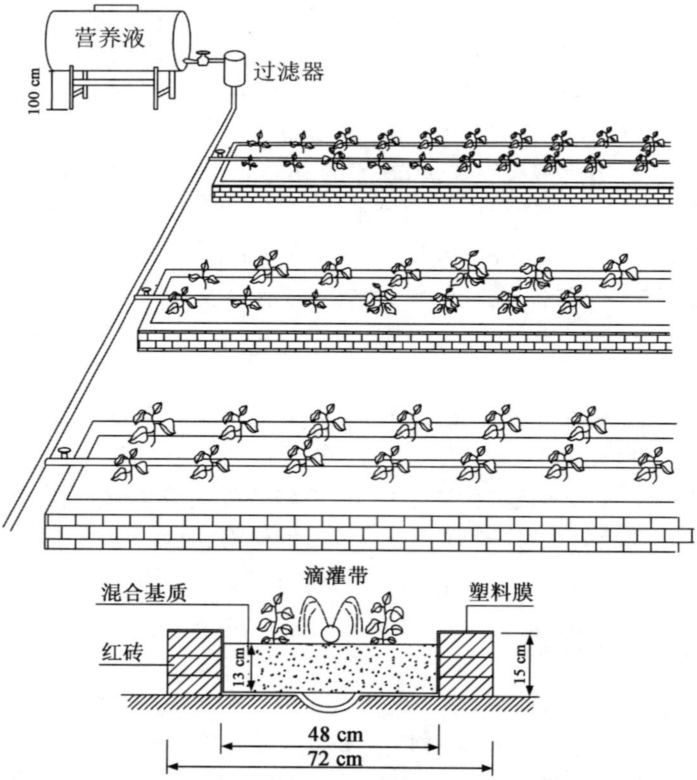

图 7-5　铺设滴灌带的砖槽基质培结构图

(一)有机生态型无土栽培技术特点

有机生态型无土栽培技术是指不用天然土壤而使用基质,不用传统的营养液灌溉植物根系,而使用有机固态肥并直接用清水灌溉作物的一种无土栽培技术。因而有机生态型无土栽培技术仍具有一般无土栽培的特点,如提高作物的产量与品质、减少农药用量、产品洁净卫生、节水节肥省工、利用非可耕地生产蔬菜等。此外它还具有如下特有的特点。

1. *用有机固态肥取代传统的营养液* 传统无土栽培是以各种无机化肥配制成一定浓度的营养液,以供作物吸收利用。有机生态型无土栽培则是以各种有机肥或无机肥的固体形态直接混施于基质中,作为供应栽培作物所需营养的基础,在作物的整个生长期中,可隔几天分若干次将固态肥直接追施于基质中,以保持养分的供应强度。

2. *操作管理简单* 传统无土栽培的营养液,它需维持各种营养元素的一定浓度及各种元素间的平衡,尤其是要注意微量元素的有效性。有机生态型无土栽培因采用基质栽培及施用有机肥,不仅各种营养元素齐全,其中微量元素更是供应有余,因此在管理上主要着重考虑氮、磷、钾三要素的供应总量及其平衡状况,大大地简化了操作管理过程。

3. *大幅度降低无土栽培设施系统的一次性投资* 由于有机生态型无土栽培不使用营养液,从而可全部取消配制营养液所需的设备、测试系统、定时器、循环泵等设施。

4. *大量节省生产费用* 有机生态型无土栽培主要施用消毒有机肥,与使用营养液相比,其肥料成本降低 60%～80%。从而大大节省无土栽培的生产开支。

5. *对环境无污染* 在无土栽培的条件下,灌溉过程中 20%左右的水或营养液排到系统外是正常现象,但排出液中盐浓度过高,则会污染环境。有机生态型无土栽培系统排出液中硝酸盐的含量只有 1～4 mg/L,对环境无污染,而岩棉栽培系统排出液中硝酸盐的含量高达 212 mg/L,对地下水有严重污染。由此可见,应用有机生态型无土栽培方法生产蔬菜,不但产品洁净卫生,而且对环境也无污染。

6. *产品质优可达绿色食品或有机食品标准* 从栽培基质到所施用的肥料,均以有机物质为主,所用有机肥经过一定加工处理(如利用高温和嫌氧发酵等)后,在其分解释放养分过程中,不会出现过多的有害无机盐,使用的少量无机化肥,不包括硝态氮肥,在栽培过程中也没有其他有害化学物质的污染,从而可使产品达到“A 级绿色食品”标准。如果采用全有机肥作为肥料来源,可以符合 AA 级绿色食品和有机食品的施肥标准。

现将传统营养液无土栽培与有机生态型无土栽培的比较列于表 7-4。

综上所述,有机生态型无土栽培具有投资省、成本低、用工少,易操作和产品高产优质的显著特点。它把有机农业导入无土栽培,是一种有机与无机农业相结合的高效益低成本的简易无土栽培技术,非常适合我国目前的国情,自从该技术推出以来,深受广大生产者的青睐。目前已在北京、新疆、甘肃、广东、海南等地获得了较大面积的应用,起到了良好的示范作用,获得了较好的经济和社会效益。但这种无土栽培技术难以做到根际养分的精准调控,难以满足大规模现代化专业生产的需求,将来的发展会受到一定的制约。

表 7-4　两种无土栽培类型的比较

无土栽培类型			传统无机营养液				有机生态固态肥		
试验单位			华中农业大学(1994 年)*				中国农业科学院蔬菜花卉所(1996 年)		
基质组成			天然有机物泥炭(可耗尽有限资源)、锯木屑				农产有机物(可再生无限资源),作物秸秆、炉煤残渣		
营养供应			无机营养液 Cooper(L/株)				有机或无机固体肥		
			30	45	60	75	全有机	有机+无机	全无机
栽培基础与结果	每株番茄	三要素养分供应量(g) 氮	6.243 6	9.369 5	12.487 2	15.609 0	11.100 0	11.821 4	11.200 0
		磷	1.993 5	2.990 3	3.897 0	4.983 8	3.358 3	3.810 7	3.714 2
		钾	10.147	15.221	20.294	25.368	4.400 0	10.778 6	13.800 0
		行距(m)×株距(m)	0.25×0.40				0.24×0.257		
		栽培面积(m^2)	0.10				0.060		
		栽培基质(m^3)	0.020				0.007		
		产量(kg)	1.23	2.12	2.04	2.08	3.06	3.14	3.26
	每 667 m^2	栽培面积(m^2)	300.0				172.8		
		面积利用率(%)	45.0				25.92		
		需基质量(m^3)	60				20		
		每方基质供栽培面积(m^2)	5.0				8.64		
		基质厚度(m)	0.20				0.12		
		栽培株数	3 000				2 800		
		番茄产量(kg)	2 433	6 345	6 129	6 243	8 566	8 495	9 136
基本设施			储液罐、定时器、循环泵、输液管道、pH 计、养分测定仪、栽培槽等				连接自来水管道、水表、普通灌溉带、栽培槽		
能源要求			需电源(不能连续断电 4 h)				不用电		
技术要求			需专业培训,文化水平要求较高				经一般讲解就可掌握		
产品质量			不能达到绿色食品标准				全施有机肥,可达绿色食品 AA 级或有机食品		
综合评价			主要依靠:机械仪表(设施)、化工(营养液原料)、采矿(泥炭、蛭石)、能源(电力)等产业部门才能进行生产,是无机耗能型的农业				基本上是利用农业部门的副产品及废弃物进行有机物质的转化,仅水管等来自外部门,是有机生态型的农业		

注:* 资料来源于华中农业大学杨竹青等《基质无土栽培施肥量试验》,《长江蔬菜》,1994 年第 3 期。

(二)有机生态型基质槽培番茄技术要点

1. 配制适合生态农业要求的栽培基质　有机生态基质的原料资源丰富易得,处理加工简便,农产有机物可就地取材,如玉米秸、葵花秆、油菜秆、麦秸、大豆秆、棉花秆等,农产品加工后的废弃物如椰壳、菇渣、蔗渣、酒糟等，木材加工的副产品如锯末、树皮、刨花等，还有中药厂制药后废弃的中药渣，都可以使用。为了调整基质的物理性能，可加入一定量的无机物质如：蛭石、珍珠岩、炉渣、沙等，加入量依调整需要而定，有机物与无机物之比按体积计可自 2∶8 至 8∶2，混配后的基质容重在 0.3～0.65 g/cm^3，每立方基质可供净栽培面积 6～9 m^2（即栽培基质的厚度为 11～16 cm）。常用的混合基质有：4 份草炭∶6 份炉渣，5 份沙∶5 份椰子壳，5 份葵花秆∶2 份炉渣∶3 份锯末，7 份草炭∶3 份珍珠岩等。基质的养分水平因所用有机物质原料不同，可有较大差异，以 N、P、K 三要素为主要指标，每立方基质内含有全氮（N）为 0.6～1.8 kg，全磷（P_2O_5）为 0.4～0.6 kg，全钾（K_2O）为 0.8～1.6 kg。生态栽培基质的更新年限因栽培作物不同，一般 3～5 年。含有葵花秆、锯末屑、玉米秆的混合基质，由于在作物栽培过程中基质本身的分解速度较快，所以每种植一茬作物，均应补充一些新的混合基质，以弥补基质量的不足。

2. 供水系统　有机生态型无土栽培的供水系统采用节水灌溉系统，以清水作为灌溉水源，不需要对水源进行特殊处理，对节水灌溉系统的要求不需要像营养液系统那样严格，采用简易节水灌溉设施可以满足供水要求。

综合比较各种节水灌溉系统，结果表明，采用微喷式薄壁软管（简称微灌带）灌溉系统作为有机生态型无土栽培系统的配套灌溉设备效果最好。

其一成本较低，是目前国内成本最低的节水灌溉系统，平均每 667 m^2 投资成本为 500 元左右（北京地区价格），使用寿命为 2～3 年，较各种滴头式滴灌系统每 667 m^2 节约投资成本 1 000 元以上，节约投资近 70%。

其二可以有效解决堵塞问题，出现堵塞现象时，只要擦拭软管表面或另用小针扎孔就能解决，基本不会影响作物的正常生长。滴头式滴灌系统对堵塞问题主要采取处理水源、多次过滤等预防的方式，一旦出现堵塞问题，较难解决，容易对当季作物的生产产生较大影响。

其三可以有效解决灌溉不均等问题，无土栽培的基质一般较疏松，其毛细作用及水分的横向扩散能力均较差，采用滴头式节水灌溉系统进行灌溉时，水分主要受重力作用向下扩散，仅有部分栽培基质能够被灌溉，上层特别是表层基质难以获得水分，从而影响根系的生长发育，给生产造成很大影响。而采用微喷式灌溉系统，能够扩大灌溉面，使各部分基质均能有效获取水分。

其四可以使水肥互作效果更佳，有机生态型无土栽培的养分供应采用固态有机肥，其养分的释放依赖水分的配合，采用微喷式灌溉系统能够保证基质和固态肥充分获取水分以释放养分。采用滴头式灌溉系统难以保证基质和固态肥中养分的充分释放。

水源采用自来水或建水位差在 1.5 m 左右的储水池，用以引水自流灌溉。以单个棚、室建立独立的供水系统，由进水主管道、水计量表、支管道、阀门、过滤器、微灌带等部件相连组成。栽培槽宽 48 cm，可铺设 1～2 根微喷灌带，栽培槽宽 72～96 cm，可铺设 2～4 条微喷灌带。

3. 肥料与水分管理

（1）营养管理。肥料供应量以 N、P、K 三要素为主要指标，每立方米基质所施用的肥料内应含有：全氮（N）为 1.5～2.0 kg，全磷（P_2O_5）为 0.5～0.8 kg，全钾（K_2O）为 0.8～2.4 kg。这一供肥水平，足够一茬番茄 667 m^2 产 8 000～10 000 kg 的养分需要量。为了在作物整个生育期内均处于最佳供肥状态，通常依作物种类及所施肥料的不同，将肥料分期施用。向栽培槽内填入基质之前或在前茬作物收获后、后茬作物定植前，先在基质中混入一定量的肥料作基肥

(如每立方基质混入有机生态型无土栽培专用肥 10～12 kg)。这样番茄等果菜在定植后 20～30 d 内不必追肥,只需浇清水,20～30 d 后每隔 10～15 d 追肥 1 次,均匀地撒在或穴施在离根 5 cm 以外的周围。基肥与追肥的比例为 1∶3 至 3∶2,每次每立方米基质追肥量为全氮(N) 80～150 g,全磷(P_2O_5)30～50 g,全钾(K_2O)50～180 g,或有机生态型无土栽培专用肥 10 g/(株/次)。追肥次数以所种作物生长期的长短而定。

(2)水分管理。有机生态型无土栽培系统的水分供应机制与营养液无土栽培系统不同,营养和水分的供给是分开进行的,而不能同时提供水分和营养,水分除直接供应作物所需外,还是溶解固态肥料溶剂,只有水分与养分良好协调,才能保证固态肥充分释放出能被作物吸收的养分,为作物的正常生育提供相对稳定的养分浓度。另外,水分的供应量还对根际的空气、温度、湿度、微生物活动等微环境造成重要的影响。因此,作物需水量是无土栽培作物良好生长发育的关键指标。

试验表明,灌水量的多少能明显影响番茄生长发育和产量多少,受外界气候条件的影响,不同灌水量对春茬番茄生长和产量的影响要比秋茬番茄明显。灌水量对春茬番茄果实的大小有明显影响。除第一穗的果实大小与灌水量无关外,灌水量对 2～6 穗果实大小的影响都达到了显著差异(表 7-5)。灌水量对植株茎粗的影响也比较明显,春茬试验表明:不同处理之间除第一穗的茎粗没有达到显著差异,第二、三、四穗和五穗茎粗都达到了极显著差异(表 7-6)。与 300 mL/(株·d)的灌水量相比,500 mL/(株·d)和 800 mL/(株·d)灌水量秋茬番茄产量分别提高 6.38%和 11.98%,春茬番茄产量分别提高 89.61%和 112.45%(表 7-7)。

表 7-5　春茬不同灌水量对番茄果实大小的影响(1999 年)　cm

灌水量(mL/d)	第一穗果	第二穗果	第三穗果	第四穗果	第五穗果	第六穗果
800	6.20a	6.64a	6.47a	5.85a	6.21a	4.23a
500	5.92a	6.27ab	6.19a	6.05a	6.17a	4.10ab
300	5.45a	5.54b	4.99b	4.06b	3.82b	2.16b

表 7-6　不同灌水量对春茬番茄茎粗的影响(1999 年)　cm

灌水量(mL/d)	第一穗茎粗	第二穗茎粗	第三穗茎粗	第四穗茎粗	第五穗茎粗
800	1.22a	1.54A	1.51A	1.40a	1.15a
500	1.21a	1.50A	1.43A	1.33a	1.11ab
300	1.15a	1.28B	1.14B	1.04b	0.91b

表 7-7　不同灌水量对番茄产量的影响(1998—1999 年)　kg

灌水量[mL/(株·d)]	秋　茬			春　茬		
	小区产量	折合 667 m^2 产量	增加(%)	小区产量	折合 667 m^2 产量	增加(%)
800	44.76a	4 973.33	11.98	21.67A	8 126.25	112.45
500	42.70a	4 744.45	6.83	19.34A	7 252.50	89.61
300	39.97a	4 441.11	0	10.20B	3 825.00	0

第三节　岩 棉 栽 培

用岩棉做栽培基质，采用滴灌方式供应营养液的无土栽培方式称为岩棉栽培。1968 年，丹麦“Grodan”公司最早开发出农用岩棉，1970 年在荷兰试验利用农用岩棉种植作物获得成功。1980 年以后，在以荷兰为中心的欧洲各国迅速普及。

一、岩棉培的特征

岩棉是由 60%的辉绿岩或玄武岩，20%的石灰石或白云石，20%的焦炭混合后经 1 600℃高温熔化喷丝而成，纤维长度为 5～8 μm。岩棉容重一般为 80～90 kg/m^3，总孔隙率为 97.2%，浸水后岩棉的三相比为：固相 2.3%，液相 45.2%，气相 52.5%，pH≥7，具有较好的吸水性能和保水性能。

(一)优势

与其他无土栽培基质相比，岩棉性能更加优越，主要体现在以下几方面。

1. 透气、持水性能较高，能够为作物根系提供良好的环境条件　岩棉总孔隙率 90%以上，持水孔隙为 88%，在具备良好的持水性能的基础上又具备良好的通气性能，可以起到良好的吸水、保水、保肥、通气和固定植株根系的作用，目前生产上常用的 3 种单一栽培基质理化性质见表 7-8。

表 7-8　常用单一基质理化性质

基质种类	化学性质		物理性质				
	pH	EC (mS/cm)	容重 (g/mL)	总孔隙度 (%)	通气孔隙 (%)	持水孔隙 (%)	大小孔隙比
珍珠岩	6.68	0.301	0.099 5	60.09	28.53	31.56	0.91
岩棉	7.19	0.142	0.047 3	93.12	5.06	88.07	0.06
椰糠	5.49	0.843	0.159 5	83.47	5.11	78.36	0.07

2. 易于实现精准调控和标准化生产　由于岩棉是由岩石熔融抽丝而成，本身不含有任何的营养元素，因此适用于多种作物，与精准灌溉系统相结合，可以实现精准的水肥调控；由于理化性质均一，可实现在不同地域、不同设施类型下进行标准化的生产。

3. 有效避免病虫害尤其是土传病害发生　由于岩棉经过高温加热而成，本身不携带病、虫、草卵，且岩棉栽培属于无土栽培，采用支架支撑或黑薄膜覆盖，有效避免了土传病害的发生。

(二)劣势

虽然岩棉已经成为国外最为广泛的无土栽培基质，但在国内生产中，仍然存在以下问题。

1. 岩棉回收利用比较困难　岩棉是由岩石熔融抽丝而成，自然状态下难以自行降解。国外由于岩棉使用量较大，一般建有专门的岩棉回收生产线，废弃岩棉经过特殊工艺处理后加工制成保温或建筑材料。目前国内岩棉使用量较小，尚无专业公司进行回收利用，因此岩棉回收利用比较困难。

2. 对环境及水肥调控要求较高　由于岩棉体积有限，因此，植株根系对外界环境及水肥变化缓冲能力较弱。在生产中，应避免环境条件剧烈变化。另外，岩棉栽培一般要求高精准的灌溉系统，防止因为不能及时灌溉导致作物生长不良现象发生。

3. *生产中需及时调整营养液酸碱度及离子浓度值* 由于岩棉本身偏碱性，pH≥7.0，在生产前游离的渣球、纤维多，因此在定植前，务必使用 pH 偏酸的营养液进行浸泡冲洗。在使用过程中，应密切关注岩棉内的酸碱值及离子浓度值，如果出现大范围波动应及时进行调整。

二、岩棉培的设施结构

根据营养液是否循环利用，岩棉培可以分为开放式岩棉培和循环式岩棉培两种。开放式岩棉培生产中营养液不经收集或经收集后没有重复利用，采用直接排放的形式，该种形式栽培系统结构简单，造价较低，营养液管理简单，不会发生因营养液循环导致的根传病害蔓延，多用于土传病害严重地区，但多余营养液直接排放容易导致外界环境、地下水等的污染。

循环式岩棉培生产中营养液经收集消毒后循环利用，优点是不会造成营养液的浪费和污染环境，但栽培系统造价高，对营养液管理要求严格，必须配备营养液的消毒装置和系统，管理不当易造成根际病害的传播和蔓延。目前荷兰的岩棉栽培已全部采用循环式栽培系统。

为保证岩棉培顺利进行，一般需要配套栽培所需的硬件系统，主要包括岩棉栽培支撑系统、营养液灌溉系统、营养液回收利用系统（封闭式栽培专用）、营养液消毒系统等。

（一）岩棉栽培支撑系统

目前生产中岩棉一般采用袋培的形式，为保证栽培基质的稳定，一般采用栽培床架支撑的形式。栽培床架主要起到 2 个作用，一个作用是支撑岩棉，另外，在循环式栽培中还起到收集回收营养液的作用。

1. *开放式岩棉栽培支撑系统* 开放式岩棉栽培一般采用地面直接铺放岩棉条或采用简易栽培床架的形式进行生产。直接铺放岩棉地面一定要平整，否则会造成供液不均，甚至会使盐分积累、pH 升高，影响作物生长。将棚室地面整平后，按规格筑成龟背形的土畦并将其压实。栽培畦的规格根据栽培作物而定，一般种植果菜类蔬菜如番茄、辣椒等，畦宽 150 cm，畦高约 10 cm，畦长 20～30 m，中间做一畦沟，畦沟有 1∶100 的坡降，便于多余营养液的顺利排放。整个温室地面做好栽培畦后，铺上 0.2 mm 的防老化乳白色或黑白双色塑料薄膜，乳白色一面朝上。铺设乳白色薄膜的作用，一是防止土壤中病虫和杂草的侵染；二是防止多余营养液渗入土中产生盐渍化；三是改善作物近地面的光照条件，促进下部果实着色和作物生长。

生产中也可以在温室内制作简易栽培床架，栽培床架主要起支撑岩棉的作用，使岩棉种植垫离开地面。简易栽培床架可以采用聚苯板、高强度泡沫、彩钢板等材料制成，要求按照温室高度和便于操作管理设计栽培床架的制成高度，并达到岩棉的承重要求。采用简易床架开放岩棉栽培，温室地面也要全部铺设园艺地布或乳白色塑料薄膜，使温室地面没有裸露土壤。

在冬季比较寒冷地区，应设根部加温装置。一般在岩棉种植垫下垫一块硬质塑料泡沫板，宽度与岩棉种植垫一致，厚约 3 cm，塑料泡沫板的中央开一小凹沟，用来放置加温管道。开放式岩棉种植系统横切面如图 7-6 所示。

2. *封闭式岩棉栽培支撑系统* 该形式栽培床架不仅起到支撑岩棉的作用，栽培床架内还含有营养液收集通道，多余营养液可进行回收利用。目前，国外一般采用定制化的栽培槽架。以荷兰 formflex 栽培槽架（图 7-7）为例，该栽培槽架一般为“几”字形，主要包括岩棉支撑系统、营养液收集通道、落秧系统等部分组成，另外，该结构还配有优质不锈钢配合专利的聚酯涂层，保证主体结构的稳定性和耐腐蚀性。采用封闭式无土栽培系统中，营养液可以循环使用，在节水省肥的同时，减少了环境污染。

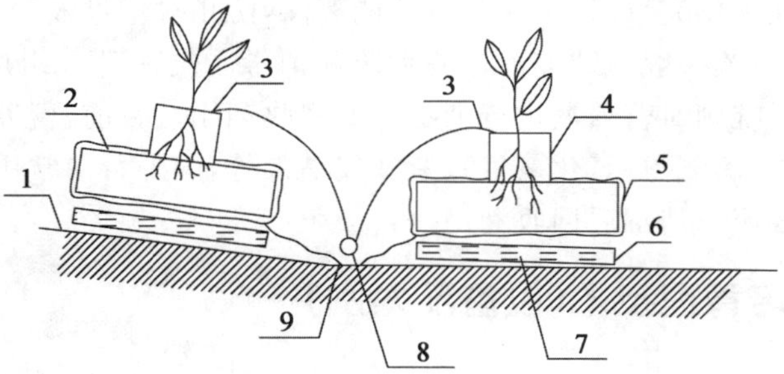

图 7-6　开放式岩棉种植畦及岩棉种植垫横切面

1.畦面塑料薄膜　2.岩棉种植垫　3.滴灌管　4.岩棉育苗块　5.黑白塑料薄膜
6.泡沫塑料块　7.加温管　8.滴灌毛管　9.塑料薄膜沟

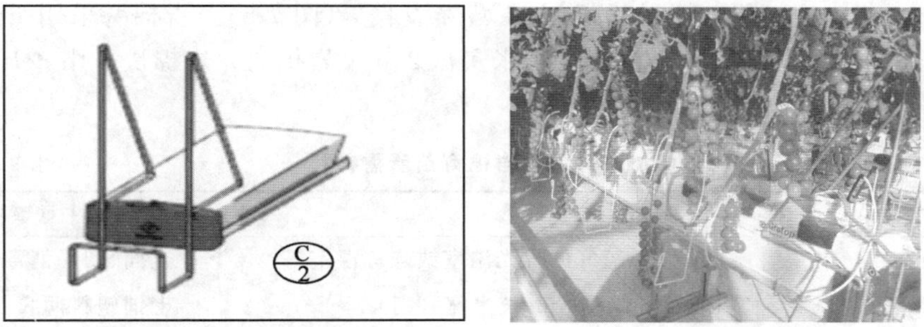

图 7-7　荷兰 formflex 岩棉栽培槽架示意图和实际栽培效果图

在岩棉支撑床架设计和施工时，一定要注意栽培床面平整，进行营养液回收的还要保持一定的倾斜角度，一般要求坡降为 1∶100，防止营养液局部位置过多的聚集，不能及时排除，导致绿藻、病虫害发生。

(二)营养液灌溉系统

小规模开放岩棉培系统，其营养液的供应可以采用重力滴灌系统(见袋培相关部分)。规模化岩棉栽培，不论是开放供液还是循环供液，目前均采用水肥一体化供应设备，主要包括灌溉首部、滴灌(箭)系统，循环岩棉培还有营养液回收系统等。灌溉首部一般由比例施肥器(或施肥机)、浓缩营养液贮液罐组成，灌溉时比例施肥器(或施肥机)吸取浓缩营养液，与水源按一定比例混合成为工作营养液，经过滴灌(箭)系统准确地供给到岩棉上种植作物的根部。其关键在于比例施肥器和水源流量控制阀及肥水混合器，自动控制系统。

对选用滴灌系统的要求：一是可靠性，滴灌系统，尤其是在调控营养液的浓度和酸碱度的检测装置和注入泵(比例施肥器)必须是质量好、准确可靠的；二是供液的及时性，滴灌系统质量要保证，液源的贮备量要保证，水源供应不能长时间间断；三是滴头流量的均匀性，要求均匀系数达到 0.95 以上；四是滴头抗堵塞性强，安装拆卸方便，易清洗；五是过滤装置效果要好。

滴灌系统使用时应避免使用含有不溶性杂质的原料配营养液，池、罐等盛营养液的容器要经常清除杂质和沉淀物；在滴灌运行过程中，注意观察过滤器前后压力表的压差变化，如压差变化太大，要清洗过滤器，保证水流通畅；定时检查和测定滴头的工作情况，确保滴头畅通；用人工开闭阀供液的，在未供完液时，工作人员不能离岗，防止过量供液。

营养液回收利用系统一般由营养液过滤系统和消毒系统两部分组成，过滤系统可以过滤掉沙石等杂物，消毒系统则对营养液进行消毒以便回收利用。目前，营养液消毒方法主要有过滤消毒、化学试剂消毒(臭氧、过氧化氢等)、紫外线消毒等，国外目前常用的消毒方法为紫外线消毒，营养液经紫外线照射消毒后回收利用。

三、岩棉培栽培管理技术(以番茄为例)

(一)育苗

苗前应准备好育苗温室、育苗床架、岩棉塞、岩棉块、营养液、蛭石等材料(表 7-9)。采用岩棉育苗要求温室彻底消毒，避免病虫害污染幼苗。育苗床可采用竹架、纸箱等材料进行搭建，以宽 2 m，长 5 m，高 30 cm 左右为宜，方便操作。育苗床可做成 L 形，外围搭建 U 字形床沿，沿高 5 cm，苗床表面覆盖塑料薄膜，方便营养液收集(图 7-8)。岩棉塞采用 grotop expert AO 25/40 型号，规格为 50 cm×25 cm，每张穴盘 200 个岩棉塞。岩棉块采用 delta 6.5 G 30/40 型号，规格为 10 cm×10 cm×6.5 cm。

表 7-9　岩棉育苗所需材料

名称	规格	注意事项
育苗温室	透光、保温较好的日光温室或连栋温室	全面、彻底消毒
育苗床架	2 m×5 m×0.3 m(长×宽×高)	上铺塑料薄膜
恒温箱	—	—
岩棉塞	grotop expert AO 25/40	每张穴盘 200 个岩棉塞
岩棉块	delta 6.5 G 30/40	单孔或双孔
番茄籽种	无限型粉果或红果	抗早衰、抗 TY
蛭石	二级	—
塑料薄膜	聚乙烯，0.02 mm	—
喷壶	—	—
营养液	—	—
母液桶	100 L，3 个	做好刻度标记

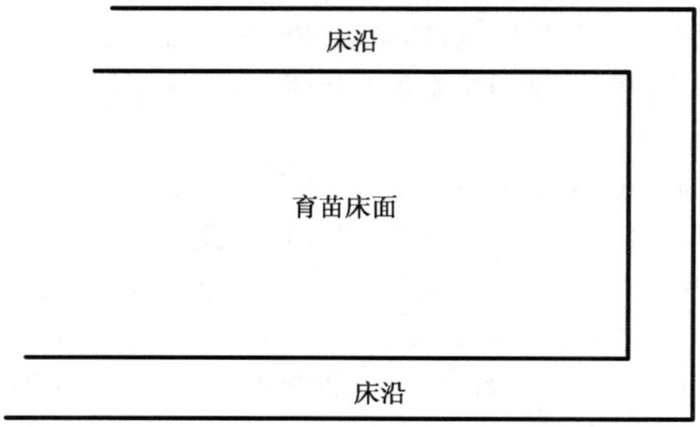

图 7-8　育苗床示意图

将番茄种子温汤浸种后，清水浸泡4～6 h，用湿毛巾或纱布包裹后置于28℃恒温箱中催芽，24～48 h后70%以上露白时即可播种，也可采用干籽直播的方式。播种前将岩棉塞用EC为1.5 mS/cm、pH为5.5的完全营养液(表7-11)浸泡24 h，以中和岩棉塞pH并置换出岩棉塞中有害物质。将种子直接播在岩棉塞中间的空穴中，每个岩棉塞播1粒，播种深度为1 cm，然后用细蛭石(二级)进行覆盖，覆盖厚度不超过1 mm，以遮住岩棉塞孔隙即可，防止番茄根系扎入蛭石。覆盖蛭石后盖上塑料薄膜保温保湿，60%以上出苗后立即揭开塑料薄膜，并开始转入正常管理阶段。

播种后3～7 d，即子叶展开前可采用清水进行灌溉，采用WCM(岩棉水分及EC测定仪)及时测定岩棉塞水分含量，当岩棉塞水分含量低于60%时及时浇水，每次应在晴天上午10:00左右进行浇灌，浇水量以达到岩棉塞80%持水量为准；子叶展开后采用营养液浇灌，可采用顶部喷淋或底部潮汐灌溉的方法，每次顶部喷淋后采用清水冲洗一遍叶片防止叶片灼伤。待长至两片真叶(14 d左右)，幼苗间叶片相互接触时移入定植岩棉育苗块中。

分苗是指将穴盘上的育苗塞幼苗移入岩棉块的过程。岩棉块使用前先用pH为5.5，EC2.0 mS/cm的完全营养液充分浸泡24 h，以中和岩棉块pH，置换掉岩棉块中有害物质。岩棉块摆放密度应达到15～20株/m^2。将岩棉塞幼苗自底部掰开后塞入岩棉块空穴中，即完成分苗过程。分苗后3 d内适当遮阳，并及时用WCM测定岩棉块相对含水量，低于65%时及时进行浇水，保持岩棉块相对含水量为65%～85%。浇水方式采用喷壶直接浇灌岩棉块根部，每次每个岩棉块浇水量为50～100 mL，以产生回液为准。播种后30～40 d，番茄达到7～8片真叶，现花蕾，即可移植到岩棉条中，完成育苗阶段。

岩棉育苗不同阶段温、湿度管理不同，催芽阶段及出苗前应以恒温保湿为主，番茄出苗后适当加大昼夜温差，降低空气湿度，防止幼苗徒长。不同时期温、湿度管理如表7-10所示。

表7-10　不同阶段温、湿度管理

阶段	天数(d)	温度管理(℃)		湿度管理(%)	岩棉含水量(%)
		白天温度	夜间温度		
催芽	0～2	28		>90	—
播种至出苗	2～5	25		90～95	90
出苗至分苗	5～14	25～28	18～20	85～90	65～85
分苗至定植	14～40	23～26	18～21	70～75	60～80

由于岩棉本身不含任何营养物质，所有养分均由营养液提供，因此，营养液管理极为重要。岩棉育苗宜采用番茄岩棉专用配方(表7-11)，并按需求配置不同浓度营养液待用。不同时期岩棉浸泡及浇灌营养液管理不同(表7-12)，注意每次顶部喷淋营养液后应及时采用清水清洗一遍，防治灼伤幼苗。

表7-11　番茄岩棉营养液配方

离子	NH_4^+	K^+	Ca^{2+}	Mg^{2+}	NO_3^-	SO_4^{2-}	$H_2PO_4^-$	Fe^{2+}	Mn^{2+}	Zn^{2+}	B	Cu^{2+}	Mo
浓度(mL/L)	20	340	210	60	220	80	40	2.5	0.8	0.33	0.33	0.15	0.05

表 7-12 不同时期营养液管理

阶段	天数(d)	灌溉液		填充基质	
		EC(mS/cm)	pH	EC(mS/cm)	pH
催芽	0～2	清水	清水	—	—
播种至出苗	2～5	清水	清水	1.5	5.5
出苗至分苗	5～14	1.2～1.5	5.5	—	—
分苗至定植	14～40	1.5～2.0	5.5	2.0	5.5

(二)定植技术

岩棉育苗完成后，进行定植操作。一般幼苗 7～8 片真叶，带一穗花蕾即可定植。定植前应做好岩棉条准备工作。以标准栽培密度 2.5 株/m^2 为例，栽培槽间距为 1.6 m，将岩棉条整齐放置于栽培槽上。每个岩棉条(长 1 m×宽 20 cm×高 10 cm)初始定植 4 株，后期可通过留茬增密的方式增加种植密度。提前在岩棉条距离两端 25 cm 处开孔，开孔长宽均为 10 cm，开孔后放置好滴箭，采用营养液供液系统(水肥一体化施肥机)供液将岩棉条浸泡，浸泡采用完全营养液，EC 为 2.5，pH 为 5.5 ，一般浸泡 24～48 h。浸泡完成后，在岩棉两端开孔放出多余营养液。直接将岩棉块放到定植孔中即完成定植。

(三)营养液管理技术

1.供液量的确定　确定供水量受三方面因素的制约，一是基质允许持水量，二是每株拥有基质的体积量，三是作物需水量。作物需水量受作物种类、生育期和光照、温度等条件影响。目前资料所提供的数据依据多是经验性的或是一个安全范围，要靠在实际中灵活运用。

(1)岩棉基质允许持水量。日本安井秀夫提出，岩棉体的持水量最大不应超过岩棉体积的 80%，但考虑到水分因重力作用而在岩棉体中分为上、中、下 3 层不同情况，如果按整体供水为 80%，则下层便会出现超过 80%的持水量，要保持下层的持水量不超过 80%，则总供水量应该定为总体积的 60%，这样就会出现下层为 80%、中层为 60%、上层为 40%的状况。这种状况可协调岩棉种植垫中的水气矛盾。

(2)作物需水量。表 7-13 为在无土栽培条件下几种作物不同生育期的需水量。田中调查了日本 52 户农家用开放式岩棉培种植番茄的成功事例，其滴灌营养液的用量数据如表 7-14 所示。

表 7-13 几种作物不同生育期吸水量　　L/(株·d)

作物种类	定植初期	始花期以后	收获盛期
番茄	0.1～0.2	0.1～0.2	1.5 左右
黄瓜	0.2～0.3	1.0 左右	1.6 左右
甜瓜	0.1～0.2	0.5 左右	1.0 左右
草莓	0.02 左右	0.04 左右	0.15 左右

表 7-14　开放式岩棉栽培番茄各月份的滴灌供液量

项　目	月　份											
	1	2	3	4	5	6	7	8	9	10	11	12
平均值[L/(株·d)]	0.79	0.74	0.84	1.14	1.52	1.53	1.64	1.85	1.48	1.05	0.81	0.67
标准差[L/(株·d)]	0.28	0.25	0.25	0.27	0.46	0.38	0.41	0.33	0.14	0.23	0.22	0.23
样本数(个)	13	11	13	17	18	20	13	8	7	11	16	20

表 7-13、表 7-14 中的数据都是一种粗略的参数，只能作为参考的基础，必须结合实际情况(株型大小、天气情况等)进行调整，而且调整的幅度可能是很大的。例如，据山崎资料，番茄收获盛期每株日吸水量 1.5 L，但这个“盛期”是段相当长的时期，株型不可能固定不变，同时也会有阴、晴天之别，因此 1.5 L 只是平均值，必然有变幅。据安井秀夫资料，番茄最大耗水量可达 3 L/(株·d)，而田中的资料也表明会出现这样的值，那么在什么情况下要用到这一数值，就要靠管理者随机应变了。

(3)确定供水量的第一种方法——测量基质持水量法。以番茄为例，按照目前通用岩棉栽培岩棉条(长 1 m×宽 20 cm×高 10 cm)的规格定植 4 株，则每株番茄需占有岩棉体的体积为 5.0 L，按照允许持水量为岩棉体积的 60%计算，即每株番茄拥有基础营养液为 3 L，这 3 L 足够番茄吸水量最高峰时一天所需。只要维持住这种持水状况，就可以满足番茄对水分的需要。原则上番茄吸收多少水就应补回多少水。番茄的吸水量可用水分张力计测定岩棉种植垫内持水量来确定。具体方法如下：在种植范围内的多个不同位置选定一些岩棉种植垫，在每一个垫的上、中、下 3 层各安放一支张力计，定时观测其刻度，算出平均值。当其值显示基质的持水量低于原来的 10 个百分点(即从 60%降至 50%)时，就要补充水分。具体补水量为 5.0 L×10%＝0.50 L。若每个滴头的流量为 2 L/h，则需启动滴头工作 15 min。每天经常观测，一达到此限就补水。这种供水方法可以节省用液量，避免过量供液而造成外流污染环境。此法必须有可靠的水分张力计，确定需供水量后，既可手工操作完成补液程序，又可串联于计算机控制的自动化装置上代替手工操作。

(4)确定供水量的第二种方法——估计作物耗水量法。这是一种经验供水法。以番茄为例，春季温室栽培番茄始花期以后耗水量为 0.8～1.0 L/(株·d)，现在对象是始花期过后已有许多天的番茄，其株型也比较大，遇上晴天光照强的时候，可能耗水量倾向于 1.0 L/(株·d)，这样，管理者凭借经验设定增加 30%的保险系数，则要 1.30 L/(株·d)，这一估计有可能偏大，但不会对作物造成危害，多余的液体流走即可。确定了每天总供水量后，一般分 5～8 次去完成。这种方法要由有经验的人掌握，并经常观察作物的反应，以便及时增减供水量。

(5)确定供水量的第三种方法——光依赖控制法。依赖作物需水量与光合有效辐射的相关关系，每天灌溉总量根据光照辐射来确定，在温室中放置辐射表记录日辐射量，每达到一定的辐射量，灌溉一定量的营养液。即植物的蒸腾量和光照呈正相关，其理论计算公式为每平方米达到 1 J/cm^2 辐射量灌溉量为 3 mL。确定灌溉总量后，还要确定灌溉起始时间及浇灌频率。灌溉起始时间要根据太阳升起和降落的时间确定浇水的开始和结束，一般为太阳升起后

1～2 h 内开始第一次灌溉比较适宜，太阳降落前 1～2 h 最后一次灌溉比较适宜。灌溉频率可根据具体时间来设定，也可以设定最大和最小间隔时间，结合光照数据，可以实现在光照辐射积累达到一定程度后浇灌一次，将气候数据与灌溉相结合。以北京市小汤山特菜基地内番茄岩棉生产灌溉制度为例，在温度为 25～28℃，番茄成株在晴天条件下每株灌溉 1 700～1 800 mL，且 60%要在上午 10:00 至下午 2:00 进行灌溉，每天灌溉次数为 15～20 次(表 7-15)。

表 7-15　开花坐果期岩棉培番茄灌溉方案(北京小汤山玻璃温室)

浇水次数	浇水时间(每次 3 min)	回液情况	灌溉情况	数值
			总灌溉量(每岩棉垫)	2 200 L
第 1 次	9:30		每株灌溉量	550 L
第 2 次	10:10		回液率	19.50%
第 3 次	10:50		灌溉液 pH	5.81
第 4 次	11:30		灌溉液 EC	2.62
第 5 次	12:10		抽取液 pH	7.18
第 6 次	12:40	首次	抽取液 EC	3.11
第 7 次	13:10			
第 8 次	13:40			
第 9 次	14:10	100 mL		
第 10 次	14:40			
第 11 次	15:10	430 mL		

2. 营养液的浓度与配方　按照山崎的理论，作物吸水和吸肥之间是按比例进行的。以 n/w 为依据制定的营养液配方，在被作物吸收的过程中，水和肥是一同吸收的。使用这种配方配制的营养液供给相应的作物，当作物吸收 1 L 营养液时，它既吸收了 1 L 的水，又将这 1 L 水中 1 个剂量的养分都吸收了。因此，使用山崎配方供液，只要将营养液浓度控制在 1 个剂量的水平即可。如果使用其他浓度比山崎配方浓度高的营养液配方，应仿照山崎配方调整其浓度。例如，使用日本园试配方，其浓度比山崎的番茄配方大 1 倍，则对番茄来说，日本园试配方用 1/2 剂量为宜。日本田中和夫的经验也认为此浓度是较安全的。

此外，番茄在不同阶段其配方和营养液的浓度是不同的，表 7-16 是荷兰在长期的番茄岩棉栽培实践中，摸索形成的番茄岩棉栽培不同阶段的营养液配方，供生产应用中参考。

在植株生长不同阶段，灌溉策略也不完全相同。重点管理阶段为幼苗转移至岩棉块后，每株每天灌溉 30 mL 左右，以岩棉往下滴水为准。幼苗长至 5 片叶片以后，适当进行控水处理，提高岩棉块 EC。由于岩棉块比较易于产生回液，在 EC 过高时，可以采取灌溉冲洗的方式迅速降低盐害。通过控水、提高 EC 方式促进番茄向生殖生长转变，第三穗花现蕾后将岩棉块放置到岩棉条中。转移到岩棉条中后，根据回液量确定灌溉量，正常条件下保持约 20%的回液量，岩棉条内 EC 控制在 3～5 mS/cm。

表 7-16　不同阶段番茄营养液配方　　n/w

项目	A	B	C	D	E	F	G	H
EC	2.44	2.38	2.57	2.54	2.55	2.56	2.59	3.03
pH	5.5	5.5	5.5	5.5	5.5	5.5	5.5	5.5
NO_3^-	220	200	230	220	220	220	220	280
NH_4^+	20	20	20	20	20	20	20	20
$H_2PO_4^-$	40	40	50	50	50	50	40	60
K^+	340	240	330	370	400	380	420	480
Ca^{2+}	210	280	240	210	190	210	170	210
SO_4^{2-}	80	80	80	80	80	80	60	90
Fe	2.5	2.5	2.5	2.5	2.5	2.5	2.5	2.5
Mn	0.8	0.8	0.8	0.8	0.8	0.8	0.8	0.8
Zn	0.33	0.33	0.33	0.33	0.33	0.33	0.33	0.33
B	0.33	0.33	0.33	0.33	0.33	0.33	0.33	0.33
Cu	0.15	0.15	0.15	0.15	0.15	0.15	0.15	0.15
Mo	0.05	0.05	0.05	0.05	0.05	0.05	0.05	0.05

注：A. 标准配方　从播种到第一真叶、第十二真叶到最后；B. 填充岩棉垫；C. 第一真叶到第三真叶；D. 第三真叶到第五真叶；E. 第五真叶到第十真叶；F. 第十真叶到第十二真叶；G. 盛果期；H. 增强型营养液。

（四）岩棉垫内积聚盐分的消除技术

在岩棉使用过程中，由于植株选择性吸收或岩棉本身吸附或使用的配方剂量较大等原因，岩棉内盐分容易积聚，造成盐害影响作物生长。因此，在实际生产中，要及时对岩棉盐分及酸碱值进行观测。一般情况下，每天需对灌溉液、营养液回流液、岩棉内抽取液进行检测，检测项目为 EC 和 pH。每 2 周对灌溉液、营养液回流液、岩棉内抽取液进行系统检测，检测项目包括植株所需各离子浓度值，并根据数值对灌溉液配方进行针对性调整。如发现超过 3.5 mS/cm 时，即要停止供营养液。在一定时间内滴入清水，洗去过多的盐分，当流出来的洗液的电导率降至接近清水时，重新改滴营养液。由于清水洗盐过程会使基质较长时间处于充满清水状态，导致植株出现“饥饿”，可采用低浓度的完全营养液（1/4～1/2 原用浓度）进行过量灌溉冲洗的方式，消除岩棉内积聚的盐分，当流出来的洗液的电导率接近稀营养液时，重新改滴原营养液。

（五）岩棉种植垫再利用技术

在荷兰等无土栽培面积较大、设施园艺技术发达国家，由于岩棉使用量较大，因此一般建有专业公司进行岩棉的回收利用。废弃岩棉再次经过高温后制成建筑或保温材料，用于工业原料。目前，国内尚无专业生产线进行岩棉回收利用。由于岩棉一般可使用 1～2 年，因此，在国内生产进行完一茬生产后，可采用蒸汽或化学药剂消毒后重复利用的方式，降低生产成本，另外，还可采取将废弃岩棉打碎的方式，用于改良土壤或种植叶类蔬菜等其他作物。

第四节 其他基质栽培方式

一、沙培

以沙作为单一栽培基质的一种无土栽培方式，主要适用于沙来源广泛易得的地区。全世界沙漠、半沙漠占地球露地面积的1/4～1/3，分布在中东、北非、中国西北地区、南北美洲等地，沙漠地区光照充足，水源缺乏，最适宜采用沙培方式。沙培技术在20世纪60年代由美国亚利桑那大学研究成功后，很快受到美国亚利桑那州、伊朗、墨西哥、阿拉伯联合酋长国的重视，并得到广泛应用。我国在海南有一定面积的应用。

沙培可以采用不同类型栽培槽盛装基质，也可以采用全地面铺沙方式。下面简单介绍沙培常用的几种栽培槽类型。

1.“V”形栽培槽　“V”形栽培槽可用红砖和水泥沙浆砌成，槽底中央略深，最深处至槽面为30～35 cm，槽框高25 cm，栽培槽宽度根据栽培蔬菜类型而异。如栽培黄瓜、番茄等果菜，外沿宽度一般72 cm，槽内部有效宽度为48 cm，双行种植；如种植叶菜，槽的宽度以人方便操作为宜，长度控制在15～20 cm，槽底沿长度方向向一端倾斜，坡降1∶(400～500)。槽底铺单层或双层黑色0.1～0.2 mm厚的聚乙烯薄膜，其上放置一条管径大于65 mm的塑料排液管，每隔40 cm左右钻出孔径2～3 mm的小孔，孔口朝下，以防根系将其堵塞。槽底铺一层石砾，以利排液，其上铺沙粒。采用开放式滴灌供液方式，通常有8%～10%甚至更多的营养液通过排液管排到棚室外。

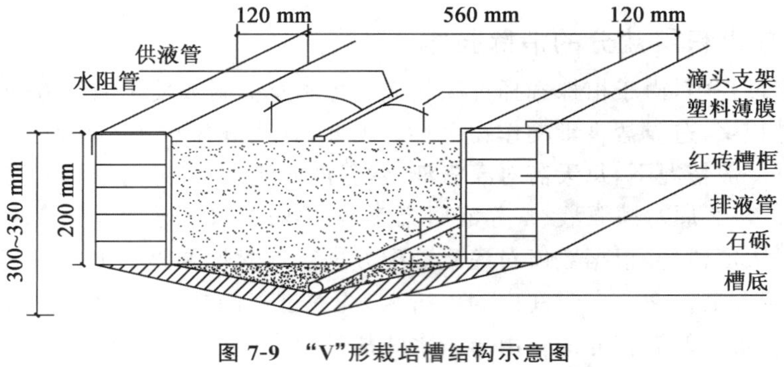

图7-9　“V”形栽培槽结构示意图

2.“A”形栽培槽　用红砖和水泥沙浆砌成，也可以用水泥预制板做成。与“V”形栽培槽不同的是，“A”形栽培槽槽底中央位置较高，而两侧较低，在槽外两侧各建一条排液沟，从槽中流出的营养液流到排液沟并排到棚室外，见图7-10。

3.平底栽培槽　槽底水平，建造时先整平地面，然后用3～4层红砖垒槽框，槽内铺衬一层黑色塑料薄膜，在贴近槽框的薄膜上，于离槽底约一块砖的高度，每隔50～70 cm用刀切开一道5～8 cm的隙缝，多余的营养液可由此流到槽外，而槽底仍可保持一定量的营养液，使槽内的沙不至于过于干燥。在栽培槽的两端及中间部位，垂直插3～4根直径为11 cm、高度与槽面平齐或略高于槽面的PVC硬质塑料管作为液位观察管，用于观察营养液液位。

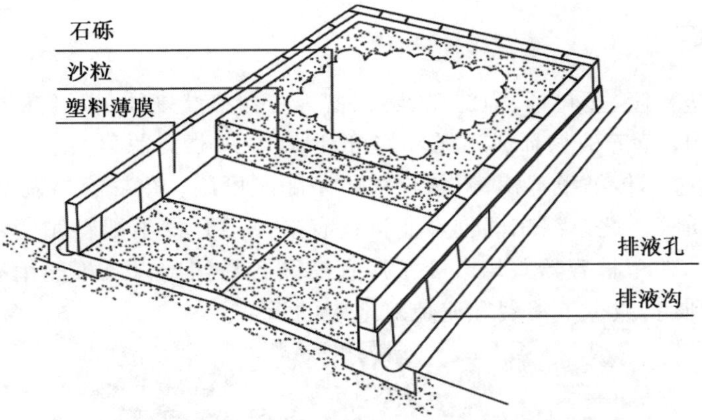

图 7-10　槽底中间高两边低的沙培槽

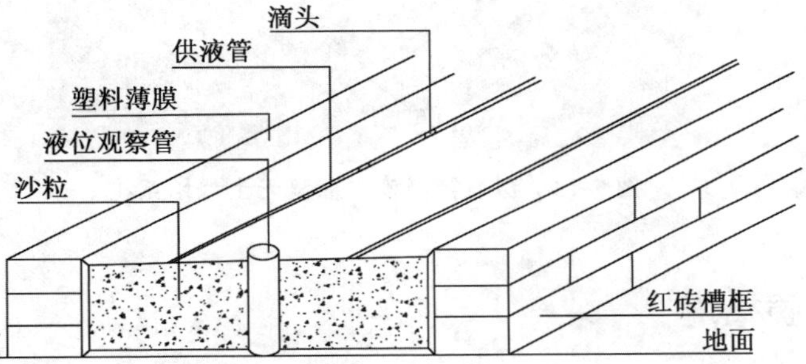

图 7-11　平底沙培槽示意图

4. 全地面沙培床　这一方式由美国亚利桑那州开发，适用于沙漠地区。建造方法是在温室的整个地面上铺上沙粒，将整个地面作为一个大栽培床，床底坡降 1∶200，其上铺两层 0.15～0.20 mm 厚黑色聚乙烯薄膜，连接处重叠 1 m，薄膜上按 1.2～1.5 m 的间隔平行排列直径为 3～5 cm 的钻有 2～3 mm 小孔的多孔塑料排液管，排液孔朝下，防止根系伸入或沙粒掉入造成堵塞。沙粒越细小，排液管的间隔就越窄。排出的营养液在温室的最低处汇入总排液管，再由此通到室外。设置好排液管后，在温室地面上铺 30 cm 厚的沙层，整平，沙床表面和床底要有同样的坡度。如果沙厚度较浅，将导致基质中湿度分布不匀，作物根系可能会长入排水管中。然后在种植作物的每行附近放置一条薄壁滴灌带，以供应营养液，营养液供应方式及供应管道铺设同袋培和槽培。

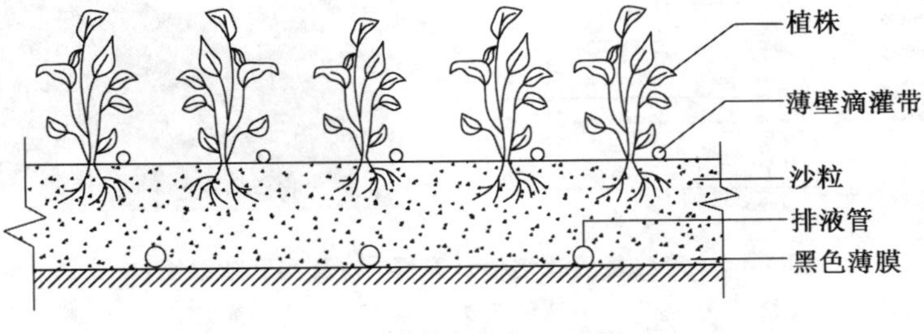

图 7-12　全地面沙培床示意图

二、容器栽培

以塑料花盆、塑料筐、塑料桶、泡沫箱、陶瓦盆等容器盛装基质，以滴灌方式供应营养液，每个容器容积 6～15 L，营养液循环或不循环均可，以栽培果菜类蔬菜为主的无土栽培方式。这种方式的最大优点是不传染根部病害，植株株行距随时可调。单株容器栽培基质可采用椰糠、草炭、蛭石混合基质等。北京绿东国创农业科技有限公司开发了塑料箱潮汐式灌溉基质无土栽培系统（图 7-13），使单株容器栽培改变了滴管灌溉容易堵塞以及不能用有机营养液灌溉的弊端，营养液循环利用，减少了浪费和避免对地表的污染。

图 7-13　塑料箱潮汐式灌溉无土栽培系统

三、薄层基质槽培

针对常规基质槽培基质用量大、成本高的问题，同时解决基质太薄造成根际水肥环境不稳定问题，由上海交通大学开发了薄层基质槽培系统。该系统由栽培槽、灌溉系统、管理系统组成。栽培槽主要由槽体、定植限位基座、分液导流槽、溢流孔、吊绳固定孔、搬运抓手等组成（图 7-14）。槽体根据茄果类和瓜类蔬菜常用株行距设计为 80 cm×40 cm（表 7-18），槽体底部按 40 cm 纵向间距，错开设置四个圆形定植限位基座。限位基座顶部 50％开通，利于根系向外生长和延伸；基座周围设置分液导流槽，以使滴灌到槽体内的营养液分布均匀并用于贮液。溢流孔设置于槽体纵向两侧，为倒三角形，可根据作物需水特点确定开孔高度；吊绳固定孔位于槽体横向两侧，搬运抓手亦位于槽体纵向两侧，为下陷长方形凹槽。

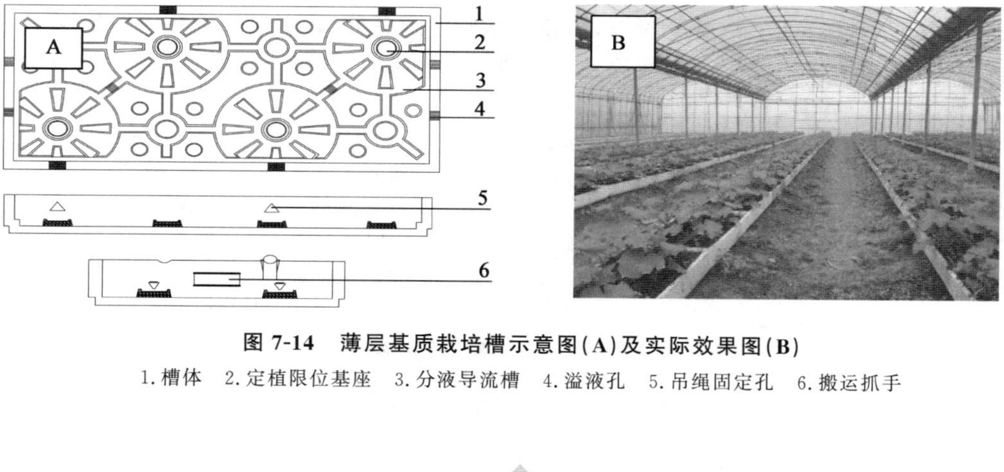

图 7-14　薄层基质栽培槽示意图（A）及实际效果图（B）

1. 槽体　2. 定植限位基座　3. 分液导流槽　4. 溢液孔　5. 吊绳固定孔　6. 搬运抓手

表 7-17　薄层基质栽培槽主要技术指标

项　目	数　值
长(cm)	80
宽(cm)	40
高(cm)	10
槽内净高(cm)	6
导流槽深度(cm)	1.5
总容积(L)	18.2
基质装填量(L)	17.8
单株基质用量(L,每槽 4 株)	4.45

栽培槽设计采用了固、液、气三相调节和分配技术,在槽体和基质贴合处形成一个液、气两相相对丰富的区域,可诱导根系大量向此处发生、生长并向周围基质扩展,从而起到将根系限定在相对较薄基质范围内、降低基质厚度和用量的作用;作物生长期内,在分液导流槽内保留一层营养液,可平衡营养液分布和供应,可通过营养液上渗湿润上层基质,但不增加上层基质中液相所占比例,从而创造适宜的根系生长环境并可减少每日滴灌次数;排液孔开置在槽侧面,利于减少营养液渗漏,节肥节水。由于槽底配置了分液导流槽,系统对滴灌装置要求较低,可使用滴灌管、滴箭、薄膜滴灌带等,利于降低滴灌设施成本。薄层有机基质栽培与其他基质栽培形式的优缺点比较见表 7-18。

表 7-18　常见基质栽培形式及其优缺点比较

栽培形式	基质用量(L/株)	优　点	缺　点
枕头式袋培	6～9	栽培容器成本低	装袋和定植较费工,一般需与岩棉块或育苗钵配用
筒式袋培	8～10	栽培容器成本低	装袋较费工,排液难控制,基质用量较大
槽培	10～12	建造和使用方便	基质用量较大
储液储气式无土栽培	5.5～6	肥水管理难度低	造价较高,不适于叶菜类等作物栽培
薄层有机基质栽培	4.5	基质用量少,适用作物范围广,肥水管理简便	对地面平整度要求高

系统可用于栽培大株形作物,也可密植小株形作物,还可当作育苗容器使用,亦可不打溢流孔而结合浮板和定植杯进行水培。栽培周期完成,上部藤蔓切除后,因根系盘结紧密,基质可像地毯块一样移出,易于经粉碎、消毒、添加有机肥等处理后的再利用。

四、储液储气式栽培系统

该系统由上海市设施园艺技术重点试验室孙桥实验室研发,该系统分成基质、空间和营养液三部分,外形如桶状,内装配网芯一个,较好地调节了装置内固体、气体、液体三相的平衡,解决了无土栽培根际供液和供氧的矛盾,装置底部的营养液层在一定时间内能够持续供给植株充足的营养和水分，保障植株生长，具有易于移动、便于提早定植、节省基质和营养液的特点。

系统装置如图 7-15 所示，主要由外桶和礼帽状带孔眼的网芯组成，网芯盘将外桶分成上、下两部分，下部有营养液层和气室，上部及网芯筒内填放栽培基质。在网芯盘上镶有通气管，在外桶的最下面的相对两边设有进液口和出液口，可以用来调节装置中营养液的量。

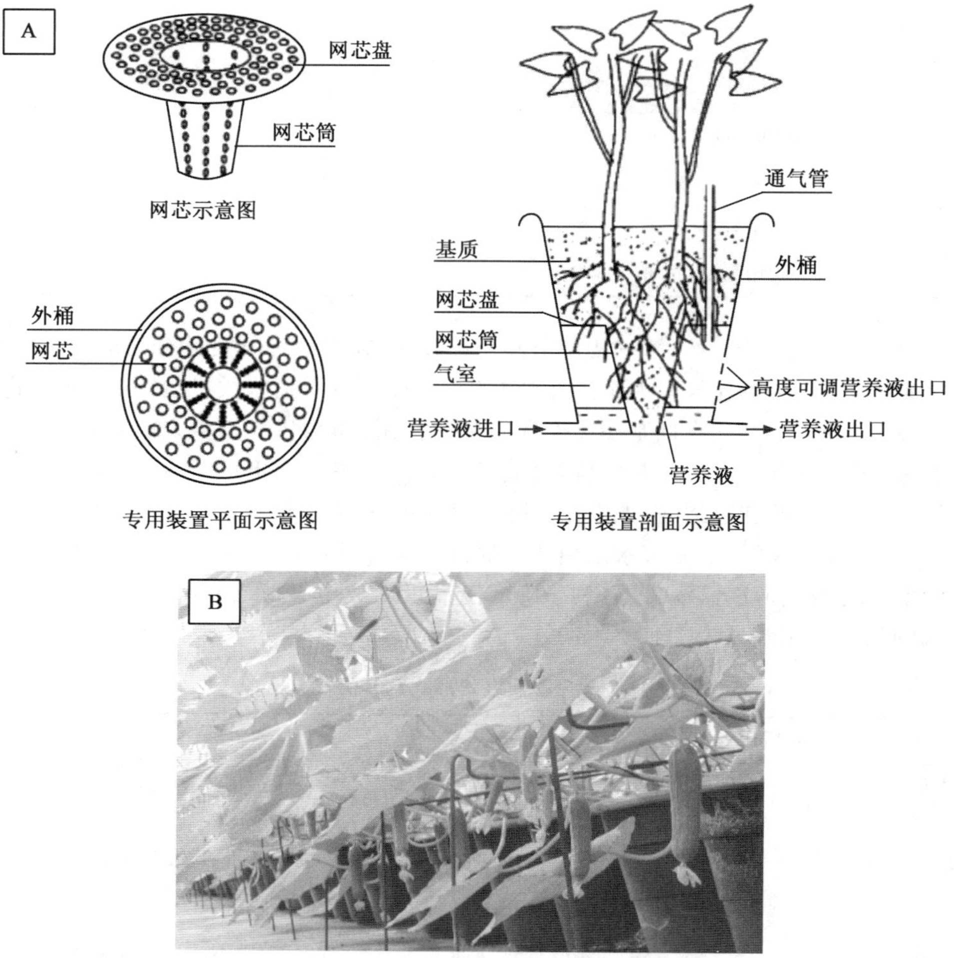

图 7-15　储液储气栽培系统示意图(A)及栽培效果图(B)

该装置的使用原理是：当装置栽培的作物处于苗期或生长前期，由于生长量小，对水肥气的需求也小，小苗从基质中可以吸收到充足的水分和营养；随着植株生长，对水的需求量增大，基质内水分会逐渐减少，负压增大，水分在基质内从上到下形成梯度，这时底部营养液可以通过网芯内基质的毛管作用向上运动，不断向上部基质中补充并被根系吸收，直至底部营养液全部被耗尽。在底部营养液被消耗完或即将被消耗完前，可以通过上部（滴灌）或从底部连接管补充新的营养液，多余的营养液可以通过兼做溢水孔的通气管溢出。每天的供液次数和供液量，依栽培季节温光环境、作物生育时期进行调控。一般苗期按每株 0.4 L，每天供液一次；营养生长期每株 0.8 L，每天供液 2 次；开花结果期每株 1.5 L 以上，每天供液 4～5 次；生长后期降到每株 1.2 L，每天供液 2～3 次。

该系统采用营养液循环供应(图 7-16)，可以采用两种循环方式，一种是用插箭式灌溉，即在每行专用装置旁边地面并行摆一根供液支管，在每个专用装置的基质上插 2 个滴箭，营养液从贮液池进入供液主管，再分入各支管，经插在支管上的滴箭滴入各专业装置的基质中，多余的营养液渗到装置底部积存起来，当营养液积存到回流口的高度时，多余的营养液经连接管回到回液管，最后回到贮液池中，完成一次循环。

另一种是重力滴灌灌溉，即在供液支管上安装稳流式旁通，旁通上接 10PE 管，在每套装置上装一支重力滴头。装置可以单独使用，也可以连接起来使用。使营养液从一个装置流向另一个装置，在此过程中部分营养液经基质的毛管作用向上移动供基质中根系吸收利用，多余营养液经最后一个装置的连接管流到回液管，最后回到贮液池，完成一次循环。两种方式中每个装置的储液量是由每行最后一个装置的出液管的高低决定的。

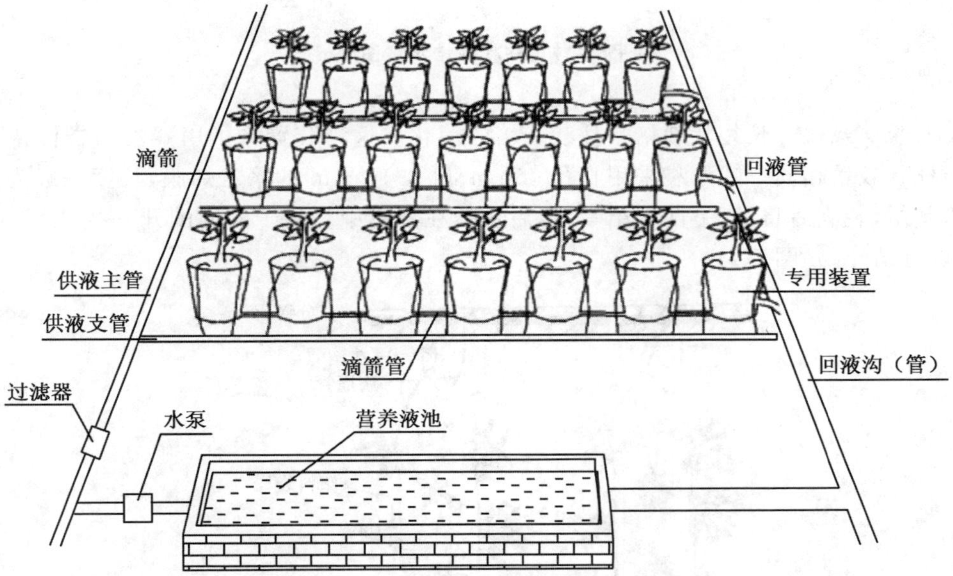

图 7-16　储液储气栽培系统营养液供给方式及循环利用示意图

该系统适用于甜瓜、西瓜和番茄、黄瓜、辣椒等果类蔬菜栽培，可广泛应用于连栋温室、单屋面日光温室、塑料大棚及露台、阳台和屋顶栽培，在上海、新疆、宁夏、北京等地种植番茄、黄瓜、甜瓜的生产实践证明，利用该系统种植作物根系发达，在栽培桶内空间形成很厚的白色根垫，产量和商品性均达到无土栽培理想栽培效果。

五、立体基质栽培系统

立体基质栽培主要种植一些生菜、草莓等矮秧作物，主要方式有柱状栽培、长袋状栽培和立柱式盆钵无土栽培。

1. 柱状栽培　栽培柱采用石棉水泥管或硬质塑料管，在管四周按螺旋位置开孔，植株种植在孔中的基质中。也可采用专用的无土栽培柱，栽培柱由若干个短的模型管构成。每一个模型管上有几个突出的杯状物，用以种植植物(图 7-17)。

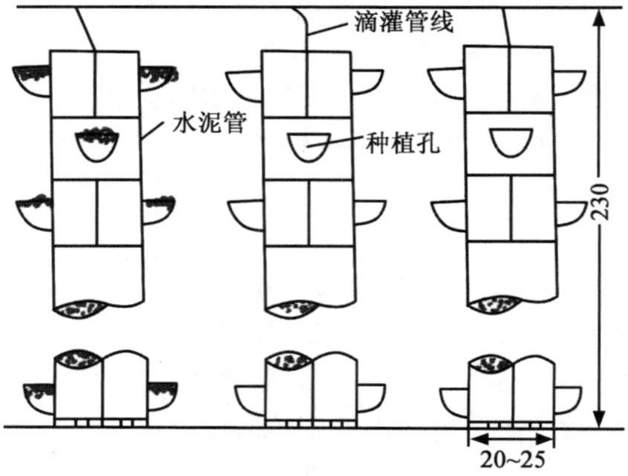

图 7-17　柱状栽培示意图(cm)

2. 长袋状栽培　长袋状栽培是柱状栽培的简化。这种装置除了用聚乙烯袋代替硬管外，其他与柱状栽培相同。栽培袋采用直径 15 cm、厚 0.15 mm 的聚乙烯膜，长度一般为 2 m，内装栽培基质，装满后将上、下两端结紧，然后悬挂在温室中。袋子的周围开一些 2.5～5 cm 的孔，用以种植作物(图 7-18)。

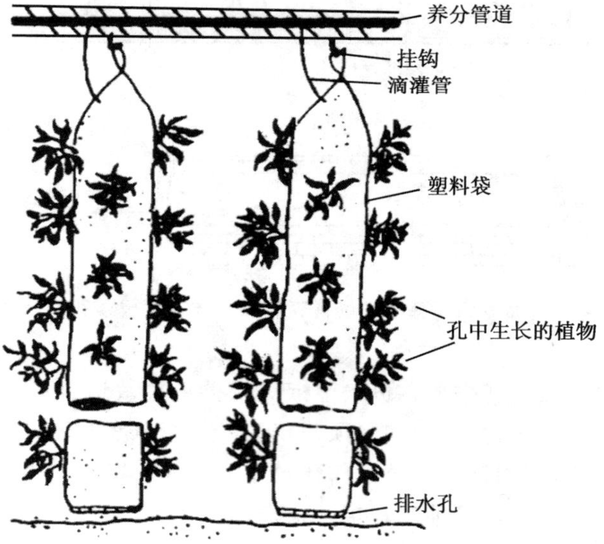

图 7-18　长袋状栽培示意图

无论是柱状栽培还是长袋状栽培，栽培柱或栽培袋均挂在温室上部的结构上，行间的距离为 0.8～1.2 m。水和养分的供应是用安装在每个柱或袋顶部的滴灌系统进行的，营养液从顶部灌入，向整个栽培袋渗透。营养液不循环利用，从顶端渗透到袋的底部，即从排水孔中排出。每个月要用清水洗盐 1 次，以清除积累过多的盐分。

3. 立柱式盆钵无土栽培　将一个个定型的塑料盆填装基质后上下叠放，栽培孔交错排列，保证作物均匀受光。供液管道由顶部自上而下供液(图 7-19)。本装置由中国科学院上海植物生理研究所研究开发成功,很多企业或公司在此基础上进行了外形优化等设计,目前在许多农业观光园中得到推广应用。

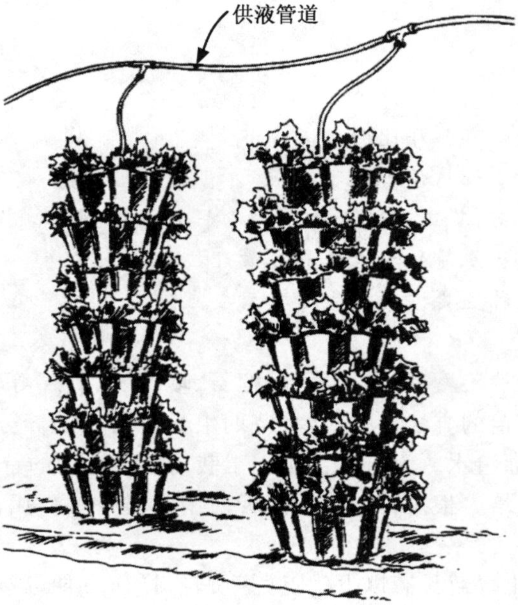

图 7-19　立柱式盆钵无土栽培示意图

本章思考题

1. 简述袋培的基本结构以及黄瓜袋培的营养液管理技术。

2. 简述可用于建造栽培槽的材料种类以及番茄有机生态型无土栽培的营养和水分管理技术。

3. 岩棉栽培有哪些特点?

4. 简述薄层基质栽培系统的特点。

5. 简述储液储气式基质栽培装置的结构及栽培特点。

6. 常用基质栽培方式有哪些?

7. 比较槽培、袋培、岩棉栽培、薄层基质培和储液储气式栽培各自特点。

第八章　无土育苗技术

学习目标：

1. 掌握无土育苗与土壤育苗相比的优点。
2. 了解无土育苗的主要设施设备及特点。
3. 掌握什么是穴盘育苗，其工艺流程包括哪几个主要部分。
4. 掌握无土育苗对育苗基质的要求及养分管理技术要点。
5. 了解无土育苗的几种主要方式及管理技术要点。

无土育苗是指不用天然土壤，而利用草炭、蛭石、珍珠岩、岩棉等轻基质材料配合营养液，或直接利用营养液进行育苗的方法。有时，将苗期生长所需要的养分以固体肥料的形式掺混入基质，育苗过程中只浇灌清水。无土育苗是无土栽培不可缺少的首要环节，采用无土方法培育的幼苗也适用于土壤栽培。根据育苗过程是否使用基质及其作用，无土育苗可分为基质育苗和水培育苗两大类。

与土壤育苗相比，无土育苗具有以下优点：基质轻，操作方便，减小劳动强度；容易对营养和水分供给进行调控，提高水肥利用效率；便于育苗资材清洗消毒，减少土传病虫害发生蔓延；可实行多层立体育苗，提高土地和空间的利用率；幼苗所占体积小，基质重量轻，便于长距离运输和商品化销售；有利于实现幼苗规模化、标准化和工厂化生产；有利于优化和改善育苗环境和条件，培育优质壮苗。

现阶段，发达国家的无土育苗已发展到较高水平，实现了作物、蔬菜、花卉、林木等多种植物秧苗的工厂化、商品化和专业化生产。我国自 20 世纪 70 年代后期开始进行无土育苗技术的研究与应用。近年来，以穴盘育苗为代表的现代无土育苗技术得到了快速发展，专业化、规模化育苗基地越来越多，设施装备和育苗水平不断提高，成为一个新兴的、极具活力的产业。自 2008 年开始，蔬菜集约化育苗被农业部列为主推技术在全国范围内推广。

第一节　无土育苗的设施设备

无论基质育苗，还是水培育苗，均需要一定的设施与设备。塑料大棚、日光温室和大型连栋温室均可作为育苗的场所。工厂化育苗最好选用结构性能优良、环控能力强的现代大型连栋温室，内设多层覆盖装置，外设遮阳装置，配置湿帘风机降温系统和供暖或热风炉加温系统；集约化或小规模无土育苗可以选用单栋、连栋塑料大棚或日光温室，但必须配备必要的加温、降温设备，以防御极端天气条件对幼苗生长造成危害。我国北方地区，为减少能源消耗，降低育苗成本，冬季常选择以高效节能日光温室为育苗场所，夏季以连栋塑料或玻璃温室（大棚）为主。育苗棚室所有通风口和管理人员出入口处均需覆盖 22～25 目防虫网。

一、无土育苗的设施

(一)物料存放和前处理场所

无土育苗尤其是规模化和工厂化育苗,多批次连续生产,基质、穴盘等物料用量较大;而且,通常基质在使用前要进行破碎、过筛、掺混、消毒等处理,用过的穴盘等物品也要进行清洗和消毒。因此,需要配备供物料存放和前处理的场所,并要求该场所防雨、防潮、防晒、通风,能够存放一定数量的物料,并留有作业的足够空间。对于工厂化育苗,还需安放必要的机械设备。

(二)基质填装和播种场所

工厂化、集约化育苗的盘(钵)填装和播种通常借助机械完成,可以是盘(钵)摆放—基质填充—打孔—播种—冲淋—覆盖—传送流水线作业,也可以是以单一播种机辅以人工混合作业。小规模无土育苗,多采用人工作业。盘(钵)装填和播种场所大小应充分考虑育苗规模、使用机械与否等因素,要求作业空间大,通风条件好,并配备充足的水源及给排水设备。营养钵育苗需要专门的机械提前制作营养钵。

(三)催芽场所

催芽场所要求能够提供种子发芽所需要的温度、湿度、气体等条件,有些种子发芽还需要光照。少量种子先催芽、后播种时,可采用恒温培养箱和生物培养箱;大规模无土育苗则需要配备专门的催芽室(图 8-1)。催芽室可以购买专业厂家的产品,也可以自行建造。催芽室大小主要根据育苗数量确定,面积为育苗温室苗床面积的 5%～10%。为方便不同批次和不同作物种子的催芽,可采用小单元多室配置。催芽室内安放育苗车或育苗层架,规格与催芽室的大小相匹配,一般层间距 10～20 cm,最下层离开地面约 20 cm,底部安装四个方向轮便于推运。

图 8-1　催芽室和育苗层架

(四)幼苗绿化和驯化场所

幼芽出土后,应及时转到有光并能保持一定温度、湿度条件的场地绿化,以避免黄化。刚刚嫁接幼苗或组培试管苗也需要经过一段时间的驯化过程,期间对光照、温度、湿度等要求严格。工厂化育苗的绿化和驯化设施,通常为环控性能好的大型连栋温室;集约化育苗可利用日光温室或单栋、连栋塑料大棚作为绿化场所,内设小拱棚用于幼苗的驯化,但环控能力较差,需安装必要的加温、降温、遮阳等设备,并加强管理。

二、无土育苗的设备

用于育苗的温室和大棚应当具有加温、降温、遮阳、补光等相应设备。除此之外,工厂化育苗的常用设备还包括基质处理设备、精量播种设备、灌溉施肥设备、幼苗储运设备等。规模化、集约化育苗也可根据实际情况选用其中的部分设备替代手工操作,以提高育苗效率。

(一)基质处理设备

基质处理主要包括基质消毒和搅拌。基质消毒的目的在于杀灭其中的病原菌、虫卵以及杂草种子等。消毒方法分物理方法和化学方法,前者又包括太阳能消毒、热水消毒、蒸汽消毒等,以高温蒸汽消毒的效果较好。对于重复利用的基质、不卫生或来源不明的基质以及掺混有机肥的基质,最好消毒后使用。国外专业化基质生产厂家通常在商品出售前即已完成消毒过程。

育苗基质在装盘(钵)之前,通过专用搅拌机进行搅拌,目的有二:一是使不同基质组分充分混合均匀,包括添加的化肥和农药等;二是避免大的基质颗粒或结块影响装盘与播种质量。如果基质过于干燥,搅拌时还要加水调节。

(二)精量播种设备

自动化精量播种生产线(图 8-2)是工厂化育苗的核心设备。以穴盘、联体钵为育苗容器的自动精播生产线原理基本相同,一般由盘(钵)供给装置、基质填装装置、打孔压穴装置、精量播种装置、覆土喷淋装置等部分组成,多工序连续作业一次完成。各部分组合一体形成整条流水线,拆分后可单独作业。精量播种系统通常由微电脑控制,可对流水线传动速度、播种速度、喷水量等进行调节。

泡沫小方块水培育苗也可以采用机械播种,自动流水线包括苗盘摆放机、浸泡清洗机、喷淋机和播种机等部分。

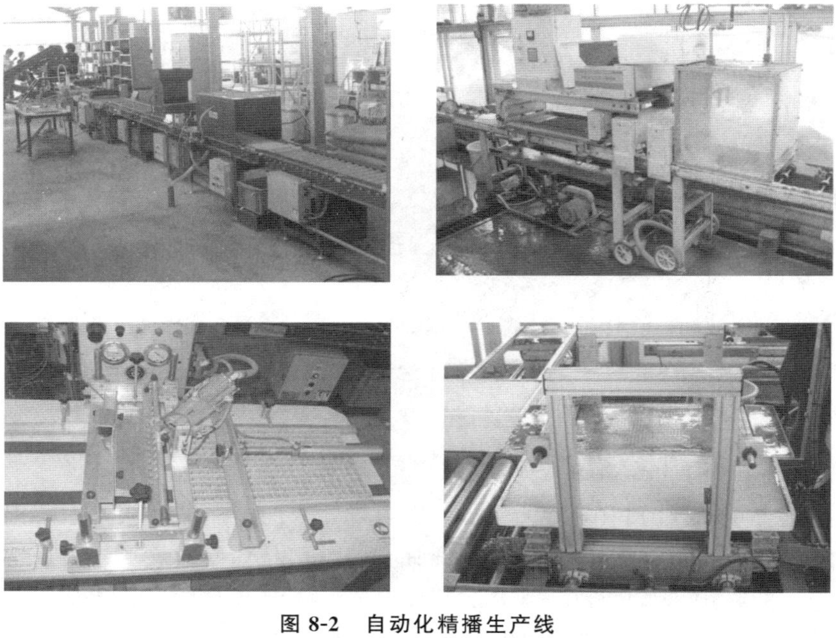

图 8-2 自动化精播生产线

左:穴盘育苗 右:泡沫块育苗

下面以穴盘育苗自动精播生产线为例,简要介绍各部分的作用和作业流程。

穴盘摆放机:将育苗穴盘成摞装载到机器上,机器将按照设定的速度把穴盘一张一张地摆放到传送带上,随传送带向前移动,到达基质装盘机下方。

上料装盘机:送料装置将育苗基质从下面的基质槽运送到穴盘上方的基质箱中,再由控制开关自动将基质颠撒下来,均匀填充到穴盘的每一个穴孔中。刮板负责将穴盘上的基质刮平,毛刷则将多余基质清扫干净。

压穴与精播机:压穴装置负责将装入穴盘中的基质压实,并在每个穴孔的中央压一浅穴,然后由精播机将种子均匀播种到每一个浅穴中。压穴装置有圆筒式、平板式、直线式等不同结构。常见的精量播种机多采用真空吸附式播种器,主要分针式和滚筒式两种。真空吸附式播种器对种子形状和粒径的要求相对不太严格。

覆土机:播种后的穴盘被运送到覆土机下方,覆土机将基质箱内的基质均匀覆盖在播种后的穴孔表面,并保持一定厚度。

喷淋机:喷淋机按照设计的水量,将水均匀喷洒到已播种并覆盖好基质的穴盘上。完成播种工序的穴盘最后被运送到催芽室内催芽。

(三)灌溉和施肥设备

灌溉和施肥设备是无土育苗的核心设备之一。灌溉方式主要有顶部喷灌和底面灌溉两种。传统育苗常采用人工喷灌,工作量大,均匀度差。规模化和工厂化育苗可采用自动喷灌,有固定式和自走式两种系统,自走式系统较先进,灌溉均匀度优于固定式系统,可比人工喷灌节水 50%,比固定式系统节水 25%。幼苗较小时,采取顶部喷灌均匀度较高;但当幼苗长至一定大小,叶面积较大,顶部喷灌往往导致株间灌水不均匀,宜采取底面灌溉方式。水培育苗常采用水和营养液循环利用的灌溉施肥系统,需配备相应的消毒除菌装置。

无土育苗可根据水源的水质不同选择相应的水处理设备。灌溉水的水质指标包括 pH、EC、碱度、硬度、离子组成等,它们直接或间接地影响幼苗的生长发育。水处理设备通常由抽水泵、沉淀池、过滤器、离子交换器、反渗透处理器、加酸配比机等部分组成。

(四)CO_2 施肥设备

无土育苗过程中增施 CO_2 有利于培育壮苗,尤其低温季节通风量较少的情况下。CO_2 肥源主要有两种类型:一种肥源是通过燃烧低硫燃料(天然气、煤油、丙烷等)产生 CO_2。如欧美国家 CO_2 施肥常以天然气为燃料,将温室加温锅炉燃烧后产生的尾气经过处理后作为肥源;日本则直接利用燃烧煤油的 CO_2 发生机。另一种肥源是液体 CO_2,通常装在高压钢瓶内,借助减压阀门和输气管道送到温室内部,施肥过程靠自动或手动调节,比较方便。

(五)育苗辅助设备

1. 育苗床　为便于管理和创造良好的幼苗生长环境,基质育苗常采用架高的育苗床,将盘、钵等育苗容器摆放在床面上。育苗床分固定式和移动式两种(图 8-3)。

固定式苗床的位置固定,床框不能横向移动。高度 60~90 cm,宽度 1.2~2.0 m,以在两侧作业能方便触及苗床的中间位置为宜,床间走道宽 50~60 cm。床架用角铁或方钢制作,床框为角铁或铝合金,承托材料为钢丝网。简易固定苗床是在平整的地面上摆些方砖,用竹竿或竹片做成的床面，床面宽 2 m 左右，离开地面 10～40 cm。

移动式苗床的床架固定，床框支撑在滚轴上，可借助滚轴的转动单侧平移 30 cm。床面用角铁、铝合金、钢丝网等材料制作，钢丝网下设置横撑以防止床面下陷。移动式苗床增加了地面的利用率，最高可达 90%以上。

图 8-3　不同类型育苗床

左：简易固定苗床　右：移动式苗床

水培育苗苗床多为砖石混凝土结构的长方形池子，长度据设施空间大小确定，宽度据育苗容器规格和操作方便程度确定，通常宽度大于 120 cm，深度 15～20 cm，苗床之间留出 50 cm 的走道。简易苗床可在平整压实的地面上制作，用砖、空心砖或木板作边埂，底部铺设 0.1～0.2 mm 厚的黑色塑料薄膜防止渗漏，将薄膜四周的边缘压在床埂上。还可用模制或拼接的苗床，要求床底平坦，不透水。

2. 苗运送设备　育苗基地内部的秧苗运输可采用简易的双层或三层运苗车，层间距在 25～30 cm。成品苗长距离运输，应选用货运汽车并配合良好的包装容器，常用的包装容器包括纸箱、泡沫箱、塑料箱等，较为灵活方便的是纸箱(图 8-4)。纸箱的外形尺寸因育苗企业、作物种类、育苗方式和秧苗大小而有所不同，体积较小的幼苗可采用多层专用纸箱。此外，也可将育苗盘直接集中摆放在专用运苗架上，运苗架大小与运苗车的车厢相匹配，牢固平稳，固定或拆装结构，可根据苗的高度确定架层高度。

长距离运苗车最好采用封闭的冷藏车，保持货箱温度约 12℃，基质含水量约 75%，并进行间歇通风。否则，应将包装箱、运苗架或车厢用塑料薄膜、棉被等覆盖物密封，以保温、保湿。

图 8-4　秧苗运送设备

第二节 基质育苗

一、基质育苗的主要方式

基质育苗是目前生产中最常见的无土育苗形式，主要有以下几种方式。

(一)穴盘育苗

穴盘是按照一定规格制成的带有许多小型钵状穴的塑料盘，按材质和加工工艺分为聚乙烯注塑穴盘、聚丙烯薄板吸塑穴盘和聚苯乙烯发泡穴盘。常见穴盘的孔穴形状有方锥形和圆锥形，穴孔数目50、72、128、200、288孔不等(图8-5)，育苗时可根据作物种类及成苗大小，选择不同规格的穴盘。不同国家生产的穴盘外形尺寸不一样，国内生产的穴盘，一般长54 cm，宽27 cm。不同来源和规格的穴盘，即使穴孔数目相同，穴孔大小和容积却未必一样(表8-1)。

图 8-5 不同规格的穴盘

表 8-1 穴盘规格及其用料量(司亚平和何伟铭，1999)

产地	规格(穴)	上口边长(cm)	下口边长(cm)	深度(cm)	容积(mL/盘)	每立方米基质装盘/(个)	基质用量(m^3/1 000 盘)
美国	72	4.2	2.4	5.5	4 633	215	4.65
	128	3.1	1.5	4.8	3 643	274	3.65
	288	2.0	0.9	4.0	2 765	362	2.76
韩国	72	3.8	2.0	4.8	3 186	313	3.20
	128	3.0	1.4	6.5	4 559	219	4.57
	288	2.0	0.9	4.6	2 909	343	2.92

穴盘育苗是以不同规格的穴盘为容器，以草炭、蛭石、珍珠岩等材料为基质，采用自动化精量播种系统或人工作业完成基质装填、播种、覆土、浇水等工序，一次性培育成苗的育苗技术体系。播种时一穴一粒，成苗时一室一株。穴盘育苗的根系与基质紧密缠绕，根坨呈上大下小的塞子形，因此又称"塞子苗"(plug seedling)。穴盘育苗已成为世界各国商品化育苗的主要方式，其主要优点是节省种子，节约空间，便于机械化操作，育苗效率高；育成苗便于存放，适宜集

中育苗和远距离运输与销售；利于培育壮苗，起苗容易，定植伤根少，缓苗快。

普通穴盘育苗的设施设备投资较少，育苗条件相对较差，以人工操作管理为主，虽然育苗成本较低，但难以保证秧苗的质量和整齐度。工厂化穴盘育苗是现代育苗技术发展的较高层次，是指在可控环境条件下，采用科学化、标准化的技术，运用机械化、自动化的手段和现代化的管理方法，使幼苗生产实现快速、稳定、优质、高效。一般技术流程如图 8-6 所示。

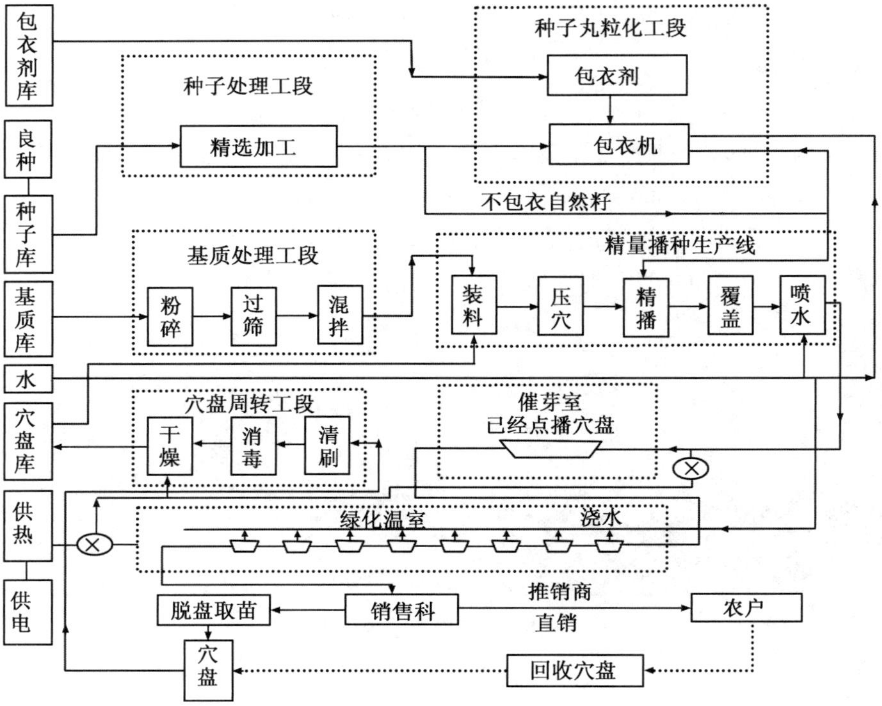

图 8-6 工厂化穴盘育苗生产工艺流程示意图

（周长吉和曾干，1996）

(二)营养块育苗

营养块是利用专门的机械将营养基质压制成具有固定大小和形状的小块(图 8-7)。由于营养块中含有作物苗期生长所需要的养分，因此育苗过程中只需浇水，无须另行提供营养。营养块育苗方法简便，省工省时，成苗后可直接定植，不伤根，无缓苗期，提高定植成活率，加快秧苗生长速度，为早熟和丰产打下基础。营养块适用于蔬菜、瓜果、花卉、林木、药用植物等多种作物的规模化育苗。

草炭是制作营养块的主要原料。国外的基菲营养块由 70%草炭和 30%纸浆，加入一些化学肥料压制而成，直径 4.5 cm，厚 7 mm，外包弹性尼龙网状物，使用时先使其完全吸水膨胀，成为高 4.5～5 cm 的钵状育苗块，然后再播种或移苗，幼苗根系穿出尼龙网时定植。国内部分地区近年来也开始生产和应用营养块，同样以优质泥炭为主要原料，添加适量营养元素、保水剂、固化成型剂等后经高压成形。简易苗床可在平整、压实的地面上制作，宽 1.2 m，四周边埂高 6～10 cm，床面铺一层厚塑料薄膜防渗，将营养块摆放在床面上，待其充分吸水膨胀后再播种。

图 8-7　营养块育苗

(三)塑料钵育苗

塑料钵的种类很多,外形有圆形和方形,组成有单体钵和联体钵,原料有聚乙烯和聚氯乙烯等。最常见的是聚乙烯单体软质圆形钵,上口直径和钵高分别为 8～14 cm,下口直径为 6～12 cm,底部有一个或多个孔用于排水。育苗时,可根据作物种类、苗期长短和成苗大小选用不同规格塑料钵,蔬菜育苗钵一般上口直径 8～10 cm,花卉和林木育苗可更大些。一次成苗的作物直接播种;需要分苗的作物先播种,待秧苗长至一定大小后再分苗。联体塑料钵的钵数和口径不同,根据育苗作物选择。

(四)纸钵育苗

纸钵主要用于培育叶菜类小株型幼苗。原料通常为牛皮纸浆,加入 10%～30%的亲水性尼龙纤维以及少量防腐剂和化肥制作而成,展开时呈蜂窝状,由许多上下开口的四棱或六棱柱形纸钵连接一起,不用时可折叠成册。每册钵数及钵的直径因育苗作物而异。纸钵必须和特制的垫板配合使用,育苗时将纸钵展开,放在垫板上,然后填装基质和播种。垫板要求透水性好,表面平整,有弹性,厚度适当,不易被根系穿透。垫板上有许多小孔,便于调节钵中基质的含水量。

(五)育苗盘(箱)育苗

育苗盘、育苗箱多为塑料制品,由聚乙烯树脂加入耐老化剂后模压成型,有些用泡沫塑料或木材制作。育苗盘规格一般为 60 cm×30 cm×5 cm 或 40 cm×30 cm×5 cm,育苗箱为 50 cm×40 cm×12 cm,底部有许多小孔供通气、透水。育苗盘(箱)既可用于播种后分苗,也可用于育成苗,还可作为盛放育苗钵等的容器。

二、育苗基质的选择

育苗基质为幼苗提供水、肥、气、热及其他根际环境,其性状好坏直接影响到幼苗的生长发育。因此,选用性状优良的基质是无土育苗的关键环节和培育壮苗的基础。无土育苗对基质的要求,主要取决于其本身的物理性状和化学性状。理想的育苗基质应具有优良的理化性状,表现为疏松通气,保水保肥,微酸性,化学性质稳定,不带病原菌、虫卵和杂草种子,不含对幼苗有毒、有害的物质,利于根系的伸展和缠绕,便于成坨,易于操作和标准化。

无土育苗常用的基质,除了草炭、蛭石、珍珠岩以外,还有岩棉、沙子、炉渣等无机基质,以及树皮、炭化稻壳、椰糠、锯末、蘑菇渣等有机基质。不同基质的理化特性在前面章节中已经详述。值得注意的是，不同种类基质的理化性状不同；同种基质由于来源不同，理化性状可能存在较大差异。因此，基质使用前最好事先测定并了解其物理和化学性状。

选择育苗基质首先应考虑其适用性，要求具备良好的理化性状，一般粒径 2～8 mm，容重小于 0.9 g/cm^3，总孔隙度 60%以上，其中通气孔隙度 15%以上，气水比 1∶(2～4)，持水力 100%～120%，且化学性质稳定。同时，按照经济实用的原则，应尽量选择当地资源丰富，价格便宜，而性状又符合要求的轻型基质。我国南方地区可选用炭化稻壳、椰糠、蔗渣等，北方地区选用种过食用菌的棉子壳（菇渣）、秸秆、草炭等。

基质 pH 决定矿质养分的有效性及微生物多样性，EC 反映基质可溶性盐的含量。对于大多数植物而言，喜欢微酸性至近中性环境，幼苗在 pH 5.5～6.8 的基质中生长良好。基质初始可溶性盐分含量不宜高于 0.75 mS/cm，铵态氮小于 10 mg/kg，钠不超过 30 mg/kg，氯不超过 40 mg/kg。砻糠、树皮等植物残体基质中往往含有较多的盐分。

由于单纯一种基质很难满足幼苗生育对各种理化性状指标的要求，因此生产中所使用的基质大多数不是单一的，而是由两种或两种以上的基质按照一定的比例混合而成。复合基质（表 8-2）通常由 2～3 种基质组配而成，以有机-无机基质混合的效果更佳，可以有效地改善其理化性状，实现不同基质组分的优势互补，提高育苗效果。譬如，在芦苇末中添加炉渣可以克服芦苇末容重小、易使幼苗倒伏的弊端，增加容重和通气性，协调持水与通气之间的矛盾。

表 8-2　常用育苗复合基质及其理化特性比较（王明启，2001）

复合基质	容重 (g/cm^3)	比重 (g/cm^3)	总孔隙度 (%)	通气孔隙 (%)	毛管孔隙 (%)	pH	EC (mS/cm)	阳离子代换量 (cmol/kg)
草炭∶蛭石∶炉渣∶珍珠岩 2∶2∶5∶1	0.67	2.29	70.7	17.1	53.6	6.71	2.62	13.77
草炭∶蛭石 1∶1	0.34	2.32	85.3	38.1	47.2	6.09	1.19	30.37
草炭∶蛭石∶炉渣∶珍珠岩 4∶3∶1∶2	0.41	2.22	81.5	25.3	56.2	6.44	2.82	29.03
草炭∶炉渣 1∶1	0.62	1.93	67.9	17.7	50.2	6.85	2.43	21.50

复合育苗基质通常由专门的厂家生产或者育苗企业自行组配。根据是否含有草炭，可将基质分为草炭系复合基质和非草炭系复合基质两大类。草炭被普遍认为是理想的育苗基质，无论国内和国外，基质育苗大多选用草炭。目前，穴盘育苗采用的基质配比大体为草炭 50%～60%，蛭石 30%～40%，珍珠岩 10%。由于草炭通常呈酸性，而幼苗适宜的 pH 为 5.5～6.8，为调节基质 pH，配制复合基质时一般要添加过 100 目（直径 0.25 mm）筛的白云石灰石粉。

由于草炭为短期内不可再生资源，开采和运输的成本较高，而且过量开采会造成资源枯竭和对生态环境破坏，因此开发草炭替代型基质成为世界范围内广受关注的重要课题。利用椰壳、菇渣、苇末等工农业有机废弃物，生产多样、无害化的育苗基质，有利于降低生产成本，保护生态环境，无论技术研究和产业化开发近年来都取得了较大进展。

三、基质育苗的养分管理

大多数基质育苗选择草炭、蛭石为组分的复合基质，有时添加部分珍珠岩以增强透气性。

草炭、蛭石虽含有一定量矿质营养，可为幼苗吸收利用，但数量有限且不均衡，尤其对苗龄较长的作物，难以满足其生长发育需要，应当及时补充。养分补给的方式主要有两种。

（一）浇灌营养液

基质育苗的营养液配方取决于基质本身的组成，一般以大量元素为主，微量元素靠基质提供，但也要注意基质中微量元素含量不足造成的缺素问题。不同植物对营养液的要求不同，同种植物在不同生育时期的要求也不一样，因此，营养液配方应根据幼苗的实际营养需求进行调整。

基质育苗的营养液可选用无土栽培标准配方，按照标准剂量的 1/3～1/2 配制，也可采用育苗专用配方。叶菜类育苗可采用配方 N 140～200 mg/kg，P 70～120 mg/kg，K 140～180 mg/kg；茄果类育苗配方前期 N 140～200 mg/kg，P 90～100 mg/kg，K 200～270 mg/kg；后期 N 150～200 mg/kg，P 50～70 mg/kg，K 160～200 mg/kg。此外，还可直接浇灌用尿素、磷酸二氢钾或氮磷钾复合肥配成的溶液。配制营养液，应选择适宜的肥料种类，通常要考虑其水溶性、杂质含量（特别是有害元素）、价格等因素。表 8-3 是几种常用的基质育苗营养液配方。

表 8-3　几种常用育苗营养液配方（李式军，2002）

肥料种类	配方 1	配方 2	配方 3	配方 4
$Ca(NO_3)_2 \cdot 4H_2O$	500	450		
$CO(NO_2)_2$	250			340
NH_4NO_3		250	200	
$NH_4H_2PO_4$	500			
KNO_3	500	400	200	
KH_2PO_4	100			465
$Ca(H_2PO_4)_2$		250	150	
$MgSO_4 \cdot 7H_2O$	500	250		

注：表中数据系每立方米水中加入肥料的克(g)数。配方 1、2、3 为无土轻基质育苗配方，根据不同作物种类及不同生育期，稀释或加浓使用，必要时可加入微量元素螯合铁 25 g/m^3 及硼酸 20 g/m^3；配方 4 适用于含培养土的基质育苗。

通常说来，幼龄期的营养液浓度稍低一些，随着秧苗生长，浓度逐渐提高。国内外有不少研究结果认为，幼苗期的营养液浓度可采用成株期标准浓度的 1/2 或 1/3。营养液供应早晚对幼苗生长有明显的影响。原则上，发芽期不用补充养分；子叶展开前必须及时浇灌营养液。一般在幼苗出土进入绿化室后即开始浇灌营养液，每天 1 次或两天 1 次，真叶展开后调整浇液次数和浓度。冬季育苗，光照弱，幼苗易徒长，浇液量和浇液次数可少些。夏季育苗，营养液用量要适当增加，而且苗床应经常喷水保湿。

基质中可溶性盐积累过多（大于 1.5 mS/cm，稀释比例 1∶2）会导致种子萌发率降低，幼苗生长势减弱，造成根尖死亡、叶片斑枯等生理障碍。为避免基质中盐分积累过多，育苗过程中可采取浇营养液与浇水相结合的方法，每浇 2～4 d 营养液后，浇 1 次清水，甚至间隔进行。一旦基质中积盐过多，清水淋洗是最有效的办法。

营养液供给的方式分为顶部供液和底部供液（图 8-8）。小面积或规模化无土育苗常采用人工喷淋，不仅工作量大，而且很难保证灌溉均匀度。机械化喷灌有固定式和自走式两种形式，现代无土育苗常采用双臂悬挂式自动行走喷水喷肥车，悬挂在苗床上方的温室构架上，来回移动，喷淋供液，每个喷水管道臂长 5 m，上面安装着十几个到几十个喷头，灌溉均匀，作业效率高。

另一种灌溉方式是从底部供液。底面潮汐灌溉是先把营养液蓄积在不透水的苗床内，苗床长度 10～20 m，宽度 1.2～1.5 m，深度 10 cm 左右，让营养液浸泡育苗容器底部 2 cm 左右并维持一段时间，营养液从育苗容器底部小孔进入，借助毛管作用上升。待基质全部浸透后，再将营养液排放掉。

图 8-8　无土育苗水肥供给方式

左：顶部喷灌　右：底面潮汐灌溉

（二）基质中添加肥料

根据基质中养分状况和幼苗的生育需求，在配制基质的同时掺混一定量的肥料，育苗后期再酌情追肥，平时管理过程中只浇清水。混入的肥料种类包括有机肥、生物肥、缓（控）释肥和普通化肥等，其中有机肥必须经过充分腐熟发酵。这种养分管理方式简化了育苗程序，降低了营养液肥料成本。

育苗作物种类和方式不同，基质中添加的肥料种类和数量也不一样。配制蔬菜育苗基质时，可在每立方米以草炭、蛭石为主的复合基质中均匀混入氮磷钾（15-15-15）三元复合肥 1.5～2.5 kg，或尿素和磷酸二氢钾各 0.5～1.2 kg。由于化肥浓度过高容易对幼苗生长造成伤害，且后期往往出现脱肥现象；有机肥的氮素供应不稳定，尤其在低温季节肥效较慢。因此，将有机肥与化肥配合起来使用的效果将更为理想。试验证明，在育苗基质中添加鸡粪或蚯蚓粪，并配合一定数量的化学肥料，有利于培育蔬菜壮苗。由表 8-4 可以看出，有机肥和化肥配合使用，幼苗的各项生长指标均优于单施化肥或有机肥处理。

表 8-4　复合基质的育苗效果（司亚平和何伟明，1999）

处理	株高（cm）	茎粗（mm）	叶片数（片）	叶面积（cm^2）	全株干重（g）	壮苗指数
NPK 复合肥	14.2	3.1	4.5	27.96	0.124	0.121
尿素＋磷酸二氢钾＋脱味鸡粪	17.6	3.6	4.9	39.58	0.180	0.181
脱味鸡粪	12.5	2.9	4.1	19.12	0.110	0.104

表 8-5 列出了几种主要蔬菜在以草炭、蛭石为育苗基质条件下的适宜养分配比。需要注意的是，即使在基质中掺混了有机肥和化肥，育苗中后期仍应防止养分供应不足产生脱肥，可通过定期浇灌营养液补充幼苗正常生长所需要的养分。

表 8-5　几种主要蔬菜穴盘育苗基质及养分配比(陈殿奎，1993)

作物	穴盘规格(孔/盘)	基质配比	每盘基质中加入肥料量(g)		
		草炭∶蛭石	尿素	磷酸二氢钾	无臭腐熟鸡粪
黄瓜	50	3∶1	3.0	4.0	10.0
番茄	72	3∶1	5.0	6.0	20.0
茄子	72	3∶1	6.0	8.0	40.0
辣椒	128	3∶1	4.0	5.0	30.0
甘蓝	128	3∶1	5.0	3.0	15.0
芹菜	288	3∶1	2.0	2.0	10.0

第三节　水培育苗

一、水培育苗的方式

水培育苗是利用成型的聚苯乙烯泡沫穴盘、四周和底部带孔的塑料钵填装少量基质，或直接用岩棉块、聚氨酯泡沫方块、海绵块等作为根系固着的载体，在营养液中培育幼苗的方法。水培法育成的幼苗适用于深液流栽培、营养液膜栽培、浮板毛管栽培、深水漂浮栽培和雾培，也可用于基质栽培。

(一)岩棉块育苗(图 8-9)

岩棉块的规格不同，常见的如 3 cm×3 cm×3 cm、4 cm×4 cm×4 cm、5 cm×5 cm×5 cm、7.5 cm×7.5 cm×7.5 cm、10 cm×10 cm×5 cm 等。较大的岩棉块上表面中央有一个小方洞，可嵌入一个小方块，小方洞的大小刚好与小方块相吻合，称为“钵中钵”。小方块中央有一条切缝供播种用。除上、下两个表面外，岩棉块的四周用不透光的乳白或黑白双面塑料薄膜包裹，以防止水分蒸发、四周积盐和滋生藻类。育苗时，先用水浸湿岩棉块，然后播种，并将其置于不漏水的箱、盘或槽子中，用稀释营养液浇灌，保持湿润；出苗后，改用底部供液，在岩棉块底部维持 0.5～1 cm 深度营养液层，靠毛管作用向幼苗供水供肥。随着幼苗生长，逐渐拉大岩棉块间距，以免相互遮光。为方便管理，也可将播种后的小方块集中放置，待幼苗长至一定大小后再转移到大岩棉块中。还有一种供液办法，即在岩棉块底部 1 cm 左右的一边铺垫一条厚 2 mm 亲水无纺布，通过滴灌向无纺布供液，再利用无纺布的毛管作用将营养液送到岩棉块中，此法的效果优于顶部浇液和底部浸液。

图 8-9 岩棉块育苗

(二)泡沫方块育苗(图 8-10)

用于育苗的聚氨酯泡沫片具有固定的规格,已被切割成许多小方块,但尚连接在一起。小方块具有一定的大小,长宽约 4 cm 见方,高约 3 cm,每个小方块的中央切一个"×"形缝隙用于播种。育苗时,将整个泡沫片平铺在育苗盘中,浇湿后人工或机械播种。在育苗盘中加入营养液,或通过喷灌供液,满足种子发芽和幼苗生长需要。成苗后将泡沫方块一块块剥离,然后定植。

图 8-10 泡沫方块育苗

(三)深水漂浮育苗(图 8-11)

漂浮育苗由美国 Speeding 公司于 20 世纪 80 年代推出,被广泛应用于各种蔬菜、花卉、林木以及其他经济作物的育苗。我国于 90 年代中期引进该技术并进行推广,目前在湖北、云南、河南、贵州、陕西等省推广面积较大,主要用于烟草和蔬菜育苗。其方法是,在育苗温室或大棚内建造营养液池,将已填装基质并播种的膨化聚乙烯格盘摆放在盛有一定深度营养液的池子中,漂浮在营养液表面。营养液通过格盘底部的小孔进入,借助基质的毛管作用供给幼苗水分和养分。保持营养液循环流动,并进行定期调整和更换。成型膨化聚乙烯格盘有 128、162、200、242、253、288、500 格等不同规格。除泡沫格盘外,还可先用泡沫方块或海绵块播种,待幼苗长至一定大小时再移栽到成型、带孔聚苯乙烯泡沫板上,然后将泡沫板放入营养液池中育成苗。简易苗床可在平整、压实的地面上制作,四周设边埂,床面铺塑料薄膜防止渗漏。

图 8-11　深水漂浮育苗

左:泡沫格盘+基质　右:泡沫板+海绵块

(四)有孔塑料钵育苗(图 8-12)

塑料钵的侧面和底部有孔,颜色、形状、大小各异。使用时,先在钵中装入基质,然后放在盛有 1.5～2.0 cm 深营养液的育苗盘中育苗,待成苗后直接定植到水培床上,或者栽培基质中。此法适用于沙砾培、深液流培、浮板毛管培等果菜类和观叶类花卉育苗,播种床仍需要基质,当幼苗长到一片真叶大小时转移到有孔塑料钵中培育成苗。有些塑料钵不用基质,钵上有一塑料盖,中间有一孔,只要将幼苗用泡沫块、海绵块或岩棉等固定于孔中即可。

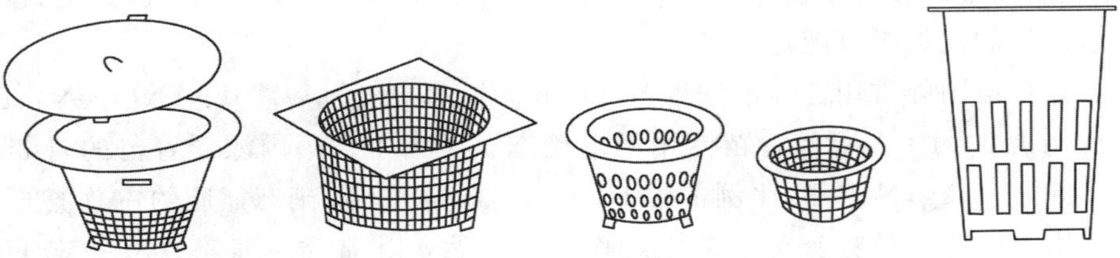

图 8-12　水培用各种成型塑料有孔育苗钵(郭世荣,2003)

二、水培育苗的基质

水培育苗常以岩棉、海绵或泡沫方块作为幼苗固着的载体,以泡沫格盘和有孔育苗钵作为育苗容器时,还需要一定量的基质。基质的作用除了固定和支持植株外,更重要的是使来自营养液的养分和水分得以中转,为幼苗生长提供稳定协调的水、肥、气环境。

漂浮育苗基质的主要成分为草炭,并含有不同比例的蛭石和珍珠岩等。时向东等(2001)研究表明,以草炭、蛭石、珍珠岩混配复合基质用于烟草的漂浮育苗,适宜配比应为草炭占60%～70%(*V*/*V*),蛭石和珍珠岩各占 15%～20%(*V*/*V*)。草炭比例低于 40%,毛管吸水、持水能力下降,基质干燥,烟苗容易脱肥;草炭比例高于 80%,基质中水分多,空气少,造成幼苗根系缺氧,均影响烟草苗正常生长。

由于草炭资源的限制,关于草炭替代型漂浮育苗基质的研究同样广受关注。试验研究表明,玉米秸秆、甘蔗渣、炭化稻壳、棉子壳等农业废弃资源经过适当处理后均可代替草炭作为育苗基质的组分。

三、水培育苗的营养液

水培育苗过程中，幼苗生长所需要的水分和养分主要来自营养液，因此对营养液各方面的要求通常比基质育苗要高。

（一）营养液的配制

水培育苗需要可靠和高质量的水源，不论井水、自来水和雨水，要求洁净，无污染，水质不能过硬，以软水为宜，可溶性盐含量不超过 0.75 mS/cm。此外，还要求不含有毒有害物质，钠离子和氯离子含量低。究竟采用何种水源，可视当地情况而定，但在使用之前都必须进行水质的分析化验，了解水源的酸碱度、可溶性盐、氯化物及主要营养元素含量等指标，以确定适用性。如果水质不理想，需采用相应的措施进行调整。

水培育苗营养液配制的总体要求，一是养分种类齐全，数量和比例适当；二是具有良好的溶解性、有效性和稳定性；三是使用安全，不含有对植物幼苗生长有害的物质；四是浓度和酸碱度适当。绝大多数作物要求的总养分浓度在 0.2%左右，pH 为 5.5～6.8。

与基质育苗相比，水培育苗需要更严格的营养液配方。营养液配方可选用同种作物无土栽培的配方，也可采用育苗专用配方。在满足配方要求的前提下，应合理选择肥料种类，尽量降低营养液成本。铵态氮有利于促进幼苗的营养生长；硝态氮有利于促进根系发育和生殖生长，但铵态氮浓度过高容易对幼苗产生危害，因此，在氮源选择上应以硝态氮为主，铵态氮和酰胺态氮占总氮量的比例不宜超过 30%。

烟草漂浮育苗国外常用营养液浓度为 200 mg/kg（以 N 为基数），N（NO_3^--N）、P（P_2O_5）、K（K_2O）比例为 2∶1∶2，漂浮育苗专用肥以硝态氮肥为主。国内漂浮育苗的营养液浓度一般为 100～150 mg/kg，N、P、K 比例常用 1∶1∶2 或 2∶1∶2，硝态氮肥约占总氮的 60%。

微量元素对植物生长具有重要的生理作用。虽然水和基质本身都含有一定量的微量元素，但通常不能满足水培幼苗生长发育的需要，必须在营养液中另行添加。微量元素配方可根据育苗作物种类选择，也可采用通用配方。

（二）营养液的管理

水培育苗对营养液管理方面的要求更为严格，需要及时调整营养液 EC 和 pH，科学控制供液时间和供液量，严格进行营养液消毒。

水培育苗作物的根系大部分直接生长在营养液中，因此受营养液 EC、pH 和溶存氧含量影响较大。营养液 pH 影响养分的有效性及根系的吸收功能，进而影响到幼苗的生长发育，必须及时进行检测和调整。营养液 pH 变化受配方中肥料的种类和用量、育苗作物的种类、单株幼苗占有营养液的体积，以及营养液的更换频率大小等多种因素制约。因此，在育苗过程中，应尽量选择生理酸碱性变化相对平稳的营养液配方，育苗密度不要太大，并及时更换营养液。当营养液 pH 不适时，可用稀释后的硫酸或硝酸、氢氧化钠或氢氧化钾溶液进行调节。

漂浮育苗期间，应保持液面高度和营养液浓度的相对稳定，液面深度维持 10～15 cm 为宜。出苗期可供给清水，出苗后及时更换营养液，并且每隔 3～5 d 检查 1 次，调整营养液 EC 和 pH。育苗池的水面务必盖严，以防止见光和滋生藻类。

水培育苗的营养液层深厚，很容易造成根系缺氧，影响种子发芽和幼苗生长。不同作物种类对营养液中溶存氧含量的要求不同，瓜类、十字花科作物等园艺作物，对营养液的低氧环境反应较为敏感，解决好营养液中溶存氧的供应非常重要。在育苗过程中，应根据具体情况设法提高营养液中的溶存氧含量。依靠空气向营养液中的自然扩散通常很难满足幼苗生长的需要，采用机械搅拌营养液、向营养液中通入压缩空气、保持营养液循环流动、进水口处安装空气混入器等方法均十分有效。此外，就是通过对营养液的液位高低进行调节。液位调控的原则是使所有的幼苗根系能够吸收到营养液，同时又不致造成根系的窒息死亡。

为提高水肥利用效率，降低育苗成本，水培育苗可通过控制系统实现营养液的循环利用，达到节水节肥目的。营养液循环流动有助于提高其中的溶存氧含量。需要注意的是，水培育苗营养液消毒和操作不严格，容易引起幼苗感染病害，并且一旦发生将很难控制。因此，对于循环使用的营养液必须做好消毒处理，常用方法如紫外线照射法、O_3 消毒法、慢沙过滤法等。

第四节　其他无土育苗方式

一、扦插育苗

扦插育苗（图 8-13）是指利用植物体的部分营养器官，在适宜的条件下诱导其生根长芽，然后培育成具有根、茎和叶的幼苗的技术。扦插育苗以植物的营养体代替种子作为繁殖材料，是花卉、林果无性繁殖的主要方法之一，在蔬菜上也有应用，例如直接利用番茄的侧枝扦插育苗。

扦插育苗具有以下优点：有利于保持原品种的优良特性，节省种子，操作简便，发根及生长快，开花结果早，可缩短育苗周期，提高繁殖系数，易于实行多层立体和工厂化育苗。

图 8-13　扦插育苗

(一)扦插的种类和方法

通常依据插穗的类型，将扦插分为叶插、枝插和根插。

(1)叶插。叶插适用于能在叶上产生不定芽及不定根的植物，要求植物具有粗壮的叶柄、叶脉或肥厚的叶片。常用叶插进行繁殖的植物如落地生根、石莲花、景天树、虎皮兰等。

(2)枝插。分软(嫩)枝扦插和硬枝扦插两种。软(嫩)枝扦插适用于温室花卉和常绿花木，如天竺葵、秋海棠类、倒挂金钟、彩叶草、杜鹃、夹竹桃等，一般在 5～9 月份进行。方法是选取当年生健壮、充实、带叶的枝条作插穗，过于柔嫩的容易腐烂，过老的则不易生根。插穗长 6～10 cm，至少带 2～3 个芽，剪去下部叶，保留上部叶片或酌情剪掉一部分，以减少蒸发，随剪随插的成活率较高。

硬枝扦插多用于落叶花木及部分果树，如月季、一品红、迎春、石榴、葡萄等。方法是选取1～2年生健壮枝条作插穗，入冬前沙藏于窖，第二年春天扦插或在温室内提前扦插。插穗应选取枝条中段、芽饱满处，长10～20 cm。

软(嫩)枝扦插或常绿果树扦插，插穗在基质中的深度通常为总长度的1/3～1/2；硬枝扦插时，顶芽与地面相平。

(3)根插法。根插法适用于芍药、牡丹、荷兰菊、宿根福禄考等根上能长出不定芽的花卉以及枝插不易成活的果树，如枣、柿、核桃等。用这种方法繁殖的苗木生理年龄小，要达到开花阶段需要培养较长的时间。

插穗生根是扦插成活的重要标志。不论采取哪种扦插方法，扦插完成后都要浇足水，最好采用喷雾法，并在苗床覆盖塑料薄膜，以保温保湿。此外，还要注意适当遮光。

(二)制约扦插成活的人为因素

(1)插穗的选择。插穗应选择易生根且遗传变异小的部位。对于木质化程度较低的植物，如秋海棠，可选用含节间的带叶茎段作插穗；对于木质化程度较高的植物，可用硬枝或软枝作插穗，通常嫩枝容易生根。

(2)扦插时间的确定。扦插育苗虽然在一年四季都可进行，但通常早春和夏末的自然条件较好，且植株分裂活动旺盛，更有利于接穗生根和成活。

(3)基质的选择。扦插育苗基质要求通气、持水和排水性能好，不带病原菌。并非所有无土栽培基质都适合作扦插基质，一般软枝扦插要求的基质条件比硬枝扦插更为严格。常用的扦插育苗基质有蛭石、珍珠岩、沙子、炉渣、草炭、锯末等。蛭石经过高温烧结，安全卫生，透气保水，是多数花卉扦插育苗的良好基质。此外，还可选配复合基质，如沙子∶炉渣1∶1、蛭石∶珍珠岩1∶1、蛭石∶珍珠岩1∶2、草炭∶珍珠岩1∶1、草炭∶蛭石1∶1、草炭∶沙子1∶1等。基质中含有少量养分(包括微量元素)有利于生根，但含氮量过多却容易造成切口腐烂，妨碍生根。此外，基质在使用前最好进行消毒灭菌，可用0.1%～0.3%的高锰酸钾溶液处理。

针对不同作物选择适宜的扦插育苗基质。一品红、榆叶梅、菊花等花卉，用沙子作为扦插基质的效果不错；而对杜鹃花等一些难生根的花卉，对接穗生根部位的水气条件要求严格，采用珍珠岩或珍珠岩和锯末的复合基质往往容易成功。掺混草炭的基质往往保水性很强，通气性相对较差，对有些作物并不适合。

(4)生长调节剂的运用。扦插育苗过程中，对于难生根的植物，常采用生长素类物质进行处理，以提高成活率。常用的药剂有吲哚乙酸(IAA)、吲哚丁酸(IBA)、萘乙酸(NAA)、2,4-D，ABT生根粉等，主要处理方法包括浸泡和蘸粉。粉剂处理常以滑石粉为基质，先将粉剂用95%酒精溶解，然后调入滑石粉中，浓度500～2 000 mg/kg，充分搅拌，阴干，研磨成粉末后使用。浸泡法的药液浓度，草本植物5～10 mg/kg，木本植物50～200 mg/kg，处理时间12～24 h。提高药液浓度，要相应缩短处理时间。药液应随配随用。

(三)促进扦插成活的环境调控

1.光照　光照条件影响插穗的成活。叶插和软枝扦插的插穗带有芽和叶片，需要在光下进行光合作用，制造营养物质，合成生长素，促进插穗生根。而且，低温季节育苗光照还能提高基质的温度。但是，夏季强光往往导致高温和蒸腾加剧，对插穗的成活极为不利，甚至会烧死插穗，因此扦插后2～3 d内需适当遮阳。

2.温度　作物的种类不同，要求的适宜扦插生根温度也不同，大多数作物在20～25℃，气温高于35℃时最好不要进行扦插。保持基质温度稍高于气温2～4℃可抑制地上部茎叶的生长，促进生根，因此在扦插苗床或容器的底部增设加温装置可促进提早生根。保持一定的昼夜温差有利于生根，昼间 21～26℃，夜间 15～21℃对大多数作物来说比较适宜。

3. 湿度 基质的适宜水分含量因植物种类而异，有些植物直接插入水中即可生根，有些必须在相对湿度 80%以上，通气良好的基质中才能生根，多数植物以 60%～80%的基质含水量为宜。扦插初期，较高的基质含水量有利愈伤组织形成；愈伤组织形成后，水分过多则容易引起插穗腐烂。扦插后 1 周内宜保持较高的空气湿度，以避免插穗枝叶水分过度蒸腾，尤其对嫩枝扦插，空气相对湿度 80%～90%为宜，生根后可逐渐下降到 60%左右。

4. 氧气 当愈伤组织及新根发生时，呼吸作用增强，因此要求扦插基质具备良好的通气供氧条件。多数植物插穗生根需要保持 15%以上的氧气含量。采用自动喷雾装置进行雾培育苗，生根快，效果好。

二、组织培养育苗

组织培养育苗是在无菌条件下分离植物体的一部分（器官、组织、细胞或原生质体），接种到培养基上，在人工控制条件下离体培养，促使其分裂分化并诱导成苗的技术。这种育苗方法不是用种子繁育，而是利用植物细胞的全能性，因此属于无性繁殖。组织培养最早应用于育种过程，目前已成为工厂化育苗技术的重要组成部分，尤其适用于一些珍稀、新优及用其他无性繁殖方法难以繁殖的种类或品种，如蝴蝶兰苗木的快繁。

组织培养育苗的优点：一是能够保持原品种的优良性状，获得无病毒幼苗；二是大幅度提高繁育速度和繁殖系数；三是有利于实现育苗的自动化、工厂化和周年生产。但是，组织培养育苗要求条件严格，成本较高，技术难度较大。

（一）组织培养育苗的设施设备和条件

植物组织培养育苗需要相应的场地、设备和条件。较理想的组织培养室应包括准备室、接种室和培养室。工厂化组培苗的生产，还需配备供幼苗驯化用的温室或大棚。

准备室主要进行一切与组培有关的准备工作，包括器皿洗涤、培养基配制和分装、培养基和器皿灭菌等，因此又可进一步分解为药品储藏室、培养基配制与洗涤室和灭菌室。准备室内主要是一些常规设备，用于试剂的保存与称量、培养基的配制与分装以及水处理等。灭菌设备包括高压蒸汽灭菌锅、干热消毒柜、过滤灭菌装置、喷雾消毒器和紫外灯等。

接种室是进行无菌操作的场所，大小根据接种的数量和控制难易程度确定，要求密闭性好，干燥清洁，能较长时间地保持无菌环境。无菌操作设备主要是超净工作台、接种箱等。接种用具包括解剖刀、各种剪子、镊子等。

培养室是对离体材料进行控制培养的设施，建造大小应充分考虑育苗规模和条件。培养室的标准较高，基本要求是能够控制内部的光照和温度，并保持相对的无菌环境。为充分利用空间，通常采用摆放试管或三角瓶的多层培养架，培养架可根据培养室的高度设计成 4～5 层，层间距 40～50 cm，每层安装补光装置，以荧光灯最常见。其他培养设备还包括培养箱和摇床。玻璃器皿是最常用的培养器皿，包括各种规格的培养皿、培养瓶、试管等。

在组织培养过程中，细胞的分裂、生长和分化，组织、器官的生长和分化等一系列过程都是在培养基中进行的，因此选择和配制培养基是组织培养的重要环节。培养基的种类很多，但各种培养基都主要由植物生长所必需的大量元素、微量元素、碳源（蔗糖）、有机物质（维生素、氨基酸、肌醇等）、激素等营养成分构成。不同类型的植物对各种营养成分的需求存在较大差异；外植体不同，对营养成分的需求亦不同。表 8-6 是植物组织培养中常用的几种培养基配方。

表 8-6　植物组织培养常用培养基配方(李浚明,1996)　mg/L

	White 培养基	MS 培养基	N6 培养基	B5 培养基	Nitsch 培养基
无机成分					
KNO_3	80	1 900	2 830	2 528	950
NH_4NO_3	—	1 650	—	—	720
$(NH_4)_2SO_4$	—	—	463	134	—
$MgSO_4 \cdot 7H_2O$	750	370	185	247	185
Na_2SO_4	200	—	—	—	—
$Ca(NO_3)_2 \cdot 4H_2O$	300	—	—	—	—
$CaCl_2$	—	—	—	—	166
$CaCl_2 \cdot 2H_2O$	—	440	166	150	—
KCl	65	—	—	—	—
KH_2PO_4	—	170	400	—	68
$NaH_2PO_4 \cdot H_2O$	19	—	—	150	—
$FeSO_4 \cdot 7H_2O$	—	27.8	27.8	—	27.8
$Na_2EDTA \cdot 2H_2O$	—	37.3	37.3	—	37.3
NaFe-EDTA	—	—	—	28	—
$Fe_2(SO_4)_3$	2.5	—	—	—	—
$MnSO_4 \cdot H_2O$	—	—	—	10	—
$MnSO_4 \cdot 4H_2O$	5	22.3	4.4	—	25
H_3BO_3	1.5	6.2	1.6	3	10
$ZnSO_4 \cdot 7H_2O$	3	8.6	1.5	2	10
$Na_2MoO_4 \cdot 2H_2O$	—	0.25	—	0.25	0.25
MoO_3	0.001	—	—	—	—
$CuSO_4 \cdot 5H_2O$	0.01	0.025	—	0.025	0.025
KI	0.75	0.83	0.8	0.75	—
$CoCl_2 \cdot 6H_2O$	—	0.025	—	0.025	—
有机成分					
肌醇(myo-inositol)	—	100	—	100	100
烟酸(nicotinic acid)	0.05	0.5	0.5	1	5
甘氨酸(glycine)	3	2	2	—	2
盐酸吡哆醇(维生素 B_6)	0.01	0.5	0.5	1	0.5
盐酸硫胺素(维生素 B_1)	0.01	0.1	1	10	0.5
生物素(biotin)	—	—	—	—	0.05
叶酸(folic acid)	—	—	—	—	0.5
pH	5.5	5.7～5.8	5.8	5.5	5.5

组织培养使用的生长调节物质包括：生长素类，如 IAA、IBA、NAA 等，主要调控向根的方向分化；细胞分裂素类，如 KT、6-BA、ZT 等，主要调控向茎和芽的方向分化。两类激素的比例最终控制着细胞和组织的分化方向。

接种后的培养温度依植物种类而定，一般在 20～30℃，低于 25℃或高于 35℃均会影响培养物的生长。在外植体培养初期或愈伤组织增殖阶段，宜保持黑暗或弱光条件；在器官分化阶段需要提供较强的光照。通常每天光照时间 10～16 h，光照强度 20～60 μmol/(m^2 · s)。环境相对湿度一般要求 70%～80%。

(二)组织培养育苗的步骤

组织培养育苗的大致步骤：培养基配制与灭菌—外植体取材和消毒—外植体接种与培养—试管苗炼苗与移栽—成苗。基本作业流程及所需的设备如图 8-14 所示。

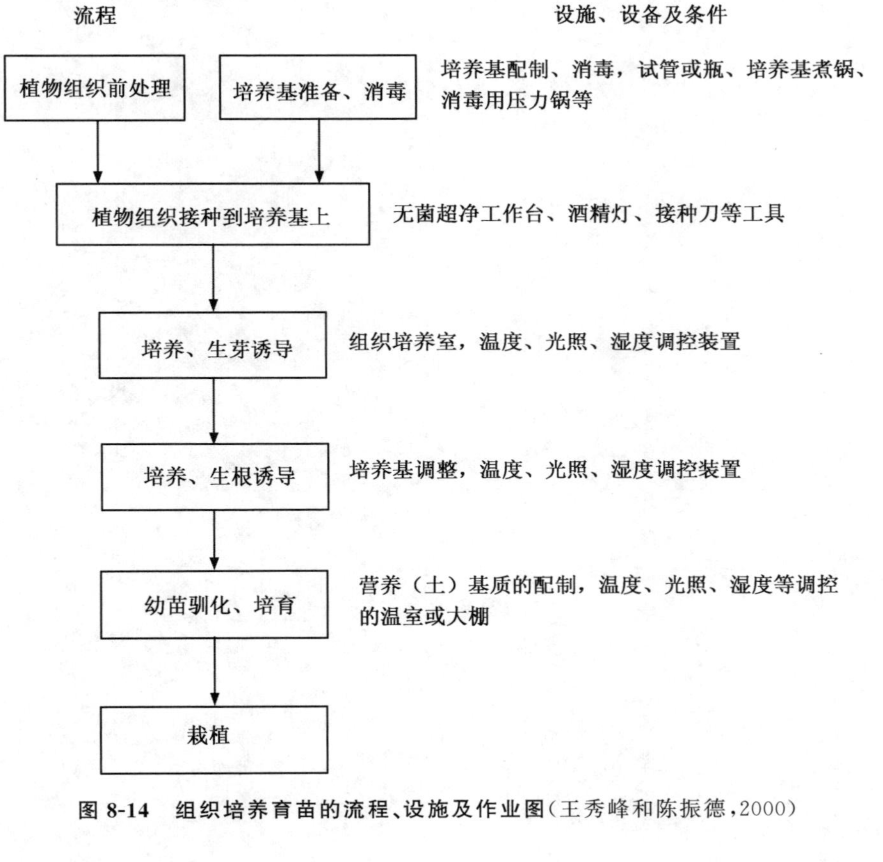

图 8-14　组织培养育苗的流程、设施及作业图(王秀峰和陈振德，2000)

当组培苗的根长达 1～2 cm 时，开始驯化移栽。该阶段对环境中的温度、湿度和光照条件要求严格。首先采用降低培养温度(20℃以下)和增加光照强度[60 μmol/(m^2 · s)以上]的方法炼苗 1 周，移出前 1～2 d 将培养瓶移入驯化用的温室或大棚，并打开瓶口。移栽时，小心地从培养瓶中取出生根试管苗，用清水仔细洗去培养基，吸干，移栽到预先消毒的基质中，喷透水。开始阶段应适当遮阳，保持空气湿度 80%～90%或以上，温度 20～25℃，1 周后降低湿度，浇营养液，基质相对湿度以 60%～70%为宜。

本章思考题

1. 何谓无土育苗？它与土壤育苗相比有哪些优点？
2. 工厂化无土育苗的主要设施设备有哪些？
3. 何谓穴盘育苗？简述工厂化穴盘育苗生产工艺流程。
4. 无土育苗对基质的理化性状有何要求？
5. 简述基质育苗的养分管理技术要点。
6. 何谓水培育苗？主要育苗方式有哪些？
7. 何谓扦插育苗？影响扦插成活的环境因素有哪些？
8. 何谓组织培养育苗？简述其作业流程及其设施设备。

第九章　蔬菜无土栽培技术

学习目标：

1. 掌握黄瓜、甜瓜和西瓜无土栽培关键技术。
2. 掌握番茄和辣椒无土栽培方式和基质栽培技术。
3. 掌握草莓和生菜主要无土栽培方式和栽培关键技术。
4. 了解常见芽苗菜的无土栽培技术。

第一节　瓜类蔬菜无土栽培技术

一、黄瓜

黄瓜(*Cucumis sativus* L.)为葫芦科甜瓜属1年生草本植物，又名胡瓜、王瓜、青瓜。黄瓜根系较浅，叶片较大，喜温，适宜无土栽培。无土栽培黄瓜的特点是生长速度快，果皮富有光泽，果实品质好，深受消费者欢迎。由于黄瓜根系容易早衰，生长势较难维持，因此单茬生产季节不如茄果类蔬菜栽培季节长。

(一)品种选择

无土栽培黄瓜品种主要特点是：耐低温弱光、抗病能力强、雌花着生节位低、单性结实好、果实产量高、品质好，在此基础上，还要根据不同地区的消费习惯和市场需求选择品种，春季无土栽培以早熟品种为宜，秋冬季可采用中熟品种。目前我国无土栽培的主要国内品种有长春密刺、津春3号、津优3号、津美1号、冬冠4号、中农5号、中农19号、迷你4号、京研迷你2号、深青971等，国外引进的无土栽培品种有Deltastar、Ilan、Marriana、Nevada、Printo、Rawa、Toril、Virginia等，主要来自荷兰、日本、以色列等国家。

(二)栽培季节

黄瓜无土栽培的季节选择主要根据其生长发育特性和设施的环境条件来决定，生产上多进行短季节栽培。

现代温室条件下，一般有两种茬口类型。一年两茬：春季在2月上旬播种育苗，3月上旬定植，4月上旬至6月份采收；秋季在7月上旬播种育苗，7月下旬定植，8月下旬至10月份采收。一年三茬：春季4月中旬播种育苗，5月上旬定植，6月上旬至8月份采收；夏季8月中旬播种育苗，9月上旬定植，10月上旬至翌年1月份采收；冬季12月播种育苗，翌年1月定植，2月下旬至4月份采收，其播种定植时间可以根据市场需求进行调整。

北方地区日光温室一般安排两茬，以冬春季节为主茬，栽培时间较长，秋冬季节为副茬，栽培时间较短。冬春茬栽培于11月下旬至12月上旬播种育苗，1月中下旬定植，3月上旬至6月下旬收获。秋冬茬，一般在8月上中旬播种育苗，9月份定植，10月上中旬开始采收，翌年

2 月拉秧。

塑料大棚保温条件较差，一般进行秋季延迟和春季早熟栽培。秋季 7 月下旬至 8 月上旬播种育苗，9 月上旬定植，10 月份至 12 月份采收；春季于 1 月下旬或 2 月上旬播种育苗，2 月下旬至 3 月上旬定植，4 月上旬至 6 月份采收。

(三)栽培方式

黄瓜可采用多种无土栽培方式，如水培方式中的营养液膜技术（NFT）、深液流技术（DFT）、浮板毛管技术（FCH）等，基质培可采用岩棉培技术、混合基质培技术、有机生态型栽培技术等。使用的栽培设备可以是固定的栽培槽、砖槽，也可以是移动的栽培袋、栽培盆等容器。

大型现代温室多采用岩棉培方式或无机基质槽培形式，南方地区也采用 FCH 和 DFT 方法，栽培系统包括贮液池、水泵、进液管、栽培槽、定植板、回液管等，一般多为营养液循环式栽培。日光温室或塑料大棚以有机或无机基质培较多，其中应用最多的为混合基质槽培。栽培系统由贮液池（罐）、进液管、栽培槽、滴灌带、滴箭等组成，大多采用开放供液系统。采用的基质来源非常广泛，稻壳、锯木屑、甘蔗渣、草炭等有机基质，河沙、炉渣、蛭石、珍珠岩等无机基质均可使用。

(四)管理技术

1. 育苗　黄瓜无土栽培可用穴盘、营养钵、营养块、种植槽及岩棉块育苗。采用消过毒的有机和无机混合基质，可用 2 份草炭＋1 份蛭石混合，或 2 份草炭＋1 份珍珠岩混合，或 4 份堆沤过的锯木屑＋1 份细沙混合。播种前种子应进行消毒和催芽处理，穴盘育苗每穴播 1 粒种子，均匀覆盖基质；岩棉块育苗则将岩棉块紧密铺在育苗床上并用水浇透，将种子播放在岩棉块中央孔穴中，每穴 1 粒，胚根向下，再在孔穴上覆盖一层约 1 cm 厚的蛭石并喷洒少量水使蛭石湿润。出苗后，可用 1/2 剂量日本园试配方或山崎黄瓜配方营养液浇灌，加强温光管理，防止高脚苗，降低湿度，防止湿度过大引起猝倒病、立枯病。生产上普遍采用嫁接育苗来提高植株抗性，防止早衰，常用砧木为黑籽南瓜和新土佐，嫁接方法常用顶插接法。

2. 定植　黄瓜根易老化，移栽时幼苗不宜过大。一般 2 叶 1 心即可定植。苗龄在低温季节可长些，30～35 d；高温季节短些，15～20 d，根据黄瓜生长发育对环境条件的要求，棚内地温稳定在 12℃以上即为黄瓜的安全定植期，定植之前一周进行炼苗。定植密度可根据品种特性和栽培方式而定，同时也应考虑栽培季节，北方地区由于光照充足，通风良好，可以适当增加栽培密度，有利于增产增效；长江中下游地区阴雨天比较多，定植不宜过密。一般采用双行栽培，株行距分别为 25～30 cm 和 65～75 cm。生长势强，分枝多的品种，营养液栽培，密度应小一些，一般每 667 m^2 定植 1 800～2 000 株；生长势弱、分枝少、栽培季节温度较低，采用基质栽培，密度可适当高些，每 667 m^2 定植 2 500～3 000 株。

3. 营养液管理　水培黄瓜依靠营养液供应生长和结果所需的矿质营养和水分，因此，应持续供应营养液。黄瓜无土栽培可使用日本园试通用配方、日本山崎黄瓜专用配方、华南农业大学果菜配方等。三种配方对黄瓜产量影响不大，也可采用山东农业大学黄瓜配方：大量元素用量（单位 mg/L 水）：四水硝酸钙 900，硝酸钾 810，过磷酸钙 850，七水硫酸镁 500，微量元素通用。开花前营养液应控制在较低浓度，EC 约 1.4 mS/cm；开花后可逐渐升高，EC 控制在 2.0 mS/cm 左右；果实膨大期浓度应进一步提高，EC 为 2.56 mS/cm 左右。

在收获盛期应适当增加磷、钾元素的供应量，同时应注意补充硼元素。黄瓜对营养液酸碱度要求为pH 5.6～6.2。冬季肥水供应间隔不宜长，防止大量水分补入后造成液温剧烈波动而发生生理障碍。高温季节由于蒸腾量大，吸收肥水量也大，应及时补充肥水。黄瓜水分需求量一般为每株每天1～2.5 L，营养液浓度在夏季稍低些，冬季稍高些。一般白天供液6～8次，夜间供液1～2次。

黄瓜根系对氧气需求量较高，要求营养液中有较多溶解氧，在深液流水培中，采用液面下降法供液效果较好。这种方法是在停止供液时，种植槽中营养液徐徐流回贮液池中，当栽植槽中液位降低到一定程度时，再开始供液，如此反复，植株长势强，产量高。

黄瓜基质培营养液供应根据作物植株的大小和栽培季节而异，一般采用间歇供液法，黄瓜具有5片叶时，每天每株可浇400～500 mL营养液，随着黄瓜植株的长大，叶片增多，从开花期到采收期，供液量逐渐增加至每株每天2～2.5 L，一般白天供液2～4次，视植株大小、基质持水特性和天气情况而定，夜间不供液，为了防止基质中盐分的积累，每10～15 d浇1次清水或在每次供液后供1 min左右清水。基质栽培使用的营养液配方及浓度与水培相同，供液应以保持基质湿润为原则，不宜饱和，否则造成根系缺氧影响正常生理功能。

4.环境管理

(1)温度。黄瓜为喜温作物，10℃以下生长发育受到严重影响。严冬季节，外界温度低，在棚室内栽培黄瓜，保证黄瓜生长对温度的要求是生产管理的关键。幼苗期和初花期适宜温度白天25～30℃，夜间15～18℃，较低夜温有利于雌花形成；结果期白天适宜温度25～29℃，夜间18～21℃。夏秋季节温度较高时，可采用外遮阳的方法减少太阳辐射；采用强制通风、顶部微喷、湿帘等方法降低空气温度。研究表明，在无土栽培黄瓜中采用四段变温管理模式有利于黄瓜的生长发育，能够最大限度地进行光合作用，降低养分消耗，在生产上应按照四段变温模式管理。

(2)光照。黄瓜对光照强度要求较高，光饱和点约为1 000 $\mu mol/(m^2 \cdot s)$，光补偿点约为35 $\mu mol/(m^2 \cdot s)$。有研究表明，当光照强度降到正常光照强度的1/2时，黄瓜光合速率几乎没有降低；光照强度降到正常的1/3时，产生化瓜；若光照强度降低至正常的1/4时，光合速率降低86.3%。在较高温度和较高CO_2浓度条件下，增加光照强度可提高光合性能。弱光不利于植株生长发育和产量品质，特别是低温与弱光同时作用不仅影响开花坐果，并易导致形成畸形瓜，可通过及时揭开保温覆盖物、延长光照时数等方法提高光照。采用结构合理的棚室设施，日光温室采用机械卷帘，均可提高光照效果。光照强度过高时，可通过遮阳网覆盖遮阳。一般南方品种(华南型)要求短日照，而北方型则要求不太严格，8～11 h的短日照能够促进雌花的分化和形成。

(3)湿度。黄瓜喜湿不耐旱，根系浅，对空气湿度和根际湿度要求比较高，幼苗期和根瓜坐瓜前基质湿度要求为基质最大持水量的60%～70%，湿度过大会造成幼苗徒长，结果期黄瓜需水量最大，适宜基质湿度为基质最大持水量的80%～90%。温室大棚在冬春季节为加强保温经常处于密闭状态，空气湿度在90%以上，易诱发病害。因此低温季节栽培黄瓜，在保证温度前提下加强通风降湿，有利于病害控制。

(4)CO_2浓度。温室大棚内CO_2浓度在太阳升起后急剧下降，尤其是在冬季，因为冬季为保温，通风量小，通风时间短。在晴好天气时，植株叶片光合作用旺盛，不断消耗CO_2常造成室内CO_2短缺。有资料显示，在一定的温度、湿度、光照条件下，增加CO_2浓度可显著提高黄瓜品质和产量，提高植株抗病性，生产上多采用施用碳酸氢铵和硫酸进行化学反应释放CO_2

的方法，比较经济有效的CO_2施用浓度一般在 450～500 μL/L。

5.植株调整　黄瓜的植株调整包括吊蔓(绕蔓)、整枝、摘心、打杈、摘叶等程序。黄瓜无土栽培一般采用吊蔓栽培。在吊蔓之前，首先在栽培行上方拉铁丝，然后将塑料绳一端固定在铁丝上，另一端固定在黄瓜幼苗子叶下方的茎部，将植株向上牵引。当黄瓜株高 20 cm 左右，开始出现卷须时，要及时吊蔓，防止植株倒伏。

黄瓜植株调整应根据品种特性、栽培目标及设施性能来确定。一般以早熟、短季节栽培为主，只将基部侧枝、衰老叶片摘除，当植株长到铁丝高度时进行摘心，主蔓瓜采收后，再利用侧蔓回头瓜提高产量。对于日光温室或现代化温室长季节栽培方式，要及时摘除下部衰老叶片、打掉侧枝，及时落蔓，保证黄瓜植株高度在 2 m 左右，保留 13～15 片功能叶片，低温弱光季节及时摘除卷须，避免养分消耗。

黄瓜整枝方式一般有单干垂直整枝、单干伞形整枝、单干坐秧整枝和双干整枝(“V”形整枝)。长形黄瓜品种一般采用单干伞形整枝，植株长至 1 m 高度以上时开始留果，早熟品种留果节位可适当降低。短形黄瓜品种一般从第 4 节位开始留果，侧枝生长旺的品种，也可在侧枝留 1～2 果后再摘心，整枝方法可采用单干坐秧或单干伞形整枝。夏季栽培为提高光合作用，充分利用夏季温光资源，可采用双干整枝。摘除主蔓 5 节以下所有花芽和侧蔓，在第 6 节开始留一侧枝并培养成为另一主蔓，以后保持双干生长，为“V”形整枝。

(五)病虫害防治

在棚室无土栽培条件下，黄瓜病害以白粉病、细菌性角斑病、蔓枯病为主，其次是病毒病、枯萎病、霜霉病、疫病和炭疽病；虫害则以蓟马、美洲斑潜蝇、烟粉虱、蚜虫及螨类危害严重。总的来说，一般以气传以及气传与种传相结合的病害为主，虫害则以个体细、繁殖能力强的害虫危害猖獗。在棚室温暖高湿或高温高湿的小气候条件下，病虫害一旦发生，如未能及时消灭就会造成严重的经济损失。

按照“预防为主，综合防治”的方针，以农业防治为基础，大力开展物理防治和生物防治，科学合理使用高效、低毒、低残农药，确保化学防治安全有效。

1.农业防治　种植前预防是控制病虫害的前提，包括种子处理，棚室、基质、栽培设施消毒，选用优质、高产、抗病黄瓜品种是农业防治的关键，科学协调的栽培管理是农业防治的基础。科学协调的栽培管理包括精心培育壮苗，采用合理的营养液配方，根据黄瓜的生长状况及生长需要调节营养液浓度和滴灌量，根据天气变化及时做好棚室的保温或通风降温、排湿换气等管理工作，及时清除病苗、病株及老残叶片，保持良好的生态环境，建立有效的管理规章制度，严防外界病虫入侵。

2.物理防治

(1)设施保护。棚室及通风口应安装防虫网，以减轻病虫害的发生。

(2)高温消毒。高温闷棚防治霜霉病及细菌性角斑病。在晴天上午，将基质灌足水后密封棚室，使棚室温度持续 2 h 达到 46～48℃，然后从顶部慢慢加大放风口，使室温下降。如有需要可每隔 0.5 个月闷棚 1 次。

(3)黄板诱杀。利用蚜虫、烟粉虱等害虫对黄色的趋性，可在棚室内悬挂黄色粘虫板进行诱杀。黄板规格为 25 cm×40 cm，每 667 m^2 悬挂 30～40 块。当黄板粘满害虫时，重涂一层机油或更换，每 7～10 d 换 1 次。

(4)银灰膜驱避。在棚室铺设银色地膜及张挂银灰色膜条可达到驱避蚜虫的效果。

(5)杀虫灯诱杀。利用频振式杀虫灯、黑光灯、高压汞灯等诱杀多种害虫。

3. 生物防治　积极保护、利用天敌，以虫治虫，如引进释放丽蚜小蜂防治烟粉虱。利用阿维菌素、伊维菌素、浏阳霉素、华光霉素等生物药剂防治多种害虫，用农抗 120、武夷菌素防治白粉病，用农用链霉素防治炭疽病，用新植霉素防治细菌性病害。

4. 化学防治　农药的使用应完全符合 GB 4285《农药安全使用标准》、GB/T 8321（所有部分）《农药合理使用准则》的要求，对症选用农药，正确掌握施药时机，轮换使用农药和采用配方施药，并严格控制农药安全间隔期。生产上不允许使用甲胺磷、甲基对硫磷、对硫磷等剧毒高毒农药，确保化学防治的安全性、有效性。

(六)采收

无土栽培黄瓜以嫩果食用，连续结果，持续采收。要求适时、及时采收，一般在开花后 7～10 d 就采摘嫩瓜(适温 7 d，低温季节 10 d 左右)。生产实践表明，果实采收宜早不宜晚，过晚则影响品质，且易造成坠秧，延缓上部果实发育。采收期的确定应根据品种特性和消费习惯，对于出口产品应根据进口国的产品质量标准进行采收。

华北地区传统习惯消费顶花带刺的嫩瓜，要求瓜条已充分展开，花干而未枯、果面刺瘤略显稀疏、刺白而未干，因此可适当早采。一般在雌花闭花后 7～10 d，果皮颜色由淡绿色转为深绿色即可采收；南方及西北地区黄瓜采后期一般在果实已充分膨大，果皮及种子尚未硬化前作为最佳采食期。

(七)拉秧与设施消毒

当黄瓜植株出现衰老迹象，表现为生长势减弱，新叶变小，枯叶老叶增多，植株营养不良，结出的果实大部分为畸形果，产量也明显下降，此时应及时拉秧。对于水培，首先停止供液，然后将植株根系从栽培槽中拔出。对于基质培，停止供液后，将植株拔出基质。待植株失水干枯后，统一收起并运至温室大棚外进行处理，不允许堆放在栽培设施内部或附近，以防传播病害。拉秧后要进行棚室清理，并连同无土栽培设备一起进行消毒。

二、西瓜

西瓜(*Citrullus lanatus* (Thunb.)Matsum. et Nakai)属于葫芦科西瓜属 1 年生蔓生草本植物，又名水瓜、寒瓜。瓜瓤脆嫩多汁，营养丰富，是夏季重要果蔬，有“夏季水果之王”之称。无土栽培西瓜品质好，近年来越来越多地受到人们的重视。

(一)品种选择

无土栽培属于高效设施生产，以生产优质小果型和中果型西瓜为主。小果型西瓜含糖量高，细嫩脆爽可口，单果重一般 1～3 kg，食用方便，备受人们青睐。此外，选择的西瓜品种要能耐低温弱光、抗病性强、生育期短。常见小果型西瓜品种有黄小玉、红小玉、早春红玉、黑美人、特小凤、拿比特、小兰等，常见的中果型西瓜品种有早佳 8424、京欣 1 号等。

(二)栽培季节

西瓜属于喜高温不耐低温作物，在无加温或保温条件不良的情况下，我国大部分地区冬季不能进行西瓜栽培。我国南北方普遍进行春、秋两季栽培，根据栽培地区的气候条件进行春提早或秋延后栽培。春提早栽培一般在 12 月底至翌年 2 月中旬播种育苗，4 月下旬至 6 月中旬采收，秋延后栽培一般于 6 月中下旬至 8 月上旬播种育苗，9 月中旬至 11 月上旬采收。

(三)栽培方式

西瓜无土栽培可采用深液流技术(DFT)和基质栽培技术。特别是近年来小西瓜有机生态型无土栽培能有效利用当地的自然资源,在海南、广西等地区得到快速发展。

1. 西瓜深液流无土栽　培基础设施包括塑料大棚、种植系统(种植槽、贮液池、定植板、定植杯)、营养液循环系统(输液管道、回流管道、自吸泵、阀门、定时器)。贮液池中配制好的营养液(表 9-1)由自吸泵通过阀门进入输液管道流入种植槽,过多的营养液又从种植槽通过回流管道流回贮液池,供液时间由预置好的定时器自动控制。营养液可使用日本园试配方或山东农业大学西瓜营养液配方(表 9-1)。福建三明市梅列区洋溪乡利用塑料大棚深液流无土栽培,每年春、夏、秋三季种植小果型西瓜,成效显著。

表 9-1　山东农业大学西瓜营养液配方

项目	试剂	浓度(mg/L)
大量元素	$Ca(NO_3)_2 \cdot 4H_2O$	1 000
	KNO_3	300
	KH_2PO_4	250
	K_2SO_4	250
	$MgSO_4 \cdot 7H_2O$	250
微量元素	Na_2Fe-EDTA	30
	H_3BO_3	2.86
	$MnSO_4 \cdot 4H_2O$	2.13
	$ZnSO_4 \cdot 7H_2O$	0.22
	$CuSO_4 \cdot 5H_2O$	0.08
	$(NH_4)Mo_7O_2 \cdot 4H_2O$	0.02

根据西瓜不同生育阶段调控营养液的浓度,苗期电导率掌握在 1.5～2 mS/cm,开花至采收前 1 周控制在 2～3 mS/cm,整个生长期 pH 控制在 6～6.5。

为了保证根际有充足的氧气,以供根系呼吸作用的需要,不能将根全部浸泡在营养液中,必须掌握根颈部和老根处于种植床的湿润空间,让幼根浸入营养液。营养液液面要随根系的生长及时调整,既要及时补充消耗的液体,又要防止加液太满,以保证适宜的液面高度。

2. 西瓜基质栽培　一般采用槽式基质栽培,栽培槽宽 40 cm、深 15 cm,长度不超过 20 m,栽培槽下面铺 0.1 mm 的黑色地膜,为防止积水,每隔 30 cm 在将槽底薄膜用钢钎扎一直径 1 cm 左右的渗水口。对于连作障碍和根结线虫危害非常严重的土壤,为了防止根结线虫侵染需采用全封闭型栽培方式,使槽内基质与土壤完全隔离,这种方式对水分管理技术要求非常严格,管理不当容易造成植株根际渍水或干旱,导致作物生长异常。

基质配方可根据当地自然资源灵活选择,可选腐熟猪粪或鸡粪∶食用菌菌渣∶谷壳灰∶细煤渣为 2∶4∶3∶1,每立方米基质加 5 kg 三元复合肥,充分混合后填平栽培槽,每 667 m^2 面积需基质 10～12 m^3,基质上铺塑料滴灌软管。也可使用筒式或营养袋栽培,每筒或基质袋装基质 10 L 左右。

(四)管理技术

1. 育苗　可采用穴盘、营养钵、营养块等进行育苗，将已经浸种催芽的种子播种在装上基质的育苗容器中，育苗基质可用 1∶1∶1 的草炭、蛭石、珍珠岩混合基质，浇透基质，播后覆盖地膜保湿，保持白天棚内温度 28～30℃，晚上 20～25℃，出苗后白天温度控制在 25℃左右，晚上 15～18℃。对重复利用基质，为了避免连作障碍，基质栽培可采用嫁接苗，西瓜常用的砧木有南瓜、葫芦和野生西瓜。

2. 定植　当西瓜苗龄达到 2 叶 1 心，地温稳定在 15℃时即可定植，株距 35～40 cm，吊蔓栽培每 667 m^2 栽 1 500～1 800 株。基质栽培时采用带坨定植，即将瓜苗连同基质一起植入栽培槽基质中，定植深度以苗坨与基质面相平为宜，定植后浇足定根水。深液流栽培最好采用水培育苗或岩棉育苗，定植后确保幼苗根系能浸泡在营养液中。

3. 环境管理

(1)温度。定植后为促进发根，棚温白天保持 25～30℃，超过 30℃应稍加通风；晚上最低温度不低于 15℃。授粉期白天保持 25～28℃，昼夜温差以 10℃为宜。膨瓜期白天棚温可增至 28～32℃，加大昼夜温差。

(2)湿度。定植后棚内相对湿度保持在 70%以下。若湿度过大，阴天无雨时在 11:00～13:00 时短时间放风排湿，晴天 10:00～15:00 放风排湿。开花坐果期应严格控制棚内湿度，坐果后确保水分供给。膨大期是西瓜需水的敏感时期和高峰期，需水量最大，一般要求基质相对水分含量在 70%为宜。但对空气湿度要求低，应控制在 50%左右。棚内过湿过干会造成落果。如果基质忽干忽湿，则容易产生裂果和畸形果。

(3)光照。西瓜对光照要求严格，栽培过程中应注意及时引蔓和整枝，以改善受光条件，必要时采取补光措施。如果棚膜变脏要及时清洗，以增加棚膜的透光率。

(4)CO_2。温室内进行无土栽培，西瓜吸收 CO_2 的速度很快，同时由于基质中不使用有机肥料(水培)或有机肥料用量少，CO_2 含量不足是西瓜生产的重要限制因子。据实验，无土栽培条件下，增加设施内 CO_2 浓度可以促进西瓜坐果和果实膨大，具有明显的增产效果。

(5)肥水管理。基质栽培水分供给常采用滴灌系统进行，灌溉量根据天气情况、基质持水孔隙、植株状况灵活掌握。从定植缓苗后到伸蔓前应控制浇水，一般 2 d 浇 1 次水，每次 0.75 L/株，选择晴天上午灌溉，阴天不浇水。到伸蔓期适当增加给水量，开花后 7～10 d 应再次控水，以防止植株徒长影响坐瓜。进入膨瓜期，植株生长发育旺盛，需水量最多，此时水分供给应及时，为 1～2 次/d，总灌水量以每株每天 1 L 左右为宜，在瓜采收前 15 d 应适当提高营养液浓度或控制浇水量提高西瓜品质。

4. 植株调整　包括吊蔓、整枝、摘心、人工辅助授粉，果实管理等措施，旨在调节植株生长、促进结果、控制坐瓜部位，提高果实品质。

(1)吊蔓。西瓜喜温光，温室、大棚无土栽培最好采取吊蔓栽培，以便更好地利用空间和光能，当幼苗出现卷须时，即应吊蔓，引蔓向上生长。

(2)整枝。西瓜无土栽培整枝主要应用单蔓和双蔓，单蔓整枝保留主蔓，双蔓整枝在主蔓的基部选用一个健壮侧蔓，主侧蔓平行向前生长，可采用主蔓结瓜、侧蔓作为营养枝的方式进行坐瓜。整枝要及时，分次进行，一般在主蔓长约 50 cm，侧蔓 15 cm 时开始整枝，每隔 3～5 d 整枝一次，果实坐住后一般不再整枝。一般在主蔓上留第二雌花坐果，第一果收获后，如果继续结果，需要在采收后进行整理秧蔓，主要措施有落秧和疏枝，避免坐果部位过高，打去老病叶。

(3)摘心。西瓜迅速膨大时可摘心,一方面能够防止疯长,控制株型;另一方面能够促进光合产物更多的分配给果实,促进早熟,改善品质。摘心需要和整枝同时进行。

(4)人工辅助授粉。西瓜是典型的虫媒异花授粉作物。在温室或大棚环境下,昆虫的活动比较少,应及时进行人工辅助授粉,以提高西瓜的坐果率。人工授粉一般在 7:00～10:00 进行,授粉完成后挂上授粉牌,注明授粉时间。

(5)吊瓜。西瓜果实坐住后,膨大很快,应适时进行吊瓜或托瓜,避免因果实增重过快将秧蔓坠坏,可用尼龙绳吊住果柄或尼龙网将瓜兜住,吊挂在支架上。

(五)病虫害防治

西瓜育苗期间虫害较少,病害主要有猝倒病、疫病和炭疽病。防止病害发生的主要措施是保持苗棚内低湿度管理,出苗后苗棚相对湿度要保持在 70%以下。西瓜定植后主要病害有枯萎病、白粉病、病毒病和炭疽病等。西瓜枯萎病现在生产上多用砧木嫁接的手段进行防治,也可用多菌灵 600 倍液和甲基托布津 700 倍液混合喷雾,白粉病可用 15%的粉锈宁可湿性粉剂 1 000 倍液或 50%的硫胶悬剂 250～300 倍液喷雾;病毒病可用 20%的病毒 A 可湿性粉剂 500 倍液或 1.5%的植病灵乳剂 800 倍液喷雾;炭疽病可用春雷霉素 800 倍液或 75%的百菌清可湿性粉剂 800 倍液喷雾。近年来西瓜种传病害细菌性果斑病发生较为严重,可从加强种子质量监控、加强田间管理和采用铜制剂、农用链霉素等药剂进行喷雾防治,7～10 d 喷 1 次药。

主要虫害有瓜蚜、潜叶蝇和烟粉虱等,瓜蚜和白粉虱可用 10%的吡虫啉可湿性粉剂 1 500 倍液,或 0.3%的印楝素乳油 600～800 倍液喷雾;潜叶蝇可用虫螨克 2 000 倍液喷雾。

(六)采收

收获时期于西瓜品质密切相关,采收过早果实没有成熟,含糖量低,色泽浅,风味差;采收过晚,果实过分成熟,质地软绵,含糖量开始下降,食用品质降低。因坐果节位、坐果期的不同,果实成熟度不同,应进行分次陆续采收。

判断果实成熟度方法:一是雌花开放后天数,早熟品种 28～30 d,中熟品种 32～35 d,晚熟品种 35 d 以上,小果型品种 25～30 d。二是果柄茸毛脱落稀疏为成熟果,同节卷须枯萎 1/2 以上为熟瓜,但因植株长势强弱有异。三是果实成熟的形态特征:果实表面纹理清晰,果皮具有光滑感,着地面底色呈深黄色,果脐向内凹陷。四是以手托瓜,拍打发出浊音为熟瓜,发出清脆音的为未熟瓜。当地供应可采收九成熟瓜,于当天下午或者次日清晨供应市场。运销外地采收八成熟瓜。

(七)拉秧和设施消毒

果实采收后,要及时拉秧腾出茬口,先将植株根系拔出基质或栽培槽,待植株晒干后集中运出销毁,以防止病虫害传播,拉秧后将基质进行翻晒消毒,同时利用夏季高温或采用药剂熏蒸大棚或温室,为下茬做好准备。

三、甜瓜

甜瓜(*Cucumis melo* Linn.)属于葫芦科甜瓜属蔓生草本植物,以果实为食用器官。味道甘美,营养丰富,深受人们喜爱。甜瓜有厚皮甜瓜和薄皮甜瓜两种类型,厚皮甜瓜又分有网纹和无网纹两种类型,其中网纹甜瓜由于外观美丽,香气浓郁,肉厚汁多,成为瓜果中的珍品。甜瓜无土栽培主要用于厚皮甜瓜,特别是网纹甜瓜品种。

(一)品种选择

无土栽培属于高效设施生产,以生产优质高档精品甜瓜为主。在品种选择上应以品质选择为重点,栽培优质高档的网纹甜瓜和非网纹甜瓜品种。但在我国南方地区由于温度高、雨水多、湿度大,导致病虫害较重,因此除考虑品质外,还应特别注意品种的耐湿性和抗病性。我国目前无土栽培网纹甜瓜品种有翠蜜、莱特、春晖、秋晖、情网、西域 1 号、海蜜 2 号、阿鲁斯、金凤凰、绿宝石、黄皮 9818 等,无网纹甜瓜品种有伊丽莎白、蜜世界、西博洛托、古拉巴、玉金香等。

(二)栽培季节

由于甜瓜属于喜高温不耐低温作物,在无加温或保温条件不良的情况下,冬季不能进行甜瓜栽培。南方地区由于夏季进入梅雨季节后,雨量增加,气候阴湿,与甜瓜生长发育要求强光照高温干燥的生态环境不符,夏季也不适宜甜瓜栽培。

因此,我国不论在南方、北方,普遍可以进行春、秋季栽培,根据栽培地区气候条件进行春提早或秋延后栽培。春提早栽培一般在 12 月底至翌年 2 月中旬播种育苗,5 月下旬至 6 月中旬采收,秋延后栽培一般于 7 月中下旬至 8 月上旬播种育苗,11 月上旬至下旬采收。

(三)栽培方式

甜瓜无土栽培可采用水培,深液流技术(DFT)或营养液膜技术(NFT),也可采用基质栽培技术。水培在管理上可实行定量化和精确化,甜瓜成熟期早、产量高、品质好,但对管理水平要求高、技术难度大,一次性投资也较大,难以实现大面积推广。基质栽培对种植者的要求相对较低,投资和运行成本少、管理较为方便,特别是近年来有机生态型无土栽培能结合当地的自然资源、栽培系统简单、成本低,得到快速发展。

1. 深液流栽培　栽培设施包括温室大棚基础设施、栽培槽、贮液池、定植板和定植杯、营养液循环系统等组成。厚皮甜瓜深液流水培的营养液配方可采用日本园试通用配方、山崎甜瓜配方、静冈大学甜瓜配方等(表 9-2),微量元素采用通用配方。营养液水位的高低应根据甜瓜根系生长状况来进行调节。定植初期,由于苗小,根系不发达,应保持较高水位,以营养液浸过定植杯杯底 3.0～3.5 cm 为宜。随着根系不断生长,水位应逐渐降低,定植后 12～15 d,当植株根系伸出杯底进入营养液后,适当降低水位,以利于根系和植株的生长发育,此时以营养液浸过定植杯杯底 1.0～1.5 cm 为宜。

表 9-2　园试、山崎甜瓜大量元素配方　mg/L

化合物名称/(分子式)	园试通用配方	山崎甜瓜配方	静冈大学甜瓜配方
硝酸钙[$Ca(NO_3)_2 \cdot 4H_2O$]	945	826	944
硝酸钾(KNO_3)	809	607	—
磷酸二氢铵($NH_4H_2PO_4$)	153	153	114
硫酸镁($MgSO_4 \cdot 7H_2O$)	370	370	492
硫酸钾(K_2SO_4)		—	522
总盐含量	2 400	1 950	2 072

2. 基质栽培　栽培设施包括温室大棚等基础设施、栽培槽、施肥器、滴灌系统等。营养液

配方与甜瓜深液流栽培相同，栽培基质来源广泛，可充分利用不同地区自然资源，除天然有机基质草炭外，常用的基质材料有作物秸秆、芦苇末、蘑菇渣、锯木屑、甘蔗渣、炭化稻壳(砻糠灰)、椰糠、木薯皮等，但一般均需要经过粉碎发酵等加工过程才可以应用。由于单一基质理化性质不能完全符合栽培要求，最好将不同基质按一定比例混合，形成混合基质，最好能加入一定比例的无机基质如蛭石、煤渣等，如草炭、炉渣、水洗沙按 4∶3∶3 混合；草炭、炉渣、蛭石、树皮按 4.6∶1.5∶1.5∶2.4 混合；草炭∶珍珠岩∶菇渣∶炉渣按 9∶3∶4∶4 配合，草炭、煤渣、珍珠岩按 1∶1∶1 混合等。采用地槽式、砖槽式、袋式、盆钵式等形式进行甜瓜栽培，是我国厚皮甜瓜无土栽培的重要方式。我国新疆哈密和吐鲁番地区基质栽培哈密瓜已形成规模，是我国沙培甜瓜的主要产区。海南地区选用椰糠、粗河沙按 4∶1 比例混合进行甜瓜无土栽培，取得良好效果。南京地区利用中药渣进行厚皮甜瓜无土栽培，也取得成功。

(四)管理技术

1. 育苗　甜瓜无土栽培可用穴盘、营养钵及岩棉块育苗。采用消过毒的有机和无机混合基质，可用 2 份草炭＋1 份蛭石混合，或 2 份草炭＋1 份珍珠岩混合，或 4 份堆沤过的锯木屑＋1 份细沙混合。播种前种子应进行消毒和催芽处理，穴盘育苗每穴播 1 粒种子，均匀覆盖基质；岩棉块育苗则将岩棉块紧密铺在育苗床上并用水浇透，将种子播放在岩棉块中央孔穴中，每穴 1 粒，胚根向下，再在孔穴上覆盖一层约 1 cm 厚的蛭石并喷洒少量水使蛭石湿润。出苗后，可用 1/2 剂量山崎甜瓜配方营养液浇灌，加强温光管理，防止高脚苗，降低湿度，防止湿度过大引起猝倒病、立枯病。生产上普遍采用嫁接育苗来提高植株抗性和生长势，常用砧木为新土佐南瓜，野生甜瓜砧，嫁接方法常用顶插接法。

2. 定植　当幼苗长至 2 叶 1 心时即可定植，定植前应浇一次透水，并喷一次杀虫杀菌剂，深液流栽培定植株行距为 50 cm×60 cm，定植时确保定植杯中的幼苗根系接触到营养液，用泡沫板完全盖住种植槽，使槽内的液体全部被遮盖住。注意泡沫板不能沾到液面，防止板上长青苔。基质栽培时按株距 50 cm 定植，根据槽的宽度确定定植一行或两行，每 667 m^2 栽 1 200 株左右。采用带坨定植，即将瓜苗连同基质一起植入栽培槽基质中，定植深度以苗坨与基质面相平为宜，可减轻蔓枯病为害茎基部，定植后浇足定根水。

3. 营养液管理　厚皮甜瓜深液流栽培营养液的 EC、pH 是营养液管理的核心。营养液的 EC 一般苗期控制在 1.5～1.8 mS/cm，随着植株的生长，营养液的 EC 不断加大，甜瓜伸蔓期 EC 控制在 1.8～2.0 mS/cm，开花结果期 EC 控制在 2.2～2.5 mS/cm，果实成熟期 EC 控制在 1.5～1.8 mS/cm；营养液的 pH 整个生长期应控制在 6.0～6.5。栽培过程中每 3～5 d 测定 1 次营养液的 EC 和 pH，并随时根据各生育期甜瓜对 EC 的要求及时补充养分或水分，当营养液的 pH 高于 6.5 时可用 HNO_3 进行调节，而当 pH 低于 6.0 时可用 NaOH 进行调节，营养液每天定时循环 4 次，每次 45 min。

甜瓜基质栽培的营养液供应还没有达到精确定量，大多是根据植株大小和生长发育情况，再根据基质持水特性等人为控制。一般是幼苗期每 1～2 d 供液一次，成株期每天供液 1～2 次，每次供液量根据植株大小每株 0.5～2 L，原则是植株不缺素，不发生萎蔫，基质水分不饱和。此外，晴天可适当降低营养液浓度，阴雨天和低温季节可适当提高营养液浓度，一般以 1.2～1.4 个剂量为好。在网纹形成期宜控制水分供应，否则网纹形成不均匀，易造成果皮开裂。果实成熟期供水过多使果实糖含量下降，品质变差，因此在采收前 10 d 左右应控制供水或提高营养液的浓度。

4. 环境管理

(1)温度。甜瓜属于喜温耐热型蔬菜作物，生长适温为 28～30℃，根系生长温度下限为 8℃，根毛发生最低温度为 14℃，根系生长最适温度为 22～25℃。茎叶在 15℃以下、40℃以上生长缓慢。甜瓜设施栽培，要求有较大的温差，有利于苗期花芽分化和果实发育期的糖分积累。果实生长适宜日温为 27～30℃，夜温为 15～18℃。甜瓜总体上对高温适应性强，在 35℃高温仍正常生长发育，至 40℃时仍维持较高同化性能。

(2)光照。甜瓜喜光，生长发育要求光照时数在 10～12 h，光饱和点 1 000～1 100 $\mu mol/(m^2 \cdot s)$，补偿点约 70 $\mu mol/(m^2 \cdot s)$，不耐阴。整个生长过程要保持较高光照强度，特别是坐果期、果实膨大期及果实成熟期，较强光照有利于提高植株光合作用，促进坐果和果实膨大，增大果实含糖量，提高果实品质。

(3)湿度。甜瓜属于耐旱植物，但是由于植株和果实含水量大，对水分要求也比较高，且因生长发育阶段不同表现出差异。一般苗期和伸蔓期要求基质含水量在 70%左右，开花结实期为 60%，果实膨大期为 80%～85%，果实成熟期为 55%～60%，因此采收之前要特别注意控制水分。在一天中，从早晨开始吸水量逐渐增加，至中午之前急剧增加，中午达到最大值，午后又逐渐减少对水分的吸收。空气湿度不宜过高，否则引起徒长，特别是高温、高湿条件可导致徒长加剧，并容易引发病害。

5. 植株调整　甜瓜无土栽培生产主要采用吊蔓方法，即在温室或大棚上吊拉铁丝挂绳，及时把植株缠绕到线绳上。栽培上可采用单干整枝和双干整枝两种方法，单干整枝一般是在主蔓 10～15 节抽生的子蔓做结果枝，其下部子蔓全部摘除，结果节位上部顶端保留 1～2 个子蔓，其余子蔓尽早摘除，主蔓 25 节左右摘心，结果枝保留 2 片叶后摘心；双干整枝主蔓在 4～5 节摘心，保留两条健壮的子蔓向上生长，并在 12 节左右预留结果枝，结果枝在授粉前 2 d 保留 2 片叶后摘心。

甜瓜坐果性差，需人工辅助授粉。授粉在 8:00～12:00 进行，也可利用熊蜂授粉，一般将熊蜂提前 1 周放入温室驯养。授粉后 3 d，子房开始膨大，1 周后当幼瓜有鸡蛋大小时应及时定瓜。选留节位适中，瓜型周正，无病虫害的幼瓜。留果原则一般为 1 蔓 1 瓜，对于小果型品种，为提高产量可 1 蔓 2 瓜，其余瓜要及时去除以防消耗营养。为防止坠秧，多采用果实吊袋，为提高商品性，可以在吊果后网纹形成前进行套袋。

(五)病虫害防治

主要病害有蔓枯病、白粉病、霜霉病、枯萎病、细菌性果斑病等。通过选择优质抗病品种，做好环境卫生及种子消毒，加强田间管理，采取农业防治、物理防治及其生物防治相结合的综合防治策略。

蔓枯病是一种传染性、毁灭性病害，多在茎蔓基部近地面处发病，主要是因环境湿度过高，特别是近地表处湿度过高而引起，应以预防为主，进行综合防治。可采用提高茎蔓基部距地面高度，降低近地面处空气湿度；对栽培环境，特别是基质应彻底消毒；育苗基质不应连茬，采用抗病砧木进行嫁接换根等。发病前用 40%达科宁悬浮剂、70%代森锰锌可湿性粉剂喷雾预防，发病后可刮病部，再用50%甲基托布津或50%多菌灵加水调成糊状涂抹病部，均有较好的预防效果。

白粉病和霜霉病主要为害叶部，影响叶片光合作用，进而造成品质和产量下降。白粉病发病初期采用40%福美胂、50%甲基托布津等药剂防治，各种药剂交替使用可以提高药效。霜霉病采取培养壮苗，降低空气相对湿度，发病初期用75%百菌清可湿性粉剂600倍液或50%福美双可湿性粉剂500倍液防治。

枯萎病在无土栽培甜瓜上发生严重，由于无土栽培的甜瓜茎基长期处于高湿环境，极易发生枯萎病，以开花坐果期和果实膨大期为发病高峰，其典型症状是萎蔫。开花结果后发病时，病株叶片自下而上逐渐萎蔫，似缺水状，中午更为明显，早晚尚能恢复。数日后整株叶片呈褐色枯萎下垂，不能再恢复正常，叶片干枯，全株死亡。有效的防治方法是嫁接换根，也可采用化学防治方法。可用敌克松、多菌灵、甲基托布津、瑞毒霉、杀毒矾、百菌清、代森锰锌、瓜枯宁、农用抗菌素等。每次用两种药混合调成糊状，浓度以能在茎基部沾上一层药物为宜，用毛笔将药均匀地涂于茎基部。

细菌性果斑病是一种种传病害，近年来严重影响了甜瓜的生产。因此，最重要的是要选无病瓜留种，并进行种子消毒。瓜种用70℃恒温干热灭菌72 h或50℃温水浸种20 min，捞出晾干后催芽播种；也可用3%盐酸处理甜瓜种子15 min，水洗后再用47%春·王铜可湿性粉剂600倍液浸种8 h，或用每升含200 mg的新植霉素或农用链霉素药液浸种2 h后，晾干后催芽播种。

甜瓜虫害主要有烟粉虱、蓟马、美洲斑潜蝇、蚜虫等。防治药剂可选用1.8%阿维菌素2 000倍液、10%吡虫啉1 000～1 500倍液、20%好年冬500～1 000倍液、2.5%功夫3 000倍液、3%啶虫脒1 500～2 000倍液、10%噻秦酮1 000倍液等防治。除此之外，还可采用杀虫灯或黏虫板进行诱杀。做好大棚防虫网的维护，防止瓜绢螟和瓜实蝇一类的大虫体害虫进入棚内。

（六）采收

甜瓜果实成熟后，应及时采收，否则会造成过熟发酵，影响品质。用于远途运输或贮藏的果实可适当早采，一般在八成熟时采收。

采收期的判断可依据品种特性，根据果实表面颜色、网纹形状、果柄状态的变化来判断。一般地，当果皮颜色变浅，依品种不同转为黄色、淡黄色、黄绿色或乳白色；网纹甜瓜网纹充分形成；结瓜侧蔓瓜前叶片变黄、干枯，则表示已经成熟，需要采收。有些成熟期转色不明显的品种如翠蜜，可采用计算日期的方法进行，一般早熟品种授粉后35～40 d果实成熟，中熟品种40～45 d，晚熟品种50 d左右成熟，可在授粉时标记日期，根据日期采收。采收宜在早晨冷凉时间进行，将果柄连同侧蔓剪成“T”字形带蔓采收，以提高保鲜作用。

（七）拉秧与消毒

果实采收后，要及时拉秧。先将植株根系拔出基质或栽培槽，待植株晒干后集中运出销毁，以防病虫害传播。拉秧后将基质进行翻晒消毒，同时利用夏季高温或药剂熏蒸进行大棚、温室消毒，为下茬栽培做准备。

第二节　茄果类蔬菜无土栽培技术

一、番茄

番茄(*Lycopersicon esculentum* Mill.)是茄科植物，根系深广，其根际环境要求不像瓜类蔬菜那样严格，易于栽培，进行无土栽培时通过营养液浓度和成分的改变，更易于提高品质，是无土栽培面积较大的蔬菜之一。

(一)品种选择

无土栽培的番茄品种，因茬口类型不同而异。早春茬番茄苗期及生长前期处于低温弱光季节，以选择耐低温弱光品种为宜，同时还应选用抗黄化曲叶病毒、叶霉病、青枯病的品种；秋茬番茄应选用生长势中等、耐病性强、低温条件下着色均匀、品质好的品种；长季节栽培品种应具有生长势强、耐低温、弱光、抗病、坐果率高、畸形果率低的品种。目前，适宜温室栽培的品种有中杂106、中杂101、中杂11、中杂9、金棚一号、保冠一号、浙杂205、红冠98、铁冠168、铁冠169、奥林618、金旺王、春秀、佳粉15、高盛等以及一些串番茄品种。此外，最近几年随国外温室同步引进的一些温室专用番茄品种，如韩国的秀光、日光，日本的宝冠、桃太郎、红矮、黄矮，法国的粉安娜、粉丽、博纳，瑞士的春雪红、春粉红，荷兰的Purinta、Toronto、Sarena、Roman、Tuast、Apollo、百利，以色列的红将军2号、铁将军3号、Daniela，美国的黑樱桃、李子番茄、青青15等均可作无土栽培品种。

(二)栽培季节

目前我国长江流域和黄河流域利用温室或大棚进行番茄无土栽培，一般分为两种茬口类型。其一为一年二茬，第一茬春番茄多在11～12月份播种育苗，翌年1～2月份定植，4～7月份采收，共采收7～10穗果。第二茬秋番茄在7月份播种育苗，8月份定植，10月份至翌年1月份采收，共采收7～10穗果。另一种茬口类型是一年一茬的越冬长季节栽培，多在8月份播种，9月份定植，11月份至翌年7月份连续采收17～20穗果。此种茬口类型适于在温光条件好的节能型日光温室和大型现代化加温温室内进行，为减少冬季加温能耗，以冬季较温暖、光照充足地区更适宜。

(三)栽培方式

番茄无土栽培可采用基质栽培和水培。番茄的基质栽培，可分为岩棉、蛭石、沙等无机基质培，以及草炭、锯末、芦苇末、椰子壳等有机基质培。采用基质栽培，管理方便，技术难度不大，栽培基质来源广泛，可充分利用不同地区自然资源，成本较低，是番茄无土栽培的主要方式。近年来，利用沼渣作基质进行无土栽培也得到了研究，结果表明，将沼渣与无机基质结合，并且以沼渣作为有机基质对番茄进行栽培是可行的。朱春云等的研究表明，用沼渣和炉渣混合的复合基质的理化性状完全达标，沼渣促进了番茄植株的生长，提高了番茄果实产量和品质。栽培基质以有机基质为主的，优点是基质缓冲性能好，管理简单，容易获得成功，缺点是由于有机基质的缓冲性能，使营养液的精准调控比较困难，营养液管理仍以经营管理为主；基质培中的岩棉培，番茄的水培，包括深液流系统、营养液膜系统、浮板毛管水培系统等方式，在营养液管理上均可实现定量化和精确化，但管理水平要求高，技术难度大，一次性投资大，适用于技术与经济实力强的企业应用，适合进行规模化生产。小规模应用以有机无机复合基质栽培产投比更高。

(四)管理技术

1.育苗　根据番茄无土栽培方式采用合适的育苗方法。基质栽培可采用穴盘或营养钵进行育苗。番茄种子经过消毒、浸种以后，置于25～30℃的温度下催芽，有2/3种子露白时，可进行播种。把露白后的种子，播种于装有草炭和蛭石混合基质的穴盘或营养钵中，每穴或每钵放置1粒种子，用少量基质覆盖种子约0.5 cm厚，待种子出苗后，浇山崎番茄配方或1/2园试配方营养液。若采用水培或岩棉培方式，可直接用岩棉育苗块或聚氨酯泡沫育苗块育苗。将种子播于孔内，出苗前浇清水，一般在播种后第7天浇灌营养液。苗期的营养液，不论何种栽培季节或品种，都可用山崎番茄营养液或园试配方的1/2倍营养液。随着幼苗的生长，逐渐扩大株距，及时补充营养液，只有当发现苗的叶、根出现异常现象时，才需更新营养液。

2.定植　苗龄与定植后的长势有密切关系。一般小苗定植后长势较强，产量较高，但易发生畸形果，品质下降，且因生长过盛而易于发病。凡在夏、秋高温季节育苗，秋季延迟栽培的秋番茄或越冬长季节栽培的番茄，宜以幼龄苗定植为好，可维持其必要的生长势，增加产量；而在适温适期下定植的春番茄，则以大苗定植为宜。一般夏季苗龄30 d左右，冬春季节55 d左右。

岩棉栽培移栽时可将岩棉育苗块直接放在岩棉种植垫上；水培番茄移苗时将幼苗连同育苗基质一起从育苗穴盘或营养钵中取出，放入定植杯中，用少量石砾固定即可定植到种植槽中；基质栽培番茄移栽时直接将小苗从育苗穴盘或营养钵中取出后种植在栽培槽或种植袋中。

水培定植时要注意育苗床的营养液与种植槽中营养液温差不能起过5℃，否则从育苗床定植到种植槽时，如温差大于5℃，易引起伤根。通常越冬长季节栽培，每667 m^2 定植 2 000～2 400株，而秋延后栽培则为2 700～3 000株。

3.营养液管理　番茄营养液配方很多，其基本成分都很相似，但浓度差异较大。山崎配方的组分和浓度与吸收组分和浓度基本相符合，为一种均衡营养液配方，同时由于NO_3^--N与EC浓度相一致，易于调控，故在长势与产量等方面充分显示其优越性。因此，山崎配方广泛应用于番茄无土栽培。

随着新农村建设沼气池的应用，近年来的研究表明，沼液也可作无土栽培的营养液。陆家贤等报道，用沼液作无土栽培的营养液，不但提高了番茄产量和品质，还提高了番茄营养物质的含量。以沼液稀释比例为1∶8时最适合番茄生长。

番茄植株定植后，就可以开始浇灌营养液。每株安装一个滴头，如果基质中已混入肥料，则定植后第1周只浇清水即可，开始时每天每株浇300～400 mL。植株长大以后，结果多、叶面积大时，最多每天每株浇营养液1.5 L，视植株大小和天气情况而定。

有机生态型栽培方式的营养供应通过定期追肥来解决。先在基质中按每立方米基质混入10～15 kg消毒鸡粪、1 kg磷二铵、1.5 kg硫铵、1.5 kg硫酸钾作基肥，定植20 d左右开始第一次追肥，以后每10 d追肥1次。水分供应频率与栽培基质的持水性密切相关，一般在定植后3～5 d进行，每3～5 d 1次，每次10～15 min，在晴天的上午灌溉，阴天不浇水。

番茄生长前期，对N、P、K的吸收旺盛，营养液中N素浓度下降较快，山崎配方中NO_3^--N浓度下降很容易从EC的测定来判断与补充，因为EC与NO_3^--N浓度存在着密切关系。但是生长后半期的番茄，对Ca、Mg的吸收量迅速下降，造成营养液中Ca、Mg元素的积累；而同时对 P、K 的吸收量迅速增加,使营养液中 P、K 元素含量迅速下降。由于 EC 与 K 离子浓度之间的关系不显著,因此,根据 EC 来调整营养液浓度时,很难使营养液恢复到原有的均衡水平。所以,在生长后期,有必要定期分析营养液组成成分,以便及时调整或更新。

延迟栽培的秋番茄,生长初期正处于高温季节,为防止长势过旺,可用 0.7 个单位浓度的山崎配方;以后,随着生长进程逐渐提高营养液浓度,到第三花序开花期,恢复到 1 个单位浓度(EC=1.2 mS/cm);到摘心期,浓度增加到 1.7 mS/cm;摘心期以后浓度增加到 1.9 mS/cm。许多研究和生产实践表明,高浓度营养液与较低浓度营养液处理之间,虽然产量差异不大,但高浓度营养液下,果实的含糖量较高,有的农户到果实收获期,把营养液浓度提高到 3 mS/cm,能有效地改善品质又确保产量。

在番茄无土栽培实践中,为获得更高产量和最佳品质,根据番茄不同生育时期的需肥特点,除对营养液总的浓度进行调整外,还应对各生育阶段 N、P、K、Ca、Mg 的浓度进行适当增减,在浇灌基质时,必须适当降低氨离子和钾的浓度,而适当增加 Ca、Mg 的浓度。另外,在采用岩棉栽培时,很容易发生苗期缺硼现象,因此浇灌岩棉时,一定要适当增加 B 的浓度。在开花前的营养生长期,番茄需要较高含量的 N 和 Ca、Mg,而需要 K 的含量相对较低。到第 3 花序以后,第一穗果已开始膨大,此时番茄需要大量的 K,而 Ca、Mg 含量则相对降低。到第 12 花序以后,作物已基本处于一种营养生长和生殖生长的平衡状态,因此营养液供应又可回到标准配方。

番茄生长适宜的营养液 pH 范围为 5.5～6.5。一般在栽培过程中 pH 呈升高趋势,当 pH$<$7.5 时,番茄仍正常生长,如果 pH$>$8,就会破坏营养成分的平衡,引起 Fe、Mn、B、P 等的沉淀,造成缺素症,必须及时调整。

4.环境管理　番茄对温度有较强的适应能力,能在 10～30℃温度下生长。不同生长发育阶段对温度的要求有一定差异。番茄种子发芽期适温 23～28℃,幼苗期适温白天 20～25℃,夜间 10～15℃。番茄开花期适温白天 20～25℃,夜间 15～20℃,低于 15℃和高于 35℃不利于花的发育和结实。结果盛期要求白天 25～28℃,夜间 15～20℃,较低的温度果实生长缓慢,12℃以下着色不良。在番茄生长不同阶段,根据其对温度的要求,通过通风、遮阳等降温措施和多层覆盖、增加保温覆盖物厚度、加温等增温技术,尽量创造适宜番茄生长发育的温度条件,这是获得高产优质的关键。

番茄对光周期要求不高,以每天光照时数 14～16 h 为好。生长发育要求充足的光照,为喜光植物,饱和点为 1 273 μmol/(m^2·s)(70 klx),光补偿点为 55 μmol/(m^2·s)(3 klx),冬、春季设施番茄栽培,常因光照强度弱,影响品质和产量,可通过选择透光性好的透明覆盖材料;在确保温室温度前提下早揭晚盖保温覆盖物,延长光照时间;经常清洗薄膜表面等措施改善温室冬季光照条件,促进冬季番茄产量形成。

番茄枝叶茂盛,植株需水量大,基质栽培基质含水量为 60%～85%,空气相对湿度 50%～65%时生长较好。设施栽培应注意通风换气,防止因湿度过大,导致病害发生严重。

番茄生长期长,需要吸收大量有机养分和各种无机营养元素,才能获得高产优质的果实。据分析,生产 1 000 kg 果实需吸收氮 2.7～3.2 kg、磷 0.6～1.0 kg、钾 4.9～5.1 kg,此外,缺少微量元素会引起各种生理病害。无土栽培主要通过营养液配方和浓度管理,来满足其需求,管理原则如前所述。

5.植株调整　温室番茄无土栽培大多采用无限生长型品种,开花结果以后,就应当用支架支撑植株，或用绳子吊挂植株，一般用绳子吊挂更加方便。方法是把绳子上端挂在温室上面的铁丝上，下端系在番茄植株基部的茎上，让植株向上生长，定时将绳绕在植株上。整枝方式一般采用单干整枝。

长季节栽培的番茄，用铁丝做成可以绕吊绳的双钩状吊绳架，钩在温室顶端的铁丝上。塑料绳的一端绕在铁丝的吊绳架上，另一端绑在番茄植株的基部。当植株长到一定高度时，可将上部多余的绳逐步下放，基部的秧放在地上。植株始终保持一定高度。当植株继续生长时，可以再往下放秧，植株最长可长到 8～10 m。这种方式可以保证植株透光通风良好，减少病虫害，提高产量，同时也使田间操作管理更方便。

疏果。一般中等大小的果实，第一穗留 4 个果就可以，果型大的品种，第一穗留 3 个果，这主要从调整植株的营养生长和生殖生长之间的关系考虑。因为第一穗留果太多，不但植株本身发育不好，而且会影响上部果实和根系的发育，降低根系的活力并引起落花、落果现象。同样，第二穗和第三穗等也不能让其结果太多。此外，应及时去掉发育不良的畸形果。无土栽培是一种农业高新技术，其资金投入较多、技术含量较高，不仅要高产，产品等级或外观商品性要高，合理疏果不仅能提高番茄的品级，而且一般不会降低产量。

摘叶。对于萎缩变黄的老叶，它们已失去了光合作用的功能，应立即摘除，而对于已开始收获的果穗下方的叶片，也应摘掉，这样有助于阳光的透射，减少病虫害，加速植株之间的空气流通，促进果实成熟。摘掉的老叶、病叶等集中于专门的收集袋里，然后运出温室处理，防止病虫传播。

掐尖。掐尖就是摘掉植株生长点，使其停止继续向上生长。掐尖后仍要留 1～2 片叶子，以利光合作用。一般春茬留果实 8～10 穗后掐尖，秋茬留 6～7 穗后掐尖。掐尖是温室番茄栽培管理的一项重要工作，它不仅有利于果实提早成熟，还有利于按时拉秧，不至于影响后茬的基质准备工作，对番茄的产量和质量都有重要的影响。对于春茬，为了将盛果期安排在 5～6 月份，并在 7 月上中旬拉秧，掐尖的工作可在 5 月中旬完成。如果推迟掐尖时间，虽然产量有所提高，但盛果期的果实质量会降低。因为 5 月份以后坐的果实要在 6 月中旬以后才能成熟，而此时温室高温易产生大量畸形果，果实外观质量下降，从而造成经济损失。同时，在掐尖推迟，延长植株生长期的情况下，就会影响下茬作物定植时间。对于秋茬，掐尖最好在 10 月份进行。

保花保果。番茄是自花授粉作物，果实的发育主要靠生长素，番茄的生长素主要由花粉带入，受精以后主要靠正在发育的种子分泌生长素，种子成熟后就不分泌生长素，果实也就不再膨大。因此，授粉、受精是果实发育的重要条件。夜间最低 16℃是花粉萌发的良好温度，白天 20℃以上的晴天，花粉就可以大量散开。番茄坐果的方式比较多，主要有激素处理、机械授粉和昆虫辅助授粉等方式。

目前生产上保花保果多运用激素处理，常用的激素主要有 2，4-D 和对氯苯氧乙酸（PCPA）等，前者的使用浓度为 10～20 μL/L，以涂果柄为宜；后者为 20～40 μL/L，涂、蘸、喷花均可。使用时注意在温度低时用高浓度，温度高时用低浓度，并避免溅到生长点或嫩茎叶上产生药害。生长素处理时，最好选择晴天，因为阴天的温度低、光照弱，药液在植株体内运转和吸收缓慢，易出现药害。生长素处理后，作物的新陈代谢活跃，营养物质向花果部分运转速度加快，所以，必须加强肥水管理，才能保证作物本身的需要，促进早熟丰产。

机械授粉有人工振荡授粉和利用振荡器来振荡授粉等方式。开花后每天 10:00～11:00

进行振荡授粉，其授粉效果比利用激素处理要好得多，振荡器振荡授粉相比于激素处理，相对省工省力。

现代温室则放置熊蜂授粉，熊蜂授粉是自然授粉，它可为每朵花授粉，而不受植株高度、时间和日期的限制，但前提是番茄必须有花粉。如果温度过高或过低，会使花粉数量降低或没有花粉，此时熊蜂授粉效果会受限制，需要辅助激素处理。每只蜂可授粉面积约 20 m^2，一般 1 个蜂箱为 80 只蜂，能够保证 1 500 m^2 番茄授粉。用熊峰授粉比用人工振荡授粉的番茄产量高，果实大。

6. 病虫防治　番茄的主要病害有病毒病、灰霉病、早疫病、晚疫病、青枯病、叶霉病以及黄化曲叶病毒病等，虫害主要有蚜虫、白粉虱等，以预防为主，进行综合防治。

此外，高温季节易产生缺钙而导致脐腐病多发。主要原因有：高温期 NO_3^--N 加速吸收，抑制了 Ca^{2+} 的吸收；蒸腾作用弱的果实先端，容易产生随蒸腾流运转的 Ca^{2+} 的不足；空气湿度不足引起叶片加速蒸腾都会诱发脐腐病。高温期保持夜间根系氧气供应充足，增加空气湿度，营养液浓度适中（山崎配方 1.5 个单位浓度以下），开花时喷 0.5%～1%氯化钙，均有减轻脐腐病发生的作用。

7. 采收　番茄果实的采收，最少应在绿熟期，此时果实不再膨大。比较合适的时期是转色期，即果实顶部开始变为橙黄色时采收。从坐果到果实成熟依环境条件而异，一般需 5～7 周。夏天温度高，光照好，5 周就够了，冬天则需要 7 周多。及时采收，有利于提高番茄产量。

近年来有些地方应用乙烯利对番茄果实进行催熟，这种情况，只能加速果实内部的代谢作用，降低贮藏寿命，目前生产上已经很少应用。只有在采收的末期，对番茄植株进行全株喷洒 1 000 mg/L 的乙烯利，可以促进已长大而未转色的果实成熟，但不能促进未长大的果实转色。乙烯利处理后，叶片逐渐转黄，植株加速衰老，因此，只能在采收的最后时期处理 1 次。乙烯利处理与温度有密切的关系，在 20～30℃范围内处理效果较好，高于 30℃或低于 20℃时处理对番茄果实番茄红素形成有不良影响。如生产高品质的番茄，不应使用这些措施。

（五）拉秧和设施消毒

番茄果实采收后，要及时拉秧腾出地块，先将植株根系拔出基质或栽培槽，待植株晒干后集中运出销毁，以防止病虫害传播。拉秧后将基质进行翻晒消毒，同时利用夏季高温或采用药剂熏蒸大棚或温室，为下茬做好准备。

二、甜椒

甜椒（*Capsicum annum* L. var. *grossum* Bailey）是茄科辣椒属植物，又名青椒、海椒，是辣椒的一个变种，其特点是植株粗壮高大，叶片肥厚，卵圆形，果实大，无辣味，呈扁圆、椭圆、柿子形或灯笼形，顶端凹陷，肉厚，味甜。甜椒的无土栽培主要在设施内进行，近年来，甜椒设施栽培的面积，尤其是温室栽培面积有逐渐增加的趋势，甜椒因其经济价值高，成为现代化温室栽培的重要果菜。

（一）品种选择

我国甜椒品种较多，多为中小型品种，如中椒系列甜椒、甜杂系列甜椒、农大系列甜椒、上海茄门、海丰 1 号等，一般植株矮小，长势较弱，果实小果肉薄，产量较低。而我国甜椒的无土栽培主要在大型设施内进行，对品种的品质和产量有更高的要求。目前，一般选用抗性强、果实大的彩色椒，品种多从荷兰、以色列、法国等国引进，产量高，品质好，经济效益显著，但种子价格较高，风险较大。如从荷兰引进的 Spirit、Fiesta、Tasty、Mazurka、Nassau、Sirtaki 红苏珊、桔西亚、黄欧宝、塔兰多，从以色列引进的 Red CaBy(9600)、Peper Orange、Yellow Maila、Green Noa B218、Beauty Yellow 220、考曼奇(HA-1134)、红罗丹、麦卡比、阿尔拉斯，从法国引进的安琪，从瑞士引进的红英达等均可作无土栽培品种。

(二)栽培季节

甜椒在 7～9 月份的高温季节生长不良，特别是恰逢结果期，常造成落花落果，产量低，品质差，因此，在种植茬口安排上，应尽量避免结果期在高温季节。无土栽培甜椒一般采取两种茬口安排：一种是第一茬在 7 月底 8 月初播种，8 月底至 9 月初定植，11 月份开始收获至翌年 1～2 月份，主要供应元旦春节市场；第二茬在 11～12 月份播种，翌年 2～3 月份定植，5 月初开始收获至 6～7 月份；另一种茬口安排是一年的长季节栽培，即在 9 月份播种，10 月份定植，12 月份开始采收一直延续收获至翌年 6 月份。后一种种植方式经济效益高，但对温室环境要求严格，要求在冬季时温室有较强的加温和保温能力，维持较高温度，促进成熟转色。

(三)栽培方式

甜椒的无土栽培可采用基质栽培和水培。甜椒的基质栽培可分为岩棉、沙等无机基质培和草炭、锯末、芦苇末、椰子壳等有机基质培。采用基质栽培，管理方便，技术难度不大，栽培基质来源广泛，可充分利用不同地区自然资源，成本较低，是甜椒无土栽培的主要方式。甜椒的水培，可采用营养液膜系统、深液流系统、浮板毛管水培系统等方式。这种方法在管理上可实现定量化和精确化，但管理水平要求高，技术难度大，一次性投资大，不易于推广应用。

(四)管理技术

1. 育苗与定植　甜椒种子发芽较慢，通常采用温汤浸种，催芽后进行播种。用温水将种子浸泡 15 min 后，把种子捞出，放在 55℃左右的温水中，不断搅拌，并用温度计测定水温，当水温低于 55℃时，往里补充热水，使浸泡温度保持在 55～60℃，15 min 后，继续搅拌至 30℃左右，浸种 5～6 h 后捞出，置于 25～30℃的温度下催芽，当 2/3 种子露白时，即可进行播种。采用水培方式种植的，一般以岩棉块或海绵块进行育苗。将发芽的种子播入岩棉块或海绵块中，在合适的条件下，供给适当的水分和养分。如采用基质栽培，可采用 72 孔穴盘或营养钵育苗。可用于无土育苗的基质很多，如珍珠岩、蛭石、草炭等均可采用，以有机和无机基质混合使用为宜，有机基质能起到保水、保肥的作用，而无机基质则可以起到通气的作用。一般采用草炭、珍珠岩混合基质或草炭、蛭石混合基质。每穴每杯播 1 粒种子，用少量育苗基质盖种约 0.5 cm 厚，在幼苗长出第一片真叶后应适当浇淋浓度为 1/2 剂量的甜椒专用营养液，以育壮苗。待幼苗具有 4～6 片真叶时即可定植。

由于甜椒不易发新根，移苗时应注意尽量少伤根，以利缓苗及根系生长。若采用水培或岩棉培方式，亦可在定植杯或岩棉块上直接育苗，小苗移入定植杯后可直接定植在种植槽中，亦可先集中在盛有 2 cm 左右厚的营养液的空闲种植槽中一段时间，至新根伸出杯外后定植到种植槽中。定植的密度为每 667 m^2 1 800～2 000 株。

2. 营养液管理　适于甜椒生长的营养液配方很多，如日本山崎甜椒配方、园试通用配方、美国的霍格兰和阿农通用配方、荷兰温室作物研究所的岩棉滴灌配方以及我国华南农业大学的果菜配方。山崎甜椒配方的组成为(mg/L)：$Ca(NO_3)_2\cdot 4H_2O$ 354、KNO_3 607、

$NH_4H_2PO_4$ 96、$MgSO_4 \cdot 7H_2O$ 185。微量元素一般选用通用配方。

基质栽培甜椒植株定植后，就可以开始用营养液滴灌。每株安装一个滴头，甜椒在生长前期，需肥量少。苗期适当浇一些EC为0.8～1.0 mS/cm的完全营养液，在移栽定植前后营养液浓度以EC 2.0 mS/cm左右为宜。营养生长期的适宜EC为2.2 mS/cm，坐果后直至采收结束营养液的EC适宜范围为2.4～2.8 mS/cm。甜椒因其自身调节生长平衡能力强，在整个生育期中不需调整营养液的配方，只需进行浓度调整。定植前期视植株大小和天气情况每天浇营养液300～400 mL，在中后期特别是开花坐果期，结果多、叶面积大时，最多每株每天浇营养液1.5 L。

有机生态型栽培方式的营养供应通过定期追肥来解决。先在基质中按每立方米基质混入有机生态型无土栽培专用肥10～15 kg作基肥，定植40 d左右开始第一次追肥，以后每10～20 d追肥1次，整个生长期追肥5～10次。水分供应一般在定植后3～5 d进行，每3～5 d一次，每次10～15 min，在晴天的上午灌溉，阴天不浇水。

近年来，随着新农村建设沼气池的应用，利用沼液、沼渣分别作为营养液和营养基质，对辣椒进行基质栽培也得到了研究，结果表明，将沼液与有机基质相结合，并且以沼液替代营养液，或者将沼渣与无机基质相结合，并且以沼渣作为有机基质对甜椒进行栽培是可行的。沼液、沼渣栽培能明显提高果实中维生素C、可溶性固形物、可溶性糖含量，降低硝酸盐含量，并且能提高甜椒产量。

营养液循环利用时（水培或岩棉培，营养液循环使用），营养液浓度应每2 d测定一次，若营养液浓度发生变化不符合生长要求应及时进行补充，同时应注意补充所消耗的水分。对营养液酸碱度的管理，通常控制pH在6.0～7.5范围内即可。水培甜椒应每周定期检测，如果是新建的水泥种植槽，应更频繁检测。若pH超出范围，应用稀酸或稀碱溶液进行中和调整。营养液循环应以补充溶解氧以满足根系对氧的需求为原则。甜椒对氧较敏感，需求较大，缺氧时易烂根而造成减产损失，甚至导致栽培失收。因此，必须注意加强营养液的循环以补充溶氧量。DFT栽培，在生长前期，水位应较高，以利于根系伸入营养液中，循环时间相对短些，在白天每小时进行15 min左右循环即可，晚上可减少循环时间至每小时循环10 min。在生长中后期，特别是开花结果期，应逐渐降低水位，让部分根系裸露在空气中，以利于吸收氧。同时延长循环时间，如每小时循环20～30 min，以满足根系对氧的需求。

3.环境管理　甜椒种子发芽的适宜温度为15～30℃，最适温度为25℃，生育适温白天27～28℃，夜间18～20℃，地温17～26℃。对光照长短和光照强度的要求不严格，只要温度适宜，一年四季均可栽培。在早春栽培，应于定植后的缓苗阶段保持较高的温度以促进缓苗，温度以控制在30℃左右为宜，以后温度可控制在白天25～30℃、夜间15～20℃；秋季栽培，前期应加强通风等措施以降低棚室内的温度，而生长后期应注意保温防寒，以避免高温或低温所造成的落花落果。

甜椒光饱和点为550～730 $\mu mol/(m^2 \cdot s)$（30～40 klx），光补偿点约为30 $\mu mol/(m^2 \cdot s)$，与番茄、茄子等相比，甜椒比较耐阴，适合进行设施早熟栽培。甜椒既不耐旱，又不耐涝，对水分的要求较严格，开花坐果期如水分不足，极易引起落花落果，如水分过多，会使植株萎蔫，严重时成片死亡。适宜基质相对湿度60%～70%，适宜空气相对湿度70%～80%。甜椒对氮、磷、钾三要素肥料均有较高的要求，生产1 000 kg辣椒，需吸收氮5.19 kg、磷（P_2O_5）1.07 kg、K（K_2O）6.46 kg。氮素不足或过多都会影响营养体的生长和营养分配，导致落花。充足的磷、钾肥有利于提早花芽分化，促进开花及果实膨大。因此，幼苗期需适当的磷、钾肥促进花芽分化，花芽分化期适当多用磷钾肥，可促进开花。

为提高甜椒品质，可利用熊蜂进行辅助授粉以利于果实快速膨大，获得优质高产。在没有熊蜂时，可采用敲击生长架的方式辅助授粉。

4. 植株调整　大型温室内无土栽培的甜椒均需进行植株调整，生产上普遍应用的是"V"形整枝方式，即双秆整枝。当甜椒长到8～10片真叶时，自动产生3～5个分枝，当分枝长出2～3片叶时开始整枝，除去主茎上的所有侧芽和花芽，选择两个健壮对称的分枝呈"V"形作为以后的两个主枝，其余分枝打掉。将门花及第四节位以下的所有侧芽及花芽疏掉，从侧枝主干的四节位开始，除去侧枝主干上的花芽，但侧芽保留一叶一花，以后每周整枝一次，整枝方法不变。每株上坐住5～6个果实后，其上的花开始自然脱落。等第一批果实开始采收后，其后的花又开始坐果。这时除继续留主枝上的果实外，侧枝上也留一果及1～2片叶打顶（图9-1）。甜椒整枝不宜太勤，一般2～3周或更长时间整枝一次。

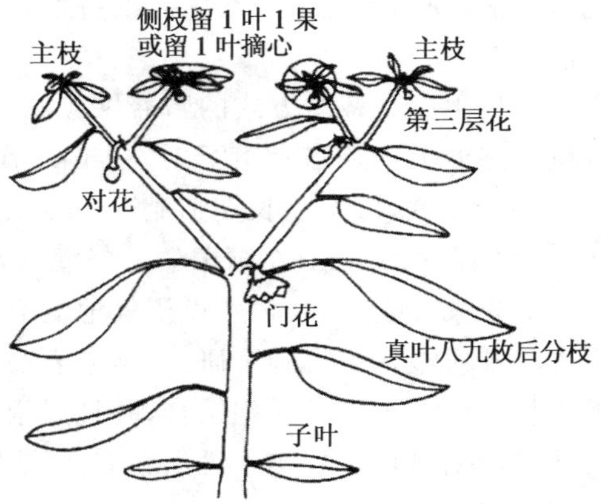

图9-1　甜椒坐果整枝示意图（郭世荣，2011）

5. 病虫害防治　甜椒的病虫害主要有病毒病、炭疽病、青枯病、疫病、枯萎病、螨类、棉铃虫等。应严格按照预防为主、综合防治的原则，做好各个环节的管理工作，若出现病虫害，应及时对症下药予以控制。病毒病发病初期喷洒20%病毒灵等药剂，同时配制2 000倍的硫酸锌溶液进行叶面喷雾2次，间隔7 d左右。白粉虱目前是最难防治的虫害之一，现在一般多使用黄板诱杀及药剂防治，可在白粉虱严重的情况下用3 000倍艾美乐进行灌根。

6. 采收　甜椒是一种营养生长和生殖生长重叠明显的作物，在开花之后即进入长达数月的收获期，应适时采收以利于提高产量和品质。如采收青果的品种，开花后25～30 d果实充分膨大，表面绿色变深而有光泽，即可开始采收。对于彩色甜椒品种，当果实已充分膨大，颜色变为其品种特有的颜色时，如黄色、紫色、红色等，果实光洁发亮即可采收。

第三节　草莓无土栽培技术

草莓（*Fragaria ananassa* Duch.），为蔷薇科多年生草本植物。须根，根系分布浅。草莓茎有三种，即新茎、根状茎和匍匐茎。新茎为当年生茎，根状茎为多年生茎，上一年的新茎即为今年的根状茎，匍匐茎为草莓的繁殖器官。叶为羽状复叶，互生。花白色，自花授粉，一个花序上通常生长20朵花左右，陆续开放。果实为浆果，由花托膨大而成，柔软多汁，果面红色，果肉有白、红、粉红色，中间有髓。草莓具有休眠特性，利用草莓品种的休眠特性，进行促成或半促成栽培，是草莓设施栽培的生物学基础。近年来我国设施草莓栽培发展较快，其中以基质栽培为主要形式的无土栽培也取得成功并有了一定面积的推广。

一、品种选择

草莓设施栽培主要为了满足春节期间的市场供应，故一般在9月初即定植于温室或大棚中，因此应选用休眠浅、花芽分化容易、品质好、产量高、抗性强的品种，多数设施栽培品种可以用于无土栽培。品种如红颜、章姬、甜查理、鬼怒甘、枥乙女、丰香、卡姆罗莎、天香等，这些品种品质较好，可作为都市观光采摘的优选品种。下面对目前全国栽培面积较大的几个品种做简单介绍。

1. *丰香*　日本引进品种。生长势强，株型较开张，叶片大而圆，叶色浓绿，但叶片数较少，发叶速度慢。休眠程度浅，5℃下50～70 h即可打破休眠。发根速度较慢，根群中的初生根较多，应注意促根和护根。第一花序有花16朵左右，第二花序11朵左右。平均单果重16 g左右，最大果重30 g左右，大果率高。果实圆锥形，果面鲜红色，有光泽，果肉淡红色。果实酸甜适度，香气浓郁，汁多肉细，可溶性固形物为8%～12%，品质优，是南方地区设施栽培的优良品种。

2. *红颜*　日本引进品种，生长势强，植株较高(25 cm)，叶片大而厚，叶柄浅绿色，匍匐茎粗，抽生能力中等。每个花序4～5朵花，花瓣易落，不污染果实。单果重最大可达100 g以上，一般30～60 g。果实圆锥形，种子黄而微绿色，果肉橙红色，质密多汁，香味浓郁，糖度高，风味极佳，果面富有光泽，韧性强，果实硬度大，耐贮运。休眠浅，打破休眠所需的5℃以下低温积累为120 h，促成栽培中不用赤霉素处理。该品种生长健壮，多级花序，结果期长，产量高，一般每667 m^2产1 500～2 000 kg，其缺点是不抗白粉病，近几年在南北方设施栽培面积较大。

3. *章姬*　日本引进品种。生长旺盛，株型直立，叶片长圆形，浓绿色。休眠程度浅，花芽分化对低温要求不严格。花数较多，第一花序约20朵，第二花序15朵左右，花轴长且粗。果实长圆锥形，平均单果重20 g左右，果型整齐，畸形果少。果面绯红色，有光泽，果肉柔软多汁，风味甜多酸少，可溶性固形物为9%～14%，品质极佳。对白粉病、黄萎病、灰霉病抗性较强，是设施栽培的优良品种。

4. *卡姆罗莎*　美国引进品种。株型直立，半开张，生长势和匍匐茎发生能力强。叶大，近圆形，绿色有光泽。果实长圆锥形或楔形，果形整齐，果面平整光滑，有明显的蜡质光泽，外观艳丽。一级序果平均单果重50 g，最大达100 g。果肉红色，细密坚实，硬度大，极耐贮运，香味淡。丰产性强，连续结果可达6个月以上，设施条件下，每667 m^2产量为3 500～4 000 kg，最高可达5 000 kg以上。生产上要注意疏花疏果，控制产量。成熟前2周追施2次腐熟好的芝麻渣或豆饼营养液，同时应加大昼夜温差，采前控水，增加糖分积累，以及完全成熟时采摘等提高风味品质的措施。

5. *甜查理*　美国引进品种。植株长势强，叶片大，近圆形，绿色至深绿色。匍匐茎较多。果实较大，平均单果重20 g。果实形状规整，圆锥形。果面橙红色，颜色均匀，富有光泽。果面平整。种子较稀，黄绿色，平于果面或微凹入果面。果肉橙红色，甜酸适口，甜度较大，品质优。果较硬，较耐运输。丰产性中等。从第1茬果采完到第2茬果成熟间隔期长。

6. *鬼怒甘*　日本引进品种，生长势强健，株型直立，植株高大。叶片浓绿，叶片肥大。花序梗粗壮。果实圆锥形，果大，最大单果重达60～68 g。果面浓红，有光泽，果肉鲜红，果心淡红色，髓心小。果肉硬度大，耐贮运。酸甜适口，味道浓厚，香气中等。休眠浅，花芽分花与始花期均早，耐热耐寒性均较强，适宜设施条件的促成栽培。

7. 天香　中国品种。植株生长势中等，株型开张，株高 10 cm 左右，开展度 17 cm 左右。叶圆形，绿色，叶片厚度中等，单株着生叶片 13 片；花梗中粗，低于叶面，单花序花数 9 朵，单株花总数 27 朵以上，两性花。果实圆锥形，橙红色，有光泽，种子黄绿红色，果肉橙红色，果平均单果质量 29.8 g，最大果可达 58 g。外观评价上等，风味酸甜适中，有玫瑰香味。可溶性固形物含量为 8.9%，该品种不抗白粉病。

二、栽培季节

草莓露地栽培是秋季定植，露地越冬，春季萌发后从 4 月份到 6 月份持续收获。草莓无土栽培属于设施高效栽培，且以反季节栽培为主。因此，除在夏季 6～8 月份高温季节不能进行外，其他季节可采用促成栽培、半促成栽培、冷藏抑制栽培。生产上常见的为越冬栽培，即 8 月下旬至 9 月上中旬定植，11 月底至 12 月初始收，持续收获至翌年 5 月份，一般称冬草莓栽培。利用冷藏抑制方法在夏秋季节栽培，10～11 月份采收供应市场。

三、栽培方式

草莓无土栽培的主要形式为基质培和水培。

草莓基质培所用基质可以是单一基质，如岩棉，也可以采用不同基质按一定比例混合而成的复合基质。设施栽培时，可设置适宜高度的栽培床(槽)，以方便作业，降低劳动强度。槽式基质栽培草莓时，可按 20 cm×20 cm 的株行距直接把草莓幼苗定植到基质中。营养液要以滴灌的形式加入。

草莓基质培还可采用装有复合基质如珍珠岩和草炭土的立柱、悬吊式塑料栽培容器进行立体栽培，在其圆周面按一定株距插栽草莓种苗，微喷滴灌营养液。

草莓水培，可采用 NFT 水培、DFT 水培和喷雾培等。DFT 水培定植草莓苗时，先在定植杯底放入约占定植杯高度 1/4 的小石砾，然后再放入草莓苗，并用少量石砾固定，不要直接将根系放到定植杯底部，以防营养液浸泡幼苗根系时间太长而烂根。已移好幼苗的定植杯放在种植槽中，株行距以 20 cm×20 cm 左右为宜。NFT 水培定植草莓时，最好是将草莓苗定植在 8 cm×8 cm×5 cm 的岩棉育苗块中，然后再放入种植槽中让其生长。

四、管理技术

(一)育苗

草莓为无性繁殖，主要利用匍匐茎发生的子株育苗和组培脱毒苗。育苗在 3～4 月份进行，选用品种纯正、未经结果、健康无病虫害的植株或组培苗为种株，在专门育苗圃中育苗。

春季日平均气温达到 10℃以上时定植母株。定植前苗床按照每 667 m^2 施腐熟有机肥 5 000 kg，耕匀耙细后做成宽 1.2～1.5 m 的平畦或高畦。将母株单行定植在畦中间，株距 30～50 cm。植株栽植的合理深度是苗心茎部与地面平齐，做到深不埋心，浅不露根。定植后要保证充足的水分供应。为促使早抽生、多抽生匍匐茎，在母株成活后可喷施一次 50 mg/L 赤霉素(GA)。匍匐茎发生后，将匍匐茎在母株四周均匀摆布，并在生苗的节位上培土压蔓，促进子苗生根。整个生长期要及时人工除草，见到花序立即去除。

无土栽培草莓，多行大棚或温室内促成栽培，提早到 11～12 月份即能采收草莓，一直持续到翌年5月份。为此，必须选用休眠浅或近乎不休眠的品种，并进行人工花芽诱导处理。传统的方法有将小苗在8月份高温季节移到高海拔山上进行育苗，促进花芽的形成。无土育苗条件下，多采用中断供N处理和低夜温处理来诱导花芽的形成。

(1)假植育苗。选择健壮子株在7月份进行假植，然后在9月份定植。通过假植使子株断根，抑制营养生长，促进花芽分化。

(2)营养钵育苗。即将子株移入营养钵集中育苗，通过改善营养供应和断根作用，促进花芽分化。与普通育苗相比花芽分化可提早7～10 d，收获期提早2周左右。为培育壮苗，可控制氮素的施用。采用岩棉块或基质无土育苗，在8月份以清水代替营养液灌溉，持续2周左右，为避免其他元素缺乏，可加入除氮素之外的矿质营养。若配合根际低温(15～20℃)和遮光处理，则效果更好。

(3)高山育苗。利用高山低温环境，在8月份将子株移入高山地区假植，假植时不施氮肥，可明显促进花芽分化。且以海拔500～1 000 m的高山地区育苗效果较好。

除上述育苗方法外，为促进花芽分化，还可采用遮光育苗、低夜温育苗、冷藏电照育苗等方法。

我国草莓设施栽培选用的壮苗的参考指标为植株健壮，具有4片以上展开叶，根茎粗度1.2 cm以上，根系发达，苗重20 g以上，顶花芽分化完成，无病虫害。

(二)定植

定植时期的确定既要考虑种苗的生长发育状态，也要考虑到当时的气候条件，还应注意栽培目的。以促成和半促成栽培为目的，宜在50%以上植株完成花芽分化时进行，一般在9月中旬左右，最迟不晚于10月上旬。

水培方式栽培，先将草莓植株置于定植杯中，然后固定于定植板上，再将定植板置于栽培槽上。NFT栽培，可先将草莓植株定植于8 cm×8 cm×5 cm的岩棉块中，然后放在栽培槽中使其生长。在定植板或栽培槽中草莓株行距为20 cm×20 cm，每667 m^2 定植8 000株左右。

基质栽培，可采用槽式栽培、柱式栽培、盆钵栽培及袋培等多种形式，定植前，宜进行基质消毒。定植时只要将植株栽入基质中即可。定植时，尽可能使植株根茎基部弯曲处的凸面向栽培槽外侧，利于通风透光，也便于采收。基质培一般采用双行定植，行距为25～30 cm，株距15～20 cm，可进行三角形定植，也可采用矩形定植，每667 m^2 定植10 000株左右。

(三)营养液管理

1.营养液配方的选择　草莓无土栽培可使用日本园试通用配方、山崎草莓配方及华南农业大学果菜配方。三种配方中除园试配方在种植过程中pH有所升高(不超过8.0)外，其余两种pH均较稳定。

2.营养液浓度的控制　采用在开花前控制较低的浓度，可控制畸形果的发生，开花后增加营养液的浓度，以防止植株早衰。

草莓无土栽培容易出现缺钙和缺硼现象，表现为畸形花和叶枯症状。特别是花芽分化期缺硼极易导致畸形花。除及时调节营养液中钙、镁浓度外，也可进行叶面喷硼肥。

3.营养液pH的控制　草莓最适pH为5.5～6.5，但在pH 5.0～7.5范围内均可正常生长，如果pH不是过分偏离最适范围，就不必对其调节。

4.供液方式　基质培，可根据植株生长状态和天气情况进行供液，基质含水量控制在最大持水量的70%～80%，也可按单株日最大耗水量0.3～0.8 L进行供液。营养液以滴灌方式供应，也可采用简易滴灌带供液。无论何种供液方式，均可用定时器控制供液时间。

如果采用深液流技术来种植，可利用定时器来控制营养液间歇供应的时间。在开花前，每小时开启水泵循环10 min，而在开花后，应将水泵循环供液的时间增加至15～20 min/h。如果采用营养液膜技术来种植草莓，在定植至根垫形成之前，可采用每一种植槽0.2～0.5 L/min的流量连续供液，等到根垫形成后采用1～1.5 L/min的流量连续以15～20 min/h的间歇供液方式供液。如果以岩棉等基质来种植，应根据天气和植物长势把基质中的相对含水量控制在70%～80%；也可以根据单株草莓日最大耗水量0.3～0.8 L来确定供液量，可用定时器控制水泵定时供液。

5. *液温管理* 草莓对温度的适应性较强，耐低温，不耐高温，生长适温为20～26℃，根际生长最适温度为8～21℃。根系在－8℃、顶芽在－15℃时会发生冻害，30℃以上的高温会使草莓生长停滞，同时会使得叶片边缘出现焦枯。

(四)环境管理

草莓对温度适应性较强，根系生长适温为15～23℃，茎叶生长适温为20～25℃，花芽分化为5～17℃，开花授粉为15～20℃，果实膨大18～25℃。草莓喜光又比较耐阴，适宜光强为550～900 μmol/(m^2·s)(30～50 klx)，光照过强易造成伤害。8～12 h的短日照有利于花芽形成，而较长光照有利于匍匐茎形成。草莓叶片大，蒸腾量高，对水分要求较高，空气相对湿度以80%为好，特别是在花期，不能高于90%。适宜pH为5.5～6.5，生长发育要求有充足的氮、磷、钾供应。花芽分化期氮肥过多会抑制花芽分化，增施磷钾肥，可促进花芽分化，增加产量，提高品质。草莓也要求适量的钙、镁和硼肥。

草莓定植初期要保证适当养分和水分，以利于缓苗和植株生长，白天25～30℃，夜间10～12℃，营养液温度在20℃左右。1周以后，植株度过缓苗期应逐步降低温度以促进花芽分化。白天温度保持在18～25℃，夜间5～10℃，通过增加通风来调节温度。当外界温度降至0℃以下时应进行保温，防止植株因低温进入休眠，也避免受到低温伤害。在果实膨大期可适当降温至20℃左右，以促进果实膨大。定植后温度管理非常关键，原则是既有利于植株继续进行花芽分化，又不至于导致植株进入休眠。

草莓现蕾前白天26～28℃，夜间15～18℃；现蕾期白天25～28℃，夜间8～12℃；草莓整个生长期都要尽可能降低设施内湿度，白天相对湿度保持在60%左右。湿度过高，不仅影响开花授粉，还容易引起病害发生，特别是灰霉病发生极易导致果实腐烂。

冬春季节光照时间短，光照强度较低，不利于植株光合作用，应尽可能提高光照强度，延长光照时间。主要通过选择优质薄膜、适时揭盖保温覆盖物等来实现，如有条件，冬季也可以进行人工补光。

冬春季节棚室栽培易造成CO_2浓度过低，尤其是营养液栽培，缺少CO_2来源。可进行人工增施CO_2，浓度一般为500 μL/L左右。

(五)植株管理与人工授粉

1. *整蔓更新* 植株结果以后，需重新栽植由匍匐茎形成的新株，生活力强，产量高。或者待采收结束以后，分次将栽培床上的植株长出的匍匐茎全部摘除，原结果株仍保持较高的生活力和生产能力。

2.摘老叶和疏花　在草莓定植后至5～6片叶时要及时摘除枯叶和老叶，摘除枯叶和老叶最好在开花前完成，以利于以后的生长。植株现蕾以后，每株保留2～3个花枝，每花枝留果3～5个。每株留果8～15个。以保证果大整齐，防止小果、畸形果的发生。

3.人工授粉　在保护地内进行草莓无土栽培，因花期多无昆虫活动而影响授粉和果实发育，因此，可根据具体情况，在花期放养蜜蜂，或用人工抖动花枝等，以提高授粉和坐果率，减少无效花和畸形果的发生。蜜蜂在花期放养，按500 m^2左右的面积放养一箱蜜蜂，放蜂量为3 000只左右。

五、病虫害防治

草莓栽培中主要病虫害有灰霉病、白粉病、褐斑病、蚜虫、红蜘蛛等。

坚持“预防为主，防治结合”的原则。通过选用抗病品种、高温消毒、合理环境及肥水管理等综合防治病虫害。

如利用黄板诱杀蚜虫，用银灰色农膜驱避蚜虫等方法，达到杀灭害虫，保护有益昆虫的作用。应用防虫网，阻隔害虫进入设施内为害。

最常见的病害为草莓白粉病，主要为害叶和果实，最好是定植健康的壮苗和保持棚内适当的湿度与良好的通风条件。

药剂防治：灰霉病用50%速克灵800倍，40%克霉灵500倍，70%甲基托布津1 000倍，50%多霉清800～1 000倍液防治。白粉病用25%粉锈宁1 000倍，50%多菌灵500～800倍液喷治。褐斑病用77%可杀得500～700倍，50%消菌灵1 500～2 000倍液防治。蚜虫用50%辟蚜雾2 000倍液喷杀。红蜘蛛用0.9%虫螨克1 000～2 000倍，73%克螨特1 500倍，35%杀螨特1 000倍液防治。

六、采收

无土栽培草莓从定植当年12月份到翌年5月份均可采收鲜果上市，草莓花后约20 d果实开始着色，根据贮运时间，可分别在果面着色70%、80%或90%时进行采收。

草莓采收应尽可能在上午或傍晚温度较低时进行，最好在早晨气温刚升高时结合揭开内层覆盖进行采收，此时气温较低，果实不易碰破，果梗也脆而易断。采摘时折断果柄，勿伤萼片和果面。

盛装果实的容器要浅，底要平，采收时为防挤压，不宜将果实装得过满。可选用高度10 cm左右、宽度和长度在30～50 cm的长方形塑料食品周转箱，装果后各箱可叠放，使用十分方便。采收后应按不同品种、大小、颜色对果实进行分级包装。包装以小包装为基础，大小包装配套。可用聚苯乙烯塑料小盒或硬质纸盒包装，每盒装果200～300 g，可避免装运过程中的挤压碰撞，且美观和便于携带。

草莓采收后，有条件的，宜进行快速预冷，然后在温度0～1℃、相对湿度90%～95%条件下贮藏。也可进行气调贮藏，气体条件为1% O_2和10%～20% CO_2，降温最好采用机械制冷。运输时注意选择路面状况良好的道路，运输车辆的速度不能过快。可将小包装置于适当容积的纸箱内，集中运输。运输的时间最好在清晨或傍晚气温较低时。

第四节　生菜无土栽培技术

生菜(*Lactuca sativa* L.)学名叶用莴苣,菊科莴苣属莴苣种叶用莴苣变种,为1年生或2年生草本作物。生菜是无土栽培四大类蔬菜之一。原产欧洲地中海沿岸,由野生种驯化而来,古希腊人、罗马人最早食用,生菜传入我国的历史悠久,过去主要在南方地区普遍栽培和食用,现在全国各地均有栽培。

一、对环境条件的要求

生菜喜冷凉气候,较耐寒,但不耐高温。种子在4℃以上即可发芽,但需要较长时间,发芽最适温度为15～20℃,经过4～6 d可出芽,高于30℃,发芽不良。所以在高温季节播种生菜时,种子须进行低温处理。幼苗期耐寒性较强,12～13℃时植株即可健壮生长。叶片的生长适温为15～20℃,最适宜昼夜温差大、夜温较低的环境。结球适温为白天20～22℃,夜间12～15℃,温度超过25℃,叶球内部因高温会引起心叶坏死腐烂,烈日下会发生叶尖枯黄,产生苦味。

生菜种子是需光种子,适当的散射光能促进萌芽,播种后,在适宜的温度、水分和氧气条件下,不覆或浅覆土时均较覆土的种子提前发芽。生菜生长需要有较强的光照,光照充足有利于植株的生长,叶片厚,叶球紧实。光照弱则叶片薄,叶球松散,产量低。生菜是长日照植物,长日条件下,特别是伴有高温环境可促进生菜抽薹开花,影响产量和品质。

生菜为浅根性作物,因此既不耐旱亦不耐涝,水分过多且温度过高时容易引起徒长。幼苗期应保持土壤湿润,切勿忽干忽湿,以防幼苗老化或徒长;发棵期应适当控水,进行蹲苗,促进根系往纵深生长,莲座叶得以充分发育。结球期水分供给应充足,如果缺水,则叶球细小、味苦,但在结球的后期,则应适当控制水分,防止发生裂球。

生菜根系对氧气要求较高,喜欢微酸性根际环境,pH 6～6.3较好。生菜生长对营养要求较高,由于食用的部位主要是叶部器官,因此需要较多的氮肥,生育期间如果缺少氮素则会抑制叶片的分化,导致叶片数量减少,影响产量。此外,磷、钾肥亦必不可少。幼苗期缺磷会导致叶色暗绿,叶片少,生长势衰弱。钾可以促进光合产物向叶球运转和积累,有利于叶球膨大和充实,因此在结球时应注意及时补钾。同时,还应注意适量补充钙、硼、镁营养元素等。缺钙容易引起生理病害干烧心,导致叶球腐烂。

二、品种选择

生菜有3个变种:直立生菜,又称散叶生菜、长叶生菜,叶全缘或锯齿状,外叶直立、不结球或只有松散的叶球;皱叶生菜,叶片皱缩,不结球或具有松散的叶球;结球生菜,外叶平展,叶面平或皱缩,心叶成叶球,叶球有多种性状,如球形、扁圆形或圆锥形等。散叶生菜的单株重250～500 g,结球生菜较散叶生菜生长期长,单株重量大,一般在400～750 g,生长期长的晚熟品种可达1 000 g以上。

无土栽培常用的生菜品种主要有:

1.皇帝　叶阔扇形,绿色,叶面微皱,叶缘波状。叶球近圆形、中等大、浅绿色,外叶绿色、质脆嫩、品质优良。单球重400 g左右。属早熟品种,定植至收获46 d左右。抗病,耐热,适应性广，夏季高温情况下仍可正常生长。

2. 大湖 366　20 世纪 70 年代末 80 年代初自美国、日本等国同时引进。现已推广至全国许多大中城市周边地区。叶绿色，微皱，叶缘波状，尖端圆。叶球高 14～15 cm，横径 14 cm 左右，叶球黄绿色、圆形，包球紧，质脆嫩，品质好。单株重约 500 g。属中晚熟品种，定植至收获约 50 d。生长势强，结球性能好，抗病性较强，产量高。设施条件下进行无土栽培可四季栽培，周年供应。

3. 马来克　早熟生菜品种，叶片绿色、微皱，叶缘波状深缺刻。球高约 15 cm，横径约 17 cm，扁圆形，包球紧，心叶浅绿色，平均单株重 600 g 左右，品质优。脆嫩爽口，略甜。抗寒、抗逆性强，抗病性好。适合秋冬设施无土栽培，但应避开夏季高温。从定植到收获 40～45 d。

4. 意大利生菜　20 世纪 90 年代引自意大利，属全年耐热、耐抽薹型生菜。叶簇生，叶片近圆形，叶色黄绿，有光泽，株型紧凑，抗热性、抗病性均较强，耐抽薹性极强。生长速度快，生育期 60～80 d，可全年播种，当单株重达 100～150 g 时即可采收上市。

5. 凯撒　引自日本，极早熟，定植后约 40 d 可开始采收，生育期 80 d。其株型紧凑，生长整齐，叶球高圆形，单球重 400～500 g，抗病性强，耐热，抽薹晚，适合春秋露地及设施栽培，667 m^2 产量 1 500～2 000 kg。

6. 皇后　引自美国。晚熟，生育期 85 d。生长整齐，外叶中等深绿色，叶缘有缺刻，叶球浅绿色，紧实，单球重 500～600 g，质脆味甘。抽薹晚，较耐生菜花叶病毒病和抗顶部灼伤。适合春秋露地及设施栽培，667 m^2 产量 2 000～3 000 kg。

7. 奥林匹亚　从日本引进的极早熟脆叶结球型品种。耐热性强，抽薹极晚。植株外叶叶片深绿色，较小且少，叶缘缺刻多。叶球浅绿色略带黄色，较紧实。单球重 400～500 g，质地脆嫩，口感好。生育期 65～70 d，适于晚春、初夏、夏季及早熟栽培。667 m^2 产量 3 000～4 000 kg。

8. 萨利娜斯　由美国引进的中早熟品种。较耐热，抽薹晚，抗霜霉病和顶端灼焦病。植株生长旺盛且整齐。外叶较少，内合，深绿色，叶缘有小缺刻。叶球圆形，浅绿色，紧实。平均单球重 500 g 左右。外观好，品质优良，成熟期一致。较耐运输，适于夏季栽培。从定植到收获约需 50 d。

9. 前卫 75 号　由美国引进的中早熟品种。适应性较强，夏季可以栽培，但产量较低，且要及时采收。在高温和高湿条件下较易发生顶端灼焦病和腐烂病。在凉爽天气下栽培，植株较大，生长旺盛，外叶较少，深绿色。叶球圆形，浅绿色，叶球的外面叶片宽大，叶鞘肥厚，属叶重型品种。品质脆嫩，味甜，外观好。平均球重 600 g。适于冬季及早春保护地栽培。耐寒，抗花叶病。结球紧实，变形球少。从定植到收获需 45～50 d。

10. 大湖 659　由美国引进。叶绿色，外叶较多，有皱褶，叶缘缺刻状，叶球大而紧实。单球重 500～600 g。中熟，生育期 90 d，耐寒性较强，不耐热，适于春秋露地及保护地栽培，产量高。

三、栽培季节与栽培方式

1. 栽培季节　生菜喜冷凉气候，因此除夏季炎热季节之外，其他时间均可进行生菜栽培。20 世纪 80 年代生产上主要栽培季节为春、秋两季。春季 2～4 月份播种育苗，5～6 月份收获；秋季 7～8 月份播种育苗，10～11 月份收获。近几年随着耐热耐抽薹品种的引进以及种质资源的创新，遮阳网和喷淋等夏季降温设施以及栽培技术的应用，也可以在 7～8 月份高温季节进行生菜栽培，从而实现了生菜的周年供应。

2. 栽培方式　生菜生长期短，生长速度快，苗期一般在 15～20 d，定植后，散叶生菜 15～40 d 即可收获，结球生菜 50～70 d 也可收获，因此可以采用不同类型的无土栽培方式。由于生菜株型小，最适宜进行水培形式栽培，也可以采用基质培方式进行种植。

水培一般有两种方式，一是营养液膜技术，二是深液流技术，多用营养液膜技术。营养液膜栽培的特点是使植物裸露的根系在浅层流动和间歇流动着的营养液中生长发育，能较好地协调水、肥、气三者之间的矛盾，及时地供应蔬菜各生育期所需要的营养物质。同时，省电、省液，生产成本也相应降低。

基质栽培，以基质槽培较为普遍，可采用无机基质，也可使用有机基质或者混合基质。有机栽培基质来源较为广泛，各地可根据自有资源，除传统的天然草炭外，常用的基质材料主要有作物秸秆、造纸芦苇末废渣、锯木屑、菇渣、甘蔗渣、碳化稻壳等，但一般这些原料均需要发酵粉碎等加工过程才可以使用。在实际操作当中，由于单一基质理化性状不能完全符合栽培要求，最好将不同基质按照一定比例混配，形成一种混配基质。常用的方法是以一种有机基质为主，配合使用 1～2 种其他基质，一般加一定比例的无机基质，如蛭石、煤渣等。

四、管理技术

1. 育苗　采用水培技术栽培生菜应使用岩棉块或海绵块育苗，基质栽培可采用基质进行穴盘育苗。生菜种子发芽要求较低的温度，秋季 8～9 月份播种时，由于温度较高，种子不易发芽，需要对种子进行低温处理。可先将种子在清水中浸泡 3～5 h，捞起后用清水冲洗，然后用纱布包好，略挤干水分，放入冰箱冷藏室，也可吊于水井内水面上 20～30 cm 处，每天用清水冲洗一次，2～3 d 后种子开始露白。播种前可将露白种子于阴凉通风处摊开炼芽 4 h 左右，然后播种。种子播于 2.5 cm 见方的育苗岩棉块或海绵块上，每块播 1 粒种子，刚开始浇灌清水，待子叶展平后开始浇灌 1/2 剂量的园试通用配方营养液。待长出 3～4 片真叶时即可定植。

穴盘育苗时，一般采用 128 孔穴盘或者 288 孔穴盘。由于生菜种子发芽具有需光特性，因此种子播后基质不宜覆盖过厚，基质育苗的播种深度不宜超过 0.5 cm，播种后上面覆盖一层蛭石，浇水后种子以不露白为标准。苗期温度控制为白天 18～20℃，夜间 8～10℃。苗龄一般为 25～30 d。

2. 定植　定植前应准备好定植床，设置好供液系统和水泵，检查好定植床的密闭性，以及供液系统工作的良好性，并对整个系统进行消毒处理。定植板一般由 3 cm 厚的泡沫塑料板制成，定植孔的直径为 3 cm 左右。配好营养液，调制水泵后，并检查整个系统是否漏水。对于基质栽培而言，将消毒好的基质放入栽培槽中，定植生菜后，铺设滴灌设施。生菜的栽培密度一般株行距为 20 cm×20 cm，每平方米 25 株为宜。

3. 环境调控　生菜定植后管理非常简单，主要的环境调控是温度调控，通过通风、遮阳、微喷等管理技术，使环境温度控制在白天 15～20℃，夜间 10～12℃。尽量增大昼夜温差，从而有利于生菜干物质的积累。当环境温度高于 25℃时，应采取措施进行降温。

4. 营养液管理　比较常见的生菜营养液配方是日本山崎莴苣配方，或者是园试配方 1/2 剂量等。日本山崎莴苣配方是：配制每立方米营养液，需要大量元素四水硝酸钙 236 g，硝酸钾 404 g，磷酸二氢铵 57 g，七水硫酸镁 123 g，微量元素螯合铁 16 g，硼酸 3 g，硫酸锰 2 g，硫酸锌 0.22 g，硫酸铜 0.08 g，钼酸铵 0.5 g。同时，还应根据不同地区的水质要求，添加一定量的磷酸以调整营养液的 pH 为 6～6.3。

营养液浓度的大小影响生菜对水分和营养的吸收，从而影响生菜的产量和品质。有研究结果表明，在结球前(11 片叶)营养液的电导率以 2.0 mS/cm 为宜，营养液电导率过低，则营养液里含有的营养物质过少，不利于生菜的生长，而营养液电导率过高，则会阻碍生菜对水分和养分的吸收，影响生长速度和产量；进入结球期，营养液浓度可适当提高，营养液的电导率应控制在 2.0～2.5 mS/cm。

水培生菜，因生菜的生长期短，所以营养液一般不需更换，按照不同阶段进行浓度管理即可，及时进行水分和养分的补充。为了增加营养液中溶氧量，营养液需要进行循环，一般白天每小时循环 15～20 min，夜间 2 h 循环 15～20 min，基本能够满足生菜生长对氧气需求。在收获前 1 周，不必再补充营养，这样不会降低产量，但可显著降低生菜的硝酸盐含量。

5. 病虫害防治　生菜的虫害主要有蚜虫、温室白粉虱、红蜘蛛等，注意温室内卫生，并采用防虫网、黄板、蓝板等综合防治措施，药物试剂可用 21%灭杀死乳油 6 000 倍液，或 40%乐果乳油 1 000～2 000 倍液防治，喷药后 7 d 可食用。蚜虫防治最好在包心前进行，以免因防治过晚造成叶片污染。

生菜的病害有软腐病、菌核病、病毒病、霜霉病、灰霉病、黑斑病等。药物可采用 50%多菌灵 500～600 倍液或 70%敌克松原粉 800～1 000 倍液防治软腐病、菌核病。也可用 20%病毒 A 可湿性粉剂 500 倍液或抗毒剂一号水剂 300 倍液或田增抗剂 100 倍液防治病毒病，10 d 1 次，共计 3～4 次即可。

五、采收

散叶生菜可在较小时采收，也可在较大时采收，定植后 15～40 d 均可采收。结球生菜的采收要及时，根据不同的品种及不同的季节，一般定植后 40～70 d，叶球形成，用手掌轻压球面有实感即可采收。夏季采收宜早不宜迟，因在气温高时，叶球内花薹迅速伸长，会使叶球失去商品价值。秋冬季，叶球成熟后可延迟一段时间收获。结球生菜宜生食，也可熟食。水培生菜采收时可连根拔起，带根出售，既可表示该产品为无土栽培产品，又有利于保鲜。生菜的含水量高，组织脆嫩，在常温下仅能保鲜 1～2 d，在 0℃，相对湿度 95%～100%的条件下，可保鲜 14 d，但重量将减少约 15%。

第五节　芽苗菜无土栽培技术

芽苗菜是利用植物的种子或其他营养贮藏器官，在人工创造的适宜条件下直接培养出嫩芽、芽球、幼苗或嫩茎而供食用的蔬菜。芽菜具有丰富营养、生长快速、产品洁净等特点，深受广大消费者的欢迎；其高效生产，节约土地易达到无公害的特点赢得了生产者的喜爱；同时由于芽苗菜生长整齐一致，容易做到精包装、小包装，产品比较精美，是餐桌上的佳肴，具有广阔的发展前景。

早在宋代我国即有食用绿豆芽、黄豆芽、豌豆芽和蚕豆芽 4 种芽菜的习惯，但长期以来芽苗菜一直未被单列为一个菜类，直到 1990 年《中国农业百科全书·蔬菜卷》问世，才将芽苗菜列为独立菜类。

芽菜的研究和利用改变了传统的生产方式和技术措施，缩短了生长周期，改变了人们的食用习惯，充分利用和挖掘野生蔬菜及植物资源，丰富了花色品种，特别是一些药菜兼用芽菜的开发利用，对食补弥补药补，提高医疗保健效果具有重要意义。同时，由于芽菜可完全在人工控制条件下生长，基本可做到周年生产，均衡供应，有效地缓解蔬菜淡季缺菜矛盾，具有良好的社会效益。

一、芽苗菜分类

凡是利用作物种子、根茎枝条等繁殖材料，在黑暗、弱光条件下（或遮光）直接生长出可食芽苗、芽球、嫩芽、幼茎或幼梢，均可称其为芽类蔬菜。芽类蔬菜根据其所利用的营养来源不同又分为籽芽菜与体芽菜2类：籽芽菜指利用种子中贮藏的养分直接培育而成的幼嫩芽。如黄豆、绿豆、蚕豆、芜菁、芥蓝、豌豆、芥菜、花生、萝卜、香椿、荞麦、苜蓿芽苗等。多在子叶展开，真叶露心时采收最佳，故而得名芽菜。体芽菜指以营养器官繁殖的2年生或多年生蔬菜，指宿根、肉质直根、根茎或枝条中积累的养分，在适宜的环境下培育成的芽球、嫩芽、幼茎或幼梢。

二、栽培设施

（一）栽培容器

进行绿化型无土栽培的容器要求结实、耐用，通气状况好，材质较轻。生产上多选用蔬菜塑料育苗盘，其规格为长 60 cm，宽 25 cm，高 3～5 cm，底部有孔眼，有利于多余水分的散失。

（二）栽培床架

栽培床架主要用于立体栽培，节省空间，生产场地利用率高。一般栽培架的规格为：架高 160～210 cm，每架 4～5 层，层间距 50 cm，架长 150 cm，宽 60 cm，每层能放置 6 个苗盘。制作时要求架高、层间距适当，与苗盘的大小相适应。

（三）栽培基质

应该采用洁净、质轻、吸水持水能力较强、透气性好的无土栽培的基质。目前生产上常使用的栽培基质有纸张、白棉布、无纺布、泡沫塑料片、珍珠岩等。豌豆、黑豆、向日葵、荞麦等芽菜栽培适于纸张做栽培基质。珍珠岩较轻，成本较低，生产中常用作芽苗菜的基质。

三、主要芽类蔬菜生产技术

（一）绿豆芽生产

绿豆芽是种子在黑暗、适宜的温度、湿度条件下培育而成的，食用部分主要是下胚轴。

1. 绿豆芽生产技术

（1）精选豆种。精选种粒饱满、无破损无虫蛀、发芽率高、发芽势好的绿豆作种源。

（2）培育管理。可以采用芽菜盘，将吸胀的种子均匀地摆放在盘内，将芽菜盘摆放在多层架子上。容器表面用清洁床布遮盖，以利保温、保湿，保持温度 25℃左右。

（3）适时收获。豆芽生长速度和采收时间直接受温度影响，当豆芽下胚轴长 8～10 cm，子叶尚未展开时即可采收。采收时将其轻轻拔出，置入容器内，漂去种皮，即可供应市场。一般夏季 4～5 d，秋冬季 6～9 d 采收，每千克干绿豆可培育 8～10 kg 豆芽。

绿豆芽培养目的是将种子贮存营养转变为芽菜生长的营养来源形成芽菜，要保证培养过程的温度适宜，防止温度过高，种子自身呼吸消耗大，芽菜生长细弱；及时冲洗，去除种子表面的发芽抑制物，同时补充水分；适当的遮光有利于提高豆芽的品质。

2. 无根豆芽生产　无根豆芽是在豆芽培育过程中，用植物生长调节剂处理，抑制豆芽胚根生长，促进胚轴生长与增粗而形成的。无根豆芽根短、无须根，胚轴粗而洁白，感官和商品性好；在食用时，不需要摘根，可提高食用率 10%，从而提高了豆芽的品质。无根豆芽培育方法在中国已广泛应用。要使用经中华人民共和国卫生部审定颁布的无根豆芽专用制剂，控制残留量低于 1 mg/L。如黄豆芽的专用芽豆素有 C-1 型和 C-2 型与无根绿豆芽的专用芽豆素有 D-1 型和 D-2 型。

3. 豆芽机　豆芽机是一种可自动控制微环境温度、水分、气体成分的豆芽菜培育装置。生产周期短且不受外界气温变化限制，可周年供应，操作简便，可节水、节省劳动力、降低生产成本等优点。

（二）萝卜芽苗生产

萝卜芽是由种子萌发而成的肥嫩幼苗。其风味独特，富含维生素 C、钙、磷等矿物质。

1. 环境条件　萝卜芽喜温暖湿润，生长适温为 20～25℃。无土栽培可实现安全、卫生、清洁生产。

2. 品种选择　原则上所有萝卜品种均可培育萝卜芽，但为保证生长迅速，以选用大粒种子为好。

3. 播种　精选种子，浸种 6 h 后播种。将种子摆放在已盛有基质的育苗盘中，播后覆盖细沙或珍珠岩 1.0 cm 厚，再盖一层浸湿的报纸。

4. 采收　食用标准不同，采收期不同。食用子叶期萝卜芽，需 4～7 d；从播种到两片真叶展开，一般需 10～17 d，若根系白嫩生长正常者也可推迟 2～3 d 采收。最好傍晚或清晨采收，收获时连根拔起，清洗掉根部所带基质，包装，上市。

（三）香椿芽生产

香椿为木本蔬菜，采收季节性强，枝条上抽生的嫩芽多于早春采摘，芳香馥郁，营养丰富，为蔬菜之珍品。

香椿芽苗的生产是利用香椿种子萌发出的种芽代替传统的树芽，芽苗可采用多层立体无土基质栽培，产量高，可排开播种，陆续上市，不受季节的影响，可以周年生产。产品清洁，风味独特，是一种深受人们喜食的绿色芽菜。

种芽生长适温 15～25℃，冬季、早春宜采用日光温室、改良阳畦、塑料大棚等培育；可以利用蛭石、珍珠岩生产香椿芽苗。采用架式立体基质盘栽。栽培架可由角铁、钢筋、竹木材料制成，架高 1.6～2.0 m 为宜，以利操作，每架设 5～8 层，每层间距 30～40 cm。

由于种芽生长周期短，基质中持水量已基本上能满足整个生长期间芽苗对水分的需要，不需特别供给水分，而种芽长出基质后，为保持鲜嫩，须定时喷雾，提高空气湿度。

香椿芽苗的培育技术：

(1)浸种催芽。选当年采收新香椿种子，消除杂质，种子去翅，用 55℃温水浸种，浸泡 12 h 后捞出，漂洗，沥去种子表面水分，置 23℃恒温处催芽。2～3 d 后，种芽长达 1～2 mm 时即可播种。

(2)播种。育苗盘洗净，底层铺放一层白纸，白纸上平摊一层厚约 2.5 cm 浸湿的珍珠岩。然后将已催好芽的香椿种子或干种子均匀撒播于基质上，播种量为 240 g/m^2，播种后再覆盖厚约 1.5 cm 珍珠岩，覆盖后，喷壶洒水，保持表层的珍珠岩湿润。

(3)湿度管理。播后 4～6 d，种子出土，10 d 后，香椿种芽下胚轴可长达 8～9 cm，粗约 1.0 mm，此期间应定时喷雾，保持空气相对湿度始终在 80%左右，加快种芽生长，保持品质柔嫩。

(4)适时采收。种芽下胚轴长达 10 cm 以上，子叶刚刚展平时采收最佳，此时正值播后 12～15 d。采收时将种芽连根拔出、冲洗干净，精细包装，分批上市。香椿种子千粒重为 10～12 g，种芽生物产量为种子重量的 10 倍，生物效率高于常规蔬菜。

(四)豌豆芽苗生产

豌豆芽是利用豌豆种子贮藏物质，在弱光下培育成的嫩苗或嫩梢，在第一真叶刚刚显露、尚未展平时收获上市，素炒荤做，凉拌配汤均可。其关键生产技术如下。

1. *品种选择* 多选粒大饱满的豌豆品种，芽苗生长速度快，下胚轴或茎秆较粗壮。以粮用豌豆品种最佳，如山西的青豌豆、灰豌豆，河北、内蒙古、宁夏的褐豌豆、麻豌豆以及马牙豆等，要求种子发芽率在 90%以上。

2. *种子精选与浸种* 剔除虫蛀、破残、畸形、腐霉的种子，去除杂质。先用 20～30℃的清水将种子淘洗 2～3 次，而后常温下浸泡 4～6 h，种子充分吸水后待播。

3. *基质准备* 草炭、蛭石、珍珠岩均可用于豌豆芽的生产基质，用平盘生产也可选用吸水性好、价格低廉、使用安全的纸张。

4. *苗盘处理与播种* 将育苗盘洗净，浸泡于漂白粉溶液中消毒，再用清水冲洗干净后，铺上基质或基质纸，将待播种子均匀撒播于苗盘中，60 cm×25 cm 大小的苗盘每盘用种量 500～550 g。

5. *叠盘催芽* 将播种好的苗盘每 6 盘一摞，在 18～20℃下保湿催芽，每天进行一次倒盘和浇水，3～4 d 后苗高 1～2 cm 时将其移入温室或大棚内(出盘)进行后续管理。

6. *出盘后管理* 豌豆苗生产最适温度为 20～25℃，最高温度为 30℃，最低为 14℃。通过放风、喷雾、遮阳等方式进行温度调控；保持室内相对空气湿度 85%，一般每天用微喷设施或喷淋装置进行 3～4 次喷淋，既可满足豌豆苗生长对水分要求，又可保证空气湿度；为了芽苗幼嫩，光照强度最好在 200 $\mu mol/(m^2 \cdot s)$以内，通过覆盖遮光率较高的遮阳网可以实现。

7. *采收* 常规培养播种后 10～15 d 收获，为防止其纤维化，可将豌豆苗剪割下来装入保鲜袋封装上市，也可以整盘活体出售。收获标准是芽苗浅绿色或绿色，苗高 10～15 cm，整齐，顶部复叶开始展开，无烂根烂茎现象，茎端 7～8 cm 柔嫩无纤维化，每千克豆粒可产豆苗 3.5～5.0 kg。

(五)菊苣芽球生产

菊苣为菊科菊苣属多年生草本植物，芽球菊苣是利用菊苣的肉质根经软化栽培结出的芽球，是一种优质高档的芽类蔬菜，质地脆嫩，风味独特，可供生食、凉拌、涮火锅或炒食，并具有清肝利胆之功效，是目前正在流行的很受消费者青睐的优质高档保健蔬菜。

供应市场的菊苣产品主要是软化栽培芽球，一般用土壤栽培软化的菊苣芽球易沾土，净菜率低。而水培软化的芽球洁净鲜嫩美观，因而生产上多采用水培法栽植。

1. *肉质根的整理* 标准的肉质根是直圆锥形的无叉根，一般要求根长达到 16 cm 左右、根粗 4 cm 左右。修整时要去除黄老叶片，叶基部留 3 cm 的叶柄，切去其余部分，注意不要伤及生长点。开始抽薹的根株要挑出去，整修时把大小根分类堆放，以方便分组栽培，分组管理。

2. 栽培要点　软化培养可以在温室、大棚、房间内进行，生长上多以隔热条件好，便于形成黑暗条件并能良好通风的房舍为场地。

(1)栽培方式。小规模生产可以将塑料桶、泡沫箱等作为培养箱；大规模生产可以在温室大棚内建成宽 1.5 m、高 20 cm，长度随室内条件确定的栽培槽，内铺 0.012 mm 薄膜，上建小拱棚，棚上覆盖黑色薄膜。也可以利用厂房工厂化立体栽培，进行规模生产，立体多层架可以根据房间的大小来确定，一般层间距 40～50 cm，架高 5～6 层。把肉质根码紧竖直摆放到培养箱或栽培槽内，勿使其歪斜，使其具有同一高度，向箱或槽内注入洁净清水，加水深度一般在根的 1/2 以下，1/3 以上。栽培过程中一定要保持黑暗条件。

(2)室内消毒。分 3 次对栽培环境进行消毒。装箱完成后，先对室内环境进行一次消毒，每 666.7 m^2 可用百菌清烟雾剂 250 g 于夜晚密闭熏蒸，10 h 后通风换气，以后再间隔熏蒸 2 次，以控制病害的发生。

(3)温、湿度控制。前期温度不能太高，软化栽培第 1 周，温度以 12～15℃为宜，不能超过 16℃，以后温度一般控制在 16～18℃。温度过高芽球生长不紧密，容易散球，芽球的重量轻；温度过低生长缓慢。因此，严格控制温度是一个关键措施。空气湿度以 95%为宜，低湿条件下形成的芽球松散，重量轻、纤维多，食用时口感差。所以，加水要及时，保证水位，若无循环水，也可每周更换 1 次培养箱内的水，防止水培过程中发生软腐病，当空气湿度过大时，可适当进行通风，基本上保证每天通风一次。

(4)光照要求。整个生长过程需要保持黑暗环境，若在微弱的自然光和弱灯光下 2 h 就会发生芽球绿化现象，当超过 5 h 后，芽球的外叶及内叶顶端都会明显地转绿，造成品质下降。

3. 适时采收　芽球的采收决定于室内的温度，在 16～18℃温度条件下，25 d 左右即可采收；若温度在 12～15℃时，则需 30～35 d 才能采收。一般芽球长 10～15 cm，粗 3～5 cm，单球重 100～120 g 时，即可收获。此时芽球嫩黄、洁净、紧实、美观，修整后用保鲜膜包装即可上市。

(六)其他芽菜生产

1. 荞麦芽生产　荞麦为蓼科荞麦属双子叶植物，其茎叶中含丰富的芦丁，芦丁对人体血管具有扩张及强化作用，为高血压及心血管病患者的保健食品。荞麦芽适宜生产温度为 20～25℃。设施准备栽培架应因地制宜，量力而行，角铁、竹木均可，一般设 3～5 层，每层间距 50 cm，便于操作。将种子置于 20℃清水浸泡 22～24 h，将秕种子去除放置于平盘中，盖湿毛巾或湿布，22～25℃催芽，当胚根长 1～2 mm 时即可播种。将已发芽种子撒播于湿纸上，60 cm×25 cm 大小的苗盘适宜的播种量为 0.12～0.13 g。播后将苗盘叠放在一起，黑色塑料膜遮严催芽，3～4 d 胚芽长 2 cm 时，苗盘开始上架。播种后 10～12 d，种芽下胚轴长约 12 cm，子叶平展，绿色，上胚轴紫红色，近根部白色时采收最佳。

2. 蕹菜芽生产　蕹菜又名空心菜、藤菜等，1 年生或多年生草本，既可水生，又能陆生。生长适温 25～35℃，对光照要求不严。夏天凉水浸种 6～10 h，冬天温水浸泡 10～12 h。嫩芽培育 4～5 d 即可采收，产量为种子重量的 6 倍左右。幼芽含钙、铁等矿物质和维生素 B，凉拌炒食均可。

本章思考题

1. 简述黄瓜无土栽培方式及主要管理技术要点。
2. 西甜瓜无土栽培方式有哪些？
3. 简述番茄无土栽培的营养液管理技术及岩棉栽培管理技术要点。
4. 简述甜椒无土栽培方式及基质栽培技术要点。
5. 简述草莓无土栽培的营养液管理技术特点。
6. 生菜无土栽培主要方式有哪些？特点是什么？
7. 简述豌豆芽、香椿芽和菊苣芽几种主要芽苗菜无土栽培技术要点。

第十章　观赏植物无土栽培技术

学习目标：

1. 了解几种主要切花月季、非洲菊和红掌的生物学特性，掌握其无土栽培方式和关键栽培技术。

2. 了解几种主要盆花蝴蝶兰、观赏凤梨和一品红的生物学特性，掌握其无土栽培的关键技术。

3. 了解无土栽培草坪卷、草坪植生带的优点及栽培管理技术。

第一节　切花无土栽培技术

利用无土栽培技术来生产切花，现已成为切花生产中的一项重要技术手段。这主要是由于无土栽培技术提供的养分均衡而及时，花卉生长的各种环境条件都比土壤栽培的优越，因此，不仅切花的产量高，而且品质也好，在生产中易于实现切花产品的规模化、标准化和集约化经营，保证了切花的品质和产量，因此，无土栽培技术在切花生产中的应用也越来越广泛。

一、月季

月季为全世界范围内产量最多的切花，占世界切花产量的28%左右。据不完全统计，全世界每年切花月季产量为40亿～50亿枝。主要生产国是荷兰、美国、墨西哥、哥伦比亚、日本和以色列等国家。据有关部门的统计，2009年我国切花月季产量将近4亿枝。温室或大棚中采用无土栽培技术来种植月季，其产量远比土壤种植的高得多，而且在无土栽培设施种植的月季品质也远比在土壤种植的好，现已成为切花月季生产最重要的一种种植技术。

(一)生物学特性

月季又名月月红、长春花、斗春花、月生春。为蔷薇科蔷薇属常绿或半常绿灌木。枝条上有倒钩皮刺，叶柄及叶轴常散生皮刺，不同品种不尽相同，有疏有密。也有极个别品种无皮刺。叶互生，奇数羽状复叶，小叶3～5枚，卵圆形、椭圆形、倒卵形或阔披针形，长2.5～6 cm，边缘有锐锯齿，托叶和叶柄合生。叶面绿色有光泽，两面近无毛，有的表面具光亮蜡质。叶柄和叶轴散生皮刺和短腺毛，顶生小叶有柄，侧生者则近乎无柄。花生于顶枝，单生、数朵簇生或丛生的伞房花序。花朵直径4～5 cm，有些品种可达7～8 cm或以上，花梗长3～6 cm，近乎无毛。花多为重瓣，有的半重瓣，瓣数5～80片。花色有红色、粉红、橙色、紫色、白色、黄色等。萼片常羽裂，卵形，外面无毛，内面密生柔毛，缘有腺毛。花柱离生，伸出萼筒口外，与雄蕊等长。花微香，花期长，可周年开花，一般集中在4月下旬至10月份。月季品种繁多，花色鲜艳。

月季性喜暖凉、光照充足、排水良好，空气流通又能避免大风侵袭的环境，但盛夏光照太强时，应适当遮阳。月季多数品种，白天最适宜温度为20～27℃，夜间最适温度为12～18℃。春芽萌发和春梢生长的最低温度为5℃左右；冬季气温低于5℃时生长缓慢，植株逐渐进入休眠状态，在露地条件下能耐－15℃的低温；夏季连续高于30℃，又处于干旱的条件下，植株进入半休眠状态，植株能耐35℃以上的高温。在温带和亚热带一年四季开花。

(二)无土栽培方法与设施

切花月季无土栽培因生长期很长，种植一次采收长达2～3年或更长的时间，主要采用开放式岩棉培和基质槽培。

岩棉培系统由岩棉种植垫、滴头式滴灌系统、水泵，贮液池、定时器等组成。岩棉种植垫采用20～25 cm宽、7.5 cm厚、80～100 cm长，岩棉种植垫外面用黑白双色膜包裹。2条岩棉垫为一组，隔开30 cm排列，两条种植垫之间开一条浅沟用塑料膜覆盖，用于集中收集栽培床里排出的废液。一座6 m宽的大棚可布设8条栽培床。废液可集中排到废液池中，经过过滤和补充必要的肥料可以再次使用。

基质槽培系统由基质槽、滴灌带或带滴箭的滴灌系统、水泵、贮液池和定时器等组成。基质槽宽80 cm，高20～25 cm，长度最好不超过20 m。槽框可用木板条或砖块搭成，内铺塑料薄膜，再填入无土基质。无土基质可采用泥炭∶珍珠岩＝1∶1(V/V)、砻糠灰∶锯木屑＝3∶1(V/V)或稻谷壳灰∶锯木屑∶珍珠岩＝2∶1∶1(V/V)的混合基质。基质厚度为20～25 cm。每米栽培槽约需0.16～0.2 m^3基质。一座6 m宽的大棚可安排3～4条栽培槽。基质槽培的滴灌系统可采用内嵌式滴灌带或软管滴灌带，每条栽培床铺设一根，也可以采用滴箭式滴灌系统，每株月季根系附近插入1条滴箭以供应营养液或清水。

(三)栽培管理技术

1.品种选择　根据切花月季的栽培条件和生产类型来选择品种(表10-1)。周年切花型和冬季切花型应以冬季产花为中心，所以应选择冬季低温条件下能正常上蕾开花的品种，而夏秋季切花型则要选择抗热和适合炎热气候的品种。

选择切花月季品种的基本原则是：花形优美，含而不露，花色纯正，株形挺立，开张度小；产量稳定，抗逆性强；皮刺疏少，耐开性好。现将一些著名的切花品种简介如下，供切花生产者参考。

表10-1　适合无土栽培的切花月季品种

品种	花色	切枝长度(cm)	参考产量[枝/(m^2·年)]
卡尔红	红至深红	50～60	130～150
萨曼莎	深红	50～60	120
红成功	大红	60～80	80
外交家	粉红	60	120
天使	朱红	50～60	100
金奖章	橙黄	50～60	120
得克萨斯	黄有红晕	60	150
紫罗兰夫人	蓝紫	50	100
坦尼克	白	60	130

(1)卡尔红(Carl Red)。花大红至深红色，高心翘角，花形优美，耐插、瓣质硬，花瓣约40枚，花径为12 cm。叶中绿，枝硬粗，刺较少。植株半直立，生长强健，抗病力较强，切枝长度50～60 cm，年产花量为130～150枝/m^2。

(2)萨曼落(Samantha)。花深红色，带有茸光，高心卷边，花形十分优美，耐插，花瓣约35枚，花径约14 cm。叶片墨绿，枝有中等刺。植株半直立，长势强健，抗病力一般。要注意对白粉病的防治。切枝长度50～60 cm，年产花量为120枝/m^2，可用于温室冬季生产，但更适于夏秋季的切花生产。

(3)红成功(Red Success)。花大红色，高心但不属于卷边型，花瓣约45枚，花径10～12 cm。叶片墨绿，枝长、直挺，刺较多。植株半直立，长势十分强健，抗病力一般。切枝长度60～80 cm。年产花量约80枝/m^2。系适于夏秋季生产的切花月季品种。

(4)金奖章(Gold Medal)。花橙黄色有红晕，花瓣约35枚，花径10 cm。枝较细长，植株直立，长势强健。切枝长50～60 cm，年产花量120枝/m^2。

(5)得克萨斯(Texas Korbacol)。黄色大型花，有红晕，花形优美，花瓣30～35枚，花径约12 cm。长势强健，切枝长度60 cm。年产花量150枝/m^2。

(6)坦尼克(Tineke)。纯白色大花，高心卷边，花形优美，花瓣40～50枚，花径可达14 cm。枝条硬挺，少刺或近于无刺。植株直立，长势旺盛，抗病力较强。切枝长度60 cm。年产花量约130枝/m^2。冬夏季均可产花。

2. 育苗　切花月季一般采用扦插和嫁接繁殖。嫁接繁殖的砧木多采用野蔷薇的实生苗，1～2月份为嫁接的适期。扦插繁殖的插穗用硬枝、嫩枝均可。扦插基质可用干净河沙或岩棉块(7.5 cm×7.5 cm)等。硬枝要秋冬季扦插，而嫩枝则在5～8月份为好。具体方法如下：将枝条剪成10 cm一段的插条，插条上端留2对复叶，下部剪口呈45°角，用50～100 mg/L的萘乙酸浸渍剪口，一般浸12 h，可促进发根。插条深度5 cm左右。

扦插后保持基质湿润，覆盖小拱棚保温、保湿，或用喷雾设备经常喷水，提高空气湿度，防止插条失水萎蔫影响成活率。当根长到1～2 cm时即可移栽。为使扦插苗生长健壮，插后管理过程中每隔4～5 d可喷一次0.2%的磷酸二氢钾。

3. 定植　在岩棉培系统中，先将岩棉种植垫用营养液浸泡一夜，使岩棉的pH降到近中性。然后在岩棉种植垫靠废液沟一侧用小刀在离底部约1/4的高度切开2～3个长10 cm左右的口子，以便排出多余的营养液。将扦插苗连岩棉育苗块放在岩棉种植垫上，在育苗块上插一根滴头。每平方米栽培床种6～7株月季苗。在基质槽培中，可进行双行定植，行距35 cm，株距25～30 cm，梅花形排列，定植时要把育苗营养钵拿掉直接种到基质中，滴灌带铺设在2条种植行之间。

新植小苗环境温度不能太高，否则会使上部芽徒长，影响成活率。随着小苗的生长，可逐渐升高环境温度到20℃以上。

4. 营养液管理　切花月季的营养液配方见表10-2。在定植初期，营养液的EC约1.5 mS/cm，随着植株的生长，营养液EC可提高至2.2 mS/cm。整个生长期营养液的pH均调整为5.5～6.5。岩棉栽培夏季每天供液7～10次，冬季每天供液3次，允许供液量的15%的多余营养液排出，夏季则应增加到20%～25%。

表 10-2　切花月季的无土栽培营养液基准配方　mg/L

营养元素	基质槽培	岩棉培	营养元素	基质槽培	岩棉培
NO_3^--N	182	144	Fe	1.40	1.40
P	54	46	Cu	0.05	0.03
SO_4^{2-}-S	48	32	Zn	0.23	0.16
NH_4^+-N	10	7	Mn	0.28	0.28
K	235	225	B	0.22	0.22
Ca	180	120	Mo	0.05	0.05
Mg	24	18	EC(mS/cm)	2.0	1.5

5.植株管理及花期调控

(1)整枝修剪。整枝修剪是切花月季生产管理过程中重要管理技术。在切花月季生长过程中,要将一些无花的盲枝和不够粗壮、不够长度的花枝(短于 50 cm)朝过道方向折下,折枝部位在靠近基部 1～2 cm 处,弯折的角度应大于 90°,并将枝条分布均匀,勿使其交叉重叠。折枝时应做到折而不断。对于容易折断的品种,应在下午植株体内水分较少时操作。

折枝修剪主要在两个时期采用,即定植初期和夏季休眠以前。定植初期是折枝栽培的关键时期。为给植株奠定良好的营养基础,折枝操作最好在全枝叶数为 60～70 片时进行。在此之前应注意勿使枝条着蕾开花。夏季休眠前折枝是因为此期生产切花的售价低,利润小。植株生长一段时间后,有些枝条自然老化而枯死,还有些枝条有病虫害发生,应予剪除,以增加通风透光,并防止病虫害传播。

(2)花期调控。月季从腋芽分化到花枝孕蕾开花,需要的时间称"到花日数"。到花日数与品种有关,而且受温度、光照和营养条件影响。光温高、光照充足,营养均衡,则到花日数缩短;气温偏低,部分遮光,P、K 含量较高,则到花日数延长。一般来说,多数品种的到花日数需 52～58 d。以南京地区为例,春天到花日数约 53 d;夏天 30～35 d,枝短蕾小极易露蕊;秋季气温稳定,在 45 d 前后。掌握这一基本规律,可根据所需的上市时间来确定整枝时间。

6.采收　当切花月季花朵 1～2 枚外瓣翻转,花微放时进行采收。剪花时依据花枝强壮程度而定,粗壮枝条可适当提高剪的部位,从基部起留 4 枚 5 小叶复叶;较细枝条最多留 2 枚 5 小叶复叶。在所留芽上方 1 cm 处剪断,剪口与枝条呈 60°,由留芽一侧斜向另一侧。

7.病虫害防治

(1)白粉病。月季的叶、花梗、花蕾及嫩茎都会受到侵害,主要发生在嫩枝部位,温室全年都可能发生,白粉病可用硫黄熏蒸片预防,发生时用 20%粉锈宁乳油 800～1 000 倍喷雾,7 d 1 次,共 2～3 次。

(2)灰霉病。病原菌侵染叶、花、花蕾及嫩茎。预防为主,定期(7～10 d)叶面喷施保护性药剂,如代森锰锌、百菌清等。一旦发病,用 50%灰霉清可湿性粉剂 500～800 倍喷雾,7 d 1 次,共 2～3 次。

(3)红蜘蛛。为切花月季的主要虫害,高温高湿条件下容易发生。可用 25%威猛乳油 1 000 倍喷雾,或 1.8%虫螨光乳油 200～300 倍液喷雾。

(4)蚜虫。主要聚集在月季的嫩芽、嫩枝及花蕾上。可用 20%蚜克星乳油 800～1 000 倍喷雾,或 10%一遍净可湿性粉剂 3 000 倍喷雾。

(5)棉铃虫。幼虫蛀花蕾、花，也食害嫩枝嫩叶。可用25%功夫乳油500倍液喷雾，或40%高斯本乳油600～800倍液喷雾。

二、非洲菊的无土栽培技术

非洲菊(*Gerbera jamesonii*)，又名扶郎花，由于花色多样，色彩艳丽，插花时间较长，是当今世界上重要的鲜切花种类之一。

(一)生物学特性

非洲菊属菊科大丁草属的宿根草本花卉，一般株高50～60 cm。叶基生，叶柄较长，头状花序单生，花梗长，高出叶丛，花朵直径一般达9～12 cm，有红、粉红、橙、黄等不同花色。温室无土栽培非洲菊能周年开花，以每年的5～6月份和10～11月份为盛花期，非洲菊的根系较为发达，主根较长。同时基部还会长出一些较粗较长的不定根。

非洲菊原产南非。性喜温暖，阳光充足和空气流通的环境。生长期适宜温度20～25℃，冬季可在12～15℃温度下生长，低于10℃则停止生长，不能忍受0℃以下的低温。如温度过高也会影响其生长，气温30℃以上，生长逐渐变慢，以至停止。气温过高或过低，植株不开花，茎和叶柄缩短，植株进入休眠状态。非洲菊是喜阳性花卉，但在我国南方，仍需适当遮阳。非洲菊耐肥，喜中性或微酸性土壤。

(二)无土栽培方式与设施

非洲菊的无土栽培方式主要采用基质培，即开放式岩棉培或用珍珠岩和泥炭等的混合基质槽培为主。

岩棉培采用厚7.5～10 cm、宽15 cm的岩棉块，一般两块并排栽培，跨度为6 m的大棚作4～5对畦，每平方米种植6.5株，为提高早期产量，可适当提高种植密度。在岩棉培中要安装滴箭式滴灌系统来进行供液。

基质槽培可用泥炭和珍珠岩等的混合基质，在基质培的种植槽中布设营养液滴灌系统来进行供液。可以采用薄壁滴灌带或者滴箭式滴灌系统。如果用薄壁滴灌带来供液的，则在两行之间铺设一条薄壁滴灌带；如果用滴箭式滴灌系统的，则需在每株非洲菊根系附近插入一个滴箭。

(三)栽培管理技术

1.品种选择　荷兰的万·维克(Ven. Wijk)育成的现代大花形切花非洲菊，在生产上普遍采用，该种大花形非洲菊花朵直径达15 cm以上，花色为红、橘黄、黄、淡黄和白色等各色混合。目前生产上应用的切花品种，基本引自国外，先简单介绍几种。

(1)泰拉·维沙(Terra. Visa)。引自荷兰。叶片较窄，叶缘带有紫红边，分枝性好，长势强。花色深红，单瓣，花茎8～10 cm，花梗长40～50 cm。1年生植株，年产花23～25枝；2年生植株，年产花30～35枝，抗逆性强。

(2)柏斯柯(Pascal)。叶宽大、淡绿色，花朵直径14 cm，半重瓣花，色彩耀目，单株年产花25～28枝，是较易栽培的品种。

(3)泰拉·吐巴(Terra. Tuba)。引自荷兰。叶片较宽大，叶色偏淡。花色粉红，重瓣，花茎可达14 cm，花梗长35～45 cm，年单株产花25枝左右。

2.育苗　非洲菊的繁殖方式主要有两种：有性繁殖和无性繁殖。

有性繁殖即种子繁殖，将种子播于泥炭、珍珠岩等基质中，保持20～22℃的温度，相对湿度较高，10 d左右发芽，及时疏去过密、瘦弱的幼苗，3～4个月后，幼苗长有4～5片真叶时即可移栽。

非洲菊的无性繁殖主要为分枝繁殖和组织培养两种方式。生长健壮的非洲菊成年植株可以采用分枝繁殖。一般在4～5月份盛花后掘起植株切分，顺着各分枝纵切，使每丛带有4～5片叶。待伤口愈合后，将各分枝栽种在基质中，以根颈部露出基质为宜。

组织培养是目前非洲菊繁殖的主要方式，由组织培养生产的种苗质量高，性状一致，目前在生产中广泛应用。

3.*定植* 非洲菊一年四季均可开花，对于具体的定植时间没有一定的要求。一般在20℃以上的温度条件下，非洲菊定植后5～6个月便能开花。春季4～5月份定植，气候适宜，当年10月份可达到第一个盛花期。秋季9～10月份定植，也较易成活，如有加温设备，则春节能开花。夏季定植，由于气温高，需适当遮阳，同时种苗生长较慢，长势弱。10月份后定植，气温降低，小苗生长缓慢，易受冻，对春季切花产量有影响。

非洲菊基质培可采用岩棉、珍珠岩和泥炭等基质。岩棉培采用厚10 cm、宽15 cm的岩棉块，一般两块并排栽培，跨度为6 m的大棚作4～5对畦，每平方米种植6.5株，为提高早期产量，可适当提高种植密度。

泥炭、珍珠岩等混合基质培，一般每平方米5～6株，如作1年生栽培，则每平方米可种8～9株。每畦可种3行，行距40 cm，株距35 cm，中行与边上两行相间排列（梅花形）。

非洲菊定植时，要尽量浅栽，因为非洲菊根颈部最易受病菌侵害，深植，则极易感病腐烂。

4.*营养液管理* 非洲菊基质培采用滴灌系统供液。其营养液配方见表10-3。

表10-3 非洲菊营养液基准配方 g/m^3

化合物	质量	化合物	质量
硝酸钙	760	硫酸锰	1.2
磷酸二氢钾	170	硫酸锌	1.2
硫酸镁	245	硼酸	1.9
硝酸钾	430	硫酸铜	0.15
硝酸铵	60	钼酸铵	0.10
Fe-EDTA	13		

注：EC≈2.2 mS/cm。

岩棉培非洲菊在定植时用EC 1.8 mS/cm，pH 5.5的营养液将岩棉完全浸湿。非洲菊定植成活后，每天供液4～8次，并使每次供液有10%～20%的排液量。营养液浓度在开始时EC保持在2.0 mS/cm左右，随着植株生长，可逐渐提高至2.5 mS/cm左右，pH则维持在5.5～6.5。

在夏季非洲菊生长旺盛时，营养液的浓度要适当降低，EC不可超过2.0 mS/cm，同时供液量也必须增加。冬天，气温降低，营养液浓度可适当提高，此时植株对水分需求降低，供液量也可适当减少，以至有些天可不供液。

5.*其他日常田间管理* 非洲菊生长旺盛，1年生植株，叶片可达30～40张，而2、3年生植株，叶片数可达50～60张。如果叶片过多，应及时摘去老叶，以免下部的花蕾得不到阳光和激素造成“隐蕾”。要保证一个花蕾能正常发育开花，一般需3～4张叶提供光合产物。及时摘除过多的幼小花蕾，保留的花蕾在发育程度上要有梯次，保证能依次开花，均衡上市。

夏季光照强，温度高，要注意遮阳，并通风降温。冬季气温降低，可加温或多层覆盖，注意保温。

6.病虫害防治　非洲菊的病害主要有根茎腐病、灰霉病等，虫害主要有蚜虫、叶螨等。发现根茎腐病病株要及时拔除，同时用0.1%托布津或600倍敌克松药液灌根预防。冬春季温度较低、湿度较大情况下较易发生灰霉病，可用50%灰霉清500～800倍液喷雾防治。蚜虫可用10%一遍净3 000倍液或20%蚜克星800～1 000倍液喷雾。叶螨可用1.8%虫螨光2 000～3 000倍液喷雾。

7.采收　非洲菊采收适期是：花瓣已充分展开，花盘上最外面2～3圈管状小花已开放。过早采收，花瓣难以展开；过迟采收，则保鲜期缩短。采收时，抓住花梗，使花梗从根颈处断离。

三、红掌的无土栽培

红掌（*Anthurium andraeanum*），又称安祖花、花烛、火鹤花、红鹅掌等。由于其花朵形状独特，色泽多样且鲜艳华丽，是世界名贵花卉。作为切花时其花期长，水养可长达1个月，而且切叶可作插花的配叶，在露地栽培中常由于生长环境不易控制，使其栽培困难，产品质量差，目前在设施栽培条件下，主要以无土栽培方式为主。

（一）生物学特性

红掌为多年生天南星科花烛属植物。原产于南美洲热带雨林潮湿、半阴的沟谷地带，性喜温热多湿而又排水良好的环境，怕干旱和强光暴晒。其株高一般为50～80 cm，因品种而异。具肉质根，无茎，叶从根茎抽出，具长柄，单生、心形，鲜绿色，叶脉凹陷。花腋生，佛焰苞蜡质，正圆形至卵圆形，鲜红色、橙红肉色、白色、绿色等，肉穗花序，圆柱状，直立。四季开花。其适宜生长昼温为26～32℃，夜温为21～32℃。所能忍受的最高温为35℃，可忍受的低温为14℃。光强以290～360 μmol/(m^2 · s)为宜，空气相对湿度以70%～80%为佳。通过引种改良和利用环境可调控的园艺设施，现在欧洲、亚洲、非洲皆有广泛栽培。目前，荷兰在红掌的系统研究中居于领先地位。我国于20世纪70年代开始引种栽培，现在已成为最重要的一种切花之一。

（二）无土栽培方法及设施

切花红掌由于种植的时间较长，大多采用基质培的方法来进行种植，现在也有人采用水培来进行种植。

1.基质培　目前大多采用槽式基质培的方法来进行种植。种植设施主要是用水泥砖砌成的种植槽，或者用红砖堆叠而成，或者用其他材料如木板、泡沫塑料板等做成的种植槽内衬不漏水的塑料薄膜做成种植槽。然后在槽中放置栽培基质，并在基质表面铺设滴灌系统来供应营养液。

红掌由于是肉质根系，因此，要求基质的透气性较好，以保证根系氧气的供应，否则，如果基质中产生积水现象，则容易产生根系缺氧而出现腐烂死亡的现象。

切花红掌的栽培基质选用总的原则是透气疏水，又有一定的保水保肥能力。因此，一般可以选用以插花用的花泥（一种酚醛树脂为主体材料的泡沫塑料），然后切碎为30～50 mm的小块后放入种植槽中，然后再定植红掌小苗。

2.水培　红掌的水培系统可选用深液流水培设施或者较大口径的管道培设施来种植。因红掌的根系为肉质根，对营养液中的溶解氧要求较高，因此，在进行营养液供液时应增加循环流动时间，要求营养液的溶解氧浓度保持在5～6 mg/L的水平。另外，在水培种植过程中，要密切注意根系的生长情况，要及时剪除衰弱、病死的根系，

(三)无土栽培技术

1.品种选择　红掌的品种繁多，目前国内外作为切花的品种从花色来分主要有红色、橙红色、酒红色、苹果绿、白色、粉色、深红色等多种。以下是荷兰AVO红掌股份有限公司的几种主要品种。

(1)‘发达’(‘Valeska’)。颜色为红色，花直径13～15 cm，中小型叶片，种植密度14株/m^2，瓶插期4～5周，产花量90枝/m^2。‘发达’鲜艳、亮丽的红色佛焰苞同白色和黄色的花序搭配，佛焰苞蜡质层厚，瓶插期长，周年高产。

(2)‘爱威特’(‘爱福多’)(‘Evita Line’)系列。该系列颜色有红色、白色、粉色、酒红色等。花直径13～15 cm，种植密度14株/m^2，瓶插期4～5周，产花量91枝/m^2。‘爱威特’系列为周年生产的大花型品种，生长势强，植株生长紧凑，开花早，花梗长，韧性强，抗病性强，根系发达，耐运输。产量特别高，瓶插期长，比其他品种长1～2周。

(3)‘真诚’(‘Elyze’)。颜色为粉色，花直径13～15 cm，中型叶片，种植密度14株/m^2，瓶插期4周，产花量80枝/m^2。粉色配以刚萌芽的绿色，如邻家女孩般清新淡雅，可爱迷人。

(4)‘绿光’(‘New Green’)。颜色为苹果绿，直径14～16 cm，中小型叶片，种植密度14株/m^2，瓶插期3～4周，产花量85枝/m^2。‘绿光’的佛焰苞颜色独特，如同苹果的绿色，清新脱俗。花柱由白色过渡到绿色，同佛焰苞形成对比，时尚中散发出一股自然的田园气息。品种抗逆性强，周年生产，产量高。

(5)‘皇后’(‘Luna’)。颜色为黄色，花直径14～16 cm，叶片中等大小，种植密度14株/m^2，瓶插期4周，产花量80枝/m^2。‘皇后’花色纯正，佛焰苞晶莹剔透，而且植株紧凑，除了亮丽的外表外，其瓶插期可达4周，产量也很高。

(6)‘摩登’(‘Mohini’)。颜色为红色，花直径13～15 cm，种植密度14株/m^2，瓶插期3～4周，产花量75枝/m^2。‘摩登’独特的花色伴随明艳的花柱，时尚中散发着一股奢华气息。

(7)‘皇橙’(‘New Royal Orange’)。颜色为橙色，花直径13～15 cm，中型叶片，种植密度14株/m^2，瓶插期4～5周，产花量85枝/m^2。橙色为荷兰皇家的颜色，高贵、奢华。植株生长快，色彩鲜艳，花高于叶片，易于采收。瓶插期长，产量高。

(8)‘陶醉’(‘Torro Red’)。颜色为深红色，花直径14～16 cm，种植密度14株/m^2，瓶插期4～5周，产花量85枝/m^2。‘陶醉’色泽浓重，古典而美丽，神秘中尽显高贵品质。瓶插期长，周年生产，产量高。

(9)‘新橙’(‘New Orange’)。颜色为橙色，佛焰苞直径14～16 cm，种植密度14株/m^2，瓶插期4周，产花量85枝/m^2。‘新橙’那甜美的色彩在黄色花柱的衬托下更加鲜艳夺目。植株生长快，花朵瓶插期长，周年生产，产量高。

2.育苗　目前切花红掌主要采用组织培养的方式来生产小苗。从瓶苗中移植到筛盘中进行培养多在泥炭和珍珠岩体积比为8∶2左右的基质中即可生长良好，需要再生长半年左右，长至高5～6 cm即可出圃。期间还须经过2～3次分级、整盘，以保证出圃的小苗健壮整齐。

出圃后的小苗有时因苗龄太小，不宜直接移栽至栽培槽中，有时可在花盆中再长大之后才能栽到栽培床，最好是在株高 8～10 cm 为宜。一般来说，红掌幼苗的苗龄越小，栽培管理的难度越大。

3. 定植　红掌一般在周年的任何时候均可种植，但尽量避免在极热或极冷的季节种植。栽培前，首先需要准备栽培床及灌溉系统，然后用营养液灌溉基质至完全饱和，闲置已灌溉饱和营养液的基质数天，让多余的水分排出基质并达到适宜湿度（为基质饱和持水量的 70%～80%）。定植时的密度与品种及种苗是否为单、双株有关，通常两株苗比单株苗定植的株行距大，每条 1 m 宽的种植槽可定植 3～4 行，而每一行上的株距是可以变化的。定植深度以将气生根刚好全部埋入基质为宜，深度为 10～15 cm，不可过深，也不可过浅，过深会导致疯长；过浅则生长太慢并容易倒伏。

4. 营养液管理　红掌生长所需的营养液配方可参照荷兰的配方，见表 10-4 所示。红掌是一种喜肥的植物，在小苗的时候每天每株控制营养液的供应量为 200～500 mL，当苗较大时每天每株的供液量为 600～800 mL，营养液应在一天中分多次施入，如果采用供液自动控制的，则每天至少分为 4～6 次加入为宜；而如果采用人工控制供液的，则最好分为上午和下午各一次加入。营养液浓度一般控制在 EC 为 1.2 mS/cm，这得依据天气而定。如果在早春空气湿度较大、阳光不足、植株蒸腾量小的情况下，应提高营养液的浓度至 1.5～1.8 mS/cm，而在夏季和秋季，空气干燥，湿度较小，植株蒸腾量大的情况下，营养液的浓度应减少至 1.0～1.2 mS/cm。营养液的 pH 为 5.5～6.0。

表 10-4　荷兰红掌营养液配方　　g/m^3

化合物	质量	化合物	质量
硝酸钙	324	硝酸铵	109
磷酸二氢钾	136	硫酸钾	87
硫酸镁	246	硝酸钾	252

注：微量元素采用通用配方，EC≈1.2 mS/cm。

5. 其他的日常管理

（1）剪叶。安祖花的老叶不仅会遮挡其他叶片，还会消耗大量的糖分，因此对产花量有一定的影响。另外，植株叶片过多，在体内营养有限的情况下，可能导致花蕾发育不全或早衰，出现茎弯曲或花蕾受损。植株叶片需每个月都剪，必要时 2～3 周就要修剪一次。一般植株密度越大，剪叶的次数也就越多；叶片越大，植株保留的叶片数也就越少；水平叶应少留，垂直叶应多留。剪除的叶片如果品相较好的，也可以作为切叶销售。

（2）除吸芽。吸芽在其发生早期除去较好，否则长大后再除会损坏根茎。吸芽应用手拔除，切不可用刀或剪子，因为刀或剪子去除不彻底，且去除后仍可继续生长。植株在生长缓慢期或其之前不宜去除吸芽，因为这一时期植株对病害比较敏感。

6. 病虫害防治　红掌主要的病虫害有细菌性枯萎病、叶斑病、根腐病，线虫、红蜘蛛、蚜虫、鳞翅目害虫、白粉虱、介壳虫、蜗牛等。除了喷施化学药剂进行病虫害防治之外，也可在温室通风口固定防虫网，内挂捕虫板，对粉虱、蚜虫等害虫进行物理防治。

（1）炭疽病。是红掌常见病害之一。病原是盘长孢属或刺盘孢属真菌。前者症状是沿叶脉形成圆形棕色病斑，之后病斑连在一起，形成具有棕黄色边缘的大病斑，病部最后干枯。后者与前者相似，在分生孢子盘上长有黑色坏毛，且会引起花腐，在肉穗花序上形成黑色坏死斑点。高湿是发生该病的主要原因。防治方法为药剂防治和加强栽培管理，要经常通风透光，避免浇水或空调冷凝水溅在叶片上，及时摘除病叶。

(2)红蜘蛛。主要使叶片和花出现退色，影响叶片和花的商品性。为害初期可喷药防治，防治药剂有：三氯杀螨醇、遍地克、氧化乐果和氟氯菊酯等。

(3)细菌性枯萎病。由黄单胞杆菌引起的一种细菌性病害，可侵染叶片和肉穗花序。发病初期，叶部形成水渍状、半透明的不规则小斑，之后变为黑色，外有一鲜黄色边缘，病斑周围失绿。该病菌可造成系统性侵染，表现为老叶变黄，叶柄折断，维管束变黄。防治的方法是加强栽培管理，辅以药剂防治，及时清除病株残体，并烧毁。栽培管理过程中，尽量减少人为伤口，尽量减少使用铵态氮肥。一般是在发病初期喷施农用链霉素或新植霉素。

(4)细菌性叶斑病。表现的症状一种是在叶和花上，在叶花的背面初期可见水渍状斑点，后期叶缘出现棕褐色斑点，还伴有黄色晕环；另外一种是细菌侵染开始在茎上，通过维管束侵染细胞迅速扩大到整个植株。在初期可以发现新叶叶色暗淡，是由于维管束被细菌填堵，阻碍了体内水分的流动与营养的运输，使叶色暗淡，叶片发黄，在较短的时间内该类型侵染就会导致花梗和叶片从植株脱落，生长点迅速腐烂并有菌脓流出。

对于细菌性病害没有特效药，主要是以预防为主。①环境预防。加强温室的温度(细菌理想的繁殖条件是30℃左右)控制，做好卫生环境和减少生产区人员、作业工具的流动等。②肥料预防。在植株生长中尽量不用高铵态的氮肥。去除或隔离病株。

(5)叶枯线虫病。由滑刃线虫属线虫侵染所致，主要侵染根部和叶部。病状为沿叶脉形成坏死斑或棕色斑点，根部膨大，最后整片叶干枯。防治方法主要是加强苗检疫，选用健壮种苗，做好栽培基质的消毒。

7. 采收　红掌的采收因品种不同而有一定的差异，一般是当肉穗花序有3/4变色且看到雄蕊时，即可收获。但各个品种最佳收获期要通过测试花的瓶插寿命来推断。采收时植株上应留有约3 cm的长茎，以防由于病菌从切口侵入而造成茎部腐烂，收获后的红掌应立即放入盛有净水的容器中，以防止脱水。

第二节　盆花无土栽培技术

一、蝴蝶兰

蝴蝶兰又称蝶兰，是世界四大洋兰之一，被誉为“洋兰王后”。蝴蝶兰原产于亚洲，在我国台湾和泰国、菲律宾、马来西亚、印度尼西亚等地都有分布，其中以我国台湾出产最多。全世界原生种有70多种，经杂交选育的品种有530多个。

(一)生物学特性

蝴蝶兰属兰科蝴蝶兰属的附生兰，为多年生腐生草本。

1. 蝴蝶兰的形态特性　茎短，基部肥厚，有气生根，而且生长特别旺盛；根簇生，肉质，圆柱形，白色或浅绿色；叶厚，多肉质，卵形、长卵形、广椭圆形，长20～26 cm，宽8～10 cm，基部鞘状，同时叶鞘呈管状抱茎。叶色因品种不同而分为绿色、绿面红背和斑叶红背等。多在早春开花，花期长达2～4个月，通常由叶丛中抽生花茎，总状花序，每根花茎开花9～13朵，蝶状，两性，花被片6，花朵有的硕大美丽，有的娇小玲珑，花色艳丽，有纯白、粉红、紫红、黄色间红斑纹、白色红缘等，香味较淡。

2. 蝴蝶兰的生态习性　蝴蝶兰原产亚洲热带雨林地区，常野生于高温、多湿的中低海拔山林中，喜半阴环境。

(1)温度。蝴蝶兰春后生长，最适宜的温度是白天25～28℃，晚间20～23℃。在夏季35℃以上高温或冬季10℃以下低温时，则停止生长，低于5℃容易死亡。若持续低温，根部停止吸水，造成生理性缺水，植株就会死亡。而32℃以上高温对蝴蝶兰生长不利，会促使其进入半休眠状态，影响花芽分化，难以开花。蝴蝶兰花芽分化不需高温，以16～18℃为宜。进入休眠期，温度应控制在白天18～21℃，晚间13～15℃。

(2)湿度。蝴蝶兰生长的最佳湿度为70%～80%，小苗要求达到90%。湿度过高，植株易感病，过低生长缓慢。

(3)光照。蝴蝶兰忌强光直射，应注意遮阳。在北方栽培时，温室栽培要加内外遮阳网，遮光率达50%～60%。幼龄期光要弱一些，开花期光稍强一些。

(4)水分与水质。蝴蝶兰的根为肉质气生根，忌积水，喜透气和干燥。若浇水过多，容易引起烂根。一般浇水以4～5 d一次为宜；夏季高温每日应叶片喷雾2～3次以降温，进入秋天可停止喷雾，且等基质内部干燥后再浇水。水质对蝴蝶兰的生长至关重要。一般要求pH为6.5左右。

(5)肥料。蝴蝶兰喜肥，但忌浓肥。幼苗以氮肥为主，进入生殖生长期(花期)以P、K肥为主。肥料最好选用兰花专用肥，浓度要稀薄一些。蝴蝶兰从幼苗到开花需2～4年，属生长快速型，因此须经常施肥以保证其生长，一般在生长期每1～2周施肥1次，休眠期和花期停止施肥。

(6)通风。蝴蝶兰喜通风环境，若通风不良，可导致叶片下垂，严重者植株枯萎。生产蝴蝶兰的温室，根据温度来确定通风量，温度高时通风量可大些，温度低时通风量可小些，一般夏季每天通风时间应在7 h以上，冬季不少于4 h。

(二)无土栽培方法及设施

1. 栽培方法　蝴蝶兰主要采用基质栽培。育苗多采用组织培养的方法，瓶苗移出后，选用保水性强、透气性好的基质进行盆栽。一般将健壮的幼苗直接种植在5 cm透光塑料营养钵内，而叶距小于4 cm或根系不好的苗种到50孔穴盘内，培养2.5～3.5个月后再移植到5 cm营养钵里；幼苗经过3.5～4个月可以移植到8 cm营养钵里，置于15孔黑支架内；继续生长3～3.5个月后，换到12 cm营养钵中，置于12孔黑支架内培养至开花。

2. 栽培设施

(1)蝴蝶兰最好采用玻璃或PC板温室进行规模化栽培，也可使用日光温室或钢架连拱塑料大棚等设施进行小规模生产。设施要有较高屋顶，一般高度在4 m以上，顶部和四周可开启通风。一般建在开阔、通风、光照充足、交通方便的场地。

(2)栽培床。蝴蝶兰的栽培床有固定栽培床和滚动栽培床2种：固定栽培床节省建材，造价较低，但大棚面积利用率较低，约为70%；滚动栽培床造价较高，但大棚面积利用率高，可达85%。蝴蝶兰栽培床宽度通常为173～175 cm(每个蝴蝶兰大苗穴盘长43 cm，一排放置4个穴盘)，高度65～75 cm，长度依棚长而定，每平方米栽培床可栽培12 cm蝴蝶兰开花苗35株。

(3)遮阳设备。栽培蝴蝶兰的设施应配备单层或双层电动外遮阳设备，单层网的遮光率为

70%,双层网的遮光率为70%+50%。栽培大苗的棚有单层外遮阳即可,栽培中小苗的大棚必须配备双层外遮阳或单层外遮阳另加一、二层内遮阳。

(4)降温设备。主要降温设备为水帘、风机及环流风机等抽风降温系统;喷雾降温效果也非常好;此外通风和外遮阳也有一定降温效果。配备抽风降温系统时,水帘面积、风机台数应与设施面积相匹配,才能达到应有的降温效果。例如1 000 m^2的温室,需安装水帘40 m^2、风机4台(功率1 100 W/台)。

(5)加温和保温设备。蝴蝶兰的栽培设施须选用保温性好的棚膜、保温被等覆盖材料,设施内可采用无纺布等进行多层覆盖保温。冬季加温设备可采用柴油自动加温机或燃煤加温机加温,确保冬季设施内温度维持在18℃以上,充分满足蝴蝶兰保温防寒和促进开花的需要。

(6)浇灌与喷雾设备。栽培蝴蝶兰的设施还要配备喷药、喷肥的喷雾机和浇水、浇肥的浇灌设备。

(三)无土栽培管理技术

1. 蝴蝶兰的繁殖　蝴蝶兰分有性繁殖和无性繁殖。有性繁殖一般通过"授粉—果荚的发育成熟—无菌播种于培养基—工厂化瓶苗生产"这一过程来进行。无性繁殖又分为无性细胞组织培养和植株自身产生不定芽两种方式。目前工厂化育苗多采用播种于培养基的有性繁殖和无性细胞组织培养的无性繁殖两种方法,前者生产成本低但后代性状不稳定;后者生产技术要求高但后代相对稳定,是目前蝴蝶兰种苗繁育主要方法。

2. 苗龄把握　蝴蝶兰种苗有瓶苗、5 cm苗、8 cm苗、12 cm苗4种规格,12 cm苗为成苗,可进入开花处理。瓶苗、5 cm、8 cm苗从栽培至开花苗(12 cm营养钵,A级花以上)所需时间分别为20个月、16个月、10个月。通常应选购苗龄足、苗体壮的蝴蝶兰苗进行栽培,以确保栽培的蝴蝶兰苗壮、花大(或花多)、质优。

3. 栽培容器和基质

(1)蝴蝶兰多采用盆栽方法进行,一般以浅而多孔的素烧盆或透明塑料盆为好。

(2)合理地选用栽培基质是无土栽培蝴蝶兰的关键。因为蝴蝶兰的根系是气生根,对排水、透气要求较高,所以栽培基质要求具有良好的保水性和较高的透气性,pH为5.5左右为宜,常用的栽培基质有水苔、松树皮、椰糠等。水苔作栽培材料,使用前应先把水苔放在清水中浸泡数小时,挤干水后备用,但白水苔容易腐烂,需一年更换一次,否则腐烂时渗出的酸水会导致烂根;用松树皮作栽培材料时,将其粉碎成0.5~1.5 cm的小块,用清水浸泡1 d后晒干备用,具有不易腐烂及可分解成腐残质供吸收的优点,但易滋生蚂蚁;椰糠使用前要充分腐熟,具有保水、透气、保湿和不易腐烂等优点,但易滋生病菌。国内生产中可用水苔与树皮或水苔与椰子壳混合而成的基质;国外常用冷杉皮加泥炭为栽培基质,也有用水藓和椰壳基质。

4. 营养液配方　蝴蝶兰栽培可采用兰花专用营养液,营养液配方为:$Ca(NO_3)_2 \cdot 4H_2O$ 700 mg/L,硝酸钾(KNO_3)700 mg/L,过磷酸钙[$Ca(H_2PO_4)_2 \cdot H_2O$] 800 mg/L,硫酸镁($MgSO_4 \cdot 7H_2O$)280 mg/L,硫酸铵[$(NH_4)_2SO_4$] 220 mg/L,硫酸亚铁($FeSO_4 \cdot 7H_2O$) 120 mg/L,硼酸(H_3BO_3)0.6 mg/L,硫酸锰($MnSO_4 \cdot 4H_2O$)0.6 mg/L,硫酸铜($CuSO_4 \cdot 5H_2O$)0.6 mg/L,钼酸铵[$(NH_4)_6MoO_{24} \cdot 4H_2O$] 0.6 mg/L。

5. 蝴蝶兰的栽培技术

(1)小苗阶段

①分级。用长扁镊子小心地从瓶里将苗移出后做分级处理,叶距4 cm以上、有2~3条健

康根系为大苗，种在 5 cm 营养钵内；叶距小于 4 cm 或根系不好的苗，种到穴盘里。

②定植。栽种小苗时，用少许水苔放在小蝴蝶兰根系中间，使根系呈放射状 45°角，外面再包上水草，种在容器中。注意小苗阶段水草不要太紧，否则不利于发根。当天种完的瓶苗，通常用恶霉灵 500 倍液或代森锰锌 1 000 倍液浇灌，防止出瓶根系伤口和茎部病菌的侵入。

③环境条件的管理。刚出瓶后温度控制在 22～28℃的范围内，利于蝴蝶兰小苗的缓苗和根系的复壮，1 个月后逐渐调到蝴蝶兰营养生长的温度范围 20～30℃。

刚出瓶小苗光照保持在 30～50 μmol/(m^2 · s)的低光范围内，需做遮光处理，1 周后光照逐步提高，最后维持在 150～180 μmol/(m^2 · s)范围内。一般对光照强度要求为：白花＞红花＞黄花。

刚出瓶时湿度可控制在 85%以上，2 周后逐渐调节到 70%～85%。

出瓶 2 周内以浇清水为主，以后可逐渐浇肥水，开始施肥时使用的肥料浓度不能太高，EC 为 0.5～0.6 mS/cm，以后逐渐提高肥料浓度，最后 EC 为 0.6～0.8 mS/cm。肥料最初用 N：P：K＝30：10：10，2 个月后用 N：P：K＝20：20：20 的肥料。

(2)中苗阶段

①换营养钵时间及标准。出瓶后的瓶苗直接种植在 5 cm 苗盆里需经过 3.5～4 个月才可以移植到 8 cm 营养钵里，而穴盘苗经过 2.5～3.5 个月后先移植到 5 cm 营养钵里，再经过 2～3 个月后才能移到 8 cm 营养钵里。所以组培瓶苗的质量一定程度上决定后期养护时间的长短。上盆标准一般是 5 cm 营养钵苗叶尖距达到(12±2) cm，叶角在 15°以上，并且根系已经长到盆底，最好有一圈盘根。

②换营养钵步骤。首先在 8 cm 营养钵底部放 3 块小泡沫呈三角形，然后将 5 cm 营养钵苗小心取出，外面包上一层水草，将所有根系包裹其中，种在 8 cm 营养钵中，然后放在 15 孔支架上。水草的硬度比 5 cm 营养钵稍硬一些。换盆时仍然要做大小分级，同一大小苗种完后放在同一个支架上，且在栽培床摆放时也应该把同级放到一起，利于以后的管理。当天换营养钵后药剂处理同小苗阶段。

③环境条件的管理。温度控制在 20～30℃，最好在 22～28℃，有利于营养生长。刚换盆后光照同小苗阶段，以后逐步提高，最后控制在 220～270 μmol/(m^2 · s)。相对湿度控制在 70%～85%。换盆后 1 周内不施肥、不浇水，直到从盆底或四周看到有根尖露出水草，开始浇肥水，浓度开始同 5 cm 营养钵苗浓度，以后逐渐提高到 EC 为 0.9～1.1 mS/cm，每 7 d 施肥 1 次。肥料用 N：P：K＝20：20：20。

(3)大苗阶段

①换营养钵时间及标准。8 cm 营养钵苗生长 3～3.5 个月后，叶距达到(20±2)cm，根系至少有一圈盘根，可换到 8 cm 营养钵中。无根或营养钵边可见少量根系的中苗，不能换 12 cm 营养钵。换营养钵后仍要按照大小不同级别摆放。

②环境条件的控制。温度控制在 20～30℃，最好在 22～28℃，有利于营养生长。换营养钵后初期光照在 220～270 μmol/(m^2 · s)，逐渐提高到 270～365 μmol/(m^2 · s)。光照过低会造成徒长，且养分积累不足，夏季光照过强，叶片上会发生日灼现象。空气相对湿度控制在 70%～85%。换盆后 1 周内不浇水，待根尖露出水草后开始浇肥水，最初 EC 同中苗，以后逐渐提高 EC 至 1.1～1.3 mS/cm。肥料用 N：P：K＝20：20：20。

(4)开花阶段。

①催花时间及标准。12 cm 营养钵苗经过 3.5～4 个月后,短缩茎达到 1.5 cm 以上的粗度,有 4～5 片成熟健康叶片,无病虫害,可以进行催花处理。

②环境条件的控制。催花温度夜温 16～18℃,日温在 24～26℃,增加光照强度,控制浇水,每天高温 12 h,低温 12 h 有利于花芽分化,1 个月后花芽长出,一般花芽长出后 3 个月左右即可开花,开花后夜温不变,日温降到 22～24℃,可延长花期。催花肥料用 N∶P∶K=9∶45∶19 或 N∶P∶K=10∶30∶20 肥料,浓度同大苗,开花后停止施肥。

6. 病虫害防治

(1)蝴蝶兰对病虫害的抵抗力较弱,常见病害有软腐病、褐斑病、炭疽病等,得病后加强通风,将病叶剪除,并用 50%多菌灵 1 000 倍液或 75%百菌清 1 000 倍液或 70%甲基托布津 1200 倍液每周喷洒 1 次,连喷 3 次。若在生产中发现病毒病植株,应立即予以隔离和销毁,以防传染。

(2)常见虫害防治。蝴蝶兰常见的虫害有介壳虫、红蜘蛛、蜗牛等。发生虫害后,加强通风,可并用 28%介宝 800 倍液、40%杀扑灵 800 倍液喷杀介壳虫;用 15%达螨灵(2 000～3 000)倍液或 20%四螨劲(2 000～3 000)倍液喷杀红蜘蛛;在盆四周撒上石灰粉防止蜗牛爬上花盆啃咬兰花植株。

7. 包装、运输、贮存　蝴蝶兰包装采用瓦楞纸箱,每箱放 20 株蝴蝶兰,纸箱规格为 110 cm×45 cm×20 cm,瓦楞纸箱应符合 GB/T 6543 规定要求,蝴蝶兰花朵用无纺布包裹,横向平放,并置于纸箱中间处,花盆用胶布固定于纸箱两边。

装运蝴蝶兰的交通工具和贮存蝴蝶兰的场所都应保持 20～25℃恒温。

二、观赏凤梨

观赏凤梨是指所有具有观赏价值的凤梨科植物的总称,又称凤梨花或菠萝花,以其株型独特、叶形优美,花序的颜色和形态丰富美丽,花期长,大部分耐阴,是集观花、观叶或观果于一身的时尚花卉,是一种有较大发展前景和名副其实的名优高档礼品盆花。

观赏凤梨原产南美洲热带、亚热带地区,在欧美已流行近 200 年,自 20 世纪 90 年代中期引进中国以来,在中国华南地区的广东、广西、福建、海南等热带和亚热带花卉产地逐渐出现观赏凤梨种植业,并借助现代园艺设施,逐渐形成了全国范围的规模化栽培。国内凤梨产业更是迅猛发展,近年来已在我国上海、昆明和广州等地建立种苗生产基地,2007 年仅进口凤梨种苗生产上市成品达 600 万盆。

(一)生物学特性

观赏凤梨为凤梨科多年生草本植物,当今常见的类群主要有凤梨科珊瑚凤梨属、水塔花凤梨属、果子蔓属、彩叶凤梨属、铁兰凤梨属和莺歌凤梨属 6 个类群。

1. 观赏凤梨的形态特性　草本,多为有短茎的附生植物,根部极不发达。叶硬,边缘有刺,叶序的排列形状呈对称平滑放射伸展,质地较软,带状外曲,基部叶片紧密排列呈莲座状叶丛,有的中心呈杯状形成持水结构;叶片多为绿色,部分具有红、黄、白、绿、褐、紫等色彩相间的纵向条纹或横向斑带,少数属种的叶片被覆银灰色的斑粉或茸毛。叶大小因种而异,小的如铁兰,长仅 5 cm,大而厚硬的如美丽光萼荷,长 20～60 cm。花序呈圆锥状、总状或穗状,生于叶形成的莲座叶丛中央。花序奇特多姿,有的如星,有的如剑,有的像珊瑚,有的像灯笼,还有的似火炬、似炮仗。花色有黄、褐、粉红、绿、白、红、紫等单色或混合色，小花生于颜色鲜亮的苞片中，有些种彩色的苞片能保持半年以上，有的形态奇异。花后死亡，死亡前基部产生吸芽。果实有的为聚花果，有的为单果。

2.凤梨的生态习性　观赏凤梨原产南美洲热带、亚热带地区，喜温暖湿润、半阴环境，忌酷暑，怕强光直射，喜柔和的长日照。

(1)温度。观赏凤梨适应范围较广，耐热耐旱，但夏季应不高于37℃，冬季应不低于5℃，气温偏低易受冷害，如叶与花会变色，甚至腐烂。短时的低温或极高温，虽然会对生长造成一定危害，但当温度恢复正常后，植株仍可生长良好。在5～37℃都可以生长。最适宜凤梨生长的温度为夜温15～18℃，日温22～28℃，日夜温差最好相差6℃以上，以10℃为佳。

(2)光照。凤梨喜欢阴凉的环境，不能暴露在直射阳光下，但适当的光照也是栽培观赏凤梨所必需的条件。大部分观赏凤梨所需求的光照强度约为360 $\mu mol/(m^2 \cdot s)$(20 klx)，每天至少12 h。如将光照强度提高至550～730 $\mu mol/(m^2 \cdot s)$(30～40 klx)并配合高湿度和良好的通风条件，则会生长更快更好，株型会粗壮匀称，叶片宽而刚硬，花色更加鲜艳美丽。

(3)湿度。最适宜观赏凤梨生长的空气相对湿度应维持在50%～75%，在此湿度范围内，植株圆润饱满，叶色光亮照人。湿度过低(低于40%)，叶片会向内卷曲或无法伸展，甚至叶尖出现焦枯现象；但湿度太大(高于80%)，植株叶片上会出现褐色斑点，严重时出现烂心现象。

(4)水分。观赏凤梨喜酸性，它对水质要求非常高，以无污染，EC在0.1 mS/cm以下，pH 5.5～6.5的微酸性水为好。理想的灌溉水是雨水，其次是河流、湖泊等地表水，然后是地下水，生产中常用经沉淀和过滤处理的地下水。当pH高于7时，植株吸收营养不良；高钙、高钠会使叶片失去光泽，妨碍光合作用，并容易引起心腐病和根腐病；硬水因含钙盐及镁盐过高，不宜使用；自来水也常含大量的钠和氯，不宜使用；地下水因地域不同会有变化，应做水质分析后使用。水分管理状态要求基质湿润但盆底不积水，同时杯状结构内应保留适量的水。

(5)肥料。观赏凤梨需肥较少，较适宜使用液体肥料。施肥以$N:P_2O_5:K_2O=1.0:0.5:(0.5\sim1.2)$为佳，凤梨对铜、锌敏感，施肥时必须注意。催花时，应在花期前2个月去掉氮肥。

(二)无土栽培方法及设施

1.栽培方法　观赏凤梨多采用基质盆栽方法进行。

2.栽培设施

(1)观赏凤梨属热带植物，除一些特殊种外，必须选择冬季无霜的地点，最好能在具有调温功能的现代化温室内种植，也可使用日光温室或钢架连拱塑料大棚等设施进行小规模生产。

(2)栽培床架。宜采用滚动式栽培床架进行观赏凤梨盆花栽培。

(3)加温和保温设备。观赏凤梨的栽培设施须选用保温性好的棚膜、保温被等覆盖材料，设施内可采用无纺布等进行多层覆盖。冬季加温设备可采用燃油热风炉加温，如果安装温室内保温系统，减少加温空间，加温效果更佳。确保冬季设施内温度维持在10℃以上，充分满足观赏凤梨生长和开花的需要。

(4)遮阳设备。观赏凤梨喜欢阴凉的环境，宜采用双层活动式遮光系统调控遮阳率。夏、秋季采用70%～80%的遮光，冬春季采用50%～60%的遮光。

(5)降温设备。主要降温设备为水帘风机降温系统、喷雾降温机、循环通风扇等；此外通风和外遮阳也有一定降温效果。

(6)灌溉施肥系统。宜采用喷灌设备或高压动力施肥机。

(三)无土栽培管理技术

1.观赏凤梨的繁殖　观赏凤梨可通过播种、组织培养、蘖芽扦插等方法繁殖，种子繁殖的因种苗生长缓慢、长势较弱，一般要栽培5～10年才能开花，除育种外一般不用。组织培养法繁殖系数高、速度快、植株生长一致、开花早，适合大规模商业化生产，但技术性强、成本较高。小规模生产栽培常采用分蘖芽扦插的方法。

2.栽培容器和基质

(1)容器。观赏凤梨根系对光线较为敏感，生产上一般选择不透光的塑料胶盆。规格的确定以花盆可以稳定植株并与株型相协调为原则，小株型(株高<40 cm)品种可直接使用上口直径为10～12 cm的胶盆种植；中大株型(株高>40 cm)品种，在小苗阶段(株高10～20 cm)用上口直径为8～10 cm的胶盆种植，到中苗(株高>20 cm)阶段再移栽到上口直径为14～16 cm的胶盆中。家庭种植也可以用瓦盆、釉盆、木盆吊盆等盆壁多孔的花盆。

(2)栽培基质。凤梨的栽培时间较长(从小苗到成品大苗需2～3年)，所以栽培基质非常重要，直接影响到凤梨的生长速度和品质。生产栽培的观赏凤梨多为附生种，栽培基质要求疏松、透气、排水良好、分解或收缩性小、pH呈酸性或微酸性(5.5～6.5)、EC为0.5 mS/cm左右。一般情况下，适宜的栽培基质中含有60%～70%的粗大颗粒和30%～40%的细小颗粒，生产上可使用单一基质进行栽培，如泥炭、椰糠、蘑菇渣、珍珠岩、腐叶土、树皮等，但多使用复合基质，如泥炭∶腐叶土∶粗沙(2∶1∶1)、蘑菇渣∶松软塘泥∶粗沙(5∶2∶1)、草炭∶沙∶珍珠岩(3∶1∶1)等。基质在使用前必须进行消毒处理。

3.营养液配方　不同属的观赏凤梨盆花需要不同的营养成分配比，营养成分配比(N∶P_2O_5∶K_2O)分别为果子蔓属(1∶0.3∶2)、丽穗凤梨属(1∶0.75∶2.5)、光萼荷属[1∶(1～1.5)∶(3～4)]、彩叶凤梨属[1∶0.5∶(2～3)]、铁兰属(1∶1∶2)，每组配方中应加入营养成分总量12%的硫酸镁。在生长过程中，根据环境条件，营养管理应结合基质、生产用水和植株中的营养成分含量不同对配方中各营养成分含量作必要的调整。

以果子蔓属观赏凤梨盆花为例，营养生长期液肥配方中大量元素比例为：N∶P_2O_5∶K_2O∶MgO=1∶0.3∶2∶0.15，宜添加适量Ca、S等元素以及Fe、Mn、Mo等微量元素；生殖生长期液肥配方中大量元素比例为：N∶P_2O_5∶K_2O∶MgO=1∶0.4∶2.4∶0.2，亦宜添加适量Ca、S等元素及Fe、Mn、Mo等微量元素。其他属观赏凤梨盆花的营养管理按其成分配比要求参照执行。

4.观赏凤梨的栽培技术

(1)种苗选择。应选择根系发育良好，根量多，苗高均匀，叶片完整无变异畸形，无病虫害的健壮种苗。如计划种植10～16个月植株大小达到催花规格，应根据成品株型的不同选择适宜高度的种苗，一般小株型品种(株高<40 cm)选择的种苗高度应达到6～10 cm，中大株型品种(株高>40 cm)选择的种苗高度应达到10～15 cm。

(2)种苗处理。种苗运到种植地后，通常变得脆弱，特别是经脱盘长途运输的小苗，应尽快将其从包装箱中取出，平稳放置在栽培床架上，切勿放置于地面，以防病菌感染。在取苗过程中应轻放，保持根团完整、不松散。应避免叶面浇水，若室内温度过高可通过叶面喷雾的方式降温，应调控室内温度在25～28℃、光照强度在180～240 μmol/(m^2·s)(10～13 klx)。2 d内上盆，随后及时喷施托布津1 000倍液或百菌清800倍液进行防病处理。

(3)上盆及恢复期管理。先在花盆底部放 2～4 cm 厚的基质，将种苗置于盆内中央，填充基质至植株根基交界处，一般为 2～3 cm，勿埋压基部叶片，基质离盆口 2～3 cm，稍振动盆土即可。在上盆过程中，切勿将基质洒落到“叶杯”内，以免影响其今后的正常生长。上盆后，小苗(株高 10～20 cm)可盆靠盆摆放，中苗(株高>20 cm)的摆放以植株间叶片轻微相互交接为宜。摆放好后浇透定根水。当天应喷施保护性广谱杀菌剂，可用 75%百菌清 600～800 倍液或 50%多菌灵 800～1 000 倍液进行叶面喷雾。

上盆种植后 1～2 周为恢复期。期间控制光照强度在 240 μmol/(m^2 · s)左右、日温 25～28℃、夜温 18～20℃、空气相对湿度在 70%～80%。上盆 3～4 d 后可适当施浓度较低的液肥(EC 小于 0.6 mS/cm)。

(4)生长期管理

①水分调控。水分对观赏凤梨生长非常重要，附生的观赏凤梨根系较弱，主要起固定植株的作用，吸收功能是次要的；其生长发育所需的营养和水分，主要贮存在叶基抱合形成的“叶杯”(杯状结构)内，靠叶片基部的吸收鳞片进行吸收。即使根系受损或无根，只要“叶杯”内有一定水分，植株就能正常生长。

观赏凤梨盆花在不同生长发育阶段对水分需求不同：幼苗阶段保持基质湿润。进入夏、秋季旺盛生长期，需水量较多，要增加植株浇水量和浇水次数，每 2～3 d 浇 1 次水，淋水时以“叶杯”内水分溢出到基质再从盆底溢出为准，保持“叶杯”有水，基质湿润；每天用喷雾设备进行叶面喷雾 1～2 次，以增加空气相对湿度，避免植株因高温而造成叶片、苞片的灼伤和畸形。冬季进入休眠期后，减少水分供给，尤其夜间应保持叶片和苞片干爽，基质半干时进行淋水，一般每周向“叶杯”内浇 1 次水，太湿易烂根。催花和开花期适当减少水分，控制其营养生长，促进花序鲜艳。但无论在哪个生长时期每个月至少要有一次控水过程(基质含水量 15%～20%，保持 5 d 左右)，保持基质的干、湿交替，有利观赏凤梨盆花生长。

观赏凤梨对水质的要求很高，对 EC 含量高的自来水、河水或地下水，需要进行离子化处理，使 EC 不大于 0.5 mS/cm，最好在 0.3 mS/cm 以下。目前，大面积栽培凤梨，多采用雨水池收集雨水的方法，雨水池体积与凤梨生产面积比约为 10 ∶ 1，即 10 000 m^2 温室，配备 1 000 m^3 的雨水池。收集雨水的 EC 在 0～0.3 mS/cm，pH 6 左右，无须进行离子化处理，水质相当好，完全可以满足凤梨栽培需要。冬天水温较低，不宜直接使用，应放置一段时间使水温升高后再使用。

②肥料管理。凤梨主要靠“叶杯”吸收养分，将营养液灌施到叶筒或向叶面喷施都是有效的施肥方法。通常 5～7 d 施肥一次，通常小苗(株高 15～20 cm)适用的营养液浓度为 0.5～0.8 个剂量，中苗(株高大于 20 cm)适用的浓度为 1 个剂量。营养液 pH 调整至 5.0～5.5、EC<1.0 mS/cm 后施用。每次小苗的施肥量为 50～100 mL/盆，中苗的施肥量为 150～200 mL/盆。施肥完毕 1 h 后，宜使用喷灌设备向叶面喷水 1～2 min，冲洗残留在叶片上的肥分，保持叶片洁净，防止液肥蒸发浓缩后烧伤叶片。另外，凤梨对一些元素很敏感，如微量的硼也会引起叶片卷曲、叶尖焦枯或脱落；铜和氯可导致植株发黑甚至死亡；锌可以使叶尖干枯；过多的磷也会使凤梨出现中毒的症状，如叶尖干枯。凤梨的叶片对镁元素的需求较多，充足的镁可使某些凤梨品种(如‘火炬’)的叶片散发出特有的金属光泽，因此，应在营养液中注意添加镁元素。

③环境调控。观赏凤梨的最适温度为 20～28℃，冬季不低于 10℃。当温室内温度超过 30℃时，主要靠天窗侧窗打开、内外遮阳网的打开、开启湿帘风机进行降温；秋末冬春，尤其是

在冬季温室内温度下降幅度大，夜间温室保温主要靠内遮阳系统或双层膜覆盖，如果温度低于15℃，则需要暖气、热风炉等加温设备进行加温。

湿度要保持在65%～80%。当温室内湿度小于50%时，采用高压喷雾加湿或在走道、苗床下面喷水，来增加温室内空气湿度，夏季使用湿帘风机也可增加湿度；温室内湿度大时，打开风口或者风机排湿，冬季使用加温措施的同时，也可降低湿度。刚运回来的小苗定植后前3个月，温室内湿度宜调整为70%～80%，适宜小苗生长发育。

凤梨生长适宜的光照为270～450 μmol/(m^2·s)(15～25 klx)，中小苗光照以270 μmol/(m^2·s)(15 klx)为宜，每天至少12 h。光照强度通常采用内外遮阳来调节，5月份在温室棚膜上方20～30 cm处加透光率为50%～70%的遮阳网，既能降温又能防止凤梨叶片灼伤。如果没有内外遮阳设施，多采用在农膜或玻璃外侧喷涂特殊涂料，不需遮阳时再将其冲洗掉。如果在室内栽培，光照条件达不到要求时，可采用人工照明，最好选用日光灯，照明灯最好悬吊在植株上方约30 cm高处，不要太高，以免降低光照强度。

观赏凤梨的生长发育需要一个良好的通风透气环境，一般通过侧窗、天窗进行自然通风，也可通过风扇和风机进行通风换气。如果温室长时间处于一种封闭状态，凤梨容易发生病虫害，不利其生长发育；同时，封闭状态下，温室内O_2和CO_2气体量严重不足，影响凤梨叶片光合作用进行；再者，SO_2、NO_2等有害气体长时间滞留在温室内，也会造成凤梨生长不良。

④其他管理。

A. 基质pH和EC的检测调整：每个月进行1次基质pH、EC的检测，宜在淋肥前一天取样。pH低于5.0时，用0.2%碳酸钾溶液灌浇基质提高pH；pH高于6.0时，用0.1%的磷酸溶液灌浇基质降低pH，使基质pH保持在5.0～5.5；同时基质EC应小于0.7 mS/cm，宜结合浇水进行调整。

B. 换盆：观赏凤梨种植4个月后即需换盆，换盆时，先在盆底放1层基质，再把凤梨植株从小盆中连土取出，放在盆中央，周围放入基质，轻压以确保植株直立，同样，基质不宜压得太紧，以确保良好的透气性。种植深度以3～4 cm为宜。换盆后立即浇透清水，1个月后便可施肥。

C. 调整间距：观赏凤梨经一段时间生长后，植株会显得密度过高，光照不足，最终导致叶片狭长，生长停滞，生长差距拉大，因此，在换盆后2～3个月，需加大植株间距。

D. 分级：根据株型大小，需定期对植株进行分级，这样做既有利于改善较小植株的光照，同时也利于管理。

E. 叶片修剪：及时剪去病叶、残叶、老叶和畸形叶，增强植株间的透气性、叶片的光合作用和提高观赏价值。修剪叶片的刀具应使用0.1%～0.5%的高锰酸钾或75%的酒精消毒，防止病菌交叉传染。

(5)花期调控。观赏凤梨自然生长超过30片叶时，在温暖湿润的环境下可自行开花，花期以春末夏初为主，为使观赏凤梨能在节日开花，应进行人工催花。催花处理最常用的方法是用乙炔饱和溶液进行处理，用一根皮管将乙炔气体瓶和储水桶连接起来，并将带有气孔的皮管均匀浸没在水中，用0.5 Pa的压力慢慢将乙炔气体从瓶中释放到水中，100 L的水放气时间至少在45 min以上。当容器里流出的水具有强烈的气味时，就可以用来催花。将乙炔水溶液灌入凤梨已排干水的“叶杯”内，用量以刚好填满“叶杯”为好。重复进行3次，每次间隔2～3 d，催花最宜在晴天有阳光的早上进行。一般处理后3～4个月即可开花。没有“叶杯”的铁兰属凤梨盆花用 750 mg/L 的乙烯利水溶液进行人工催花。但是，人工催花应注意：①植株必须长到一定的大小或年龄时才能对开花刺激物有反应。要选完成营养生长阶段的植株，至少有 20 片充分发育的叶片，包括已枯死的老叶，以积累足够的营养物质。如叶数太少，营养不足，即使催花成功，花开也达不到观赏标准。②一般要在室温 20℃左右进行，温度越高，催花时间越短；温度越低，催花时间越长，且在 15℃以下催花难以成功。③观赏凤梨催花处理前 2 周停止施肥，只浇清水；催花处理 2 周后开始施肥，少施氮肥多施钾肥。这样可以防止生成绿色花穗。④催花的同时不要关闭乙炔气阀，因为乙炔气体容易从水中蒸发掉，如果关掉气阀，水中的乙炔浓度会逐渐降低，影响催花效果。

5. 病虫害防治　在温室栽培条件下，很少有病害，但高温、高湿、水质太差或水分过多，易引起心腐病和根腐病发生，可用 50%多菌灵 500 倍液浸种苗 5～10 min 进行消毒，生长期以 75%代森锰锌 500 倍液或 75%甲基托布津 800～1 000 倍液灌注心部，每周 1 次，2～3 次有一定防效。平时加强通风，定期消毒，定期用干净水冲洗心叶。

虫害主要有介壳虫、螨类、蛞蝓等，一般介壳虫、螨类用氧化乐果或速扑杀防治，蛞蝓用 6%聚乙醛洒施于根际防治。

6. 包装、运输、贮存　观赏凤梨常用的包装材料有两种：一是柔软性较好的透明薄膜袋，二是坚固不易变形的纸箱。薄膜袋规格应根据盆花株型和花盆的大小确定，宜上口宽下口窄，上口宽以刚能包住植株而又不会损伤叶片和花序为好，下口宽以能刚好紧套花盆为好。包装箱规格也应根据盆花株型和花盆的大小确定，直立紧靠排列式装箱，包装箱的高度以稍高于株高为好，长度和宽度以每箱刚能紧靠排列装 16～25 盆盆花确定；花部相对错位纵躺式装箱，每箱宜装 20 盆，包装箱的高度是盆口直径的 2 倍，长度稍短于株高的 2 倍，宽度是盆口直径的 5 倍。在冬春季气温较低时，包装箱两侧不开通气孔，在夏、秋季气温较高时，包装箱两侧应开通气孔。

短途运输时可只用薄膜袋包装，长途运输则应同时使用薄膜袋和纸箱双层包装，在冬、春季气温较低时还要在纸箱内四周加放一层保温珍珠棉。包装前提前一天倒出叶杯内的水分，保持基质湿润。包装时先用薄膜袋包装好植株整体，再小心装入包装箱，短距离运输宜采用直立紧靠排列式装箱，长距离运输为降低运费也可采用花部相对错位纵躺式装箱。

三、一品红

一品红又名象牙红、老来娇、猩猩木，因其大多数在圣诞节开花，故又叫圣诞花或圣诞一品红。一品红花色鲜艳，花期长，是冬季和春季重要的盆花和切花材料，又正值圣诞、元旦、春节开花，是冬季优美的室内盆栽花卉，常用于盆栽装饰室内，布置花坛、会场，制作插花等。采用短日照处理，可使一品红在“国庆节”开花，满足节日布置的需要。

一品红原产墨西哥中美洲等热带地区，后传至欧洲、亚洲各地，在欧美、日本已成为位居十大盆花之列的重要花卉种类，并已形成规模化、专业化、现代化的生产。中国虽在 20 世纪初已引进栽培，但直至 20 世纪 90 年代才开始规模化生产，近年来在广东、北京、上海等地发展迅猛。

(一)生物学特性

一品红为大戟科大戟属多年生常绿灌木，因其苞片颜色的不同又分为一品白、一品粉、一品黄等。

1.形态特性　茎光滑,直立,含乳汁。叶片互生,全缘或浅裂,形态如戟。茎顶部花序下的叶较窄,苞片状,通常全缘,开花时呈朱红色。杯状花序顶生,聚伞状排列,花小,着生在淡绿色的杯状总苞内,有黄色腺体,下方有一大型的花瓣状总苞片,呈猩红、粉红或淡黄等色,是观赏的主要部分。果为蒴果,种子3粒,褐色。

2.生态习性　一品红属典型短日照植物,喜温暖、湿润和光照充足的环境;不耐旱、涝,喜疏松、肥沃、排水良好的中性至微酸性土壤,pH为5.5～6.0最适宜其生长。10月中下旬开始花芽分化,12月份开始开花。

(1)温度。生长发育适宜温度20～30℃,怕低温,更怕霜冻,最低温度不能低于5℃,12℃以下就停止生长,35℃以上生长缓慢。

(2)光照。要求充足的光照,营养生长季节需要的光照强度为730～1 100 $\mu mol/(m^2 \cdot s)$(40～60 klx),光照不足时,茎弱叶薄,苞片色泽变淡。在长日照的条件下进行营养生长,在短日照的条件下进行生殖生长。每天12 h以上的黑暗便开始花芽分化,红光可阻止一品红花芽分化,而且比蓝光更有效,因此在增加光照时间延长生长期时,一般选用白炽灯,而不选用日光灯。

(3)湿度。一品红不同的生长阶段对空气湿度的要求不同,一般苗期80%左右,生长期70%左右,花期60%左右。

(4)水分。一品红对水分的反应比较敏感,生长期只要水分供应充足,茎叶生长迅速,有时出现节间伸长、叶片狭窄的徒长现象。相反,盆土水分缺乏或者时干时湿,会引起叶片发黄乃至脱落。

(5)肥料。对肥需求量较大,尤以氮肥重要,但不耐浓肥,土壤盐分过高易造成伤害。

(二)无土栽培方法及设施

1.栽培方法　一品红多采用基质盆栽方法进行,栽培方式一般有两种:一是标准型,利用标准品种,不摘心,使每株形成一花;二是多花型,利用自然分枝品种或标准品种,经过摘心后使每株形成数个花枝。

2.栽培设施　一品红的生产可选择玻璃温室、薄膜温室或其他设施,但必须具备夏季可调节室内温度至32℃以下,冬季可调节室内温度至20℃以上的条件。一般生产区与育苗区的比例为5∶1,育苗结束后育苗区可转为生产区。温室需配备锅炉、热风机等加温设备;风机-湿帘系统、喷雾降温系统、外遮阳等降温设备;高压钠灯、普通白炽灯等补光设备;固定或移动式栽培床及施肥系统。

(三)无土栽培管理技术

1.一品红的繁殖　一品红容易生根,以扦插繁殖为主,多采用嫩枝扦插。扦插一般在7月中旬至9月下旬进行,选取品种纯正的母本植株,于花谢后修剪下来的枝条作插条,每3节截成一段进行扦插,每段带有2枚剪去1/2的叶片。剪插条时剪口有白色乳汁流出,要用草木灰或硫黄粉封住阴干,或用清水洗净后,待剪口干燥后再插入基质中。扦插基质可用蛭石、泥炭等,但要严格消毒,可使用高锰酸钾或其他杀菌剂,做到基质清洁无菌。插后保持基质和空气湿润,生根温度21～22℃,7 d开始形成愈伤组织,14～21 d开始生根。要及时浇施营养液,营养液可选用通用配方,并逐渐把花移到阳光充足的地方,但要避免中午强光直射。待2～3个月后,新枝长到10 cm左右时即可分栽上盆,栽培基质可用等量的草炭、珍珠岩或草炭、蛭石混合而成。

2.栽培容器和基质

(1)容器。生产上一般选择透光率低、底部透气孔多或网状花盆,如红色花盆或外面红色里面黑色的双色花盆。一般栽培小苗用 12 cm 的塑料盆,以后视长势、植株大小、根生长分布情况和成品商品化要求分别选用 16 cm、23 cm、30 cm、40 cm 盆。

(2)栽培基质。适宜的栽培基质是一品红栽培成功的前提,选用的基质应有稳定的结构、足够的通气性和良好的排水性。基质适宜的 pH 为 5.5～6.5,EC 为 0.8～1.0 mS/cm。当 pH 不适宜时,采用加入硫酸亚铁降低 pH,加入石灰提高 pH。目前一品红无土栽培过程中使用较多的为轻基质,主要由草炭、蛭石、珍珠岩、木屑、河沙、水苔及其他一些低肥无活性原料混配。常见代表性配方为:①50％草炭＋20％腐叶土＋30％珍珠岩;②40％草炭＋30％蛭石＋20％珍珠岩＋10％河沙基质;③70％进口草炭＋20％珍珠岩＋10％河沙;④75％国产草炭＋25％珍珠岩。

3.营养液配方　营养液可选用通用配方。

4.一品红的栽培技术

(1)种苗的选择。根据生产环境条件及生产量,选用生长势强、株型紧凑、叶色深绿、抗病能力强的品种是生产高品质盆花的关键。根据成品花出圃时间,选择不同感光期的品种,圣诞节、元旦期出圃的种苗选择感光期 5.5～7 周的早、中熟品种,春节期出圃的种苗一般选择感光期 7.5～9.5 周的中、迟熟品种。反季节生产的品种选择,3～5 月份出圃的应选择感光期长的品种,6～11 月份出圃的应选择感光期短、耐热的品种。

(2)上盆及恢复期管理。上盆时,先在盆底铺一层用水浸透的陶粒,以利排水和通气,然后加入混合基质,将花苗栽在盆中,盆上面要加盖一层陶粒,以防长青苔和浇水或浇液冲起基质。

上盆后 2 周内遮阳,保持日温 28～32℃、夜温 24℃,湿度 80％,光照强度保持在 180～270 μmol/(m^2·s)(10～15 klx)。上盆后第一次加液要充足,至盆底有渗出液流出为止,然后每隔 5 d 喷 1 500 倍叶面肥 1 次,10 d 后浇 2 000 倍通用复合肥(N∶P∶K＝20∶10∶20)1 次,每次每株约 100 mL。

(3)高度控制。盆栽一品红的株高是决定其外观品质高低的主要因素,植株高矮要与盆器尺寸呈均衡的比例,要与植株冠幅大小成比例,冠幅越大植株越高。一般株高是盆高的 1.2～2 倍或株高是冠幅的 1～1.2 倍,此时植株观感最佳。

摘心是常用控制高度的有效方法。在上盆 3 周后,根据根系生长情况,若根已长至盆壁,即可进行摘心,摘心时留 5～8 片叶节。在摘心前后 1 周,用 15～25 mg/kg 多效唑(PP_{333})叶面喷施各 1 次,可用矮壮素(CCC)水溶液在植株摘心前后 1 周各灌根 1 次。有些品种在高温季节易徒长,可以在摘心后再每 2 周喷施 1 次,连续喷 2～4 次。

(4)生长期水肥的管理。一品红苗期可通过喷灌的方式浇水,中苗后采用一盆一浇的方式,浇水原则一般在表土 1/3 干就应浇水。生产上采用浇水就浇肥的方法来补充水分。空气干燥时,可通过叶面喷雾增加湿度,但在花期不用此法。

①营养生长阶段的肥料管理。定植后第 3 周,每周用 1 500 倍的液肥(N∶P∶K＝15∶5∶15)灌根 1～2 次,期间补充钙、镁肥;到一品红生长昼夜临界点的前 1 周,用 1 200 倍液肥(N∶P∶K＝20∶10∶20)灌根 2 次,灌根后用清水喷洒叶面 1 遍。

②生殖生长阶段的肥料管理。在生殖生长阶段,用开花肥(N∶P∶K＝15∶20∶25)1 200 倍

灌根，每周 2 次，每施用 3 次补充 1 次(N：P：K 为 20：10：20)液肥，使用方法同上，注意事项是施肥后一定要清洗叶面。在出货前 1 个月减少施肥次数，每隔 10 d 施 1 次开花肥。

(5)生长期环境调控

①温度。一品红白天生长适温为 20～30℃，因此，在一品红苗定植后，应保持 20℃以上温室温度(宜高不宜低)。夏季温度高于 32℃时，可利用遮阳、喷雾、通风等手段进行降温，使叶面温度不超过 35℃。9 月底后，植株进入花芽分化期，应保持日温 20～25℃，日夜温差 2℃左右，温度高于 24℃会阻碍花芽分化。当温度低于 15℃时，要进行保温，用薄膜密封大棚，也可用塑料袋罩在盆上保温。

②光照。一品红喜光，属阳性花卉，因此在合适的温度范围内，要尽可能地给予充足光照。一品红适当的光照强度是：摘心前 450～640 μmol/(m^2 · s)(25～35 klx)，摘心后 730～1 100 μmol/(m^2 · s)(40 000～60 000 klx)，出售前 360～630 μmol/(m^2 · s)(20 000～35 000 klx)。可用遮阳网来进行调节。花芽分化受日照时间长短的影响，临界日长为 12.3 h，因此可以通过控制日照时间长短来调节花期。一般将于 10 月下旬至 12 月下旬开花，观花期可延续至翌年 3～4 月份。

提前开花的方法根据品种感光期长短和所需出圃的时间，通过遮盖黑膜的方法，即每天下午 17:00 至第二天早上 8:00 进行黑暗处理，直至开花为止。如夜温高于 22℃，处理时间比自然花期需更长一些，可采取早上 5:00～9:00 遮光的方法。

抑制开花的方法根据品种感光期长短和一品红出圃的时间，通过加光中断暗期，以达到中断花芽分化的目的。方法是：在离植株上方 1 m 处，每 4 m^2 挂盏 60 W 的白炽灯或每 1 000 m^2 挂 8 盏 500 W 太阳灯，光照强度达到 10 lx 以上，在夜间 22:00 至凌晨 1:00 进行加光处理约 3 h，能阻止植株花芽分化。

③湿度。较高的空气湿度有利于一品红的生长。苗上盆后，应经常喷雾，保持空气湿度越高越好，有利于根系的生长；10～15 d 后，根系已较发达，可降低湿度，直至摘心后 14 d 即侧芽有 2～3 cm 长时，一直保持空气相对湿度在 80%～90%。此后可再降低湿度，至花芽分化开始前保持 60%～70%的相对湿度。花芽开始分化后应逐渐降低空气湿度，使相对湿度保持在 50%～60%，既有利于苞片转色，也有利于病害防治。

(6)开花后管理技术。清明前后(4 月上旬)开过花后，减少浇水浇液，促其休眠。剪去上部枝条，促使其萌发新的枝条。一般每个花盆可保留 5～7 个枝条，每个枝条顶端开一朵花。其他的萌芽及时摘除，以免影响观赏效果。一品红当年生枝条常可达 1 m 多长，不仅株形不美，而且影响开花。为使株形美观，应及时整枝作弯，使植株变矮，枝叶紧凑，花叶分布均匀。也可采用植物生长抑制剂如 B_9、矮壮素等喷洒叶面，效果较好。

5. 病虫害防治　一品红常见的病害有根腐病、立枯病、细菌性角斑病、白粉病、灰霉病等。苗期主要预防根腐病、立枯病，中期主要预防细菌性角斑病、白粉病，后期主要预防灰霉病。防治方法：根腐病、立枯病一般以高温季节发生较为严重，苗期多发，主要以预防为主，每 10 d 用甲基托布津或代森锰锌 800 倍液轮流喷雾，发病时用绿享一号 3 000 倍液灌根；细菌性角斑病、白粉病可在一品红整个生产季节发生，可用农用链霉素、井冈霉素、百菌清防治；灰霉病多发于高湿、天气转凉且通风不良条件下，可用百菌清、克霉灵、甲基托布津防治。

一品红常见的虫害有粉虱、蚜虫、叶螨、蓟马和介壳虫。其中以粉虱危害最为严重，最佳防治时期是 9 月下旬，用敌蚜虱、益达胺、灭扫利、布芬净等 800～1 500 倍液喷叶背，喷药时间为

6:00～10:00,每周防治1次。发病时每隔3 d喷药1次,连续喷3次。发现其他虫害及时用乐果、敌敌畏、克螨特、扑虱灵等800～1 000倍液轮流喷雾防治。

6.贮存、包装、运输　可将出圃的盆栽一品红置于相对湿度为80%～90%、环境温度为15～25℃、每天接受直射日光不少于2 h之处进行存放。保持环境适当通风,在保证产品质量的前提下贮存时间不宜超过2周,于运输前的第1～2天应该停止浇水。

小型植株可以装箱运输,包装箱高度以植株连盆高度再加上4～6 cm为宜,内箱的长和宽以盆径的倍数来计。由于一品红的冠幅较大,苞片易受损,建议包装箱以侧面开口为佳。大型植株可选用质地柔软的包装纸或塑料做成一品红专用套袋,其直径大于盆径3～4 cm,长度应比植株叶片和苞片高出3～5 cm。

冬天运输一品红必须采用保温车或加温车,温度控制在12～18℃,而且运输时间最好不超过3 d。到达后须立即除去包装,置于18～23℃的环境中。

第三节　草坪无土栽培技术

草坪是园林和城市绿化的重要组成部分,它不但可以美化生活环境、净化空气、改善小气候、降低噪声,而且在维护大自然的生态平衡及防止水土流失方面发挥着重要作用。国际上已将人均草坪覆盖面积作为衡量城市现代化程度的重要标志之一。传统的草坪生产都是以土壤为栽培基质,存在生产周期长、成坪效果差、成坪速度慢、土壤流失严重等问题。近年来,随着保护环境和美化城市、景点的日益发展需要,国内外正在兴起工厂化生产无土草坪的新方法,具有建植速度快、成坪质量好、养护管理易等特点,如无土草坪卷(毯)、草坪植生带、草坪砖等的生产,已成为草坪业的生力军。在美国,草坪业年产值已突破百亿美元,成为十大经济支柱产业之一;目前,除了北京、上海、天津、广州等大城市具有大型基地外,各省市也都有一些小基地。

一、无土草坪卷(毯)

无土草坪卷(毯)生产是应用无土栽培技术培植草坪的新技术。其生产的方法是用塑料薄膜、红砖等材料作阻隔层,在其上铺设无土轻型基质,然后播上草种,养护成坪。

(一)无土草坪卷(毯)的优点

1.生产周期短　由于无土基质理化性质优良,为草坪草的生长创造了良好的环境,从播种到成坪,春、夏、秋季需30～45 d,冬季约需50 d,而有土草坪需3～4个月才能成坪。

2.草坪质量好,缓苗期短　无土草坪卷(毯)杂草少、病虫害轻,草坪颜色、盖度较均一,商品性好;无土草坪成坪速度快,若直接铺植于土壤地表,5 d左右草根即可深入土中,存活率达100%。

3.节能环保,有利于可持续生产　无土草坪卷(毯)生产不受土地条件的限制,只要阳光充足,且有水源即可,可节约大量土地;无土草坪起草时不带及土壤,不破坏土壤表层;无土草坪的基质原材料都是废物利用、资源再生的产品,属于环保栽培,适合可持续生产的需要。

4.运输成本低　无土草坪卷(毯)仅为传统草皮卷重量的1/3,大大降低运输成本。

5.应用广泛,景观效果好　无土草坪卷(毯)可广泛应用在公园、学校、广场、道路等绿化场所,而且还可用在屋顶、室内和街道进行垂直绿化,而且可任意剪裁成各种图案、文字,景观效果较好。

(二)无土草坪卷(毯)的栽培技术要点

无土草坪卷(毯)的生产方法是在平整后的地面上用红砖或塑料薄膜等铺设作阻隔层,然后在阻隔层上铺设2～2.5 cm厚的无土混配基质,适当喷水后再播上草种或切碎的草茎,覆盖无土基质0.5～1 cm,最后喷水保湿。也可将草种或切碎的草茎与无土基质充分混匀后播种,可不再覆盖。在露天条件下,为保证草种出苗,应在播种后覆盖塑料薄膜或遮阳网,出苗后及时揭除,使幼苗充分见光。

1.生产场地的准备　利用一些闲置的简易温室、大棚作生产场地,春秋和冬季覆盖塑料薄膜,夏天覆盖遮阳网,也可选择空地进行生产。首先把地面精细整平、压实,然后在地面上铺设红砖或塑料薄膜等作阻隔层,生产对比发现用红砖作阻隔层,因其排水和透气性较好,效果好于用塑料薄膜,但其一次性投入较大。目前,生产上也可选择不易腐烂、成本低廉的无纺布、纤维织品、网状制品、塑料膜等作为阻隔层,平铺在整理好的栽培床上即可。

为了保证草毯供水的均匀一致,在生产场地中安装喷灌设施,一般采用移动式喷灌,主管采用直径80 mm PE管,支管采用直径50 mm镀锌管,用5.5～7.5 kW潜水泵作动力,扬程大于15 m,可具体根据地块对管的走向和距离进行相应调整。

2.栽培基质选择处理及用量

(1)基质的配制。无土栽培基质是无土草坪卷(毯)生产中提供草种发芽生根、生长至成坪的基础材料,因此,基质的好坏直接影响草坪生长速率和草坪质量。配制的无土基质要求来源容易,成本低廉,质地轻便,具有较好的保肥、保水能力和良好的透气性,且含有草坪草生长所必需的营养元素,而不含杂草种子和其他植物的成活根茎。无土草坪卷(毯)的常用栽培基质有泥炭、砻糠、锯木屑、棉子壳、蛭石、珍珠岩、煤渣、药渣、造纸废渣、植物秸秆粉碎料等。各地可根据原料的便利条件因地制宜取材,各原料按适当比例混配,而且在混配材料常可适当添加部分化肥。一般可每立方米添加1 kg的尿素,5 kg的过磷酸钙。基质的pH一般根据草坪草不同品种要求控制在5.5～6.8。

(2)基质的用量。栽培基质用量为1 kg/m^2以上,可根据不同季节和不同用途而定,例如,春季可少用一些,夏季可多用一些;一般园林铺植可少用一些,专门用于屋顶绿化的可多用些。

(3)基质的杀虫、消毒处理。为了避免基质中存在有虫卵及病害,要对基质进行杀菌、杀虫处理,具体方法是用40%甲醛溶液稀释80倍进行消毒处理,并喷洒2.5%敌百虫粉剂进行杀虫处理,然后堆制15 d后即可进行播种。

3.草种的选择及播种量

(1)草种的选择。在北方地区一般选用冷地型草种,比如:草地早熟禾、黑麦草、高羊茅、剪股颖等,在南方地区一般选用暖地型草种,如结缕草、狗牙根、地毯草等,具体可根据不同用途而选用不同类别的草种。若是观赏草类要考虑草色翠绿,外形美观,长势齐整,易于修整;若是休闲草类,则注重选用耐践踏,根茎繁殖能力强,能形成厚实草毯的草类。

(2)播种量。为了缩短出圃时间,可适当加大播种量,早熟禾、结缕草、带壳狗牙根、地毯草、剪股颖等播种量一般为13～18 g/m^2,黑麦草与高羊茅一般为40～45 g/m^2。播前进行浸种催芽,可促进草坪草种子早发芽、出苗齐、成坪快,浸种一般采用温水浸种,浸种24～48 h,待种子露白后进行翻堆降温,防止种子相互粘连和结块。

4.种植技术　在阻隔层上铺设2～2.5 cm厚的无土混配基质,适当喷水后再播上草种或切碎的草茎,覆盖无土基质 0.5～1 cm,最后喷水保湿。也可将草种或切碎的草茎与无土基质充分混匀后播种,可不再覆盖。在露天条件下,为保证草种出苗,应在播种后覆盖塑料薄膜或遮阳网,出苗后及时揭除。使幼苗充分见光。

5.肥料管理 当草苗长出 1～2 片幼叶后需初次施用营养液,但浓度不宜过高,以免引起叶面"灼伤"。营养液施用可参考以下配方:硫酸铵 $(NH_4)_2SO_4$:280 mg/L,过磷酸钙 $(Ca(H_2PO_4)_2 \cdot 2CaSO_4)$170 mg/L,硫酸钾 (K_2SO_4)70 mg/L。随着幼苗的生长,可 7～10 d 喷施一次营养液,并逐步加大施肥量或营养液浓度,平日可喷水保持基质的适度湿润。草坪草分蘖后,应加大磷肥用量,同时施用促进根系生长的微量元素,如 $ZnSO_4$ 及 $MnSO_4$ 混合液,植株吸收磷肥和微量元素后,可以加速根系的生长促进不定根和次生根的再生。繁茂的根系相互交织能促进草皮卷提早出圃,且草皮卷不易松散。

6.水分管理 种草种植完毕,应立即喷水,使栽培基质和种草充分湿润。未长出新根之前和炎热的夏天,要特别加强水分管理,防止栽培基质干燥,种草脱水死亡。一般采用喷灌供水,晴天 3～5 次/d,阴天 1 次/d,每次 10～20 min,雨天不喷。当草苗长出 1～2 片幼叶后,视气候等状况,逐渐减少水分供应,在夏季需适当喷施一些多菌灵等药剂,预防病虫害的发生。经 1～2 个月后,当草根盘满基质层,提起来成为一个完整的草坪片,并可以卷起来运输时,即可出圃铺植。

7.草坪的修剪 无土草坪成坪后若不能及时销售,就要对它进行修剪,当草坪植株高度超过 10 cm 就应该进行修剪,修剪的原则是剪掉的部分不超过草坪茎叶生长自然高度的 1/3。一般使草坪保持株高为 5 cm 左右,在地毯式草坪的生产过程中,不应使用生长调节剂物质来减少草坪的修剪次数,因为植物生长调节物质或抑制剂是通过阻止细胞分裂来抑制植物的生长,但其在抑制草苗生长的同时,也抑制了根系、根茎生长及分蘖,因而会延长出圃时间。

二、草坪植生带

草坪植生带亦称草坪种子带,现已成为规模化、工厂化生产草坪的有效方法之一。它以化纤、废纸或废棉等再生纤维为原料,经一系列工艺加工,制成有一定弹性和拉力的无纺布,在两层无纺布之间按照一定的密度均匀地播种草坪种子并混入一定量的复合肥料,经胶接复合定位工序后,就可以生产出一卷卷的人工草坪植生带。在建植草坪时,只需把植生带铺在整理好的坪床上,覆一层薄土或细沙,浇水养护,很快就可形成均匀一致的美观草坪。草坪植生带的开发和利用为人们提供了一种科学可靠、方便快捷的草坪种植手段。

(一)草坪植生带的优点

(1)采用植生带方法生产草坪,可不受气候因素影响,在工厂里使用机械装置,连续不断地批量生产,大大提高了施工的进度和质量,从而节约了劳动力和土地资源。

(2)草坪植生带运输轻便灵活,铺设和养护管理方便,为草坪的生产、储藏、运输、施工和铺设提供了现代化的新方法。

(3)草坪植生带具有发芽早、出苗齐、成坪快的优点,发芽和出苗只需 4～7 d,45 d 就能形成绿油油的草坪。而且还可据地形地貌随意裁剪,拼结成形,应用广泛,景观效果好,如:高尔夫球场、运动场、公园、机场、住宅区、别墅绿化,甚至家庭庭院、阳台和屋顶绿化及室内铺摆。

(4)改良的植生带可用于江、河、湖、海、渠和公路、铁路两岸边坡防护,不仅可控制边坡水土流失、滑坡的发生,减少泥沙来源、改善水质,而且可保证交通运输安全和改善农业生态环境。

(二)生产设备

草坪植生带生产线的设备主要有两大部分组成。一是生产无纺布的机组,包括开花机、清花机、钢丝梳棉机及气流成网、浸浆、烘干、成卷等的机械设备。无纺布生产过程主要包括:将再生纤维经开花机开花成再生绒,并经清花机打松,送进钢丝梳棉机并结合气流成网设备使打松的再生绒均匀附着在尼龙网上而组成棉网。将棉网送到1%～2%的聚乙烯醇溶液中浸渍,再经挤压、烘干后即成为无纺布。二是生产植生带机组,包括喷肥机、播种机、复合机、针刺机及成卷装置等机械设备。目前国内植生带生产线均采用针刺复合工艺,其生产工艺流程主要包括:将无纺布平展在输送带上,用液体喷肥机将液体肥料喷施在上面,既增加种子的均匀附着,又可保证草坪草种子萌发后生长所需养分。然后用播种机将种子播撒在无纺布上,撒过种子的无纺布经输送带送到复合设备,在上面再加一层无纺布,并再经针刺机针刺,使棉网上的纤维交织在一起成卷,即成为植生带。

(三)植生带对草种的要求

草坪植生带生产时草种的选择是一个关键。一般要求草种具有发芽率高、出苗迅速、形成草坪快等的特点。同时为了适应不同地区、不同气候、不同立地环境及不同用途,应选择相应的草种。通常用于植生带生产的冷地型草种有:草地早熟禾、高羊茅、紫羊茅、多年生黑麦草、匍茎剪股颖等;暖地型草种有:结缕草、狗牙根、白三叶等。草坪植生带的生产除采用单一草种外,也可采用2种以上的草种混播,但混合种数不宜过多,以2～3种为宜。而草种的用量应根据所要求的草坪成坪速度而定,如需要快速成坪则应加大用量。草坪植生带每平方米重量80～90 g,播种量3.2万～5.0万粒/m^2,例如草地早熟禾植生带播量约3.0万粒/m^2,匍茎剪股颖植生带平均播种约5.0万粒/m^2,一般要求禾本科草种每平方米保持有12 000～15 000有效株为宜。

(四)草坪植生带铺设及管理技术

1.坪床的准备　在准备铺设植生带的地块,耕翻土壤表层15～20 cm,清除杂草根、岩石、瓦砾、建筑垃圾及多余的木本植物;然后整平和耙细,施足底肥,一般施15～30 t/hm^2腐熟有机肥,避免施用未腐熟的畜粪类肥料,有条件的应当在松土中加入泥炭、腐殖土或有机肥料来改善土质,提高地力。可采用熏蒸法或喷雾法除去土壤中的病菌、害虫等有害动物及杂草种子,平整地后灌水。

2.植生带铺植　选取日均温大于10℃的天气铺植,在铺植前床土先淋透水,挖5 cm深的槽,将植生带边缘埋下加固,顺序摊平植生带,植生带与植生带边缘交接处重叠1～2 cm。遇有树木及建筑物时,要量好位置,以便准确地剪裁植生带。如在雨季或具有喷雾条件的地面铺设,可不进行覆盖,而改用铅丝做成"U"形钉子,按一定距离扎入土中固定。然后,植生带表面用0.2～0.5 cm厚的无土基质如草炭、蛭石等覆盖,厚度一般不超过1 cm。但不宜用过细的基质,以免浇水后板结,影响草种出苗。覆土后应充分压平,使植生带与土壤紧密结合。这样既利于种子萌发,并可防大风及雨水冲刷覆盖土。

3.苗期的养护管理　出苗前每天早、晚各浇水1次,要求表土始终保持湿润,防止时湿时干;浇水方式最好采用喷灌,喷头要细,避免水柱直冲,使表土始终保持湿润,有条件的浇水后在植生带上可覆盖塑料薄膜或草帘保湿。经过5～10 d,草籽即可发芽,可减少浇水次数渐而加大适当水量,每次浇水力求浇透;浇水方式最好采用喷灌;苗期可酌情追施尿素或微量元素肥，以促幼苗的生长；1个月左右即可成坪，成坪后的养护与常规草坪一样。在土壤上冻前及解冻后各浇1次透水(深度20 cm)，以利草坪安全越冬和提早返青。苗期要及时除去草坪中的杂草，以免杂草吸取养分；为提高草坪的观赏效果，应定期机械修剪草坪，修剪的高度和频率应根据草的生长速度和草的属性而定，每次剪草都应严格遵守“1/3”原则，即剪去草实际高度的1/3。

本章思考题

1. 简述月季生物学特性及无土栽培方法与设施。
2. 简述月季无土栽培关键技术。
3. 简述非洲菊无土栽培主要方式及高产关键技术措施。
4. 简述红掌的生物学特性及对环境条件要求。
5. 如何获得切花红掌的优质高产？
6. 简述蝴蝶兰对环境条件的要求及无土栽培所需设施设备。
7. 简述蝴蝶兰不同生长阶段的栽培技术要点。
8. 简述观赏凤梨的形态特征及生态习性。
9. 观赏凤梨的繁殖方法有哪些？
10. 简述观赏凤梨无土栽培关键技术。
11. 简述一品红的形态特征及生态习性。
12. 一品红的无土栽培方法有哪两种？
13. 简述一品红的无土栽培管理技术要点。
14. 如何调节一品红的花期？
15. 简述无土草坪卷(毯)优点。
16. 简述无土草坪卷(毯)的栽培技术。
17. 简述草坪植生带的优点。
18. 草坪植生带的生产设备有哪些？
19. 简述草坪植生带的铺设方法。
20. 简述草坪植生带的管理技术。

第十一章　无土栽培技术的拓展应用

学习目标：

1. 掌握家庭无土栽培的类型及特点。
2. 了解屋顶绿化对建筑的要求及适宜屋顶绿化的无土栽培方式。
3. 掌握观光型无土栽培类型及观光型作物树式栽培关键技术。
4. 了解哪些中药品种适宜无土栽培。
5. 了解植物工厂栽培系统特点及存在问题与发展方向。

第一节　家庭小型无土栽培技术

随着生活水平的提高，人们对美化居家环境的要求也越来越高。无土栽培因其新颖、美观、洁净以及可以实现自动化管理等特点，在家庭园艺中扮演着日益重要的角色。利用庭院、阳台等有限的空间无土栽培蔬菜、花卉等作物，不仅可以为家庭提供新鲜的产品，而且可以达到美化环境、休闲娱乐的目的。与大面积商业化无土栽培生产不同，家庭用无土栽培系统侧重于设施小巧、轻便，造型新颖美观，日常管理简便。水培和基质栽培都可以用于家庭无土栽培。目前，国内外都有一些专门的公司生产销售成套的家庭用无土栽培装置，或销售可组装的关键部件，让用户自己制作、组装，体验动手的乐趣。

一、小型立柱栽培

立柱栽培可以充分利用立体空间，占地面积小，非常适合家庭使用。立柱一般由几个花瓣状栽培钵错落而成，植株种于花瓣位置，钵的个数可根据需要灵活调整。钵内装基质，基质的选择本着保水性、透水性均适宜，比重小，无污染的原则。颗粒状岩棉和椰子壳纤维都是适于家庭立柱栽培的优良基质。家庭立柱栽培适宜种植的作物有叶类蔬菜、观赏植物、草莓等。简易的小型立柱栽培系统可以采用手动灌溉方式（图11-1A），营养液不循环使用，设施成本较低。图11-1B是实现营养液自动灌溉循环使用的小型立柱栽培系统，底部是小型营养液罐，还需要水

A. 手动灌溉栽培系统　　B. 自动灌溉栽培系统

图 11-1　各种形式的小型立柱栽培

泵、定时器等装置，可以实现自动灌溉，设施成本也相应较高。在家庭室内使用，如果光照条件不好，还可以在立柱顶部安装补光灯。

二、小型树式栽培

树式栽培利用番茄、黄瓜、茄子、丝瓜等作物无限生长和攀爬的特性，用特定的支架，可形成枝繁叶茂、硕果累累的树形景观。空间允许的情况下，一棵番茄树式栽培的冠层投影面积可达几十平方米。用于家庭的小型树式栽培可以通过栽培架的设计将占地面积控制在 1 m^2 以下。北京市农林科学院蔬菜研究中心研发的小型树式栽培系统如图 11-2 所示，栽培架底面积 0.3 m^2（长 60 cm，宽 50 cm），可以种植 4 株作物。栽培架顶部采用可伸缩和拆卸的拼插设计，可根据蔬菜植株生长的大小调节冠层的大小，形成理想的蔬菜树效果。栽培架顶部可以安装人工补光灯。家庭小型树式栽培采用基质栽培或水培均可，适宜种植的作物包括番茄、黄瓜、丝瓜、西瓜、茄子等茄果类及瓜类蔬菜（图 11-3）。营养液管理系统可以采取手动灌溉或自动灌溉。

图 11-2　小型树式栽培

图 11-3　儿童管理番茄树及采摘成熟的樱桃番茄，体会家庭园艺的乐趣

三、小型营养液膜栽培

图 11-4 为小型营养液膜栽培装置。将栽培槽放置在普通家用方桌上，5 个栽培槽，每个栽培槽可种植 5 棵叶菜，在 90 cm 见方的面积上可种植 25 棵叶菜。图中种植的是不同品种的散叶生菜。营养液贮存于黑色带盖塑料盒，盒里有一个小型潜水泵，与黑色加液管相连，每一个栽培槽通入一根加液软管。桌子沿栽培槽的方向垫起轻微的坡度，营养液因重力作用由加液端流向回液端，再经白色回液管流回营养液盒。封闭式水培不会造成对环境的污染，也保持了庭院的

图 11-4　家庭用小型营养液膜栽培装置

清洁。用户可以购买整套装置，或仅购买栽培槽及循环装置，营养液盒用带盖的塑料桶或其他类似容器代替。将潜水泵与一台定时器相连，就可实现定时定量加液。即使家庭成员外出几天，蔬菜也可以正常生长。

四、家庭用管道栽培

管道栽培因其配套设施易于购置、安装简便、形式灵活多样等优点近几年成为家庭无土栽培的重要形式。图 11-5 是北京市农林科学院研发的家庭用小型管道栽培系统。用 PVC 管作为栽培容器，采用深水培或基质培，封闭式系统，立体设计，占地面积小，适于家庭阳台、庭院等种植草莓、小株型叶菜及花卉。用于管道栽培的 PVC 管无须专门生产，通常使用工程建设中用于供水的塑料管，可以根据需要选择不同直径的 PVC 管。

A　　B　　C

图 11-5　各种形式的家庭管道栽培

A，B. 管道水培草莓　C. 管道栽培叶菜及观赏植物

五、家庭蔬菜墙

将栽培槽用支架固定在墙上或篱笆上就形成了赏心悦目的蔬菜墙。为便于操作，一般垂直固定 3～4 层栽培槽。如果采用营养液膜栽培形式，栽培槽有轻微的坡度。黑色加液软管一端与潜水泵相连，另一端直接通到最高的栽培槽，营养液因重力作用由上到下依次流过每个栽培槽，最后经白色回液管回到营养液盒（图 11-6A）。蔬菜墙也可以采用深水培或基质栽培，这两种形式的栽培槽都没有坡度（图 11-6B）。

A　　B

图 11-6　各种形式的蔬菜墙

六、蔬菜花卉桌

图 11-7 是小巧灵活移动方便的蔬菜花卉桌。支架分为两层，栽培床安装在支架的上层，为边长 90 cm 的正方形；支架的下层放营养液盒。支架脚上的轮子使装置移动方便。如果摆放在室内，需要人工补光装置，可以在支架顶部安装人工补光灯。

图 11-7　家庭用小型蔬菜花卉桌

如果庭院或阳台的面积比较大，可以摆放如图 11-8 所示的家庭用蔬菜桌。采用基质栽培，可以种植莴苣、不结球白菜等叶类蔬菜，为家庭提供新鲜的蔬菜产品。

图 11-8　家庭用蔬菜桌

家庭小型无土栽培占地面积小，形式多样，不仅美化家庭环境，起到休闲娱乐的作用，而且可以为都市家庭提供新鲜的蔬菜产品。我国的一些大城市，如北京、上海等，居住空间相对较小。为改善居住环境和美化市容，政府积极发展阳台农业。家庭无土栽培正适应这一需求。目前，国内有一些从事研究开发、生产和销售家庭用无土栽培装置的企业。如何为家庭无土栽培提供从设施到管理的全方位服务，尚需探索成功的运行模式。家庭无土栽培是一个有潜力的发展领域。

第二节　无土栽培技术在屋顶绿化中的应用

我国人多地少，人均耕地面积仅为 920 m^2，约为世界平均水平的 40%。另外，随着化肥、农药、农家肥等不当施用对农业土地造成面源污染也在逐年增加。屋顶绿化是在有限的城市空间里，提高绿地率最有效的方式，有利于保护生态、调节气候、净化空气、遮阳覆盖、降低室温和城市热岛效应、节水节能，环保效益巨大。2002 年上海就已经编制了屋顶绿化的计划，并准备通过立法的方式强制推广楼顶绿化。2005 年开始，北京出台全国首个天台绿化标准，每年补贴 1 000 多万元，对于申报绿化屋顶经核准符合条件的，每平方米给予 50～100 元的补贴，一年就增加十几甚至几十万平方米的楼顶绿化。广州是继北京之后全国第二个制定楼顶绿化标准的城市。因此，利用无土栽培技术在城市楼顶进行绿化或种植蔬菜对于缓解土地资源的压力，践行节约集约用地理念，具有很强的现实意义，近年来国外的"垂直农业"概念就是无土栽培技术在城市屋顶绿化中应用的理想形式。

一、屋顶绿化对建筑设施的要求

1. 防渗　建筑屋顶防渗是进行屋顶绿化的基本要求，进行屋顶绿化不能对住户造成不良影响，屋顶最好要防渗处理，同时设计好排水管道，还应该在屋顶适当位置建设下沉式的营养液池，限于屋顶的结构特点，营养液池可以很浅，但应不浅于 10 cm，以方便营养液的配制和循环。

2. 水源　无土栽培营养液的配制对水源有一定的要求（具体要求请参考营养液配制章节），同时水源要有足够的压力和流量来保证屋顶的用水要求。

3. 防风　屋面相对于地面来说风力大，同时屋顶落物造成的危险大。屋顶绿化要进行防风设计。一般可以在屋顶四周加设 1 m 左右高的围墙，也可以在屋顶建设温室等保护设施，围墙或保护设施需要专业人员进行设计和施工。

4. 避雷　安装避雷设施，保障屋顶作业安全。

5. 加温　如果想冬季进行蔬菜生产，屋顶建造温室外还应该在房屋建造时屋顶预留暖气管道接口。

二、屋顶绿化的无土栽培形式

在保证安全、保证水源等条件下，所有的无土栽培形式均可以在屋顶进行。如果在屋顶建设温室，可以按照地面常规方法进行生产；如果在屋顶露天种植，尽可能的话应该进行避雨栽培，同时在栽培系统上覆盖丝网固定栽培设施。为减轻对屋面的压力以基质培为宜。

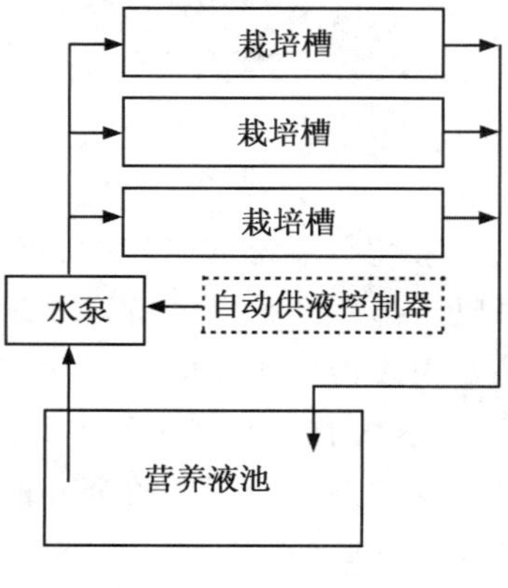

图 11-9　封闭式槽培系统示意图

1. 封闭式槽培技术　该栽培系统由栽培槽、营养液池、营养液循环管道、自控装置构成（图 11-9）。栽培槽可以是塑料盆、砖池、木板槽构成，但要有排液管。营养液由循环管道经滴箭给装有栽培基质的栽培槽供给营养液，多余的营养液经由栽培槽底部排液管回流到营养液池。每天的供液由自控装置控制，按照设定的时间自动供液。该栽培系统的优点是营养液不外泄，对屋顶无影响，对屋顶防渗要求低，也符合环境友好型栽培理念。

2.非循环槽培技术　林海珊2000年10月4日公告了名为"屋面植物无土栽培、隔热、防渗装置(专利号:ZL99207456.8)"的实用新型专利(图11-10)，它是一种植物无土栽培、隔热、防渗于一体的组合式装置，该装置是由储液盒及植物扦插生根培养板所组成，储液盆(1)是塑料一次压(注)塑成型，是一个具有底部及周边不渗漏的方形盆，内设支承骨架(3)，盆下设5 cm左右高度的空心支承脚(4)，盆的相邻两周边上方设连接槽(2)，盆底设吸排水接头(5)伸入盆内高度同支承骨架(3)高度相同，连接槽(2)上方一处设溢流口(6)，相应对边设缺口(6′)，培养板是以混凝土为主的多孔方形板块状与储液盆(1)组合实现本装置。该实用新型专利是一种屋面无土栽培设施的构件，可以根据栽培面积进行拼接组装，自身有抗压能力，人可以在上面行走，其储液装置可以储存供给植物生长需要的营养液，自身具备供排液结构，遇到大雨后可以溢流。该专利结构适于屋顶绿化栽培。

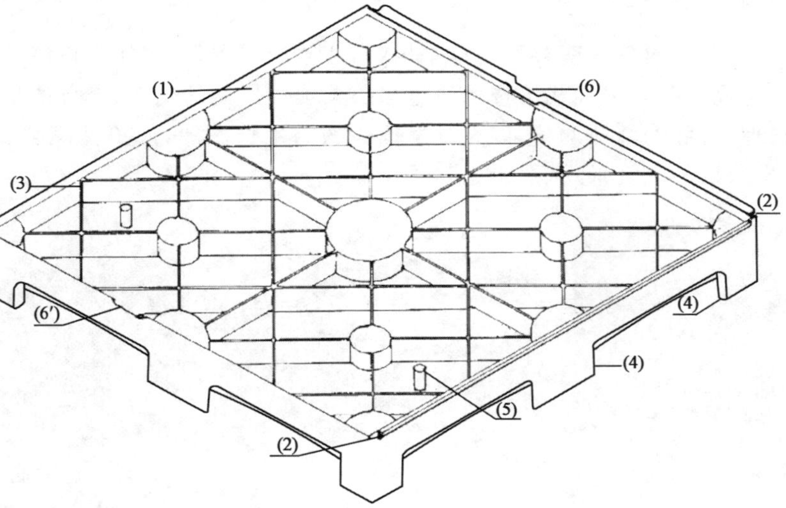

图11-10　屋面植物无土栽培、隔热、防渗装置储液盒结构示意图(林海珊,2000)

三、屋顶绿化的适栽作物

结合我国目前的现状来看，屋顶绿化的方式主要有花园式、菜园式和草坪式3种。花园式屋顶以盆栽矮生花卉为主，木本花卉应进行矮化修剪，也可以种植一些盆栽果树，既可以修身养性，又可以品尝劳动果实。菜园式屋顶以叶菜类为主，如:生菜、快菜、芹菜、香菜等，叶菜类蔬菜生长迅速、生长期短、栽培技术相对简单容易成功。果菜类蔬菜可以选择西瓜、西葫芦等爬地生长的蔬菜;番茄、辣椒、茄子等果菜类蔬菜应采用矮化密植技术。草坪式屋顶应选择生长迅速、适应性强的草种，同时注意草根与屋顶的隔离。

第三节　观光型无土栽培技术

20 世纪 90 年代，观光农业在我国大中城市迅速兴起。起初，我国观光农业主要分布在北京、上海和珠江三角洲等大城市的近郊。现在，全国很多大中型城市都有观光农业园。观光农业是利用温室、大棚与露地等现代或原生态的栽培设施，采用现代或原生态的栽培技术，形成具有一定规模的综合性农业生产与休闲区，种植名特优新的瓜果蔬菜品种，展示高科技栽培工艺，并配合各种景观，利用园艺作物独特的形状和颜色，以及现代化的栽培技术，给游人以耳目一新的感觉。游人除了可以观赏各种各样的作物品种、栽培形式、采摘品尝新鲜的瓜果蔬菜，还可以了解到有关作物生长、种植、营养保健等方面的知识，在视觉、味觉、嗅觉等多个方面得到享受。无土栽培因其新奇美观、形式多样成为观光农业必不可少的内容。本节介绍几种常见的观光型无土栽培技术。

一、蔬菜树式栽培技术

番茄、黄瓜、南瓜、西瓜等蔬菜都是草本植物，通常情况下，蔬菜作物株型较小，单株不能形成枝繁叶茂的树冠。蔬菜树式栽培技术通过给蔬菜提供所需的支架、充分的生长空间、合理的水肥温光气管理、特殊的植株调整，以充分发挥作物的生长潜能，使单株蔬菜长出枝繁叶茂的树冠，形成累累硕果的观赏景观（图 11-11）。

A. 番茄树式栽培

B. 西瓜树式栽培

C. 黄瓜树式栽培

图 11-11　不同园艺作物树式栽培

番茄是第一个被作为树式栽培的蔬菜作物。1985 年在日本筑波举办的科学技术世界博览会上，首次展出了日本科学家研发的树式栽培番茄。采用无土栽培技术种植的番茄，单株结出了 12 000 个果实。

很多蔬菜都具有无限生长/分枝的潜能，如番茄、黄瓜、西瓜、茄子等。下面以番茄为例，具体介绍蔬菜树式栽培技术。

（一）品种选择

作为树式栽培的番茄品种要选择无限生长型；果型选择中果型或樱桃番茄；果实颜色选择红色或黄色，观赏效果较好；选择果皮较厚，成熟后不易裂果的品种；品种要有较强的抗病、抗逆性；品质风味好，适于采摘。

(二)番茄树式栽培的方式

番茄树式栽培有水培、基质培与雾培3种方式(图11-12)。

1. 水培　水培是番茄树式栽培最先采用的方式,1985年日本筑波科学技术世界博览会上展出的就是水培的树式番茄。采用水培方式的优点是便于检测与调控营养液成分,根系生长状态也一目了然。水培的缺点:一是温度缓冲性差,冬季低温或夏季高温季节对温室环境的要求更严格;二是营养液需要经常循环,并且需要用气泵给营养液充氧,能源消耗较大。番茄树式栽培采用水培方式的难点之一是如何越夏,营养液温度过高容易引发根系病害。

2. 基质培　基质培要选择透气性良好的基质,如陶粒、珍珠岩等。基质栽培的优点是根系缓冲性强,在夏季高温或冬季低温季节番茄的抗逆性优于水培;只需定时向基质喷营养液,能源消耗小。缺点是番茄生长后期根系缺氧与基质盐分积累的问题不易解决。

3. 雾培　雾培的番茄根系既可以获得充足的养分、水分,又可以获得充足的氧气,基本解决了根系缺氧的问题。雾培也存在根系缓冲性差的问题,但由于根系不是长期浸泡在营养液中,夏季烂根的现象要好于水培。为使根系生长良好,雾培需要长时间连续向根系喷营养液,对泵的质量要求较高,也消耗能源。

A. 水培　　B. 基质培　　C. 雾培

图 11-12　番茄树式栽培不同方式

(三)栽培设施

番茄树式栽培需要在温室内进行,以现代化连栋温室为佳,高大的日光温室内也可以种植。番茄树式栽培的主要设施包括栽培床、营养液循环系统、自动控制系统和支架。

1. 栽培床　这是番茄定植后长期生长的容器,每个栽培床定植一株番茄。为了给根系提供充足的生长空间,栽培床的容积在1 000 L左右较合适。栽培床的位置可以采取全地上或半地上式,形状采用圆柱体、正方体或长方体等均可(图11-13)。栽培床的外观可以用绘画、雕刻等进行装饰,以增加观赏性。

2. 营养液循环系统　营养液循环系统包括营养液池、泵、加液管道、回液管道。营养液池的容积要根据栽培面积来定。泵一般选择潜水泵,使用方便。水培、基质培与雾培的加液管道与回液管道有所不同,但都必须形成一个循环的通路。水培必须向营养液中定时充气,以补充营养液中的溶解氧,满足根系生长对氧气的需求。

3. 自动控制系统　简易的自动控制系统主要包括一台定时器,通过对定时器的设定实现定时自动加液。但种植者必须定期对营养液的浓度、酸碱度进行测定。

4. 支架　为支撑植株形成一定规模的树冠,树式栽培必须搭建支架。从观光采摘的角度考虑,支架的高度以2～2.5 m为宜,水平投影面积以30～60 m^2 为宜。

图 11-13　不同形式的栽培床

(四)栽培管理

番茄树式栽培是长季节栽培,从播种到采收一般 12 个月,如果管理得好可以更长。为了避免夏季高温对成株的不利影响,选择夏季播种较好。采用穴盘播种育苗,苗大后移植到较大的花盆或育苗钵里。苗高 50～100 cm,苗龄 2～3 个月,均可定植。

定植后要立即用尼龙绳牵引植株,并定期进行植株调整。番茄树式栽培采用多杆整枝,选留健康粗壮的枝条。为促进植株的营养生长,尽快形成一定规模的树冠,要去除早期的花。一般定植后 2～3 个月开始留花。树冠形成后也要经常进行植株调整,及时摘除老叶病叶或过密的枝条,以利于通风透光。与普通栽培相比,番茄树式栽培病虫害发生较少较轻。为达到良好的观光采摘效果,要以防为主,采用悬挂黄板、蓝板及杀虫灯诱杀等物理方法,温室的入口及通风口覆盖防虫网,及时摘除病叶。如必须使用药剂杀虫杀菌,一般采用熏蒸的方式。

(五)采收

为增加观赏性,番茄树式栽培的果实成熟后不用立即采收,可以在植株上保留一定时间,因此要选择不易裂果的品种。果实完全转色后在植株上继续生长几天风味也会更好,适于观光采摘。

图 11-14　甘薯树式栽培(空中结薯)

除了蔬菜作物,甘薯树式栽培空中结薯的观光效果也很好(图 11-14)。甘薯树式栽培采用水培方式。选择健康粗壮的茎蔓扦插,薯蔓可直接扦插在栽培床的营养液中。生长前期以促进茎叶生长,快速形成一定规模的营养体为主。栽培床营养液中的根系都是纤维状的须根,专司吸收水分与养分的功能,很难膨大形成块根。扦插 2～3 个月后,地上部株幅达到 5 m^2 以上时,开始诱导块根的形成。诱导的方法是,在支架上悬挂基质栽培容器,选择甘薯地上部健壮的茎节埋入基质中。埋入基质中的薯蔓很快会萌发不定根,这些不定根在黑暗的环境、容器与基质的压力下会膨大形成块根。容器里的块根在诱导 3～5 个月后可以采收。由于空中薯块的采收不损伤营养液中的根系,也不影响其他茎叶的生长,因而实现了甘薯植株的连续生长与连续采收。

甘薯树式栽培改变了传统种植方式，将土中结薯变为地上部空中结薯，创造了一种全新的栽培方式，令人耳目一新。

二、观光型雾培技术

雾培(aeroponics)是指作物的根系悬挂生长在封闭、不透光的容器内，营养液经特殊设备形成雾状，间歇性喷到作物根系上。根系生长在相对湿度100%的空气中，而不是生长在营养液或基质中。雾培植物的根系裸露，便于游人观赏植物的整个形态，因而成为观光农业经常采用的无土栽培形式。

适于观光的雾培有A形雾培、立柱式雾培、墙式雾培、移动式雾培等不同类型。

1."A"形雾培　A字形的栽培框架是该类型雾培的典型特征。作物生长在侧边上，根系侧垂于A形容器的内部，间歇性沐浴在雾状营养液中。"A"形雾培多用于种植叶菜，如生菜、苦苣(图11-15)等。

图11-15　"A"形雾培紫叶生菜和苦苣

2.立柱式雾培　作物种植在垂直的柱式容器的四周，根系生长在容器内部，柱的顶部有喷雾装置，可将雾状营养液喷到根系上，多余的营养液经柱底部的排液管回收，循环使用(图11-16)。立柱式雾培的特点是充分利用空间，节省占地面积。立柱式雾培适于种植叶菜、小型果菜及观赏植物。如散叶生菜、香芹、草莓、矮牵牛以及吊竹梅等观叶植物。

图11-16　立柱式雾培

3.墙式雾培　墙式雾培依托于日光温室的后墙或其他墙体结构，采用雾培技术，既节省了温室空间，又具有很好的观赏性(图11-17)。

图 11-17　墙式雾培

4. 移动式雾培　为发挥现代农业的展示与教育功能，移动式雾培应运而生。作物悬垂生长在一个可缓慢移动的空中轨道上，作物的根系部分时间裸露在空气中，当作物移动到喷雾箱时，雾状营养液喷到根系上，供给作物水分和养分。移动式雾培最早由美国亚利桑那大学开发，在迪士尼乐园展示。在借鉴国外经验的基础上，北京市农林科学院研发了国产的移动式雾培装置(图 11-18)。

图 11-18　北京市农林科学院研发的移动式雾培系统

三、立柱栽培技术

国内外开发了多种形式的立柱栽培(column culture)设施，包括基质培型和水培型。一般立柱栽培系统由立柱、平面 DFT、营养液循环系统、自动控制系统组成。立柱由数个花瓣状栽培钵错落而成，钵的个数因需要而定，植株种于花瓣位置。观光型立柱栽培适于种植小株型叶菜、观赏植物、草莓等作物(图 11-19)。株型为直立向上生长或悬垂生长的作物适合立柱设施的空间构型，不仅作物的生长不会受影响，而且非常美观，具有观赏价值。

A. 立柱栽培蔬菜　B. 立柱栽培草莓　C. 立柱栽培花卉

图 11-19　不同园艺作物的立柱栽培效果

四、管道栽培技术

管道栽培(tube culture)是利用塑料管作为栽培容器的无土栽培形式(图 11-20)。通过设计各种各样新颖的造型,管道栽培也丰富了观光农业的内容。管道栽培一般采用水培方式,也可以用基质培;单层或立体多层管道均可。管道栽培通常选择高质量的塑料管作栽培床,也可以用竹筒作为栽培床,以体现返璞归真的风格。

A. 管道水培番茄

B. 管道水培叶甜菜

C. 管道基质栽培

D. 空中管道

E. 伞形管道栽培

F. 竹筒栽培

图 11-20　不同管道栽培方式

五、其他

无土栽培技术在观光农业中的运用形式非常多样。除了上述技术外，墙面基质栽培、营养液膜技术、深水培技术、漂浮板栽培技术等都是观光农业中常见的无土栽培技术（图 11-21）。观光型无土栽培不仅具有观赏性，同时也具有生产功能。

图 11-21　各种观光型无土栽培形式

第四节　无土栽培技术在中药材栽培中的应用

中药材在我国的中医药学中占有重要的地位，中药材还是我国重要出口商品之一，据中国医保进出口商会数据，2013 年我国中药材及饮片出口 203 200 t，出口额 12.11 亿美元。中药材种类繁多，天然野生的占有较大比例，野生中药材采收供应期集中，产量没有保障，同时，盲目过度开采也带来了较大的生态问题。中药材的人工栽培在保护中药材资源,保障供应、保护生态环境上具有重要意义。关于中药材的无土栽培技术尚处于研究阶段,多为适宜栽培基质的筛选、营养液配方筛选、微量元素对药效成分的影响等。下面就有关研究报道进行一下梳理,以方便读者学习。目前中药材的无土栽培技术尚缺乏营养液专用配方和营养液供给方案,在实际栽培中可以选择日本园试配方、阿农-霍格兰配方等无土栽培营养液通用配方。

一、甘草

甘草为豆科多年生草本植物,以根和根茎入药,一般种植后 2～3 年收获。它具有补脾益气、清热解毒、祛痰止咳、缓急止痛、调和诸药等功效。

我国是日本药材原料主要进口国,据日本汉方生药制剂协会生药委员会数据,2008 年日本甘草的用量为 1 267 t,全部来自中国。为降低进口成本和减轻对我国的依赖,鹿岛建设株式会社、独立行政法人医药基础研究所和国立大学法人千叶大学合作,采用无土栽培的水培技术种植甘草,并于 2010 年 10 月 28 日对外宣布获得了成功(图 11-22)。这项技术还使得原本需要 4 年的甘草种植期,缩短到了 1.5 年,大大提高了产量。

A. 里面为提起的甘草植株　　B. 种植 500 d 的植株

图 11-22　甘草水培实景(鹿岛技术研究所,2010)

(一)水培

1. *栽培设施*　不透明水箱,深 80～100 cm。

2. *营养液*　定植后至 135 d 以前,每吨水加松崎 1 号肥 187.5 g、松崎 2 号肥 125 g,135 d 以后,营养液浓度提高 1 倍,调整为每吨水加松崎 1 号肥 375 g、松崎 2 号肥 250 g。或大塚液肥 A 配方,EC 3.0 mS/cm。单株营养液占有量 3～30 L。连续通气,30 d 营养液更新。为提高甘草酸的含量适宜的 pH 为 3.5～4.5,NO_3^--N/NH_4^+-N 小于 0.5。

3. *环境条件*　空气相对湿度 60%,白天温度 25℃,夜间 15℃。如果在人工光照条件下栽培,明期 12 h。

(二)基质栽培

1. *栽培设施*　各种栽培槽、栽培盆、栽培池均可。

2. 栽培基质　岩棉、草炭珍珠岩复合基质等。

3. 营养液　大塚液肥 A 配方 1/4 倍液，每天滴灌 4 次，废液率控制在 15%～20%。

4. 环境条件　空气相对湿度 60%，白天温度 25℃，夜间温度 15℃。如果在人工光照条件下栽培，明期 12 h。

二、西洋参

西洋参为五加科多年生直立草本宿根植物（图 11-23），以根入药，具有益肺阴、清虚火、生津止渴等功效，主治肺虚久嗽，失血，咽干口渴，虚热烦倦等症。

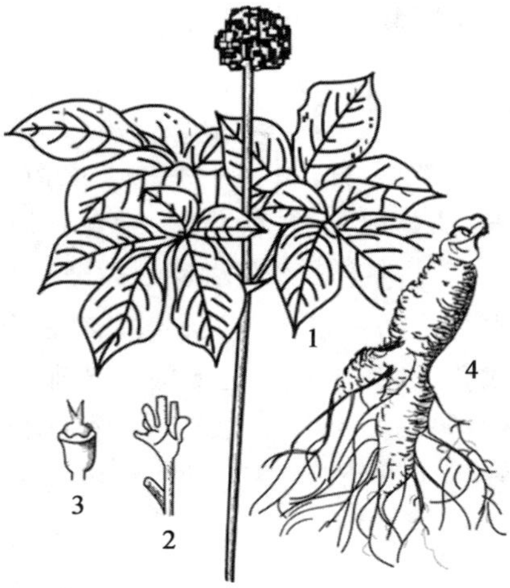

图 11-23　西洋参植株形态图

1. 植株　2. 花根　3. 去花瓣和雄蕊　4. 根

（一）水培

1. 栽培设施　不透明水箱，深 25～40 cm，定植行株距为 20 cm×10 cm。

2. 营养液　营养液配方为 N 18.8～22.0 mg/L、P 5～10 mg/L、K 93～100 mg/L、Ca 50～100 mg/L、Mg 10～20 mg/L、Fe 2 mg/L、Mn 1 mg/L、Zn 0.2 mg/L、B 0.2 mg/L。每天通气 2 次，每次 20 min。每 2 d 调整培养液的 pH 在 5.5～6.0。NO_3^--N/NH_4^+-N ＝0.6～15。

3. 环境条件　空气相对湿度 75%～85%，最适生长温度为 20～25℃，耐寒性较强，最低能耐受 20℃以下的低温。西洋参是林下阴生植物，忌直射阳光，需要架设阴棚遮阳，阴棚的透光度为 25%～30%，中午晴天光照为 5 000～8 000 lx，多云天气为 2 000～3 000 lx。

（二）基质栽培

1. 栽培设施　各种栽培槽、栽培盆、栽培池均可，深 25 cm。

2. 栽培基质　火山灰：草炭＝1：3，蛭石：沙 ＝ 1：1，草炭：陶粒 ＝ 1：1。

3. 营养液　硝酸铵 402 mg/L，硝酸钙 196.8 mg/L，磷酸二氢钾 244.8 mg/L，硝酸钾 303.3 mg/L，硫酸钾 122.0 mg/L，七水硫酸镁 246.5 mg/L。每天滴灌 4 次，废液率控制在 15%～20%。

4. 环境条件　空气相对湿度 75%～85%，最适生长温度为 20～25℃，耐寒性较强，最低能耐受 20℃以下的低温。西洋参是林下阴生植物，忌直射阳光，需要架设阴棚遮阳，阴棚的透光度为 25%～30%，中午晴天光照为 5 000～8 000 lx，多云天气为 2 000～3 000 lx。

三、人参

西洋参为五加科多年生草本植物，喜阴凉、湿润的气候，以根入药，具有补五脏、安精神、定魂魄、止惊悸、除邪气、明目开心益智等功效，主治体虚欲脱、气短喘促、自汗肢冷、精神倦怠等症。

（一）水培

1. 栽培设施　不透明水箱，深 25～40 cm，定植行株距为 20 cm×10 cm。

2. 营养液　营养液配方为华南农业大学叶菜 B 配方标准浓度。供液 15 min，间歇 45 min，每天通气 2 次,每次 20 min。每天调整培养液的 pH 为 5.5～6.0。

3. 环境条件　空气相对湿度 75%～85%,最适生长温度为 15～28℃,光照强度为 2 000～4 000 lx 最适宜。

(二)基质栽培

1. 栽培设施　各种栽培槽、栽培盆、栽培池均可,深 25 cm。一般栽植密度为行距 20～30 cm,株距 8～10 cm。

2. 栽培基质　草炭、岩棉、珍珠岩等。

3. 营养液　大塚液肥 A 配方 1/4 倍液,每天滴灌 4 次,废液率控制在 15%～20%。

4. 环境条件　空气相对湿度 75%～85%,最适生长温度为 15～28℃,光照强度为 2 000～4 000 lx 最适宜。

四、金银花

金银花为忍冬科半常绿藤本缠绕灌木,以花蕾和藤入药,具有清热解毒、凉散风热功能;用于痈肿疔疮、喉痹、丹毒、热血毒痢、风热感冒、瘟病发热等症。

(一)水培

1. 栽培设施　不透明水箱,深 25～40 cm,每 667 m^2 栽苗 166～220 株。

2. 营养液　营养液配方为 Hoagland 标准营养液,连续通气。每天调整培养液的 pH 为 5.7～5.9。

3. 环境条件　一般气温不低于 5℃均可发芽,适宜生长温度为 20～30℃,但花芽分化适宜温度为 15℃。空气湿度 60%～75%,最适为 65%～75%为宜,喜光,要求年日照时数为 1 800～1 900 h,日照时数 7～8 h 为宜。

(二)基质栽培

1. 栽培设施　各种栽培槽、栽培盆、栽培池均可,深 25 cm,每 667 m^2 栽苗 166～220 株。

2. 栽培基质　草炭∶蛭石＝ 1∶(1～2)。

3. 营养液　营养液配方为 Hoagland 标准营养液。每天滴灌 4 次,废液率控制在 15%～20%。

4. 环境条件　一般气温不低于 5℃均可发芽,适宜生长温度为 20～30℃,但花芽分化适宜温度为 15℃。适宜 pH 为 5.5～7.8,空气湿度 60%～75%,最适为 65%～75% 为宜,喜光,要求年日照时数在 1 800～1 900 h,日照时数 7～8 h 为宜。

五、石斛

石斛是兰科多年生附生草本植物,以新鲜或干燥茎入药,有益胃生津、滋阴清热、免疫调节、延缓衰老等功效,用于阴伤津亏、口干烦渴、食少干呕、病后虚热、目暗不明等症。

(一)水培

1. 栽培设施　不透明水箱,深 35～40 cm。

2. 营养液　日本园试配方标准配方,pH 6.2～7.0,连续通气。

3. 环境条件　适宜生长温度为 16～21℃,比较喜光,夏秋以遮光 50%、冬春以遮光 30%

为宜。

(二)基质栽培

1. 栽培设施　各种栽培槽、栽培盆、栽培池均可，深 35～40 cm。

2. 栽培基质　泥炭∶树皮∶刨花 ＝ 2∶4∶4。

3. 营养液　花多多 1 号肥($N∶P_2O_5∶K_2O$＝20∶20∶20)结合花多多 9 号($N∶P_2O_5∶K_2O$＝20∶10∶20)或结合奥绿肥($N∶P_2O_5∶K_2O$＝14∶13∶13)。

4. 环境条件　适宜生长温度为 16～21℃，比较喜光，夏秋以遮光 50%、冬春以遮光 30%为宜。

六、荆芥

荆芥为唇型科草本植物，以全草或穗入药，药材名分别为荆芥和荆芥穗。性辛，味温，能发表祛风、透疹，炒炭后具止血作用，用于感冒发热、头痛、咽痛、皮肤瘙痒、吐血、崩漏、麻疹不透等症。

(一)水培

1. 栽培设施　不透明水箱，深 18～20 cm，按行株距 20×10 cm 定植，每穴栽苗 2～3 株。

2. 营养液　Hoagland 和 Anon 配方 1/2 倍液、华南农业大学叶菜 B 配方、日本园试配方 1/2 倍液均较适宜，单株占液量 2 L，pH 为 6.0～7.0，连续通气。NO_3^--N∶NH_4^+-N ＝ 7∶3。

3. 环境条件　生长、采收期间温度控制在 15～25℃。

(二)基质栽培

1. 栽培设施　各种栽培槽、栽培盆、栽培池均可，深 18～20 cm。

2. 栽培基质　蛭石∶锯末 ＝ 5∶1。

3. 营养液　Hoagland 和 Anon 配方 1/2 倍液，每天滴灌 4 次，废液率控制在 15%～20%。

4. 环境条件　生长、采收期间温度控制在 15～25℃。

第五节　无土栽培技术在植物工厂中的应用

植物工厂是通过设施内高精度环境控制实现农作物周年连续生产的高效农业系统，是利用计算机对植物生育的温度、湿度、光照、CO_2 浓度以及营养液等环境条件进行自动控制，使设施内植物生育不受或很少受自然条件制约的省力型生产。在 20 世纪 40 年代为充分发挥无土栽培技术的优势，在进行蔬菜无土栽培时需要对栽培环境进行控制，在美国加州帕萨迪纳建立了第一座人工气候室，因此，从某种意义上来说应该是无土栽培技术的发展促进了植物工厂的诞生。我国"十一五"以来，中国农业科学院、中国农业大学、中国农业机械化科学研究院、北京农业信息技术研究中心等科研机构在植物工厂领域进行针对性的研究，通过技术的集成和局部创新取得了一定的突破。中国农业科学院农业环境与可持续发展研究所杨其长研究员于 2009 年建设了国内第一例闭锁型植物工厂。2010 年 8 月 22 日，北京市科委"十一五"重大科技攻关示范项目——北京市农业机械研究所京鹏植物工厂，在通州落成并正式投入运营，是我国建设的第一座大型植物工厂。

20 世纪 80 年代中期至今是植物工厂高速发展的阶段，日本千叶大学的古在丰树教授提出了一种“闭锁式植物工厂”的概念，即通过人工光源、空气隔离净化、营养液循环利用等手段营造封闭性的植物生长环境，开展工厂化农业生产。闭锁型植物工厂具有节省资源、保护环境、节省空间、安全和低成本等特点，逐渐成为日本植物工厂发展的主要方向。根据2010年日本农商工联合会植物工厂专业组的调查报告，截至2010年4月在日本以商业活动为目的的植物工厂有50座，其中利用人工光源的闭锁式植物工厂34座，人工光源和太阳光并用的有16座。闭锁式植物工厂的经营者中有68%是非专业农业企业；人工光源和太阳光并用的经营者中非专业农业企业占到了38%。虽然日本把利用太阳光的现代化温室也归在植物工厂的概念里，但我国的植物工厂一般指的还是利用人工光源的闭锁式栽培设施，因此本部分内容主要针对的是这种闭锁式植物工厂。

一、植物工厂中无土栽培的形式

无土栽培根据栽培基质的有无，栽培的形式分为基质栽培和无基质栽培，由于栽培基质的缓冲性会对营养液的精确管理产生干扰，目前的植物工厂中基本上是无基质栽培形式，无机质栽培根据营养液的多少又分为深水培技术（DFT）、营养液膜技术（NFT）、浮板毛管水培技术（FCH）以及雾培技术。

（一）深水培技术

深水培技术是最早开发成可以进行作物商品生产的无土栽培技术。1929年美国格里克采用这一技术取得了水培设施专利并首先用于商业化生产，此后世界各国对其作了不少改进，已成为一种有效实用的、具有竞争力的水培类型。该技术在日本普及面广，我国的台湾、广东、山东、福建、上海、湖北、四川等省市也有一定的推广面积，成功地生产出番茄、黄瓜等果菜类和莴苣、茼蒿等叶菜类蔬菜。由于深水培技术液量多而深，营养液的浓度、酸碱度、温度以及水分存量都不易发生急剧变动，为根系提供了一个较稳定的生长环境，在植物工厂中应用的也比较多（图11-24）。深水培技术的缺点就是对栽培支撑骨架要求较高，而且根系氧气供给存在一定的困难，需要额外的设备。

图11-24　植物工厂中深水培生菜

（二）营养液膜技术

营养液膜技术（图11-25）是针对深水培的不足而设计的，种植槽中的营养液深数毫米至1～2 cm，而且是流动的，蔬菜根系只有一部分浸泡在这一浅层营养液中，绝大部分的根系因为裸露在空气里，较好地解决了根系的供氧问题。同时，营养液膜技术的种植槽可以用轻质材料做成，安装简便，减少栽培槽所占空间，更有利于提高植物工厂的空间利用，降低成本，在植物工厂中应用得也比较多。营养液膜技术的缺点是单株占有的营养液量小，营养液成分变化大，栽培槽容易被根系堵塞以及对停电、设备故障的突发故障的缓冲能力弱。

（三）浮板毛管水培技术

浮板毛管水培技术是浙江省农业科学院和南京农业大学“八五”期间研制开发，其特点是应用分根法使部分根系伸向液面的一条铺有湿毡的泡沫浮板上，生长于湿气中的根吸收氧气，另一部分根则伸入深水培养液中吸收水肥。此法不怕停电停水，液温稳定，适合南方热带、亚热带水温高、溶氧量少的地区应用。是一种非常有前途的水培方式，但由于植物工厂主要分布在国外，这种水培方式在植物工厂中应用得还不多。

(四)雾培技术

雾培技术又称喷雾栽培、气雾培，它是所有无土栽培技术中根系水气矛盾解决得最好的一种形式，同时它也易于自动化控制和进行立体栽培，提高设施空间的利用率(图 11-26)。喷雾栽培可根据植物根系是否有部分浸没在营养液层而分为喷雾培和半喷雾培两种类型。雾培技术也是植物工厂中应用比较多的无土栽培形式，雾培的核心技术是喷雾部件。喷雾部件容易堵塞和不易及时发现是目前限制雾培技术普及的关键问题。

图 11-25　太阳光型植物工厂中营养液膜菠菜技术

图 11-26　植物工厂中的雾培技术

二、植物工厂中无土栽培的作物种类

为了降低植物工厂的生产成本，目前日本的封闭式植物工厂中栽培的作物种类还是以生菜、三叶芹、香草为主，这些作物的特点是生长迅速、茎秆矮小、鲜食、价格高等特点，目的是提高植物工厂的空间利用率，降低生产成本。多座植物工厂同时栽培几种作物。

根据 2010 年日本农商工联合会植物工厂专业组的调查报告，截至 2010 年 4 月在日本以商业栽培活动为目的，利用人工光源的 34 座闭锁式植物工厂中栽培生菜(含各种散叶莴苣)的有 29 座、香草类有 6 座、水菜有 4 座、芝麻菜有 4 座、茼蒿有 2 座、育苗(主要是番茄苗)有 4 座，三叶芹 3 座。近年来为了提高植物工厂的经济效益，日本在研发植物工厂中中药材甘草的水培技术，并获得了一定的成功。

三、日本 MIRAI(未来)植物工厂的介绍

日本 MIRAI 株式会社(有限公司)成立于 2004 年 9 月，总部位于东京都千代田区，注册资金 3 500 万日元，主要从事水培蔬菜的生产与销售、植物工厂以及水培设备的研究开发及生产销售、植物工厂运营咨询等业务(图 11-27)。其董事长岛村茂治(Shimamura Shigeharu) 1999 年毕业于日本千叶大学。该公司的中国分公司为未来大田(北京)贸易有限公司，位于北京朝阳区。

图 11-27　未来公司的植物工厂及产品

(一)未来公司植物工厂的特点和优势

(1)植物工厂的构造、功能、栽培系统、卫生管理体系均为自主研发。

(2)通过人工控制温度、湿度、光照、二氧化碳、营养成分等植物生长所需的环境。

(3)植物工厂的构造灵活,3～1 600 m^2 的空间,可按需求自由设计,废旧厂房、城市楼房、客厅、宾馆展示厅等均可根据实际需要进行设计。

(4)立体多层栽培床(一般是 6～10 层),产量高(产量是传统农业的 60～100 倍),节水(用水量为传统农业的 1/500～1/100)。

(二)栽培系统构成

(1)全封闭式水耕栽培系统。营养液循环利用,不对外界排放,对环境友好。

(2)栽培用人工光照。以荧光灯为主要光源,LED 光源也可以配置。

(3)二氧化碳施肥系统。使用二氧化碳钢瓶或二氧化碳发生器控制栽培空间的二氧化碳环境。

(4)用空调系统来调整出最适合栽培的温度。

(5)全部使用感应器来控制,实现长期稳定栽培。

(三)栽培流程

日本公司开发的植物工厂生产主要以蔬菜为主,由于能够进行精准的环境调控,从播种到采收可以缩短到 35 d,其生产流程见图 11-28。

四、植物工厂存在的问题和发展方向

(一)存在的问题

现在的植物工厂存在的主要问题首先是生产成本高,大面积普及从商业角度比较困难,当前还主要是研究、南极科考等特殊需要、展示等领域有所突破。就日本的情况来看,生产 100 g 生菜的成本是 100 日元,如果能降低到 70 日元就有盈利。

再者是植物工厂研究偏硬件开发,植物栽培的生长环境配置、水肥特性等基础研究不足,影响了栽培的高产性和稳定性,适宜光源的开发、光源的管理、在人工光源条件下的植物发育

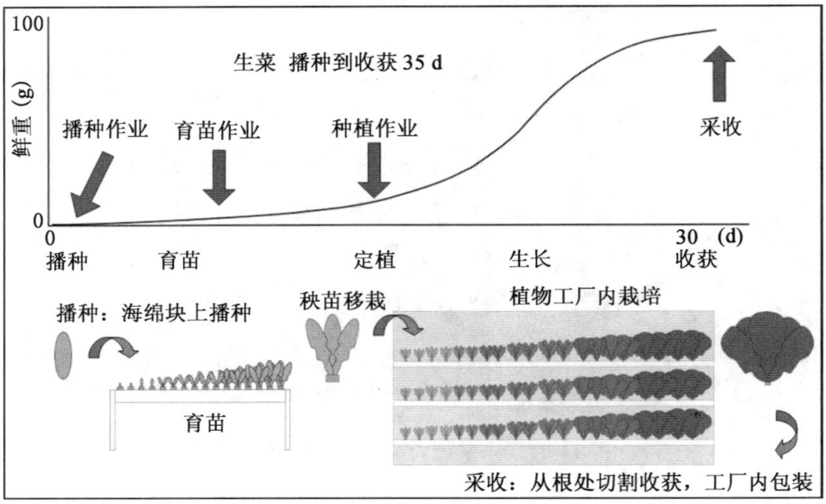

图 11-28 未来公司植物工厂生菜栽培流程示意图

等研究还很不足。

第三是植物工厂用地的属性问题，建设植物工厂设施是属于农业用地、还是建设用地目前没有界定，给植物工厂的普及带来了隐患。

(二)发展方向

1. 品种开发　开发适宜水培条件高产优质的蔬菜品种、对人工光源适应性强的品种，同时开发如中草药、香草等高价值的栽培作物种类。

2. 自动化　提高栽培系统的自动化程度，播种、分苗、移栽、收获、包装生产环节的自动化，以及水肥管理的自动化和精准化水平。

3. 光源　LED 光源的低成本化以及新光源的开发。

4. 栽培系统　更加稳定和简化的栽培系统研发，提高栽培系统的易用性和栽培的稳定性。

5. 低成本化　在阳光条件好的区域发展自然光源和人工光源并用型植物工厂，降低能源成本。

本章思考题

1. 家庭无土栽培类型有哪些？简述其特点。
2. 屋顶绿化对建筑有哪些要求？适宜屋顶绿化的无土栽培方式有哪些？
3. 观光型无土栽培类型有哪些？简述番茄树式栽培技术要点。
4. 观光型雾培方式有哪些？
5. 哪些中药品种适宜无土栽培？
6. 简述植物工厂栽培系统特点。哪些蔬菜种类适合植物工厂生产？
7. 简述植物工厂存在的问题与发展方向。

实验指导

实验一　无土栽培类型的调查

一、目的和要求

通过本地或周边不同无土栽培类型的实地调查，结合理论教学内容以及多种媒体音像影像资料及图片，掌握无土栽培类型的分类和形式，以及常见无土栽培类型的主要结构特点、性能及应用。学会常见无土栽培类型的设施设备构成及其合理性的评估。

二、材料及用具

1. 测量用具　皮尺、钢卷尺，测角仪（坡度仪）等测量用具及铅笔、直尺、相机等记录用具。

2. 资料及图片　不同无土栽培类型和结构的示意图，多种媒体音像影像资料及图片，包括PPT、录像、图片等影像资料。

3. 投影机、计算机、VCD 等影像播放设备。

三、方法和步骤

1. 调查　可分组进行。每小组 5～7 人，按以下内容进行。可进行实地调查、访问和测量，并将测量结果和调查资料整理成报告。

要点如下：

1）无土栽培设施的类型。重点调查适于本地进行生产与应用的无土栽培设施的类型及其特点，观测各种类型无土栽培的场地选择、设施方位和整体布局及规划情况。

2）无土栽培设施的结构与性能调查。通过观测不同无土栽培类型的结构规格、配套型号，熟悉和了解其性能特点和应用。

①记录水培设施的种类、材料，种植槽的大小、定植板的规格、定植杯的型号、供液系统以及贮液池的容积等。

②记录基质培的基质种类、设施结构及供液系统。

3）应用情况调查调查。记载不同无土栽培类型在本地区的主要栽培季节、栽培作物种类品种、周年利用情况。

2. 录像、幻灯、多媒体等影像资料观看　了解国内外水培、雾培、基质培等无土栽培类型、各种无土栽培类型的结构特点和功能特性。

3. 分析与比较　不同形式无土栽培类型结构的异同、性能的优劣和成本构成与经济效益。

四、作业与思考题

1. 写出实验报告，从观测调查的无土栽培类型、结构、性能及其应用的角度，写出调查报告，并画出主要设施、类型的结构示意图。注明各部位名称和尺寸，并分析其优缺点和提出合理改进意见或建议。

2. 不同无土栽培类型的主要结构特点和形成原因。

实验二　营养液的配制技术

一、目的和要求

营养液管理是无土栽培的关键性环节，而营养液的配制是基础。结合所学的理论知识，通过常用营养液的配制操作，掌握营养液配方的元素组成原理，无土栽培生产用的营养液（工作营养液）与浓缩液（母液）的异同，通过具体操作掌握常用营养液的配制方法与配制技术。

二、材料及用具

1. 材料　各种肥料或化合物。以日本园试通用配方为例，包括下列大量元素和微量元素化合物。

（1）大量元素化合物。$Ca(NO_3)_2 \cdot 4H_2O$、KNO_3、$NH_4H_2PO_4$、$MgSO_4 \cdot 7H_2O$。

（2）微量元素化合物。Na_2Fe-EDTA、H_3BO_3、$MnSO_4 \cdot 4H_2O$、$ZnSO_4 \cdot 7H_2O$、$CuSO_4 \cdot 5H_2O$、$(NH_4)_6Mo_7O_{24} \cdot 4H_2O$。

2. 用具　电子天平（感量 0.01 g 和感量 0.000 1 g）；每小组准备烧杯（200 mL、500 mL 各 1 个）、容量瓶（1 000 mL 1 个和 100 mL 6 个）、玻璃棒、贮液瓶（3 个 1 000 mL 棕色瓶），记号笔、标签纸、贮液池（桶）等；根据分组情况上述用具准备若干。

三、方法和步骤

1. 母液（浓缩液）的组成　园试通用配方母液分成 A、B、C 三个母液，A 液包括 $Ca(NO_3)_2 \cdot 4H_2O$ 和 KNO_3，浓缩 200 倍；B 液包括 $NH_4H_2PO_4$ 和 $MgSO_4 \cdot 7H_2O$，浓缩 200 倍；C 液包括 Na_2Fe-EDTA 和各微量元素，浓缩 1 000 倍。也可以将 B 母液与 C 母液混在一起，制成 200 倍母液。

2. 各母液化合物用量的计算　按园试配方要求配制 1 000 mL 母液，计算各化合物用量为：

1）A 液。$Ca(NO_3)_2 \cdot 4H_2O$ 189.00 g 和 KNO_3 161.80 g。

2）B 液。$NH_4H_2PO_4$ 30.60 g，$MgSO_4 \cdot 7H_2O$ 98.60 g。

3）C 液。Na_2Fe-EDTA 20.0 g，H_3BO_3 2.86 g，$MnSO_4 \cdot 4H_2O$ 2.13 g，$ZnSO_4 \cdot 7H_2O$ 0.22 g，$CuSO_4 \cdot 5H_2O$ 0.08 g，$(NH_4)_6Mo_7O_{24} \cdot 4H_2O$ 0.02 g。

Na_2Fe-EDTA 也可用 $FeSO_4 \cdot 7H_2O$ 和 Na_2-EDTA 自制。方法是按 1 000 倍母液取 $FeSO_4 \cdot 7H_2O$ 13.9 g 和 Na_2-EDTA 18.6 g 混溶即可。

3. 母液的配制　按上述计算结果，准确称取各种化学肥料或化合物的用量，按 A、B、C 种类分别溶解，并定容至 1 000 mL，然后装入棕色瓶，并贴上标签，注明 A、B、C 母液，标明其组成与浓度。

4. 工作营养液的配制　用上述母液配制 100 L 的工作营养液。分别量取 A 母液和 B 母液各 0.5 L,C 母液 0.1 L。在加入各母液的过程中务必防止出现沉淀。方法如下:①在贮液池内先放入相当于预配工作营养液体积 40%的水量即 40 L 水,再将量好的 A 母液倒入其中。②将量好的 B 母液慢慢倒入其中,并不断加水稀释,至达到总水量的 80%为止。将 C 母液按量加入其中,然后加足水量并不断搅拌。

四、作业与思考题

1. 根据营养液配制的操作过程,完成实验报告,分析说明营养液配制过程中需要注意的事项。

2. 营养液配制过程中,如果提供某种元素的化合物与配方不同,能否采用相近化合物替代?若可以,根据实际情况,试用 N 或 K 的不同化合物进行替换验算。

实验三 基质理化性状测定与复合基质配制

一、目的和要求

固体基质种类多,固体基质加营养液栽培因其具有性能稳定、设备简单、投资较少、管理较易等优点,在无土栽培生产中的使用较为普遍。

基质栽培过程中,根据作物的生育要求选配基质,首先必须了解各种不同基质的理化性质。基质的物理化学性质对种植在其中的植物有较大影响。主要包括基质的容重、比重、孔隙度、化学组成和由此所产生的基质的化学稳定性、酸碱度、物理化学吸附能力(阳离子交换量)、缓冲能力和电导率等。

一般而言,无机基质通常不含养分或所含养分低,单一成分的有机基质单独作为栽培基质进行无土栽培的时候,因其物理性质如容重过轻或过重、通气不良或保水性差等原因也难以获得理想栽培效果,因此,常将两种或两种以上基质混合形成复合基质来利用。因此,复合基质的配制是基质栽培成功与否的关键环节之一。

本实验要求结合所学的理论知识,通过具体操作,掌握常见固体基质的物理性状(容重,比重,大、小孔隙度等)和化学性质(pH、电导率等)的测定方法。

结合当地实际,选择几种常见的无机基质和有机基质各 1~2 种进行复合基质的配制。初步掌握复合基质选择的原理与配制方法。

二、材料及用具

1. 材料 以无土栽培中常用的 1~2 种基质作试材,进行理化性状的测定。

复合基质的配制,结合当地常用基质,基质可选择 2~4 种进行实验。常见基质如椰衣纤维、树皮、蔗渣、稻壳、锯末屑、芦苇末、秸秆、蛭石、草炭、珍珠岩、沙等。

2. 用具

(1)物理性质测定。比重瓶(容积 50 mL)、天平(感量 0.001 g)、温度计(±0.1℃)、滤纸、纱布、烧杯(50 mL)、量筒(50 mL)、真空干燥器、真空泵等。

(2)化学性质测定。pH 计、玻璃电极、饱和甘汞电极、电导仪。

(3)复合基质配制。天平(感量 0.01 g)、量筒(500 mL)、塑料桶(5 L)等。

3. 标准缓冲液的配制　pH 4.01 标准缓冲液(10.21 g 在 105℃烘过的分析纯苯二甲酸氢钾 $KHC_8H_4O_4$,用水溶解后定容至 1 L);pH 6.87 标准缓冲液(3.39 g 在 50℃烘过的分析纯 KH_2PO_4 和 3.53 g 分析纯无水 Na_2HPO_4 溶于水后定容至 1 L);pH 9.18 标准缓冲液(3.80 g 硼沙 $Na_2B_4O_7 \cdot 10H_2O$ 溶于水后定容至 1 L)、饱和 $CaCl_2$ 溶液。

三、方法和步骤

1. 比重

(1)称取风干基质样品 10 g,倒入比重瓶内。另称 10 g 样品 105℃烘干、称重(G)。

(2)向装有样品的比重瓶中加入蒸馏水,至瓶内容积的一半处,然后徐徐摇动,使样品充分湿润,与水均匀混合之后放入真空干燥器中。

(3)用真空泵抽气排除基质中的空气,抽气时间不得少于 30 min,停止抽气后仍需在干燥器中静置 15 min 以上,然后加满蒸馏水,塞好瓶塞使多余的水自瓶塞毛管中溢出,用滤纸擦干后称重(g_2),同时用温度计测定瓶内的水温。同时测定不加样品的比重瓶加水的重量(g_1)。

(4)结果计算

$$M=G\times w/(G+g_1-g_2)$$

式中,M—基质比重(g/cm^3);w—t℃时蒸馏水比重(g/cm^3)。

2. 容重(g/cm^3)　将自然状态(或生产状态)下的基质放入一个已知体积的容器(烧杯或量筒)后,倒出称基质质量,用质量除以体积。

3. 总孔隙度(%)　指基质中包括大小孔隙(通气孔隙和持水孔隙)在内所有孔隙的总和。以占有基质体积的百分比表示。

$$总孔隙度=(1-容重/比重)\times 100\%$$

4. 大小孔隙度　取一个已知体积(V)的容器。加满待测的风干基质称取质量(W_1);然后加入蒸馏水放入真空干燥器,用真空泵抽气 30 min,再加满水称取质量(W_2)后,将容器上口用一已知质量的湿润纱布(W_3)包住,将容器倒置,让容器中的水分流出,放置 2 h 左右,直至容器中没有水分渗出为止,称取质量(W_4)。

$$大孔隙(\%)=(W_2+W_3-W_4)\times 100/V$$

$$小孔隙(\%)=(W_4-W_1-W_3)\times 100/V$$

5. pH 测定

(1)把电极插入与基质浸提液 pH 接近的缓冲液中,校正待用。

(2)称取风干基质 10 g 于 50 mL 烧杯中,加 25 mL 蒸馏水后振荡 5 min,再静置 30 min。然后用 pH 计测定。

6. 电导率测定　取风干基质 10 g,加入 50 mL 蒸馏水,振荡浸提 10 min,过滤,取其滤液用电导仪来测电导率(mS/cm)。

7. 复合基质的配制

(1)根据预先设定的复合基质配方,分别量取不同体积的基质,导入配制容器中(塑料桶)。

有机基质的原料丰富易得,处理加工简便,可就地取材,如玉米秸、葵花秆、油菜秆、麦秸、大豆秆、棉花秆等,农产品加工后的废弃物如椰壳、菇渣、蔗渣、酒糟等,都可以使用。无机基质如蛭石、珍珠岩、炉渣、沙等，加入量依调整需要而定。有机物与无机物之比按体积计，可自2∶8至8∶2。

常用的混合基质有：4份草炭与6份炉渣；5份沙与5份椰子壳；5份葵花秆、2份炉渣与3份锯末；7份草炭与3份珍珠岩等。

(2)搅拌均匀。

(3)测定混配好的复合基质的pH、EC、总孔隙度和大小孔隙比。

四、作业与思考题

1.完成实验报告，详细记录基质物理化学性状的测定过程。每种物理化学性状测定3个样，计算结果。

2.适于作物生长的基质物理化学性状应该怎样，根据所学的知识和对各种基质的认识及实验结果，初步提出一种复合基质的配比。

实验四　无土育苗技术

一、目的与要求

了解常用无土育苗的设施与方法，如育苗容器、育苗基质的选用、育苗复合基质的选配、营养的供应方式等，作物种类的不同、苗龄的不同适用的育苗方法也不同。

二、材料及用具

1.基质　泥炭、蛭石、珍珠岩、河沙等。

2.容器　育苗穴盘、塑料钵等。

3.肥料　三元复合肥(15-15-15，$N-P_2O_5-K_2O$)或有机消毒肥料、Hoagland营养液。

4.消毒剂　40%的甲醛溶液100倍液。

5.种子　经催芽已萌发的植物(种类待定)种子。

6.其他用具　镊子、塑料薄膜、喷水壶等。

三、方法和步骤

1.基质的消毒　基质的消毒常见方法有蒸汽消毒、太阳能消毒以及化学药剂消毒等。

(1)蒸汽消毒。将新配制的或用过的基质装入消毒箱等容器内，进行蒸汽消毒，或将基质块或种植垫等堆叠一定高度，全部用防水防高温布盖严，通入蒸汽，在70～100℃下，消毒1～5 h，杀死病菌。具体消毒温度和时间要根据不同基质和蔬菜作物来灵活掌握，如黄瓜病毒等需100℃才能将其杀死。一般来说，蒸汽消毒效果良好，而且也比较安全，但缺点是需要专门设备，成本较高。

(2)太阳能消毒。太阳能消毒是近年来在温室栽培中应用较普遍的一种廉价、安全、简单实用的无土栽培基质消毒方法。具体方法为：夏季高温季节在温室内把基质堆在一起，喷湿基质，使其含水量达到60%以上，并用塑料薄膜盖严，密闭温室，暴晒10 d以上，消毒效果很好。

(3)化学药剂消毒

①漂白粉和高锰酸钾消毒。具体做法为:用0.3%～1%次氯酸钙或次氯酸钠溶液,将基质均匀喷湿,覆盖塑料薄膜,24～36 h后揭膜,再风干2周后使用。高锰酸钾使用浓度为0.1%,将基质堆起后注入基质中,施药后,随即用薄膜盖严,3～7 d后揭去薄膜,晒7 d以上即可使用,消毒效果很好,使用中要严格遵守操作规程,防止人畜受伤害和泄漏对周围环境造成影响。

②甲醛溶液消毒。现在大规模生产中常用。实验可采用40%的甲醛溶液100倍液,将基质平铺地面(若不是干净的水泥地面,可在地面上平铺一张塑料薄膜)约10 cm厚,然后用甲醛溶液将其喷湿,再铺第2层,直至处理完所有基质后用塑料薄膜覆盖封闭1～2昼夜后,将消毒基质摊开挥发直到没有甲醛的气味后方可使用(3～4 d)。

2.基质的配制　参照实验三中复合基质的配制进行。配制的基质要能为蔬菜作物生长提供稳定协调的根际环境条件,不仅起到锚定植物、保持水分和透气的作用,还具有养分供应作用,能使作物正常生长。其理化性状要达到一定的要求:即容重为0.1～0.8 g/cm^3,pH为6.5左右,且具有一定的缓冲能力,电导率(EC)在2.5 mS/cm以下,保肥性良好,具有一定的碳氮比以维持栽培过程中基质的生物稳定性。

基质的来源,以天然基质为主,可以分为无机基质和有机基质两类。如无机基质包括沙、石砾、沸石、蛭石和珍珠岩等;有机基质通常包括草炭、树皮、蔗渣、稻壳、椰壳纤维、芦苇末、棉子壳、菇渣等以有机残体和农业废弃物组成的基质。

例如,可将复合肥(15-15-15,$N-P_2O_5-K_2O$)以0.25%的比例对水混入泥炭、河沙复合基质中。

3.基质的填装　将基质均匀地装入穴盘或塑料钵中,基质面比盘沿低约1 cm。

4.播种　将催芽后的种子用镊子小心地放入穴盘或塑料钵中,埋入基质以不见种子为好,播好后及时浇透水。

5.苗期管理

(1)光照。冬春时应适当补光或加大苗距;夏季,尤其是刚出苗时,应适当遮阳。

(2)温度。可通过棚室内的加温装置和育苗床中铺设的电热线或遮阳网等来调节温度。注意夜温低于日温5～10℃。上、下限温度因作物不同,温度要求差异较大。

(3)水分。多数作物苗期基质含水量维持在基质相对含水量的60%～80%,低于40%要及时补水,9:00左右浇水为宜。在定植前可通过控水的方法促进根系生长。

(4)空气湿度。以80%左右为宜。可用通风或喷雾的方式调节。

四、作业与思考题

1.写出实验报告,详细记录育苗的整个过程。

2.与常规育苗相比,无土育苗具有哪些优势?在应用中需注意哪些问题?

实验五　水培综合实验

一、目的和要求

水培作为无土栽培的一种重要形式,已成为蔬菜、花卉生产的一种重要方式。本实验学习蔬菜或花卉水培的基本原理、方法和技术，掌握水培前幼苗的培养技术；掌握建立营养液电导值与营养液浓度剂量间的回归关系方程；学会设计和调节营养液层的深度、液流速度；掌握水培过程中营养液的供给与管理技术：养分浓度管理、pH 的调整（补充）技术、氧气的补充技术、温度调节及营养液微生物数量检测。

二、材料及用具

（一）材料

（1）叶菜类蔬菜种子（如生菜、油菜、油麦菜、小白菜、菠菜等）。

（2）果菜类蔬菜种子（如黄瓜、番茄、甜瓜等）。

（3）1、2 年生花卉种子（如万寿菊、矮牵牛、鸡冠花、一串红等）。

（4）宿根花卉扦插条或分株苗（如菊花、彩叶草等）。

（5）球根花卉种球（如水仙、风信子、郁金香、美人蕉等）。

（二）用具

1. 育苗用具　岩棉或海绵、穴盘、塑料盆或苗床等。

2. 水培用具　栽培槽或栽培盆、营养液母液、塑料薄膜、栽培板或泡沫板、定植钵或海绵、量筒、酸度计、电导率仪、充氧泵、塑料管等。

三、方法和步骤

（一）水培前的准备

1. 幼苗的培育

（1）叶菜类幼苗的培育。采用岩棉或海绵水培育苗。首先按株、行距 2 cm×2 cm 在岩棉或海绵表面用刀片划“×”号，深度 0.5 cm，然后将种子直接播种在岩棉或海绵“×”号中间，置于不漏水的容器中，及时喷水，出苗前保持岩棉或海绵湿润，出苗后每隔 2～3 d 浇一次日本园试配方 1/3 浓度的营养液，保证养分供应。待幼苗长至两叶一心时即可水培定植。

（2）果菜类幼苗，1、2 年生花卉幼苗。可采用 72 孔穴盘育苗。将育苗基质装入穴盘，种子直播在孔穴中间，每穴 1 粒，出苗前保持水分供应，出苗后每隔 2～3 d 浇一次 1/3～1/2 日本园试配方营养液，保证养分供应。待幼苗具有 3～4 片真叶时即可水培定植。

（3）宿根花卉幼苗。采用扦插或分株法苗床育苗。在苗床上铺 10 cm 厚的无病菌的河沙或珍珠岩，喷水后，将宿根花卉扦插条或幼株栽培在苗床上，置于阴凉处缓苗，避免阳光暴晒和高温。5～7 d 后，扦插苗或分株苗长出新根后，再继续培养 1 个月，待幼苗长出新芽或新叶后水培。

（4）球根花卉的种球可直接进行水培。

2. 水培槽的准备　深液流水培槽可选择水泥砖结构栽培槽，也可选择塑料盆。大型深液流栽培槽（水泥砖结构）宽度一般为 70～100 cm，槽内深度控制在 12～15 cm，槽长度为 10～20 m，如果栽培槽漏水，可在槽底铺一层塑料薄膜。小型深液流栽培槽一般选择无孔的塑料盆，深度为 15 cm 左右即可。

营养液膜技术栽培槽根据栽培作物的不同，栽培槽大小存在差异。一般栽培大型植株可选择用 0.1～0.2 mm 厚的面白底黑的聚乙烯薄膜临时围合起来的等腰三角形槽，液深不超过

10 mm，槽长不超过 25 m。如果栽培小型作物，可选择多行并排密植的波纹瓦（玻璃钢或水泥）定植槽，谷深 2.5～5.0 cm，峰距 15～20 cm，厚 2 cm 左右。

3. 营养液母液的配制　选择 Hoagland 或山崎营养液配方配制营养液，设定 A、B、C 三种母液，其中 A 母液为硝酸钙和硝酸钾、B 母液为磷酸二氢铵和硫酸镁，A、B 母液浓缩 200 倍，C 母液为微量元素，浓缩 1 000 倍（参考实验二）。

(二)水培

1. 营养液的准备

(1)准确测量水培槽的体积。

(2)如果水培槽漏水，需在槽底铺一层黑色塑料薄膜；营养液膜技术水培槽底需垫上一层无纺布。

(3)准确配制水培槽体积 80%～90%的 1 倍营养液工作液，并倒入贮液池内。

(4)用电导率仪、酸度计测量营养液电导率值和酸碱度。

2. 建立营养液电导值(EC)与营养液浓度(S)剂量间回归方程

(1)配制营养液剂量级差系列(0.2～2.0)。

(2)分别用电导仪测定各营养液的电导值(mS/cm)。

(3)求回归方程 $S = a + b \times \mathrm{EC}$ 及相关系数 r^2。

3. 定植板和定植杯的准备

(1)定植板的准备。硬泡沫塑料板上找准幼苗定植位置后打孔，也可以买打好孔的定植板。

(2)定植杯或海绵、岩棉的准备。准备好与定植孔相配套的定植杯，也可以将海绵或岩棉剪成长、宽、高分别为 8～10 cm、2 cm、2 cm 的长方体。

4. 营养液循环系统

(1)深液流水培技术营养液供液系统和排液系统。需在营养液池内安装一个抗腐蚀型水泵，每 100 m^2 用 1 台口径 50 mm、2 kW 的自吸泵；打开营养液排液口即可进行营养液排液；注意营养液供液量和排液量要相同。

(2)营养液膜水培技术。需在营养液池内安装一个抗腐蚀型水泵，设置好主管、支管和毛管，控制营养液流速 2～4 L/min。

5. 幼苗定植

(1)待叶菜类蔬菜长至两叶一心时，将幼苗和岩棉或海绵一同剪下，每块一棵幼苗直接水培；采用穴盘育苗培育的果菜类幼苗或 1、2 年生花卉幼苗，待长至三叶一心时，将幼苗连同基质拔出，洗净根系基质后，存放在清水中，以免幼苗失水，不利于缓苗；对于采用扦插或分株法培育的宿根花卉，将植株拔出后洗净根系基质存放在清水中。

(2)用海绵或岩棉包住植株根茎部，直接插到定植板上即可。定植完成后，将剩余的 10%营养液倒入贮液池内，与栽培槽间进行循环，并检查幼苗根系，确保每株根系都浸入营养液中。

6. 定植后管理

(1)浓度管理。幼苗定植后，每隔 2 d 用电导率仪测量一次营养液电导率值，利用营养液浓度与电导值回归方程计算营养液浓度。在调整的标准上低浓度配方：每天调整，维持 1 个剂量（山崎）；高浓度配方（Hoagland）：低于总浓度的 1/2 时调整，补回 1 个剂量。浓度调整加水、加母液用量的计算公式如下：如果浓度低于 1/2 原营养液浓度，则需添加母液，如果营养液浓度高于原营养液浓度，则需加入清水稀释，如果浓度在 1/2～1 倍营养液之间，则不需要浓度管理。

$$V_{水}=A\times(S_1-S_0)$$

$$V_{母液}=[A\times(S_0-S_1)]/(B-2)$$

式中：V—应加母液（A、B 分别计算）或水的体积（L）；A—营养液的体积（L）；S_0—营养液的初始剂量；S_1—营养液调整前的剂量；B—A、B 母液的浓缩倍数。

(2)pH 管理。每隔 2 d 用酸度计测量一次营养液酸碱度，如果营养液 pH 高于 7.5，需要加入 1～3 mmol/L HNO_3 或 H_2SO_4 调整，如果营养液 pH 低于 6.0，则需加入 5%～10% KOH 或 NaOH 调整。

(3)溶存氧的管理。定期测定营养液内溶存氧浓度，如果溶存氧浓度低于 4 mg/L，则需要增加充氧泵工作时间或通气量，或加快营养液流动速度。

(4)温度管理。如果夏天，定期测定水培槽内营养液温度，如果温度高于 28℃，需进行降温处理，否则根系容易腐烂，如果温度低于 15℃，需进行加温处理。

(5)营养液微生物数量检测。及时检测营养液中微生物的含量，如果检测发现营养液内有病菌或虫卵，及时进行更换；如果营养液管理方法得当，一般营养液在北方可以连续使用 1～2 个月，在南方可以连续使用 3～4 个月。

其他农事操作与基质栽培相同。

四、作业与思考题

1. 每人完成 10～20 株幼苗的水培过程，并总结水培实验的操作程序及其技术要领。

2. 水培后，分组进行营养液浓度、酸碱度、溶存氧浓度、温度及其他农事操作管理，水培 20 d 后测定植株长势，并总结水培作物管理要点。

3. 根据个人水培实验操作体会，总结水培操作的主要步骤。

4. 根据植株长势，分析水培作物长势强的主要原因有哪些？总结水培法的优缺点，写出自己的见解。

实验六　基质培综合实验

一、目的和要求

基质培作为无土栽培的一种重要形式，已成为蔬菜、花卉等作物生产的一种重要方式。本实验学习蔬菜或花卉基质培的基本原理、方法和技术，掌握基质培前幼苗的培养技术，栽培槽的设计，选择合适的基质；掌握无机基质培和有机基质培过程中水分、养分等常规调控与管理技术。

二、材料及用具

(一)材料

各种蔬菜、花卉的种子或繁殖器官。

(二)用具

河沙、草炭、蛭石、珍珠岩、营养液、128孔穴盘、72孔穴盘、栽培槽、栽培盆、栽培袋、无土栽培盆、铁锹等。

三、方法和步骤

(一)基质培的准备

1.幼苗的培育

(1)叶菜类蔬菜或草本花卉可直播在栽培容器内,球根花卉种球也可直接种植,无须育苗。

(2)果菜类幼苗,1、2年生花卉幼苗的培育。对于苗期生长期较长的蔬菜或花卉,可采用72孔穴盘育苗。将育苗基质装入穴盘,种子直播在孔穴中间,每穴1粒,出苗前保持水分供应,出苗后每隔2～3 d浇一次1/3～1/2日本园试配方营养液,保证养分供应。待幼苗具有3～4片真叶时即可定植在栽培容器中。

(3)宿根花卉幼苗的培育。采用9 cm×9 cm营养钵扦插或分株法育苗,将基质装入营养钵,扦插条或幼株种植在营养钵中间,每钵一株,生根前置于阴凉处缓苗,避免阳光暴晒和高温,待幼苗长出新根后,再培养1个月长出新芽或新叶后定植。

2.栽培容器的准备　基质培可选择槽式栽培、袋式栽培、塑料盆栽培。

(1)栽培槽的准备。可选择砖槽、水泥槽、泡沫槽、塑料槽等,要求栽培槽能够盛装基质。根据种植植物种类不同,栽培槽宽度有较大差异,一般需要搭架的植株如番茄、黄瓜等可设定50～60 cm,不需搭架、长势较小的植株如生菜、万寿菊、一串红等可设定100～120 cm,栽培槽长度根据设施跨度设定,栽培槽底部最好有排水管道。首先在栽培槽底部铺一层较厚的塑料薄膜,用于隔离土壤病虫害。

(2)栽培袋的准备。可选择黑色、黑白双色塑料栽培袋。根据种植植物种类不同,栽培袋大小有较大差异,需要搭架的植株如番茄、黄瓜等栽培袋可设定长50～60 cm、宽30～40 cm、高10～15 cm,上部打2～4个孔;不需搭架、长势较小的植株如生菜、万寿菊、一串红等栽培袋可设定长30～40 cm、宽20～25 cm、高8～10 cm,上部打8～10个孔。栽培袋底部打2～3个孔,孔径3～5 cm,以排除多余的水分。

(3)栽培盆的准备。可选择塑料盆、泥盆、紫沙盆等,要求栽培盆底部或侧面具有排水孔,能够及时排除较多的水分。根据种植植物种类不同,栽培盆的选择有较大差异,一般长势较强的植株需选择直径45～50 cm、高度为20～30 cm的栽培盆,长势较小的植株可选择较小的栽培盆,如直径15～20 cm、高度为10～15 cm的栽培盆。

3.栽培基质的准备　适宜栽培的基质很多,选择单一基质或复合基质均可。本实验选择蛭石、珍珠岩为无机基质,草炭为有机基质,选择单一基质(蛭石)、复合基质(草炭∶蛭石＝1∶3或草炭∶蛭石∶珍珠岩＝1∶2∶1)为栽培基质。

4.装袋　将单一蛭石和配制好的复合基质装入栽培容器内,栽培袋、栽培盆在设施内整齐排列。

5.安装滴灌管　槽式栽培安装滴灌带,每槽安装2条,然后覆盖塑料地膜即可;栽培袋、栽培盆安装滴灌系统,栽培袋每孔一个滴箭头,栽培盆每盆一个滴箭头,保证水分供应。

6.营养液母液的配制　配制Hoagland营养液,设定A、B、C三种母液,其中A母液为硝酸钙和硝酸钾、B母液为磷酸二氢铵和硫酸镁，A、B母液浓缩200倍，C母液为微量元素，浓缩1 000倍(参考实验二)。

(二)播种或定植

(1)打开滴灌系统开关，保证基质40%～50%持水量。

(2)将叶菜类蔬菜或草本花卉种子撒播在栽培槽内，球根花卉种球也可直接种植在栽培槽内，株距10～15 cm，行距15～20 m。

(3)选取生长健壮的穴盘苗或营养钵培育的蔬菜、花卉幼苗，轻轻带坨拔出，尽量减少基质散落，将幼苗连同基质一同定植到栽培槽、栽培袋或栽培盆中均可。

(三)定植后管理

幼苗定植后，立即灌水，保证基质含水量90%～100%，以利于迅速缓苗。3～5 d后，适当降低浇水量，保持基质含水量80%～90%，以免水分过多引起徒长。

幼苗生长期，每隔5～7 d浇灌一次1倍Hoagland营养液，植株生长旺期或开花、结果期每隔3～5 d浇灌一次营养液，以保证养分供应。

定期测定设施内环境温度，如果温度高于32～35℃，需进行降温处理，否则易引起高温伤害，如果温度低于8～10℃，需进行加温处理，以免植株受到冷害或寒害。

降低设施内空气湿度，减少病害发生。

其他农事操作与设施土壤栽培相同。

四、作业与思考题

1. 选择一种栽培容器，每人完成10～20株幼苗的基质培过程，并总结基质培实验的操作程序及其技术要领。

2. 基质培幼苗定植后，分组进行基质含水量、设施温度和湿度以及其他农事操作管理，基质栽培20～50 d后测定植株长势或产品产量和品质，并总结基质培作物管理要点。

3. 根据植株长势，分析基质培植株长势强的主要原因有哪些？总结基质培的优缺点，写出自己的见解。

实验七　pH原位显色实验

一、目的和要求

pH原位显色法是利用pH指示剂在一定的pH范围下能改变颜色的特点，在含有实验所需的养分的琼脂溶胶中，加入这些pH指示剂，植物根系可在琼脂-指示剂中生长，吸收其中的养分并进行正常的生理活动，随着根系的吸收及溢泌，根际的pH则不同于原介质，通过pH指示剂颜色的变化，则可以用肉眼观察到根际的pH变化。本实验通过pH原位显色法，观察在不同含氮肥料的培养介质中，植物根际pH的不同变化，证明植物对离子的选择吸收这一特性。

二、材料及用具

(一)试剂

(1)营养液母液

①4 000 mg/L 磷酸二氢铵(铵态氮)。

②2 000 mg/L 硝酸钙+2 000 mg/L 硝酸钾(硝态氮)。

③2 000 mg/L 磷酸二氢铵+1 000 mg/L 硝酸钙+1 000 mg/L 硝酸钾(铵态氮+硝态氮)。

(2)$CaSO_4$ 悬浊液:溶解 0.68 g 硫酸钙于 100 mL 蒸馏水中,使用前要充分摇匀。

(3)溴甲酚紫指示剂:称取溴甲酚紫 0.6 g,溶于 100 mL 95%的酒精溶液中。

(4)琼脂。

(5)稀 HCl。

(6)稀 NaOH。

(二)材料

水培、基质培和土壤栽培的蔬菜或花卉根系。

(三)用具

有机玻璃盒(20 cm×6 cm×1.5 cm),400 mL 烧杯,玻璃棒,5 mL 刻度吸管,吸球,镊子,电炉,电子天平,塑料薄膜纸,黑纸。

三、方法和步骤

(一)处理

1.处理一　用刻度吸管吸取 2 mL 铵态氮,加入蒸馏水定容至 200 mL,配制成 40 mg/L 氨态氮溶液。

2.处理二　用刻度吸管吸取 2 mL 硝态氮,加入蒸馏水定容至 200 mL,配制成 40 mg/L 硝态氮溶液。

3.处理三　用刻度吸管吸取 2 mL 铵态氮+硝态氮溶液,加入蒸馏水定容至 200 mL,配制成 40 mg/L 硝态氮+氨态氮溶液。

(二)操作步骤

(1)取 3 个 400 mL 烧杯,分别加入蒸馏水 250 mL,琼脂 2.5 g,$CaSO_4$ 悬浊液 2.5 mL,溴甲酚紫指示剂 2.5 mL。

(2)放在电炉上加热溶解,边加热边搅拌,使琼脂全部溶解。

(3)移开电炉,分别向 3 个烧杯中加入上述 3 个处理的营养液母液(含 N 均为 4 000 mg/L)各 2.5 mL。

(4)充分搅拌并用稀 HCl 和稀 NaOH 调至暗红色,此时的琼脂-指示剂溶胶的 pH 约为 6.0。

(5)把上述溶胶冷却至 50℃左右,倒入自制的有机玻璃盒中。

(6)待琼脂刚刚凝固时,即把供试的水培、基质培和土壤栽培的蔬菜或花卉根系贴于琼脂面上,用镊子小心地将根系伸展开来,并盖上塑料薄膜纸,用手在其上面轻压,使根系镶嵌于琼脂-指示剂凝胶中,包上黑纸。

(7)置于太阳光下 6～7 h 后,然后观察根际的颜色变化。由于溴甲酚紫的变色范围是 pH 5.2～6.8,黄色—紫色,所以当根系的分泌物是酸性物质时,则使原来根际的暗红色变为黄色,而当根系的分泌物是碱性物质时,则根际变为紫色。

四、作业与思考题

1. 选择一种蔬菜或花卉,每人完成水培、基质培和土壤栽培根系 pH 原位显色实验过程,并总结 pH 原位显色实验的操作程序及其技术要领。

2. 观察水培、基质培和土壤栽培作物根际颜色变化的异同。

3. 根据观察到的水培、基质培和土壤栽培作物根际颜色变化情况,结合根系结构特点,对出现的颜色变化差异进行分析。

实验八　无土栽培设施的设计与实施

无土栽培的设施类型多种多样。水培根据其营养液液层的深度、设施结构和供氧、供液等管理措施的不同,分为深液流水培技术 (DFT)、营养液膜技术(NFT)、浮板毛管水培技术(FCH)、喷雾栽培技术 (spray culture)以及立柱式水培等。基质培包括简易盆钵栽培、基质袋培、砾培、沙培、岩棉培、鲁 SC 型槽式基质培和有机生态型无土栽培等。DFT 技术是最早成功应用于商业化植物生产的无土栽培技术。在发展过程中,世界各国对 DFT 作了不少改进,现已成为一种管理方便、性能稳定、设施耐用、后续生产资料投入较少的实用、高效的无土栽培设施类型。DFT 主要有以下几种形式:①水泥砖结构固定式水培设施;②模具泡沫栽培槽水培设施;③日本神园式水培设施;④M 式水培设施;⑤协和式水培设施;⑥动态浮根系统;⑦新和等量交换式水培设施。其中水泥砖结构固定式水培设施和模具泡沫栽培槽水培设施是我国在神园式水培设施基础上加以改进,成为我国主要采用的 DFT 栽培类型。水泥砖结构深液流水培设施包括种植槽、定植板或定植网框、贮液池、营养液循环流动系统四个部分组成。

一、目的和要求

通过实验操作,了解无土栽培主要设施类型;掌握深液流水培设施类型的设计与实施;以水泥砖结构固定式水培设施为例,进行无土栽培设施的设计与实施。通过实验了解无土栽培设施类型种类,不同无土栽培设施类型的构造特点、主要参数。着重了解 DFT 特别是水泥砖结构固定式水培设施的结构设计与施工流程。通过 DFT 的设施结构设计及实施,要求在了解我国水泥砖结构水培系统的基础上,总体上掌握无土栽培的设施类型和结构特点。

二、材料及用具

高标号水泥、砖石、沙石、泡沫板、铁锹、PVC 管、潜水泵、电源开关、阀门、皮尺。

三、方法和步骤

水泥砖结构深液流水培设施包括种植槽、定植板或定植网框、贮液池、营养液循环流动系统这四个大部分组成。根据以上四个部分分别设计，最后统一实施。

1.地基　建造种植槽的地基必须是坚实的，否则在种植槽建好之后可能会因地基的不均匀下沉而造成种植槽断裂，进而导致营养液渗漏。建造种植槽前，首先把地面整平、打实，在建槽的位置铺上一层 3～5 cm 的河沙或石粉打实。

2.种植槽　种植槽宽度种植叶菜的一般为 100～150 cm(连槽壁外沿宽度)，一般不超过 150 cm，一方面易于操作，另一方面防止定植板或定植网框在种植槽过宽时强度不够而产生弯曲变形或折断；种植果菜的一般为 30～48 cm，每个栽培槽种植 2 行。种植槽深度控制在 12～15 cm，最深不超过 20 cm。种植槽长度为 10～20 m。槽面水平、槽底略向回流口倾斜。

在处理好的地基上，河沙或石粉层上铺上 5 cm 厚的混凝土作为槽底。在地基较为松软的地方建造种植槽时，为了防止地基下陷而造成种植槽断裂，可在槽底混凝土层中每隔 20 cm 加入一条 $\phi 8$ 的钢筋。在混凝土槽底上面的四周用水泥砂浆砌砖成为槽框。注意要在倒好混凝土槽底上砌砖，增加槽底坚实性，以免造成营养液渗漏。砌好槽框后用高标号水泥砂浆批抹种植槽内外，最后再加上一层水泥膏抹光表面，以防止营养液的渗漏。在建好种植槽框批抹时，还可以加入防水涂料以防渗漏。建好的种植槽应该槽面水平，槽底略向回流口倾斜。

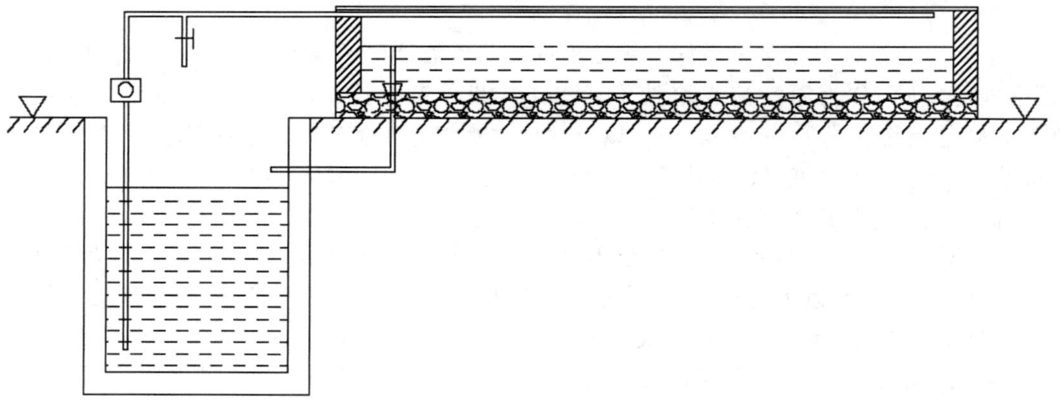

实验图 1　水泥砖结构 DFT 系统的纵切面示意图

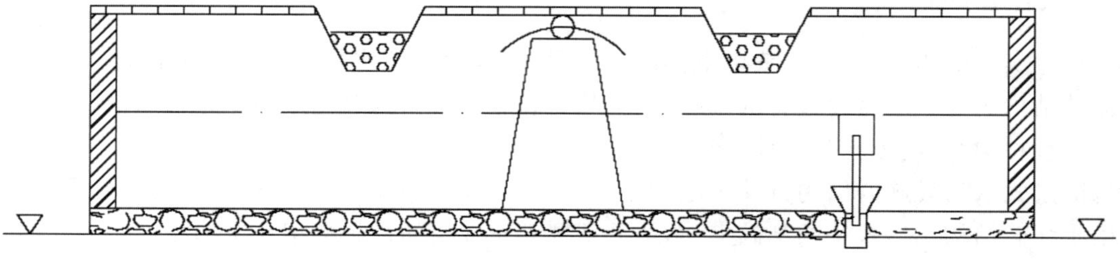

实验图 2　水泥砖结构 DFT 系统的横切面示意图

3.定植板和定植杯　定植板采用强度较高的泡沫板。定植孔的距离和密度根据所栽培的作物对象需要设计，间距在 10～20 cm。定植孔辅之海绵块可直接用于定植，或在定植孔中安置定植杯，用于定植。

4. *贮液池* DFT 栽培贮液池一般都建于地下。地下贮液池具有以下特点：一是作为营养液调节的场所。营养液 pH 的调整、养分和水分的补充等均在贮液池中进行。二是增大种植系统营养液的总量，使得每株占有的营养液量增大，从而使营养液的浓度、组成、pH、溶解氧含量以及液温等不易发生剧烈的变化。

建造地下贮液池应遵循不渗漏为基本原则。池底要用 10～15 cm 混凝土加入 ϕ8 钢筋铺设而成。池壁用 18～24 cm 砖砌，100 号水泥沙浆及水泥膏抹光，建池所用的水泥应符合高标号、耐腐蚀要求。同时地下贮液池的池面要比地面高出 10～20 cm，并要有盖，防止雨水或杂物落入池中，同时保持池内黑暗防止滋生藻类。

5. *营养液循环系统* 营养液循环系统包括供液系统和回流系统两部分。供液系统包括供液管道、水泵以及调节流量的阀门等。回流系统包括回流管道和种植槽中的液位调节装置。供液管道和回流管道采用塑料管，勿用镀锌水管或其他金属管。

供液管道有 3 种铺设方法：一是供液管放置在槽底，从槽的一端延伸至另一端；二是供液管架设在种植槽的一端，营养液从槽的一端流向另一端；三是供液管架设在种植槽分隔墙测上部，从槽的一端延伸至另一端。供液管道上每间隔 50～100 cm 设有喷液孔。

液位调节器有两种方式：一是旋转式，即回流管道管口为“摇把式”，可围绕圆周旋转，调节管口的垂直高度，以控制水培槽中液位水平；二是活塞式，即回流管道管口上设有可上下移动的橡胶管，从而控制液位水平。

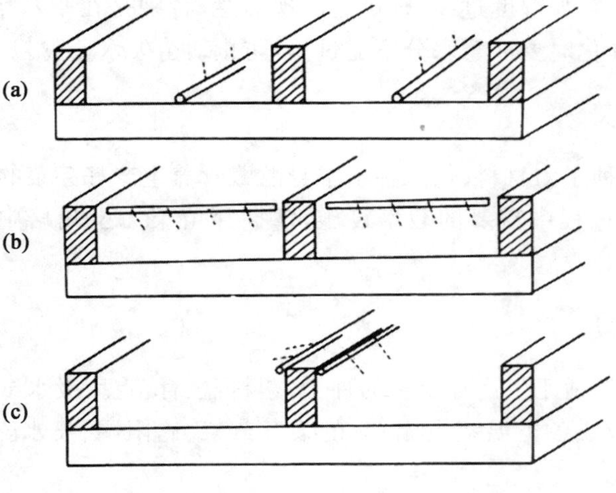

实验图 3　种植槽中供液管道的 3 种布置方式

四、作业与思考题

1. 根据水泥砖结构 DFT 系统要求，利用 CAD 绘制栽培系统的纵切面示意图、横切面示意图和平面图。

2. 根据设计图纸，进行 DFT 系统施工，并分析施工中应注意哪些问题。

3. 在水泥砖结构 DFT 系统设计与实施基础上，通过比较和资料查阅，分析不同无土栽培类型的异同点。

实验九 芽苗菜无土栽培

芽苗菜分为籽芽菜和体芽菜。芽苗菜具有生长速度快，生产周期短，营养价值高，洁净无污染，栽培环境易于控制，易于实现周年供应等特点，芽苗菜无土栽培对于充分提高栽培设施的空间利用率，以及蔬菜产品均衡供应等方面具有重要作用。豌豆、萝卜、荞麦、苜蓿、香椿、菊苣等种子或母株遮光培育成黄化嫩苗或芽球或在弱光条件下培育成绿色芽菜，尤其适合无土栽培。

芽苗菜无土栽培中，首先，要注意消毒，防止滋生霉菌。栽培过程所用的器具和种子均需清洗干净。清洗时须先用高锰酸钾消毒水或自来水清洗，然后再用温开水冲洗 1～2 次，防止所用器具和种子带菌。种植过程中喷洒的营养液或水也要求是较为干净的自来水，最好是用温(冷)开水。其次，生产过程的温度应控制适当。在暗室的生长过程应将温度控制在 25～30℃，温度过高易引起徒长，苗细弱，产量低，商品性差，品质变劣，而温度如果过低，则生长缓慢，生长周期加长，经济效益受到影响。另外，要控制光照，在暗室生长过程要避免光照，否则可能因光照时间过长而出现纤维化严重、品质下降的问题。在幼苗移入绿化室后的光照强度也不能过强，应在弱光下生长。因此在温室和大棚栽培时要进行适当的遮光。可在棚内或棚外加盖一层遮光率为 50%～75%的黑色遮阳网来遮光。最后要控制水分。在整个生长过程中要控制好水分的供应，如湿度过高，则可能出现腐烂，特别是在暗室培育时更应注意不要供水过多，而在光照下绿化时要注意水分不能过少，防止幼苗失水萎蔫。

一、目的和要求

通过实验了解以种子为材料、依靠种子本身贮藏营养生产籽芽菜的工艺流程和栽培技术。了解芽苗菜无土栽培过程中需要的栽培设施，掌握芽苗菜无土栽培中的环境控制以及关键技术。

二、材料及用具

豌豆、萝卜、荞麦等适于生产芽苗菜的种子；塑料盆、育苗盘、吸水纸、无纺布、纱布、珍珠岩或细沙等；光照培养箱或各类温室大棚，芽苗菜育苗架、遮阳网、喷水壶等。高锰酸钾等消毒药品。

三、方法和步骤

1. 种子清选　筛选种子，去除虫蛀、破残、畸形、霉烂、不成熟的种子和杂质。在大规模芽苗菜生产前需要进行发芽率实验。

2. 消毒、浸种　将经过初选的种子用 0.5%高锰酸钾溶液浸泡 30 min 后用清水洗净，再用 25～28℃温水浸种，浸种时间为豌豆 8 h，荞麦 24 h，萝卜 3～4 h。浸种完成后再次淘洗种子 2～3 遍，捞出、沥干。浸种容器不可用铁器，不能有油渍。

3. 播种　选用底部有排水孔的黑色塑料苗盘，清洗干净后在底部铺一层保水性能好的吸水纸或无纺布，或者铺一层珠珍岩或细沙。将浸好的种子在盘内平摆一层，然后喷 20℃左右的温水，6～10 盘垒成一摞，在最上面的盘上覆盖一层保湿物(吸水纸、无纺布、湿毛巾等)。

4.*催芽* 将播种苗盘放在恒温培养箱或温室、大棚内催芽，温度 18～22℃。催芽期间必须保证种子充分吸水，一般每隔 6～8 h 喷 1 次 20℃左右的清水。催芽期间应尽量保持黑暗或弱光。当苗高 1～2 cm 时及时出盘。注意适当通风，防止种子腐烂。

5.*出盘后管理* 芽苗菜出盘后置于栽培架上，光照强度以 3 000～6 000 lx 为宜，不宜强光照射，上方覆盖遮阳网。温度白天不超过 30℃，夜间不低于 10℃。每天定时喷水 2～3 次，喷水量以苗盘基质（或无纺布、纱布）湿润，未见大量滴水为度。适时倒盘和通风，以确保芽苗菜的生长环境趋于一致，生长整齐度较好。

6.*采收* 当芽苗菜达到商品出售标准时（不同作物的标准不同），及时采收。芽苗菜的营养质量（维生素 C 含量）随着采收期延迟而下降，纤维素含量随采收期延迟而增加。一定范围内芽苗菜产量与质量呈相反变化趋势。

四、作业与思考题

1.记录芽苗菜的生长过程，分析芽苗菜无土栽培中存在的问题，提出相应的解决方法。

2.芽苗菜无土栽培中应注意的关键问题有哪些？

3.通过实验结果分析和文献资料查阅，比较不同种类芽苗菜的无土栽培技术的异同点。

附　　录

附录一　常见营养液配方

营养液配方名称及适用对象	盐类化合物用量(mg/L)													元素含量(mmol/L)							备注
	四水硝酸钙	硝酸钾	硝酸铵	磷酸二氢钾	磷酸氢二钾	磷酸二氢铵	硫酸铵	硫酸钾	七水硫酸镁	二水硫酸钙	磷酸二氢钠	氯化钠	盐类总计	N		P	K	Ca	Mg	S	
														NH_4^+-N	NO_3^--N						
Knop(1865)古典通用水培配方	1 150	200		200					200				1 750		11.7	1.47	3.43	4.88	0.82	0.82	当代仍有用
Hoagland 和 Snyde(1938)配方	1 180	506		136					693				2 515		15	1	6	5	2	2	世界著名配方，用 1/2 剂量较妥
Hoagland 和 Arnon (1938)配方	945	607				115			493				2 160	1	14	1	6	4	2	2	
Arnon 和 Hoagland (1940)番茄	708	1 011				230			493				2 442	2	16	2	10	3	2	2	世界著名配方，用 1/2 剂量较妥，亦可通用

续表

营养液配方名称及适用对象	盐类化合物用量(mg/L)													元素含量(mmol/L)							备注
	四水硝酸钙	硝酸钾	硝酸铵	磷酸二氢钾	磷酸氢二钾	磷酸二氢铵	硫酸铵	硫酸钾	七水硫酸镁	二水硫酸钙	磷酸二氢钠	氯化钠	盐类总计	N		P	K	Ca	Mg	S	
														NH_4^+-N	NO_3^--N						
Rothamsted 配方 A 通用 (pH 4.5)		1 000		450	67.5				500	500			2 518		9.89	3.7	14	2.9	2.03	2.03	
Rothamsted 配方 B 通用 (pH 5.5)		1 000		400	135				500	500			2 535		9.89	3.72	14.4	2.9	2.03	2.03	英国洛桑实验站配方(1952),用1/2剂量较妥
Rothamsted 配方 C 通用 (pH 6.2)		1 000		300	270				500	500			2 570		9.89	3.75	15.2	2.9	2.03	2.03	
Hewitt (1952)通用	1 181	505									160		2 215		15	1.33	5	5	1.5	1.5	世界著名配方,用1/2剂量较妥
Cooper (1975) NFT 通用	1 062	505		140									2 445		14	1.03	6.03	4.5	3	3	用1/2剂量较妥

续表

营养液配方名称及适用对象	盐类化合物用量(mg/L)													元素含量(mmol/L)							备注
	四水硝酸钙	硝酸钾	硝酸铵	磷酸二氢钾	磷酸氢二钾	磷酸二氢铵	硫酸铵	硫酸钾	七水硫酸镁	二水硫酸钙	磷酸二氢钠	氯化钠	盐类总计	N		P	K	Ca	Mg	S	
														NH_4^+-N	NO_3^--N						
法国国家农业研究所普及 NET 之用(1977),通用于好酸性作物	614	283	240	136	17			22	154			12	1 487	3	11	1.1	4.25	2.6	0.63	0.75	法国代表配方
法国国家农业研究所普及 NET 之用(1977),通用于好中性作物	732	384	160	109	52				185			12	1 634	2	12	1.1	5.2	3.1	0.75	0.75	
荷兰温室作物研究所,岩棉滴灌用	886	303		204			33	218	247				1 891	0.5	10.5	1.5	7	3.75	1	2.5	以番茄为主,也可通用
荷兰花卉研究所,岩棉滴灌用	600	378	64	204					148				1 394	0.8	8.94	1.5	5.24	2.2	0.6	0.5	以非洲菊为主,也可通用

续表

营养液配方名称及适用对象	盐类化合物用量(mg/L)													元素含量(mmol/L)							备注
	四水硝酸钙	硝酸钾	硝酸铵	磷酸二氢钾	磷酸氢二钾	磷酸二氢铵	硫酸铵	硫酸钾	七水硫酸镁	二水硫酸钙	磷酸二氢钠	氯化钠	盐类总计	N		P	K	Ca	Mg	S	
														NH_4^+-N	NO_3^--N						
荷兰花卉研究所,岩棉滴灌用	786	341	20	204					185				1 536	0.25	10.3	1.5	4.87	3.33	0.75	0.75	以玫瑰为主,也可通用
Sideris 和 Young(1949),铵盐型,凤梨、茶、杜鹃等水培或沙培				68.5			132	174	246	172			793	2		0.5	2.5	1	1	4	强生理酸性
日本园试配方(崛,1966)通用	945	809				153			493				2 400	1.33	16.0	1.33	8.0	4.0	2.0	2.0	日本著名配方,用 1/2 剂量较妥
日本山崎配方(1978)甜瓜	826	607				153			370				1 956	1.33	13.0	1.33	6.0	3.5	1.5	1.5	按作物吸水肥规律 *n/w* 制定的配方,稳定性较好
日本山崎配方(1978)黄瓜	826	607				115			483				2 041	1.0	13.0	1.0	6.0	3.5	2.0	2.0	

续表

营养液配方名称及适用对象	盐类化合物用量(mg/L)													元素含量(mmol/L)							备注
	四水硝酸钙	硝酸钾	硝酸铵	磷酸二氢钾	磷酸氢二钾	磷酸二氢铵	硫酸铵	硫酸钾	七水硫酸镁	二水硫酸钙	磷酸二氢钠	氯化钠	盐类总计	N		P	K	Ca	Mg	S	
														NH_4^+-N	NO_3^--N						
日本山崎配方(1978)番茄	354	404				77			246				1 081	0.67	7.00	0.67	4.0	1.5	1.0	1.0	
日本山崎配方(1978)甜椒	354	607				96			185				1 242	0.83	9.0	0.83	6.0	1.5	0.75	0.75	
日本山崎配方(1978)莴苣	236	404				57			123				820	0.5	6.0	0.5	4.0	1.0	0.5	0.5	
日本山崎配方(1978)茼蒿	472	809				153			493				1 927	1 033	12.0	1.33	8.0	2.0	2.0	2.0	
日本山崎配方(1978)草莓	236	303				57			123				719	0.5	7.0	0.5	3.0	1.0	0.5	0.5	

续表

营养液配方名称及适用对象	盐类化合物用量(mg/L)													元素含量(mmol/L)							备注
	四水硝酸钙	硝酸钾	硝酸铵	磷酸二氢钾	磷酸氢二钾	磷酸二氢铵	硫酸铵	硫酸钾	七水硫酸镁	二水硫酸钙	磷酸二氢钠	氯化钠	盐类总计	N		P	K	Ca	Mg	S	
														NH_4^+-N	NO_3^--N						
日本山崎配方(1978)茄子	354	708				115			246				1 423	1.00	10.0	1.00	7.0	1.5	1.0	1.0	按作物吸水肥规律 n/w 制定的配方，稳定性较好
日本山崎配方(1978)小芜菁	236	506				57			123				922	0.5	7.0	0.5	5.0	1.0	0.5	0.5	
日本山崎配方(1978)鸭儿芹	236	708				192			246				1 380	1.67	9.0	1.67	7.0	1.0	1.0	1.0	
山东农业大学(1978)西瓜	1 000	300		250				120	250				1 920		11.5	1.84	6.19	4.24	1.02	1.71	在山东大面积使用可行
山东农业大学(1986)番茄、辣椒	910	238		185					500				1 833		10.11	1.75	4.11	3.85	2.03	2.03	

续表

营养液配方名称及适用对象	盐类化合物用量(mg/L)													元素含量(mmol/L)							备注
	四水硝酸钙	硝酸钾	硝酸铵	磷酸二氢钾	磷酸氢二钾	磷酸二氢铵	硫酸铵	硫酸钾	七水硫酸镁	二水硫酸钙	磷酸二氢钠	氯化钠	盐类总计	N		P	K	Ca	Mg	S	
														NH_4^+-N	NO_3^--N						
华南农业大学(1990)番茄,pH 6.2～7.8	590	404		136					246				1 376		9.0	1.0	5.0	2.5	1.0	1.0	
华南农业大学(1990)果菜,pH 6.4～7.2	472	404		100					246				1 222		8.0	0.74	4.74	2.0	1.0	1.0	广东大面积使用,可行,也可通用
华南农业大学(1990)叶菜A,pH 6.4～7.2	472	267	53	100					264				1 254	0.67	7.33	0.74	4.74	2.0	1.0	1.67	
华南农业大学(1990)叶菜B,pH 6.1～6.3	472	202	80	100					246				1 274	1.0	7.0	0.74	4.74	2.0	1.0	2.0	适宜用于易缺铁的作物
华南农业大学(1990)豆科 pH 6.0～6.5		322		150					150	750			1 372		3.19	1.11	4.3	4.32	0.61	4.97	含N低,非豆科不宜

附录二　常用元素相对原子质量表

(1999)[Ar(^{12}C)]=12

元素名称		元素符号	原子序数	相对原子质量
中文	英文			
铝	Aluminium	Al	43	26.98
硼	Boron	B	5	10.81
溴	Bromine	Br	35	79.90
钙	Calcium	Ca	20	40.08
碳	Carbon	C	6	12.01
氯	Chlorine	Cl	17	35.45
铬	Chromium	Cr	24	52.00
钴	Cobalt	Co	27	58.93
铜	Copper	Cu	29	63.55
氟	Fluorine	F	9	19.00
氢	Hydrogen	H	1	1.01
碘	Iodine	I	53	126.90
铁	Iron	Fe	26	55.85
铅	Lead	Pb	82	207.20
镁	Magnesium	Mg	12	24.31
钼	Molybdenum	Mo	42	95.94
镍	Nickel	Ni	28	58.71
氮	Nitrogen	N	7	14.01
氧	Oxygen	O	8	16.00
磷	Phosphorus	P	15	30.97
钾	Potassium	K	19	39.10
硒	Selenium	Se	34	78.96
硅	Silicon	Si	14	28.09
银	Silver	Ag	47	107.87
钠	Sodium	Na	11	22.99
硫	Sulfur	S	16	32.06
锡	Tin	Sn	50	118.69
锌	Zinc	Zn	30	65.37

注:本表相对原子质量,引自 1999 年国际相对原子质量表,以$^{12}C=12$为基准。

附录三　植物营养大量元素化合物及辅助材料的性质与要求

用途	序号	名称	分子式	相对分子质量	色泽	形状	溶解度[①]	酸碱性		元素含量(%)	纯度要求(%)[②]
								化学	生理		
配方中直接使用的化合物	1	四水硝酸钙	$Ca(NO_3)_2 \cdot 4H_2O$	236.15	白色	小晶	129.3	中性	碱性	N11.86,Ca16.97	农用 90
	2	硝酸钾	KNO_3	101.10	白色	小晶	31.6	中性	弱碱性	N13.85,K38.67	农用 98
	3	硝酸钠	$NaNO_3$	85.01	白色	小晶	88.0	中性	强碱性	N16.50,Na27.00	农用 98
	4	硝酸铵	NH_4NO_3	80.05	白色	小晶	192.0	水解酸性	酸性	N35.0	农用 98.5
	5	硫酸铵	$(NH_4)_2SO_4$	132.15	白色	小晶	75.4	水解酸性	强酸性	N21.20,S24.26	农用 98
	6	氯化铵	NH_4Cl	53.49	白色	小晶	37.2	水解酸性	强酸性	N26.17,Cl66.27	农用 96
	7	尿素	$(NH_2)_2CO$	60.03	白色	小晶	105.0	中性	酸性	N46.64	农用 98.5
	8	磷酸一铵	$NH_4H_2PO_4$	115.05	灰色	粉末	36.8	水解酸性	不明显	N12.18,P26.92	农用>90
	9	磷酸二铵	$(NH_4)_2HPO_4$	132.07	灰色	粉末	68.6	水解碱性	不明显	N21.22,P23.45	农用>90
	10	磷酸二氢钾	KH_2PO_4	136.07	白色	小晶	22.6	水解酸性	不明显	P22.76,K28.73	农用 96
	11	磷酸氢二钾	K_2HPO_4	174.18	白色	小晶	167.0	水解碱性	不明显	P17.78,K44.90	工业用 98
	12	磷酸二氢钠	$NaH_2PO_4 \cdot 2H_2O$	119.97	白色	小晶	85.2	水解酸性	不明显	P25.81,Na19.16	工业用 98
	13	磷酸氢二钠	$Na_2HPO_4 \cdot 2H_2O$	141.96	白色	小晶	80.2(50℃)	水解碱性	不明显	P21.82,Na32.39	工业用 98
	14	重过磷酸钙	$Ca(H_2PO_4)_2 \cdot H_2O$	252.02	灰色	粉末	15.4(25℃)	强酸性	不明显	P24.6,Ca15.9	农用 92
	15	硫酸钾	K_2SO_4	174.26	白色	小晶	11.1	中性	强酸性	K44.88,S18.40	农用 95
	16	氯化钾	KCl	74.55	白色	小晶	34.0	中性	强酸性	K52.45,Cl47.55	农用 95
	17	氯化钙	$CaCl_2$	110.98	白色	小晶	74.5	中性	酸性	Ca36.11,Cl47.55	工业用 98
	18	硫酸钙	$CaSO_4 \cdot 2H_2O$	172.17	白色	粉末	0.204	中性	酸性	Ca23.28,S18.62	工业用 98
	19	硫酸镁	$MgSO_4 \cdot 7H_2O$	246.48	白色	小晶	35.5	中性	酸性	Mg9.86,S13.01	工业用 98

续表

用途	序号	名称	分子式	相对分子质量	色泽	形状	溶解度①	酸碱性		元素含量（%）	纯度要求（%）②
								化学	生理		
辅助性原料	20	碳酸氢铵	NH_4HCO_3	79.04	白色	小晶	21.0	碱性	弱酸	N17.70	农用 95
	21	碳酸钾	K_2CO_3	138.20	白色	小晶	110.5	强碱性	不计	K56.58	工业用 98
	22	碳酸氢钾	$KHCO_3$	100.11	白色	小晶	33.3	强碱性	不计	K39.06	工业用 98
	23	碳酸钙	$CaCO_3$	100.08	白色	粉末	6.5×10^{-3}	碱性	不计	Ca40.05	工业用 98
	24	氢氧化钙	$Ca(OH)_2$	74.10	白色	粉末	0.165	强碱性	不计	Ca54.09	工业用 98
	25	氢氧化钾	KOH	56.11	白色	块状	112.0	强碱性	不计	K69.69	工业用 98
	26	氢氧化钠	NaOH	40.00	白色	块状	109.0	强碱性	不计	Na57.48	工业用 98
	27	磷酸	H_3PO_4	97.99	淡黄色	液体	可溶	酸性	不计	P31.60	工业用 98③
	28	硝酸	HNO_3	63.01	淡黄色	液体	可溶	强酸性	不计	N22.22	工业用 98③
	29	硫酸	H_2SO_4	98.08	淡黄色	液体	可溶	强酸性	不计	S57.48	工业用 98③

注：①溶解度：在 20℃时，100 g 水中最多溶解的克数（以无水化合物计），括号内数字为另一温度。

②纯度要求：每 100 g 固体物质中含有本物的克数，即质量%，本物包括结晶水在内。本物以外的为杂质。杂质中含有害物质的限制见第四章的有关声明。③指明三种酸（H_3PO_4，HNO_3，H_2SO_4）皆为液体，每 100 g 液体中含有本物的克数，即质量%，本物以外的主要是水分，也会含微量的杂质，其中有害物质的限制同注②。

附录四 植物营养微量元素化合物的性质与要求

序号	名称	分子式	相对分子质量	色泽	形状	溶解度①	酸碱性	元素含量（%）	纯度要求（%）②
1	硫酸亚铁	$FeSO_4 \cdot 7H_2O$	278.02	浅黄色	小晶	26.5	水解酸性	Fe20.09	工业用 98
2	三氯化铁	$FeCl_3 \cdot 6H_2O$	270.30	黄棕色	晶块	91.9	水解酸性	Fe20.06	工业用 98
3	Na_2-EDTA	$Na_2C_{10}H_{14}O_8N_2 \cdot 2H_2O$	372.42	白色	小晶	11.1(22℃)	微碱		化学纯 99
4	Na_2Fe-EDTA	$Na_2FeC_{10}H_{12}O_8N_2$	389.93	黄色	小晶	易溶	微碱	Fe14.32	化学纯 99
5	NaFe-EDTA	$NaFeC_{10}H_{12}O_8N_2$	366.94	黄色	小晶	易溶	微碱	Fe15.22	化学纯 99
6	硼酸	H_3BO_3	61.83	白色	小晶	5.0	微碱	B17.48	化学纯 99
7	硼沙	$Na_2B_4O_7 \cdot 10H_2O$	381.37	白色	粉末	2.7	微碱	B11.34	化学纯 99
8	硫酸锰	$MnSO_4 \cdot 4H_2O$	223.06	粉红色	小晶	62.9	水解酸性	Mn24.63	化学纯 99
9	氯化锰	$MnCl_2 \cdot 4H_2O$	197.09	粉红色	小晶	73.9	水解酸性	Mn27.76	化学纯 99
10	硫酸锌	$ZnSO_4 \cdot 7H_2O$	287.54	白色	小晶	54.4	水解酸性	Zn22.74	化学纯 99
11	氯化锌	$ZnCl_2 \cdot 2H_2O$	174.51	白色	小晶	367.3	水解酸性	Zn37.45	化学纯 99
12	硫酸铜	$CuSO_4 \cdot 5H_2O$	249.69	蓝色	小晶	20.7	水解酸性	Cu25.45	化学纯 99
13	氯化铜	$CuCl_2 \cdot 2H_2O$	170.48	蓝绿色	小晶	72.7	水解酸性	Cu37.28	化学纯 99
14	钼酸钠	$Na_2Mo_4 \cdot 2H_2O$	241.95	白色	小晶	65.0	水解酸性	Mo39.65	化学纯 99
15	钼酸铵	$(NH_4)_6Mo_7O_{24} \cdot 4H_2O$	1235.86	鲜黄色	晶块	易溶		Mo54.34	化学纯 99

注：①溶解度。在 20℃，100 g 水最多溶解的克数（以无水化合物），括号内数字为另一温度。

②纯度要求。每 100 g 固体物质中含有本物数的克数，即重量%。

附录五 常用化肥供给的主要元素、百分含量及换算系数

供给元素(1)	化学肥料(2)			元素含量(%)	换算系数	
	名称	分子式	相对分子质量		由(1)求(2)	由(2)求(1)
N	四水硝酸钙	$Ca(NO_3)_2 \cdot 4H_2O$	236.15	11.87	8.424 6	0.118 7
	硝酸钾	KNO_3	101.10	13.86	7.215 0	0.138 6
	硝酸铵	NH_4NO_3	80.04	35.01	2.856 3	0.350 1
	磷酸二氢铵	$NH_4H_2PO_4$	115.03	12.18	8.210 2	0.121 8
	磷酸氢二铵	$(NH_4)_2HPO_4$	132.06	21.22	4.712 5	0.212 2
	硫酸铵	$(NH_4)_2SO_4$	132.14	21.20	4.717 0	0.212 0
	尿素	$(NH_2)_2CO$	60.06	46.65	2.143 6	0.466 5
P	磷酸二氢钾	KH_2PO_4	136.09	22.76	4.393 7	0.227 6
	磷酸氢二钾	K_2HPO_4	174.18	17.78	5.624 3	0.177 8
	磷酸二氢铵	$NH_4H_2PO_4$	115.03	26.92	3.714 7	0.269 2
	磷酸氢二铵	$(NH_4)_2HPO_4$	132.06	23.45	4.264 4	0.234 5
K	硝酸钾	KNO_3	101.10	38.67	2.586 0	0.386 7
	硫酸钾	K_2SO_4	174.26	44.88	2.228 2	0.448 8
	氯化钾	KCl	74.56	52.44	1.906 9	0.524 4
	磷酸二氢钾	KH_2PO_4	136.09	28.73	3.480 7	0.287 3
	磷酸氢二钾	K_2HPO_4	174.18	44.90	2.227 2	0.449 0
	碳酸钾	K_2CO_3	138.21	56.58	1.767 4	0.565 8
Ca	四水硝酸钙	$Ca(NO_3)_2 \cdot 4H_2O$	236.15	16.97	5.892 8	0.169 7
	碳酸钙	$CaCO_3$	100.09	40.04	2.497 5	0.400 4
	氯化钙	$CaCl_2$	110.99	36.11	2.769 3	0.361 1
	硫酸钙	$CaSO_4 \cdot 2H_2O$	172.17	23.28	4.295 5	0.232 8

续表

供给元素(1)	化学肥料(2)			元素含量(%)	换算系数	
	名称	分子式	相对分子质量		由(1)求(2)	由(2)求(1)
Mg	硫酸镁	$MgSO_4 \cdot 7H_2O$	246.47	9.86	10.142 0	0.098 6
	碳酸镁	$MgCO_3$	84.31	28.83	3.468 6	0.288 3
	氯化镁	$MgCl_2$	95.21	25.83	3.917 0	0.255 3
S	硫酸镁	$MgSO_4 \cdot 7H_2O$	246.47	13.01	7.686 4	0.130 1
	硫酸铵	$(NH_4)_2SO_4$	132.14	24.26	4.122 0	0.242 6
	硫酸钾	$K2SO_4$	174.26	18.40	5.434 8	0.184 0
Cu	硫酸铜	$CuSO_4 \cdot 5H_2O$	249.68	25.45	3.929 3	0.254 5
	氯化铜	$CuCl_2 \cdot 2H_2O$	170.48	37.28	2.682 4	0.372 8
Fe	硫酸亚铁	$FeSO_4 \cdot 7H_2O$	278.01	20.09	4.977 6	0.200 9
	氯化铁	$FeCl_3 \cdot 6H_2O$	270.30	20.66	4.840 3	0.206 6
Zn	氯化锌	$ZnCl_2$	136.28	47.97	2.084 6	0.479 7
	硫酸锌	$ZnSO_4 \cdot 7H_2O$	287.54	22.73	4.399 4	0.227 3
Mn	硫酸锰	$MnSO_4 \cdot H_2O$	169.01	32.51	3.076 0	0.325 1
	氯化锰	$MnCl_2 \cdot 4H_2O$	197.90	27.76	3.602 3	0.277 6
B	硼酸	H_3BO_3	61.83	17.48	5.720 8	0.174 8
	硼沙	$Na_2B_4O_7 \cdot 10H_2O$	381.37	11.34	8.818 3	0.113 4
Mo	钼酸铵	$(NH_4)_6Mo_7O_{24} \cdot 4H_2O$	1 235.86	54.34	1.840 3	0.543 4
	钼酸钠	$Na_2MoO_4 \cdot 4H_2O$	241.95	39.65	2.522 1	0.396 5

注:以上化学肥料均以纯品计算,实际产品常含有杂质,在应用此表时应计算杂质含量。

附录六　一些难溶化合物的溶度积常数

（K_{sp}，18～25℃）

化合物的化学式	K_{sp}	化合物的化学式	K_{sp}
$CaCO_3$	2.8×10^{-9}	$MgNH_4PO_4$	2.5×10^{-13}
CaC_2H_4	2.6×10^{-9}	$Mg(OH)_2$	1.8×10^{-11}
$Ca(OH)_2$	5.5×10^{-8}	$MnCO_3$	1.8×10^{-11}
$CaHPO_4$	1.0×10^{-7}	$Mn(OH)_2$	1.9×10^{-13}
$Ca_3(PO_4)_2$	2.0×10^{-29}	MnS 晶体	2.0×10^{-13}
$CaSO_4$	9.1×10^{-6}	$ZnCO_3$	1.4×10^{-11}
CuCl	1.2×10^{-6}	$Zn(OH)_2$	1.2×10^{-17}
CuOH	1.0×10^{-14}	$Zn(PO_4)_2$	9.1×10^{-33}
Cu_2S	2.0×10^{-48}	ZnS	2.0×10^{-22}
CuS	6.0×10^{-36}	$FeCO_3$	3.2×10^{-11}
$CuCO_3$	1.4×10^{-10}	$Fe(OH)_2$	8.0×10^{-16}
$Cu(OH)_2$	2.0×10^{-20}	$Fe(OH)_3$	4.0×10^{-38}
$MgCO_3$	3.5×10^{-8}	$FePO_4$	1.3×10^{-22}
$MgCO_3\cdot3H_2O$	2.1×10^{-5}	FeS	6.3×10^{-18}

附录七　pH 标准缓冲溶液

浓度 \ pH \ 温度(℃)	10	15	20	25	30	35
草酸钾(0.05 mol/L)	1.67	1.67	1.68	1.68	1.68	1.69
酒石酸氢钾饱和溶液	—	—	—	3.56	3.55	3.55
邻苯二甲酸氢钾(0.05 mol/L)	4.00	4.00	4.00	4.00	4.01	4.02
磷酸氢二钠(0.025 mol/L)	6.92	6.90	6.88	6.86	6.85	6.84
磷酸氢二钾(0.025 mol/L)	9.33	9.28	9.23	9.18	9.14	9.11
四硼酸钠(0.01 mol/L)	9.33	9.28	9.23	9.18	9.14	9.11
氢氧化钙饱和溶液	13.01	12.82	12.64	12.46	12.29	12.13

参 考 文 献

[1] 白永莉.草坪建植与养护技术.北京:化学出版社,2009.
[2] 包静晖，王祥荣.草坪植生带在上海地区的应用.生态学杂志,2000,19(5):76-79.
[3] 包满珠.花卉学.北京:中国农业出版社,2003.
[4] 北京农业大学.农业化学(总论).2 版.农业出版社,1991.
[5] 毕洪文.一品红温室栽培管理技术. 北方园艺,2006(2):109.
[6] 别之龙,黄丹枫.工厂化育苗原理与技术.北京:中国农业出版社,2008.
[7] 卜崇新,张艳苓,黄丹枫,等.新型储液储气式无土栽培系统.华中农业大学学报(增刊) 2004,35:179-182.
[8] 查兰松.一品红的繁殖与栽培管理技术.安徽农学通报,2008,14(20):78.
[9] 柴艳. 草坪卷生产及铺装技术.辽宁林业科技,2002(3):44-46.
[10] 陈复.水处理技术及药剂大全.北京:中国石化出版社,2000.
[11] 陈可可,李岩方.硬果型番茄品种的试种比较.浙江农业科学,2010(3):448-450.
[12] 陈四明,李清明,于贤昌.槽式有机基质栽培方式对西瓜生理特性、产量及品质的影响.山东农业科学,2009,11:38-41.
[13] 陈艳丽,高新生,李绍鹏,等.热带地区水培荆芥营养液配方的筛选研究.广东农业科学,2010(7):87-92.
[14] 陈艳丽,高新生,李绍鹏. NO_3^--N 与 NH_4^+-N 配比对热带地区水培荆芥生长和品质的影响.江苏农业学报,2011(1):75-79.
[15] 陈振德,黄俊杰,翟光辉,等.蔬菜穴盘育苗复合基质的应用研究.青岛市农业科学院,1998.
[16] 陈志明.草坪建植与养护.北京:中国林业出版社,2003.
[17] 丛秀芬,武朝菊,王建松.一品红工厂化栽培技术.山东林业科技,2007(3):62-63.
[18] 崔玉川.水的除盐方法与工程应用.北京:化学工业出版社,2008.
[19] 丁兰,吴田铲,俞志宏,等.普通番茄设施专用品种比较试验.浙江农业科学,2010(2):267-268.
[20] 董国兴.蝴蝶兰.北京:中国林业出版社,2004.
[21] 董梅.国外稻壳综合利用的进展.碾米工业,2004,3:32-35.
[22] 董晓燕,席景艳,刘凡,等.观赏凤梨温室栽培技术.现代农业科技,2010(4):241-242.
[23] 多立安,赵树兰.利用废弃物制成低成本植生带的研究.草地学报,1999,7(4):277-286.
[24] 范瑾初,金兆丰.水质工程.北京:中国建筑工业出版社,2009.
[25] 房伟民,陈发棣,瞿辉,等.一品红温室标准化栽培的技术要点.江苏农业科学,2002(4):56-58.
[26] 高超跃.塑料大棚小果型西瓜深液流无土栽培技术.中国西瓜甜瓜,2005,2:26-27.
[27] 高超跃.小型西瓜沙培技术.中国西瓜甜瓜,2001,4:36-37.

[28] 高国栋,赵冰,李树和.基质栽培对国内主栽山药品种产量和品质的影响.北京农学院学报,2007,22(4):5-7.

[29] 高洪波,郭世荣,章铁军,等.营养液低氧胁迫对网纹甜瓜幼苗生长和生理代谢影响[J].沈阳农业大学学报,2006,37(3):368-372.

[30] 龚建军,李青峰,彭选明.论水晶泥新基质在房顶绿化中的应用.湖南农业科学,2006(2):86-88.

[31] 顾永道,郑善教,朱海燕.连栋大棚特早熟西瓜无土栽培技术.河北农业科学,2008,12(2):43-44.

[32] 郭丽晶,何丽贞,周洁浪,等.蝴蝶兰标准化栽培技术规程.广东农业科学,2009(7):212-214.

[33] 郭世荣.无土栽培学.2版.北京:中国农业出版社,2011.

[34] 郭世荣.无土栽培学.北京:中国农业出版社,2003.

[35] 郭世荣.营养液溶氧浓度对黄瓜和番茄根系呼吸强度的影响[J].园艺学报,2000,27(2):141-142.

[36] 郭彦彪,邓兰生,张承林.设施灌溉技术.北京:化学工业出版社,2007.

[37] 韩爱华,尹克林.草莓无土栽培技术研究综述.中国南方果树,2003,32(3):54-56.

[38] 胡安生,梁建斌,张孝建.不同营养液浓度对土人参几个生理指标的影响.江西农业学报,2009,21(8):86-90.

[39] 胡家阳,夏根龙,梁静. 彩叶凤梨规模化栽培技术.天津农业科学,2004,10(3):30-31.

[40] 胡建锋.小谈楼顶绿化.科技风,2010(16):66.

[41] 胡是麟,袁珍珍.番茄辣椒茄子良种.北京:金盾出版社,1995.

[42] 胡松华.观赏凤梨.北京:中国林业出版社,2005.

[43] 黄万琳,肖昌泰,毛昆明.优质铁皮石斛栽培基质及其营养研究进展.云南农业,2012(6):27-29.

[44] 黄伟忠,吴田铲,陈寿福.连栋大棚夏秋礼品西瓜无土栽培技术.长江蔬菜,2003,5:29-30.

[45] 蒋卫杰 ,杨其长,余宏军,等.无土栽培特选项目与技术.北京:科学普及出版社,2008.

[46] 蒋卫杰,余宏军,刘伟,等.蔬菜无土栽培实用新技术.北京:金盾出版社,1998.

[47] Merle H. Jensen. 世界设施农业进展.蒋卫杰,郑光华,汪浩,等译.太原:山西科技出版社,1995.

[48] 蒋卫杰,刘伟.农产废弃物作为草炭替代物在无土栽培中的应用.农业工程学报,1998,14:177-180.

[49] 蒋卫杰,刘伟,余宏军.有机生态型无土栽培的现状与展望.中国农业科技导报,2000,2:71-75.

[50] 蒋卫杰,刘伟,余宏军,等.蔬菜有机生态型无土栽培实用新技术.郑州:中原农民出版社,1998.

[51] 蒋卫杰,汪浩,郑光华.有机生态型无土栽培技术及其营养生理基础.园艺学报,1996,23(2):139-144.

[52] 蒋卫杰,余宏军,朱德蔚,等.基质高产栽培番茄氮磷钾优化施肥方案研究.中国农业科技

导报,2006,8(5):45-49.
[53] 蒋卫杰,刘伟,郑光华.蔬菜无土栽培新技术.北京:金盾出版社,1998.
[54] 蒋卫杰,杨其长,等.无土栽培特选项目与技术.北京:科学普及出版社,2008.
[55] 蒋卫杰.蔬菜无土栽培新技术.北京:金盾出版社,2007.
[56] 蒋卫杰,等.我国有机生态型无土栽培技术研究.中国生态农业学报,2000,8(3):17-21.
[57] 蒋卫杰,等.无土栽培基质重复利用对番茄生长、产量和基质性状的影响,厦门大学学报,2001,40(2):37-42.
[58] 角谷 晃司,尾崎 和男,渡辺 斉,他.節培養によるカンゾウ苗の調製とその培養苗を用いた各種水耕栽培法によるグリチルリチン生産.生薬學雜誌,1997,51(5):447-451.
[59] 晋萍,程斐,刘荣,等.耐贮运番茄品种奥林 618.中国蔬菜,2010(13):33.
[60] 孔令武,孙海峰,等.现代实用中药栽培养殖技术.北京:人民卫生出版社,2000.
[61] 赖茂川,韦建宝.观赏凤梨优质栽培技术.广西农业科学,2003(3):68-69.
[62] 李东光.实用水处理剂配方手册.北京:化学工业出版社,2009.
[63] 李富恒,王艳.草莓无土栽培营养液配制及管理.农业系统科学与综合研究,2001,17(5):210-211,214.
[64] 李桂祥,仲秀娟,赵苏海,等.观赏盆栽凤梨设施栽培技术.现代农业科技,2008(21):84-85.
[65] 李嘉佳,宋世威,陈日远,等.营养液更换频率对水培叶用莴苣产量和品质的影响.中国蔬菜,2012(24):69-72.
[66] 李杰林,刘桂芝,李云乐,等.引自美国的两个番茄品种"李子番茄""青青 15".蔬菜,2006(2):9.
[67] 李俊文,李秀玲,莫元基.彩色甜椒品种比较试验.广西农业科学,2005,36(5):425-427.
[68] 李灵芝.蔬菜无土栽培技术.北京:中国社会出版社,2006.
[69] 李胜利,王建辉,孙治强.营养液深度对水培生菜生长的影响.中国农学通报,2007,23(8):343-345.
[70] 李式军.设施园艺学.北京:中国农业出版社,2002.
[71] 李晓强,卜崇兴,郭世荣,等.现代化温室小果型番茄品种引进筛选试验.上海农业学报,2006,22(1):69-71.
[72] 李永胜,杜建军,谢勇,等.无公害黄瓜无土栽培生产技术规程.广东农业科学,2006,7:73-76.
[73] 李宗尧.节水灌溉技术.北京:中国水利水电出版社,2004.
[74] 连兆煌.无士栽培原理与技术.北京:中国农业出版社,1994:52-54.
[75] 梁咏亮,李惠军,王小玉.一品红工厂化栽培基质的优化筛选.宁夏农林科技,2009(3):13-14.
[76] 梁峥,孙治强.不同配比花生壳基质对日光温室厚皮甜瓜产量及品质的影响.长江蔬菜,2008,10b:43-45.
[77] 梁祖珍.秋西瓜有机生态型无土栽培技术.广西园艺,2003,2:21-22.
[78] 廖福琴.蝴蝶兰日光温室栽培技术.安徽农业科学,2004,32(4):847-848.
[79] 林多,黄丹枫,杨延杰,等.营养液浓度对基质栽培网纹甜瓜生长和品质的影响.华北农学

报,2007,22(2):184-186.
[80] 林海珊.屋面植物无土栽培、隔热、防渗装置.专利号:ZL99207456.8.
[81] 刘柏炎.一品红设施栽培技术.现代园艺,2010(4):24-25.
[82] 刘海涛,吴焕忠.观赏凤梨.广州:广东科技出版社,2004.
[83] 刘金华.有机生态型无土栽培小西瓜周年生产技术.上海蔬菜,2003,3:32-33.
[84] 刘士哲.现代实用无土栽培技术.北京:中国农业出版社,2001.
[85] 刘伟,蒋卫杰,余宏军.我国蔬菜无土栽培基质研究与应用进展.中国生态农业学报,2006,14(3):4-7.
[86] 刘周莉,何兴元,陈玮.镉胁迫对金银花生理生态特征的影响.应用生态学报,2009,20(1):40-44.
[87] 芦波,潘凯,杨丽,等.黄瓜有机生态型无土栽培基质配方筛选.温室园艺,2007,5:34-35.
[88] 陆家贤,刘博野,徐虹.沼液在番茄无土栽培中的应用.中国沼气, 2008,26 (6):42-44.
[89] 陆景陵.植物营养学:上册.北京:北京农业大学出版社,1995.
[90] 陆志健,丁宁,温小玲.温室黄瓜有机生态型无土栽培技术.上海蔬菜,2011,1:74-75.
[91] 罗锡英,杨慧,胡焱文,等.彩色番茄品种比较试验.辣椒杂志,2009(3):43-44.
[92] 吕家龙.蔬菜栽培学各论(南方本).3版.北京:中国农业出版社,2001.
[93] 马陆平,胡安平,刘跃华.中小果型西瓜秋季大棚基质袋培技术.中国西瓜甜瓜,2005(3):33-34.
[94] 倪纪恒,毛罕平,马万征.温室营养液管理策略的研究进展.蔬菜,2011(6):45-46.
[95] 牛庆良.基于生理分析和生长模拟的甜瓜薄层基质生产系统构建[博士论文].上海交通大学,2007.
[96] 潘瑞炽.植物生理学.4版.北京:高等教育出版社,2001.
[97] 裴孝伯.有机蔬菜无土栽培技术大全.北京:化学工业出版社,2010.
[98] 彭秀芝,张志君,孙立,等.温室小型黄皮西瓜有机生态型无土栽培技术.内蒙古农业科技,2003,6:40,52.
[99] 浦学友,左文中.大棚西瓜有机生态型无土栽培技术研究.浙江农业科学,2010,2:280-283.
[100] 齐艳华,客绍英,柴凤瑞,等.荆芥种子萌发及无土栽培研究.中草药, 2001,32(10):936-937.
[101] 山崎肯哉.养液栽培全编.东京:博友社,1982.
[102] 尚庆茂,张志斌.蔬菜集约化高效育苗技术.北京:中国物资出版社,2010.
[103] 尚庆茂."蔬菜集约化穴盘育苗技术"系列讲座.中国蔬菜,2011.
[104] 邵青.水处理及循环再利用技术.北京:化学工业出版社,2003.
[105] 水利部农村水利司编.农村供水处理技术与水厂设计.北京:中国水利水电出版社,2010.
[106] 司亚平,何伟明.蔬菜穴盘育苗技术.北京:中国农业出版社,1999.
[107] 孙羲.中国农业百科全书(农业化学卷).北京:农业出版社,1996.
[108] 孙周平,李天来,姚莉.雾培法根际 CO_2 浓度对马铃薯生长与光合作用的影响.园艺学报,2004,31(1):59-63.

[109] 孙周平,刘涛,蔺姗姗,等.雾培对番茄植株生长、产量和品质的影响,沈阳农业大学学报,2006,37(3):488-491.
[110] 谭清.芽球菊苣无土栽培技术.山东蔬菜,2006(4):20.
[111] 唐丽文.微型观赏番茄无土栽培的品种对比试验.现代园艺,2009(3):6-7.
[112] 唐小付,龙明华,朱顺莲,等.厚皮甜瓜深液流水培技术.长江蔬菜,2010,3:18-19.
[113] 唐小强.从日本楼顶绿化思考中国楼顶绿化的发展.山西建筑,2007,33(6):349-350.
[114] 田梅,孙文春,薛建国,等.薄皮甜瓜地下式槽有机生态型无土栽培技术.现代农业科技,2010,5:96.
[115] 佟小刚,蒋卫杰,余宏军.无土栽培基质中的微生物及其对作物生长发育的影响.园艺学报,2005,32(3):544-550.
[116] 王浩,买合木提·肉孜,艾斯卡尔·吾守尔,等.日光温室进口番茄品种生长发育和产量性状分析.北方园艺,2009(10):155-157.
[117] 王卫,朱世东,袁凌云,等.沼液·沼渣在辣椒无土栽培上的应用研究.安徽农业科学,2009,37(24):11499-11500.
[118] 王桂霞,张运涛,董静,等.中国草莓育种的回顾和展望.植物遗传资源学报,2008,9(2):272-276.
[119] 王静,王德福,康振和.有机无土栽培地毯式草坪卷的生产技术.职业技术,2005,6:76.
[120] 王久兴.图解蔬菜无土栽培.北京:金盾出版社,2011.
[121] 王娟.不同阶段蝴蝶兰标准化栽培技术.北方园艺,2007(8):168-169.
[122] 王敏,梁振深,肖日新,等.海南甜瓜椰糠基质栽培技术规程.广大农业科学,2010,4:56-58.
[123] 王明启.花卉无土栽培技术.沈阳:辽宁科学技术出版社,2001.
[124] 王汝祥,徐志豪,季鹰.NFT 无土栽培营养液溶氧量的研究.农业工程学报,1991,7(4):55-62.
[125] 王诗敏,刘建禹,辜松.设施栽培基质的蒸汽消毒研究.农机化研究,2008,5:18-20.
[126] 王卫,朱世东,袁凌云,等.沼液、沼渣在辣椒无土栽培上的应用研究.安徽农业科学,2009,37 (24) :11499-11500.
[127] 王秀峰,陈振德.蔬菜工厂化育苗.北京:中国农业出版社,2000.
[128] 王益民,王伏燕,潘莉,等.中药开发与利用前景的几点思考.中医药学刊,2004,22(7):1194-1195.
[129] 王志强.日光温室黄瓜有机基质栽培技术应用初探.中国果菜,2010,4:23-24.
[130] 文乐元,谢可军.草坪植生带的利用研究现状.草业科学,2004,21(10):73-77.
[131] 吴治国,史延春,高彦辉,等.一品红的北方栽培管理技术.林木花卉,2009(1):171-173.
[132] 周寿荣.现代草坪建植与养护技术大全.北京:中国电子音像出版社,2003.
[133] 谢彩云,尚以顺.草坪植生带的制作、铺设及管理技术.贵州农业科学,2000,28(1):34-35.
[134] 邢后银,唐懋华,沙进城,等.南京地区小型西瓜和厚皮甜瓜中药渣基质栽培技术.现代农业科技,2007,4:21-22.
[135] 熊炜.试论草坪生态系统的结构与功能.草业科学,2002,19(6):49-53.

[136] 徐志豪,张德威,Adams P. 改善水培作物根际氧气供给的原理和实践. 浙江农业学报,1994,6(1):44-48.

[137] 姚碧霞. 新型无土栽培基材——吸水性聚氨酯泡沫. 化工新型材料,2007,27(4):12-14.

[138] 姚文明,薛振东,肖勇. 无土栽培人参试验初报. 辽宁中医杂志,1981(10):42-46.

[139] 尹作全,沈德茹,于洪涛,等. 马铃薯脱毒微型种薯喷雾栽培技术研究初报. 马铃薯杂志,1999,13:23-24.

[140] 尤·李比希. 化学在农业和生理学上的应用. 刘更另,译. 北京:农业出版社,1983.

[141] 于恩晶,司力珊,范艳艳. 日光温室不同彩色甜椒品种比较试验. 上海交通大学学报:农业科学版,2008,26(5):471-473.

[142] 袁留斌. 一品红栽培管理技术. 安徽农学通报,2005,11(4):117-119.

[143] 张福墁. 设施园艺学. 北京:中国农业大学出版社,2008.

[144] 张建. 日光温室草莓立柱式无土栽培技术. 北方园艺,2008,1:86.

[145] 张淑霞,孙兆法,宋朝玉,等. 黄瓜温室袋培技术. 西北园艺,2009,9:10-11.

[146] 张淑霞,孙兆法,宋朝玉,等. 连栋温室小型西瓜有机生态型无土栽培技术. 安徽农学通报,2008,14(20):182-188.

[147] 张天柱. 温室工程规划、设计与建设. 北京:中国轻工业出版社,2010.

[148] 张晓凤,于敬平,张丹松. 用草皮卷建植草坪的注意事项. 北方园艺,2003(3):44-45.

[149] 张晓伟,孙爱东,宫玮. 牛蒡的营养价值及其开发现状. 中国食物与营养,2006(1):25-27.

[150] 张旭乐,林霞,张庆良,等. 观赏凤梨的生长习性与栽培技术. 中国林副特产,2007(2):38-39.

[151] 张学洪,张力,梁延鹏. 水处理工程实验技术. 北京:冶金工业出版社,2008.

[152] 赵杨景,陈震,马小军. 西洋参对不同氮源 N 的吸收利用和在体内的分布. 核农学报,1998,12(1):28-34.

[153] 中国医学科学院药用植物资源开发研究所. 中国药用植物栽培学. 北京:农业出版社,1991.

[154] 钟荣辉,徐晔春,邹春萍. 盆栽一品红优质栽培技术. 广东农业科学,2009(6):207-209.

[155] 周灵芝,吴月先,李文. 甜瓜南方大棚无土栽培主要病害及防治技术. 广东农学报,2006,21(6):34-35.

[156] 周长吉. 温室灌溉原理与应用. 北京:中国农业出版社,2007.

[157] 周长吉. 现代温室工程. 2 版. 北京:化学工业出版社,2009.

[158] 朱春云,蒋卫杰,余宏军,等. 沼渣基质对温室番茄生长和产量的影响. 中国蔬菜,2009(10):33-36.

[159] 朱有昌,等. 东北药用植物. 哈尔滨:黑龙江科学技术出版社,1989.

[160] 朱子龙,王秀峰,王英华,等. 草莓无土栽培方式及基质配方研究. 山东农业科学,2008,8:58-60.

[161] 佐藤,池田 英男,等. 施与培養液濃度がカンゾウ(Glycyrrhiza glabra Linn.)の無機成分並びにグリチルリチン含有量に及ぼす影響. YAKUGAKU ZASSHI,2004,124(10):705-709.

[162] Barker B. T. P. Studies on root development. Long Ashton Research Station Annual Report, 1921: 9-57.

[163] Biddinger E. J., Liu C., Joly R. J., et al. Physiologcial and molecular responses of aeroponically grown tomato plants to phosphorus deficiency. J. Amer. Soc. Hort. Sci., 1998, 123: 330-333.

[164] Carter W. A. A method of growing plants in water vapor to facilitate examination ofroots. Phytopathology, 1942, 32: 623-625.

[165] Crawford N. M, Kahn M. L, Leustek T and Long S. R. 2000. Nitrogen and sulfur, In Buchanan B, Gruissem W, Jones R, Eds. Biochemistry & Molecular Biology of Plants, American Society of Plant Physiologists, USA.

[166] Dell B, Brown P. H, Bell R. W (Eds.). Boron in Soils and Plants: Reviews. Kluwer Academic Publishers, The Netherlands, 1997.

[167] E. W. Russell. 土壤条件与植物生长. 谭世文, 等译. 北京: 科学出版社, 1979.

[168] Epstein E. Mineral Nutrition of plants: Priciples and Perspectives. John wiky and Sons, Inc. 1972.

[169] Hewitt E. J. & Smith T. A. Plant Mineral Nutrition. The English Uiversities Press Ltd, 1975.

[170] Resh H. M. Hydroponic Food Production. Woodbridge Press Publishing Company, 1987.

[171] Hubick K. T., Taylor J. S., Reid D. M. The effect of drought on levels of abscisic acid, cytokinins, gibberellins and ethylene in aeroponically-grown sunflower plants. Ptant Growth Regulation, 1986, 4: 139-151.

[172] Ikeda H. Soilless culture in Japan. Farming Japan, 1985, 19(6), 35-45.

[173] Douglas J. S. Advanced Guide to Hydroponics, Pelham Books Ltd, 1985.

[174] Jiang W. J., Liu W., Yu H. J. Development of Soilless culture in China. 农业工程学报, 2001, 17(1): 10-15.

[175] Jiang W. J., Mu D., Qu D. Y. Protected cultivation of horticultural crops in China. Horti. Rev., 2003, 30: 115-162.

[176] Jiang, W. J., Yu H. J. Present situation and future development for protected horticulture in Mainland China. Acta Horticulturae, 2008, 770: 29-35.

[177] Jiang, W. J., Yu H. J. Twenty years development of soilless culture in mainland China. Published in September. Acta Horticulturae, 2007, 759: 181-193.

[178] Kochian L. Molecular physiology of mineral nutrient acquisition, transport, and utilization. In Buchanan B, Gruissem W, Jones R, Eds. Biochemistry & Molecular Biology of Plants, American Society of Plant Physiologists, USA, 2000.

[179] Kratsch H. A., Graves W. R., Gladon R. J. Aeroponic system for control of root-zone atmosphere. Environmental and Experimental Botany, 2006, 55: 70-76.

[180] Lauchli A & Bieleski RL (Eds.) Inorganic Plant Nutrition. Encyclopedia of Plant Physiology, New Series, Vol. 15B, Springer-Verlag, Berlin. 1983.

[181] Marschner H. Mineral Nutrition of Higher Plants. Second Edition. Academic Press London,1995.

[182] Micael R. ,Lieth J. H. Soilless culture:theory and practice,Elsevier,2008.

[183] Nir I. Growing plants in aeroponics growth system. Acta Hort. ,1982,126:435-448.

[184] Peterson N. A. ,Krueger A. R. An intermittent aeroponics system. Crop Science,1968, 28:712-713.

[185] Resh H. M. Hydroponic food production: a definitive guide of soilless food-growing methods. Woodbridge Press Publ. Co. ,Beaverton,2001.

[186] Ritter E. ,Angulo,B. ,Riga,P. ,et al. Comparison of hydroponic and aeroponic cultivation systems for the production of potato minitubers. Potato Res. ,2001,44:127-135.

[187] Schwarz M. Soilless culture management. Springer-Verlag, BerlinHeidelberg New York,London Paris Tokyo,Hong Kong Barcelona,Budapest,1995.

[188] Taiz L,Zeiger E. Plant Physiology. Second Edition,Sinauer Associates,Inc. Publishers,Sunderland,Massachusetts,USA,1998.

[189] Vywan M. C. ,Travell G. F. A method of growing trees with their roots in anutrient mist. Ann. Rep. East Malling Res. Sta. 1953:95-98.

[190] Wagner R. E. ,Wilkinson,H. T. Anaeroponics system for investigating disease development on soybean taproots infected with Phytophthora sojae. Plant Dis. ,1992,76: 610-614.

[191] Weathers P. J. ,Zobel R. W. Aeroponics for the culture of organisms,tissues and cells. Biotechnology Advances,1992,10:93-115.

[192] WentF. W. The experimental control of plant growth. Chronica Botanica Co. Waltham MA,1957:81-83.

[193] Zobel R. W. ,Del Tredici P. ,Torrey,J. G. Method of growing plants aeroponically. Plant Physiol. ,1976,57:344-346.